Posheeda Kainat

پوشیدہ کائنات

(سائنس، فلسفہ اور مذہب)

Rafi Mustafa

WHIMSY PUBLICATIONS
19 Legacy Drive,
Markham, ON L3S 4C4
Canada

www.rafimustafa.org
rafi.mustafa@indusflow.com

Posheedah Kainaat
January 2025

ISBN: 978-1-9995631-5-8

1. *SCIENCE*
2. *PHILOSOPHY*
3. *RELIGION*

Foreword

Dr. Pervez Hoodbhoy
(Translated from Urdu)

The vast and expansive universe has always been a profound challenge to human imagination. We pose many questions: When and how did the universe come into existence? Through what stages did it evolve to its current state? What forces keep celestial bodies suspended in the sky? What will be its ultimate fate, and how will it occur? These and similar questions have long captivated human curiosity.

Modern science offers a natural explanation of the universe, independent of any supernatural force. However, many believe in a supreme power that not only created the universe but guided it and whose existence will manifest in the afterlife. Although the scientific theory of the universe's origin—the Big Bang Theory—is firmly grounded, it raises countless additional questions. For instance, is a creator necessary for the formation of the universe? If so, could there be more than one creator? The emergence of life on Earth is another fascinating mystery. Scientists argue that simple organic molecules, the building blocks of life, were formed in the Earth's early environment. But if human life arose solely due to the evolution of these molecules and primitive organisms, then what is its ultimate purpose? What is the meaning of existence? Are we truly the pinnacle of creation?

Such fundamental questions are rarely raised in an environment where religious orthodoxy guards every corner. Yet Rafi Mustafa does not shy away from stirring the hornet's nest. He recalls a time in Pakistan when one could freely debate profound philosophical questions even in schools and colleges. The changing socio-political climate of the country has shut the windows of free thought, but the author's premise is that a curious human mind cannot rest without asking these questions and seeking their answers. Driven by this, he has picked up his pen to address complex natural world issues in simple and accessible language. This effort is undoubtedly commendable. However, some questions are so deep and complex that even hundreds of books may not suffice to explore them. Nevertheless, this pursuit is not futile, as it has led humanity to possess far greater knowledge than our ancestors, and future generations will likely surpass us in this regard. Science knows no bounds, and we should not expect any single book to offer definitive answers to the grand questions of existence.

This book holds particular significance because science in our textbooks is often presented as a dry compilation of formulas and facts devoid of interest. This conventional approach alienates many from science, leading them to forget it soon after leaving school. However, as the author has clarified, science is truly the pinnacle of human intellect—a way of thinking that accepts only the authority of logic, observation, and experimentation. Its teaching should involve explaining intriguing natural phenomena and linking them to fundamental scientific principles. The author has recognized this crucial truth and, in addition to presenting scientific facts, has included the historical context of some significant discoveries and inventions. This approach helps maintain readers' interest throughout the book.

Pervez Hoodbhoy
Professor of Physics
Islamabad
December 21, 2024

www.ingramcontent.com/pod-product-compliance
Lightning Source LLC
LaVergne TN
LVHW011137061026
849535LV00003B/522

پوشیدہ کائنات

(سائنس، فلسفہ اور مذہب)

رفیع مصطفیٰ

WHIMSY PUBLICATIONS
19 Legacy Drive,
Markham, ON L3S 4C4
Canada

www.rafimustafa.org
rafi.mustafa@indusflow.com

Posheedah Kainaat
January 2025(updated March 2, 2025)

ISBN: 978-1-9995631-5-8
1. *SCIENCE*
2. *PHILOSOPHY*
3. *RELIGION*

ڈاکٹر خالد سہیل کے نام

تاریک مادّے اور تاریک توانائی کے نام

اور اُن سب کے نام جو سوچتے ہیں

زندگی کیا ہے عناصر میں ظہورِ ترتیب

موت کیا ہے انہی اجزا کا پریشاں ہونا

چکبستؔ

فہرست مضامین

حصہ چہارم کیا کوئی خالق ہے؟

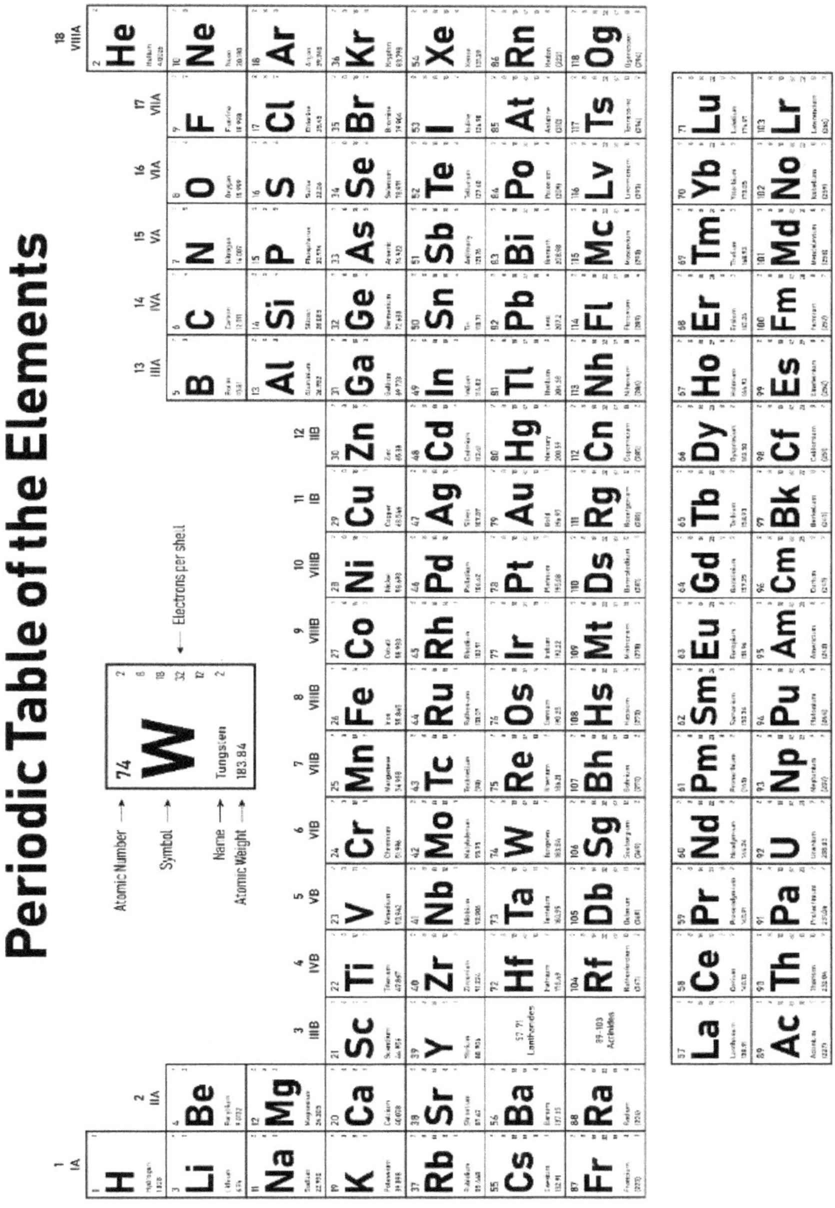

(Periodic Table of Elements)دوری جدول

پیش لفظ

ڈاکٹر پرویز ہود بھائی

انسانی تخیل کو اس وسیع و عریض کائنات نے ہمیشہ سے للکارا ہے۔ ہم طرح طرح کے سوالات اُٹھاتے ہیں۔ کائنات کب اور کیسے وجود میں آئی اور اپنے موجودہ حال تک پہنچتے پہنچتے کن مراحل سے گزری؟ فلکی اجسام کو آسمان پر کون سی قوت اٹھائے رکھتی ہے؟ اس کا انجام کیا اور کیسے ہو گا؟ وغیرہ۔

جدید سائنس، کائنات کی ایک فطری توضیح پیش کرتی ہے اور یہ کسی ماورائی قوّت کی محتاج نہیں ہے، لیکن بہت سے لوگ ایک ایسی برتر طاقت پر یقین رکھتے ہیں جس نے کائنات کی تخلیق کے ساتھ ساتھ اس کی رہنمائی بھی کی اور جس کا وجود حیات بعد از موت میں ہی ظاہر ہو گا۔ اگرچہ ابتدائے کائنات کا سائنسی نظریہ، یعنی بگ بینگ تھیوری، آج مضبوط بنیادوں پر استوار ہے لیکن اس سے آگے مزید ان گنت سوالات جنم لیتے ہیں مثلاً یہ کہ کائنات بنانے کے لئے کیا کسی خالق کی واقعی ضرورت ہے؟ اور اگر یہ مان بھی لیا جائے تو کیا ایک سے زیادہ تخلیق کاروں کی گنجائش ہو سکتی ہے؟ زمین پر زندگی کا ظہور ایک اور دلچسپ معمہ ہے۔ سائنس دان کہتے ہیں کہ سادہ نامیاتی سالمے[a]، زندگی کی تعمیری اکائیاں ہیں اور ان کی تشکیل زمین کے ابتدائی ماحول میں ہوئی۔ لیکن انسانی زندگی اگر محض ان سالموں اور چند خلوی جانداروں سے ارتقاء کے نتیجے میں وجود میں آئی ہے تو پھر اس کی منزل کیا ہے اور جانداروں کا مقصدِ حیات کیا ہے؟ کیا ہم واقعی اشرف المخلوقات ہیں؟

ایک ایسے ماحول میں جہاں مذہب کے ٹھیکے دار ہر طرف پہرہ دے رہے ہیں، ایسے بنیادی سوالات بہت کم اٹھائے جاتے ہیں۔ لیکن رفیع مصطفیٰ بھڑوں کے چھتے میں ہاتھ ڈالنے سے گھبراتے نہیں ہیں۔ انہیں پاکستان کا وہ زمانہ یاد ہے جب بنا خوف و خطر آپ فلسفے کے عمیق سوالات پر اسکول اور کالج میں بھی

---

[a] Simple Organic Molecules

بحث کر سکتے تھے۔ بدلتے ہوئے ملکی حالات نے فکر کے دریچے بند کر دیے ہیں لیکن لکھاری کا مدعا یہ ہے کہ متجسّس انسان کے شعور و ادراک اسے یہ پوچھنے پر ہر صورت مجبور کرتے ہیں اور جوابات تلاش کیے بغیر اسے چین نصیب نہیں ہو سکتا ہے۔ لہٰذا انہوں نے اس کمی کو پورا کرنے کی غرض سے اپنا قلم اٹھایا اور فطری دنیا سے متعلق پیچیدہ مسائل اس کتاب میں عام فہم زبان میں بیان کیے ہیں۔ اس لحاظ سے یہ یقیناً ایک قابلِ ستائش کاوش ہے۔ البتہ بعض مسائل اتنے گہرے اور گھمبیر ہیں کہ ان کے مطالعہ کے لئے سینکڑوں کتابیں بھی ناکافی ہوتی ہیں۔ مگر یہ کوئی لاحاصل جستجو نہیں کیونکہ اسی کے سبب آج ہم اپنے آباؤاجداد سے بہت زیادہ علم رکھتے ہیں اور ہماری آنے والی نسلوں کا ذخیرۂ علم ہم سے بھی بہت زیادہ ہو گا۔ سائنس کی کوئی انتہا نہیں چنانچہ ہمیں یہ توقع نہیں کرنی چاہیے کہ کسی کتاب میں بڑے سوالوں کے کوئی حتمی جوابات لکھے ہوں گے۔

اس کتاب کی اہمیت اس لئے بھی ہے کہ ہمارے یہاں کی درسی کتابوں میں سائنس کو محض فارمولوں اور حقائق کا ڈھیر دکھایا جاتا ہے جو نہایت خشک اور دلچسپی سے عاری ہے۔ اس عام تصور کے باعث اکثر لوگ سائنس سے متنفر ہو جاتے ہیں اور سکول سے نکلنے کے بعد اسے جلدی فراموش کر دیتے ہیں۔ لیکن جیسا کہ مصنف نے واضح کیا ہے درحقیقت سائنس انسانی عقل کی معراج ہے اور یہ ایک طرزِ فکر ہے جو فقط منطق، مشاہدے اور تجربات کی حاکمیت قبول کرتی ہے۔ اس کی تدریس کا طریقہ یہ ہونا چاہیے کہ دلچسپ فطری معاملات اور مظاہر کی توجیہات پیش کی جائیں اور پھر ان کا تعلق بنیادی سائنسی اصولوں کے ساتھ جوڑا جائے۔ مصنف نے اس اہم حقیقت کو جانا اور مانا ہے اور اس کے علاوہ انہوں نے سائنسی حقائق بیان کرنے کے ساتھ ساتھ کچھ اہم دریافتوں اور ایجادات کا تاریخی پس منظر بھی شامل کیا ہے۔ یوں قارئین کی دلچسپی قائم رہتی ہے۔

پرویز ہودبھائی

پروفیسر آف فزکس

اسلام آباد

21 دسمبر 2024

دیباچہ

یہ کتاب میں نے اپنے عزیز دوست ڈاکٹر خالد سہیل کے لیے لکھی ہے مگر آپ بھی پڑھ سکتے ہیں۔ خالد خود کو دہریا اور ہیومنسٹ یا مسلکِ انسانیت کا پیروکار کہتے ہیں۔ وہ ہر ایک سے پیار کرتے ہیں اور خود بھی بڑے پیارے انسان ہیں۔ دانش ور اور درویش صفت آدمی ہیں۔ مجھے ولی اور خود کو گناہ گار کہتے ہیں اور میں انتقاماً انہیں ولی اور خود کو گناہ گار کہتا ہوں۔ وہ پیشے کے لحاظ سے نفسیات داں اور نفسیاتی معالج ہیں۔ اب تک 80 کتابیں اور 700 سے زیادہ مضامین لکھ چکے ہیں، جو اُن کی فکری وسعت اور علمیت کا ثبوت ہیں۔ ہمارے تعلقات میں سب سے اچھی بات یہ ہے کہ ہم ایک دوسرے کو تبلیغ نہیں کرتے۔

اب ہم آتے ہیں اِس کتاب کی وجہِ تصنیف کی طرف۔ غالباً تین سال پہلے کی بات ہے کہ خالد نے مجھ سے پوچھا کہ میں نے آوارگی کی زندگی گزارنے کے بعد مسلمان ہونے کا فیصلہ کیوں کیا۔ میری آوارگی سے اُن کی مراد میرے بھانت بھانت کے نظریات تھے جن میں دہریت، اشتراکیت، مسیحیت، پرویزیت وغیرہ شامل تھے جو میری نسل کے نوجوانوں کے فکری ارتقا کا حصہ تھے۔ مسلمانیت سے ان کی مراد کیا تھی، یہ اُس وقت تک ہم نے طے نہیں کیا تھا۔ وہ میرا انٹرویو کر کے ویڈیو ریکارڈنگ کرنا چاہ رہے تھے مگر وہ تجربہ بری طرح ناکام ہوا۔ اس کی وجہ یہ تھی کہ میں انہیں وہ سب کچھ بتانا چاہ رہا تھا جو اس کتاب میں لکھا ہے مگر جب دو سیشن کے باوجود میں ان کے سوال کے جواب پر نہ آسکا تو انہوں نے اس پروجیکٹ کو موقوف کر دیا۔ میں نے ان سے وعدہ کیا کہ میں ایک کتاب لکھوں گا جو ان کے سوال کا مکمل جواب ہو گی۔ اس وعدے کو پورا کرنے میں تین سال لگے، اور آج یہ کتاب حاضر ہے۔

میری زندگی کا کچھ حصہ تو اُس آوارگی میں گزرا جس کا حوالہ اوپر دیا گیا ہے اور کچھ حصہ سائنس پڑھنے، پڑھانے اور اس میں تحقیق کرنے میں گزرا۔ میرے لیے یہ بات حیرت انگیز ہے کہ چند بنیادی اصولوں پر اتنی پیچیدہ کائنات قائم ہو سکتی ہے۔ یہی حیرت اور تجسس، جسے میں نے خالد کے سوال کے

جواب میں بیان کرنے کی کوشش کی ہے، اِس کتاب کی اساس ہے۔

عقلِ انسانی کے محدود دائرہ کار میں، سائنس کا مقصد مظاہرِ کائنات کی وضاحت کرنا ہے لیکن سائنس کائنات کے آغاز اور وجود کی اوّلین حقیقت پر خاموش ہے۔ کائنات میں جو کچھ ہوتا ہے، وہ کسی سبب کا نتیجہ ہوتا ہے اور وہ سبب کسی اور سبب کا نتیجہ ہوتا ہے۔ جیسا کہ آپ اس کتاب میں پڑھیں گے، موجودہ نظریات کے مطابق کائنات کی تخلیق کا سبب یہ تھا کہ عدم کی حالت میں جب خلا کا وجود نہیں تھا، ایک نقطۂ واحد (Singularity) جس کا حجم تقریباً صفر تھا، اس کا درجہ حرارت اور دباؤ لامتناہی ہونے تک پہنچ گیا جس کے نتیجے میں وہ نقطۂ واحد پھیل کر کائنات بن گیا۔ اگر یہ جملہ سمجھ میں نہ آیا ہو تو فکر نہ کریں کیوں کہ آگے چل کر ہم اس پر سیر حاصل گفتگو کریں گے۔

فی الحال اتنا کہنا کافی ہے کہ ہم تخلیقِ کائنات کے سبب تک تو پہنچ گئے مگر سبب کے سبب تک نہیں پہنچ پائے۔ کائنات کی بے مثال ترتیب، حیرت انگیز پیچیدگی، اور اس میں موجود قوانینِ فطرت اس بات کی طرف اشارہ کرتے ہیں کہ ممکنہ طور پر ان کی محرک ایک ماورائی عقل ہو سکتی ہے۔ جیسا کہ فلسفی ایمانوئل کانٹ نے بھی بیان کیا[1] کہ انسانی شعور ان مظاہر کی آخری اور حتمی حقیقت تک رسائی حاصل نہیں کر سکتا، لہٰذا خالقِ کائنات کا تصور ایک ایسا فلسفیانہ اور منطقی جواز فراہم کرتا ہے جو سائنس کی محدودیت سے آگے جا کر وجودِ کائنات کی وضاحت کرتا ہے۔ یہ دلیل اس بات کو تقویت دیتی ہے کہ سائنس اور خدا ایک دوسرے کے متضاد نہیں بلکہ کائنات کو مکمل طور پر سمجھنے کے لیے ایک دوسرے کے معاون ہیں۔

جہاں تک مذہب کا تعلق ہے تو اُس کا انتخاب یا اُس سے بیزاری، ہماری مرضی پر منحصر ہے اور اپنے انتخاب کا اظہار میں نے آخری دو ابواب میں کیا ہے۔ یہ ضروری ہے کہ ہم ہر فرد کی اِس آزادی کا احترام کریں اور اُسے اپنی روحانی شناخت کو آزادانہ طور پر تلاش کرنے دیں۔ ہر انسان کے لیے یہ سفر منفرد ہے اور وہ اپنی اقدار، تجربات اور سوچ کے مطابق نتائج اخذ کرتا ہے۔ یہی وہ احترام اور آزادی ہے جو انسان کو کائنات کی اصل حقیقت کے ساتھ اپنے ذاتی انداز میں جُڑنے کا موقع فراہم کرتی ہے۔ روحانیت انسان کے اندرونی سکون اور خود آگاہی کی راہ ہموار کرتی ہے۔ یہ محض عبادات یا روایات کی پیروی تک محدود نہیں بلکہ اپنے باطن کو سمجھنے، زندگی کے مقصد کو تلاش کرنے اور اپنی ذات سے جُڑنے کا ایک ذریعہ ہے جو ہمیں اپنی زندگی کے پیچیدہ سوالات کا سامنا کرنے کی اہلیت دیتا ہے۔

اگرچہ یہ کتاب عام قاری کے لیے لکھی گئی ہے، لیکن ان قارئین کے لیے بھی کچھ مواد موجود ہے جو طبیعیات، کیمیا اور ریاضی میں دلچسپی اور سوجھ بوجھ رکھتے ہیں۔ اگر آپ محسوس کریں کہ کوئی سیکشن آپ کے فہم سے بالاتر ہوتا جارہا ہے یا آپ بوریت محسوس کرنے لگے ہیں، تو بلا جھجک آگے بڑھ جائیں۔ اس سے آپ کے مجموعی فہم پر کوئی اثر نہیں پڑے گا۔

بطور اظہارِ تشکر، سب سے پہلے میں پروفیسر پرویز ہود بھائی کا شکریہ ادا کرنا چاہوں گا جنھوں نے اپنی مصروفیات کے باوجود پوشیدہ کائنات کا پیش لفظ لکھا۔ فزکس تو خیر ان کی تدریس و تحقیق کا میدان ہے مگر وہ ایک غیر معمولی دانش ور بھی ہیں جو اپنی تحقیق اور استدلال کے ذریعے اہم سوالات اٹھاتے ہیں اور ان کے جوابات پیش کرتے ہیں۔

اس کتاب کے لیے تحقیق اور اس کی تحریر کے دوران جن دوستوں نے اپنے قیمتی مشوروں اور تعاون سے نوازا، ان میں سرفہرست عزیز دوست ارشاد احمد اور یونیورسٹی کے ساتھی ڈاکٹر کوثر علی ہیں جنھوں نے پورے مسودے کو پڑھا اور غلطیوں کی تصحیح کی۔ ان کی تنقیدی نگاہ نے کتاب کے معیار کو بلند کرنے میں اہم کردار ادا کیا۔ کوثر نے کئی کلیدی کتابوں تک رہنمائی کی۔ ایک اور دوست، سید حسین حیدر سے بھی اس کتاب کے موضوعات پر گفتگو ہوتی رہی۔ ان دوستوں سے تبادلہ خیال کے نتیجے میں بیانیہ میں وسعت اور گہرائی پیدا ہوئی۔

جناب ساجد فضلی کا بھی شکرگزار ہوں کہ انھوں نے مسودے کو تنقیدی نظر سے پرکھا اور مفید مشورے دیے، جنھیں مدنظر رکھتے ہوئے جہاں ممکن ہوا، تحریر کو عام فہم بنایا گیا۔ میں ان کا اس پہلو سے بھی ممنون ہوں کہ ان کی وساطت سے میری رسائی پاکستان کے معروف سائنسی صحافی اور مترجم، جناب سہیل یوسف تک ممکن ہوئی۔ انھوں نہ صرف باریک بینی سے مسودے کا مطالعہ کیا اور غلطیوں کی نشان دہی کی، بلکہ سائنسی اصطلاحات کے سلسلے میں بھی ان سے مدد ملی جس کے لیے میں ان کا انتہائی ممنون ہوں۔

میں ڈاکٹر شیر شاہ سید کا شکریہ بھی ادا کرنا چاہوں گا جن کی کاوش سے 250 بستروں والا کوہی گوٹھ زنانہ اسپتال قائم ہوا ہے۔ یہ اسپتال نہ صرف دیہی سندھ کی خواتین کو مفت طبی خدمات فراہم کرتا ہے بلکہ ایک تعلیمی ادارے کے طور پر بھی کام کرتا ہے، جہاں دیہی علاقوں سے آنے والے طلبا کے لیے

مڈوائفری، نرسنگ اور انتہائی نگہداشت کی معاونت (Intensive Care Support) میں طبی تعلیم فراہم کی جاتی ہے۔

اس کتاب کے پاکستانی ایڈیشن کی فروخت سے حاصل ہونے والی آمدنی کوہی گوٹھ زنانہ اسپتال کو عطیہ کی جائے گی۔

آخر میں اپنی سب سے عزیز دوست، اپنی اہلیہ، نگہت مصطفیٰ کا بھی بے حد ممنون ہوں کہ جتنا وقت اس کتاب پر تحقیق کرنے اور لکھنے میں صرف ہوا وہ ان کے حصے کا وقت تھا مگر انہوں نے بڑے صبر سے میری واپسی کا انتظار کیا۔

رفیع مصطفیٰ

مارکھم، کینیڈا

22 دسمبر 2024

rafi.mustafa@indusflow.com

www.RafiMustafa.org

حصہ اول

قوانینِ فطرت

1

تمہید

1.1. اس کتاب کا مقصد

یہ کتاب انسانی شعور میں پیدا ہونے والے ان گہرے سوالات کا احاطہ کرتی ہے جو کائنات کی وسعت، ترتیب اور پیچیدگی کو دیکھ کر ہمیشہ جنم لیتے رہے ہیں: کائنات کی ابتدا کیسے ہوئی؟ اس کی تخلیق کے پیچھے کون سی قوت کارفرما تھی؟ کیا یہ قوانینِ فطرت جو کائنات کو چلا رہے ہیں، محض ایک اتفاقیہ عمل کا نتیجہ ہیں یا کسی غیر مرئی منصوبہ بندی کا حصہ ہیں؟ اور سب سے اہم سوال یہ کہ کیا وہ غیر مرئی قوت، جس نے ان قوانین کی تشکیل کی، کائنات کی تخلیق کے بعد اس سے لاتعلق ہوگئی یا اب بھی اسے چلانے میں فعال کردار ادا کر رہی ہے؟

اس کتاب کا بنیادی مقصد ان سوالات کو ایک متجسس قاری کے ذہن میں جگانا ہے اور ان کے جوابات کے لیے سائنس، فلسفہ، اور مذہب کے زاویوں سے روشنی فراہم کرنا ہے۔ یہ کتاب قاری کو کائنات کی حقیقتوں کے ایک ایسے فکری سفر پر لے جاتی ہے جو تجسس سے شروع ہوتا ہے، تحقیق سے گزرتا ہے، اور حیرت پر ختم ہوتا ہے۔

سب سے اہم نکتہ جو اس کتاب میں پیش کیا گیا ہے، وہ یہ ہے کہ کائنات کی تخلیق سیدھے سادے قوانین فطرت کی بنیاد پر ہوئی، جو اپنی تمام تر پیچیدگی کے باوجود انہی قوانین کے مطابق چل رہی ہے۔ ان قوانین کی موجودگی اس بات کی طرف اشارہ کرتی ہے کہ ممکنہ طور پر کائنات کی تخلیق ایک ماورائی عقل کے تحت ہوئی۔ تاہم، سوال یہ باقی رہتا ہے کہ کیا کائنات کا وجود محض ایک حادثہ تھا، یا یہ کسی خاص مقصد کا

نتیجہ ہے ؟ اور کیا ابتدا کے وقت ہی یہ طے ہو چکا تھا کہ کائنات ان مراحل سے گزر کر اس مقام تک پہنچے گی جہاں ہم آج موجود ہیں ؟

ان سوالات کے لیے سائنسی حقائق، فلسفیانہ خیالات، اور مذہبی تعبیرات کا سہارا لیا گیا ہے تاکہ کائنات کے بنیادی قوانین، ان کی حیرت انگیز ترتیب، اور زندگی کے وجود کے پس منظر کو سمجھا جا سکے۔ یہ کتاب قاری کو دعوت دیتی ہے کہ وہ ان حقائق پر غور کرے اور کائنات کے اسرار کو اپنی بصیرت سے سمجھنے کی کوشش کرے۔

یہ کتاب نہ صرف سائنسی حقائق اور فلسفیانہ نظریات کا مجموعہ ہے بلکہ یہ ایک فکری سفر ہے جو انسانی شعور اور کائنات کے درمیان تعلق کو سمجھنے میں مدد فراہم کرتا ہے۔ خواہ قاری کا تعلق کسی بھی مذہب سے ہو یا وہ کسی مذہب پر یقین نہ رکھتا ہو، یہ کتاب اس کے لیے ایک پلیٹ فارم ہے جہاں وہ اپنی فہم کی حدود کو وسعت دے کر ان گہرے سوالات کے جوابات تلاش کر سکتا ہے۔

1.2. تجسس کا سفر

ہم اس کتاب کے موضوع کا تعارف ایک سیدھی سادی بات سے شروع کرتے ہیں۔ اس سے پہلے کہ ہم آگے بڑھیں، چار کلیدی الفاظ ذہن میں رکھ لیں: تجسّس، تحقیق، علم اور حیرت۔

ان چار عناصر کو سمجھنے کے لیے آپ نوٹ کریں کہ ایک شیر خوار بچے کے ہاتھ میں جو چیز آجائے وہ اسے فوراً اپنے منہ میں لے جاتا ہے۔ دراصل بچے کا یہ عمل اس کے تجسس کا نتیجہ ہوتا ہے۔ وہ اس وقت چیزوں کی سختی اور نرمی کے تصور کو سیکھ رہا ہوتا ہے جس کے لیے وہ اس چیز کو اپنے مسوڑھوں سے رگڑ کر تحقیق کر رہا ہے۔ اس تحقیق سے اسے اس چیز کی شکل، ذائقہ، نرمی، سختی اور ساخت کا علم ہوتا ہے۔ کم و بیش چھ ماہ کی عمر تک بچوں کے لیے علم کا سب سے بڑا ذریعہ ان کا منہ ہوتا ہے۔ کچھ ماں باپ بچوں کو منہ میں چیزیں ڈالنے سے روکتے ہیں حال آنکہ یہ بچے کے لیے تحقیق کا اہم ذریعہ ہے۔ انہیں صرف اتنی احتیاط کرنی چاہیے کہ بچے کے ارد گرد کوئی نقصان دہ یا اتنی چھوٹی چیز نہ ہو جسے وہ نگل سکے۔

اب ذرا اپنے دونوں ہاتھوں کی ساخت پر غور کریں۔ آپ اپنی پیدائش سے لے کر آج تک اپنے ہاتھ استعمال کرتے آرہے ہیں مگر کیا آپ نے کبھی اپنے ہاتھوں کا معائنہ اتنی تفصیل سے کیا ہے جتنا ہم اس وقت کریں گے۔ سب سے پہلے آپ اپنے دونوں ہاتھوں کو جوڑ کر پھیلائیں جیسے دعا مانگنے کے لیے پھیلاتے ہیں۔ آپ کے دائیں ہاتھ کا انگوٹھا دائیں جانب اور بائیں ہاتھ کا انگوٹھا بائیں جانب ہوگا گویا آپ کے دونوں ہاتھوں کے درمیان ایک آئینہ کھڑا ہے اور بایاں ہاتھ دائیں ہاتھ کا "تقریباً" عکسِ معکوس[a] (Mirror image) ہے۔ یہاں احتیاطاً "تقریباً" استعمال کیا گیا ہے کیوں کہ ممکن ہے کہ دونوں ہاتھوں کی ساخت اور انگلیوں کی لمبائی میں معمولی فرق ہو جو درست پیمائش سے نظر آجائے۔ اس معمولی فرق کو نظر انداز کیا جاسکتا ہے۔

آئینے میں عکس ہمیشہ الٹا ہوتا ہے مثلاً آپ کی دائیں آنکھ آئینے میں بائیں آنکھ ہوتی ہے۔ ذرا غور کریں تو معلوم ہوگا کہ آپ کا پورا جسم دوطرفہ ہم آہنگی کی مثال ہے یعنی جسم کا بایاں حصہ دائیں حصے کا "تقریباً" عکس معکوس ہے۔

دوسری بات یہ کہ آخر دونوں ہاتھوں میں عموماً پانچ پانچ انگلیاں کیوں ہوتی ہیں۔ چار چار یا چھ چھ کیوں نہیں، یا پھر ایک ہاتھ میں چار انگلیاں ہوں اور دوسرے میں چھ۔ ہمارے ہاتھوں کی انگلیوں کو عرف عام میں انگوٹھا، شہادت کی انگلی، بیچ کی انگلی، انگوٹھی کی انگلی اور چھنگلی کہتے ہیں۔ آپ نوٹ کریں کہ ہر انگلی میں چار ہڈیاں ہیں جب کہ انگوٹھے میں تین۔ ہڈیوں کے درمیان جوڑ ہیں جہاں سے انگلیاں ہتھیلی کی طرف مڑتی ہیں مگر پیچھے کی طرف نہیں مڑ سکتیں۔ ہر انگلی کی پہلی ہڈی ہتھیلی میں ہوتی ہے اور کلائی سے شروع ہوتی ہے جب کہ آخری ہڈی انگلی کے سرے پر ختم ہوتی ہے۔

ہمارے سوچنے سمجھنے کی ذہنی صلاحیت کا ایک بنیادی عنصر تجسس ہے جو تحقیق اور حصول علم کا سب سے بڑا محرک ہے[2] مگر ہمیں قطعاً احساس نہیں ہوتا کہ ہماری روزمرہ کی زندگی میں تجسس کا کتنا عمل دخل ہے۔ یہ تجسس ہی ہے جس نے سائنس، فلسفہ اور مذہب کو جنم دیا اور پروان چڑھایا۔ سائنسی تحقیق کے آلات کی ایجاد کی جڑیں تجسس ہی سے پھوٹتی ہیں۔ دوربین اور خردبین، دو اہم ترین آلات ہیں جن کی

---

[a] انگریزی میں Mirror Image عام فہم اصطلاح ہے مگر اردو میں مجھے کوئی متبادل نہیں ملا۔ لہٰذا عکس معکوس استعمال کیا ہے۔

بدولت ہم ایک جانب کائنات پیمائی کرتے پھرتے ہیں اور دوسری جانب اپنے جسم میں داخل ہو کر امراض کے عوامل کا مطالعہ کرتے ہیں۔ صرف ان دو آلات نے ہمارے اردگرد پھیلی ہوئی پوشیدہ کائنات کو ہمارے سامنے لاکھڑا کرنے میں تجسس ہمیں تحقیق پر مجبور کرتا ہے جس کے اجزا ہیں مشاہدہ، معائنہ اور تجربہ، اور اس کا نتیجہ ہے علم۔ پیدائش سے موت تک ہم علم حاصل کرتے ہیں خواہ اس کے لیے اسکول اور یونیورسٹی جائیں یا زندگی سے سیکھیں۔ ہم اپنی روزمرہ کی مصروفیات میں سے ان مصروفیات کو نکال دیں جو ہمیں زندہ رکھنے کے لیے ضروری ہیں، مثلاً کھانا پینا، رفع حاجت وغیرہ تو باقی مصروفیات تجسس کی مرہونِ منت ہیں۔

ہمارا دور معلومات کا دور ہے۔ ایک زمانے میں عام شہری کی زندگی میں اخبار اور کتب بینی کا اچھا خاصا عمل دخل تھا۔ اب ان کی جگہ انٹرنیٹ، ٹی وی، موبائل، گوگل، ٹویٹر (ایکس)، انسٹاگرام، یوٹیوب اور مصنوعی ذہانت (اے آئی) نے لے لی ہے۔ جب آپ اپنے موبائل پر واٹس ایپ کھولتے ہیں تو تجسس آپ کو مجبور کرتا ہے کہ آپ دوستوں کے پیغامات کو کھول کر تحقیق کریں کہ وہ کیا کہتے ہیں۔ اس وقت دنیا میں 6.72 ارب سمارٹ فون ہیں [3] یعنی دنیا کی 85٪ آبادی سمارٹ فون استعمال کرتی ہے۔ جس کی مدد سے وہ جس موضوع پر چاہے معلومات حاصل کرسکتی ہے۔ بدقسمتی سے معلومات کے اس طوفان میں صحیح اور غلط کا امتیاز کرنا کبھی کبھار مشکل ہو جاتا ہے۔

جس تحقیق کے نتیجے میں انسانی معاشرہ ارتقا کے موجودہ دور تک پہنچا ہے، اس کے تین مرکزی وسائل ہیں: سائنس، فلسفہ اور مذہب۔ ہم تحقیق کے لیے وسائل کے ان ذخیروں سے ضرورت کے اجزا حاصل کرتے ہیں اور تحقیق کے نتائج کو ان وسائل کی طرف لوٹا دیتے ہیں۔ اس طرح سائنس، فلسفہ اور مذہب کی نشوونما اور ترقی ہوتی ہے۔ جوں جوں ہمارے علم میں اضافہ ہوتا ہے ہمیں زندگی کی پیچیدگی کا احساس ہوتا ہے اور ہماری حیرت بڑھتی جاتی ہے: کائنات میں ستاروں اور سیاروں کا ایک دوسرے سے ٹکرائے بغیر اپنے سفر میں قائم رہنا، مادّے کے سالموں میں ایٹموں اور ایٹموں میں بنیادی ذرات (Fundamental Particles) کی ترتیب، ہمارے خلیوں میں آباؤاجداد کی شکل وصورت، رنگت اور

بیماریوں کی تاریخ۔ ان سب کا علم ہمیں حیران کر دیتا ہے۔

عموماً سائنس اور مذہب میں مخاصمت رہتی ہے مگر فلسفہ دونوں سے اپنا خام مال حاصل کرتا ہے۔ دوسرے الفاظ میں فلسفہ سائنس اور مذہب کے درمیان ایک پُل ہے۔ اس کتاب میں چیدہ چیدہ موضوعات جمع کیے گئے ہیں جن کی ابتدا تجسس سے ہوتی ہے اور اختتام حیرت پر ہوتا ہے۔ اگرچہ کچھ موضوعات میں تکنیکی پیچیدگیاں ہیں جنہیں سمجھنے کے لیے ریاضی کا تھوڑا بہت علم ہونا چاہیے مگر کوشش کی گئی ہے کہ بیانیہ عام پڑھنے والا سمجھ سکے۔

سائنس کا طالب علم ہونے کی حیثیت سے میرا تجسس ہر عمل کو پس پردہ دیکھنے پر مُصر ہوتا ہے اور جب پردہ اٹھتا ہے تو منہ حیرت سے کھل جاتا ہے۔ اسی تحریک پر میں نے ان موضوعات کو اس کتاب میں جمع کیا ہے تاکہ اپنی حیرت آپ کے ساتھ بانٹ سکوں بلا اس تفریق کے کہ آپ کا تعلق کس مذہب سے ہے یا کسی مذہب سے نہیں ہے۔ جہاں آپ کو اس کتاب میں قرآن یا دوسری مذہبی کتابوں کے حوالے ملیں ان کا مقصد تبلیغ کرنا نہیں ہے۔ اگر آپ کسی مذہب کے پیرو نہیں ہیں یا خدا کے وجود پر ایمان نہیں رکھتے تب بھی ان کتابوں کی تاریخی حیثیت سے انکار نہیں کر سکتے۔ قدیم تہذیبوں نے جدید آلات کے بغیر بھی فلسفہ، ریاضیات اور فلکیات (Astronomy) میں علم کی جو منزلیں طے کی تھیں ان ہی کی بنیاد پر ہم ترقی کی اس سطح پر پہنچے ہیں۔

1.3. کائنات کی وسعت

ہماری آنکھیں جب رات کے اندھیرے میں تاروں بھرے آسمان کو تکتی ہیں تو احساس ہوتا ہے کہ کائنات زندہ ہے۔ جب سے انسان نے ہوش سنبھالا ہے تب ہی سے وہ ستاروں کی ٹمٹماہٹ اور آسمان کو چیرتی ہوئی شہاب ثاقب کی لکیروں کو حیرت اور تجسس سے دیکھتا آ رہا ہے، مگر یہ منظر اس فاصلے تک محدود ہے جہاں تک ہماری عریاں آنکھ [a] دیکھ سکتی ہے۔ اس سے آگے دیکھنے کے لیے ہمیں دوربینیں استعمال کرنی پڑتی ہیں، مگر ان کی پہنچ بھی ہمارے پڑوس تک ہی محدود ہے۔

[a] عریاں آنکھ۔ متبادل اصطلاح کی غیر موجودگی میں میں نے Naked Eye کا لفظی ترجمہ کر دیا ہے۔

ہم جانتے ہیں کہ ویکیوم میں روشنی ایک سیکنڈ میں 29 کروڑ 97 لاکھ 92 ہزار 458 میٹر فاصلہ طے کرتی ہے [a]۔ اگر اس نمبر کو 60 سے ضرب دے دیں تو روشنی ایک منٹ میں اتنا فاصلہ طے کرے گی۔ ایک گھنٹے میں 60 منٹ، ایک دن میں 24 گھنٹے اور ایک سال میں 365 دن کے حساب سے روشنی ایک سال میں ساڑھے 94 کھرب کلو میٹر فاصلہ طے کرے گی [b]۔ اس فاصلے کو ایک نوری سال (Light year) کہتے ہیں۔ نوری سال وقت کا پیمانہ نہیں بلکہ فاصلے کا پیمانہ ہے اور یہ وہ فاصلہ ہے جو روشنی ایک سال میں ویکیوم میں طے کرتی ہے۔

ہبل خلائی دور بین (Hubble Space Telescope) کئی ارب نوری سال کے فاصلے تک کہکشاؤں کو دیکھ سکتی ہے۔ ہمارا لوکل گروپ 80 کہکشاؤں کا مجموعہ ہے جس میں ہماری کہکشاں بھی شامل ہے۔ یہ گروپ 1 کروڑ نوری سال کے قطر کے رقبے میں پھیلا ہوا ہے۔ امریکی خلائی ایجنسی ناسا نے 25 دسمبر 2021 کو جیمس ویب خلائی دور بین (James Webb Space Telescope) خلا میں نصب کی جو ہبل سے کچھ آگے تک دیکھ سکتی ہے مگر اس کی پہنچ بھی محدود ہے۔

مشتری (Jupiter) نظام شمسی کا سب سے بڑا سیارہ ہے جس کے گرد اب تک 92 سیارچے (Satellites)[c] دریافت ہو چکے ہیں اور ان میں سے 50 سے زائد کے نام رکھے جا چکے ہیں۔ ان ہی میں سے ایک سیارچے کا نام آیو (Io) ہے جس پر مستقل آتش فشاں پھٹتے رہتے ہیں اور لاوا بہتا رہتا ہے۔ اسی وجہ سے آیو کی رنگت سرخ اور نارنجی ہے۔ جب 1676ء میں آیو کو گرہن لگا تو ڈنمارک کے ماہر فلکیات اولے رومر [d] نے اس کے دورانیے سے پہلی مرتبہ روشنی کی رفتار معلوم کی جو زیادہ صحیح نہیں تھی مگر چوں کہ یہ پہلی کوشش تھی لہٰذا رومر کا نام یاد رکھا جاتا ہے۔

نظری طبیعیات دانوں (Theoretical Physicists) کے نزدیک یہ ممکن ہے کہ ہماری کائنات

---

[a] روشنی کی درست رفتار ویکیوم میں 299,792,458 میٹر فی سیکنڈ ہوتی ہے۔ جب روشنی پانی، گلاس یا کسی اور واسطے سے گزرے تو رفتار کم ہو جاتی ہے۔

[b] 299,792,458 X 60 X 60 X 24 X 365=9,454,254,955,488,000 = 9.45 X 10^{15} meters

[c] سیّارچہ یا مہتاب وہ چھوٹا سا سیارہ ہوتا ہے جو کسی سیارے کے گرد گھوم رہا ہو، مثلاً زمین کا ایک سیارچہ ہے جسے ہم چاند کہتے ہیں۔

[d] Ole Rømer,1644-1710 CE

اکیلی نہیں ہے بلکہ لاتعداد کائناتیں ہیں جن کے اپنے وقت اور خلا ہیں اور ہمیں ان کا کوئی ادراک نہیں ہے۔ یہ ممکن ہے کہ کائناتیں پیدا ہوتی رہتی ہیں اور مرتی رہتی ہیں۔

کائنات میں توڑ پھوڑ کا عمل مستقل جاری رہتا ہے۔ پوری پوری کہکشائیں جن میں کھربوں ستارے ہوتے ہیں، ختم ہو جاتی ہیں۔ جب ہماری کائنات کی پیدائش ہوئی تھی تو ایک نقطے کے برابر تھی اور اس وقت سے مسلسل پھیل رہی ہے۔ ایک نظریے کے مطابق پھیلتے پھیلتے ایک وقت ایسا آئے گا کہ ستاروں کا آپس کا ربط ختم ہو جائے گا اور ہماری کائنات فنا ہو جائے گی۔ یہ بھی ممکن ہے کہ کائنات کے پھیلنے کی رفتار کم ہوتی جائے یہاں تک کہ پھیلنا بند ہو جائے اور سکڑنا شروع ہو جائے یہاں تک کہ سکڑتے سکڑتے اسی نقطے پر ختم ہو جائے جس سے شروع ہوئی تھی۔

بیشتر ستارے جھرمٹ میں ہوتے ہیں جسے کہکشاں (Galaxy) کہتے ہیں۔ کائنات میں کم و بیش ایک کھرب کہکشائیں ہیں جن میں سے ہر ایک میں کھربوں ستارے اور سیارے ہیں۔ یہ کہکشائیں پوری کائنات میں پھیلی ہوئی ہیں۔ ان کا درمیانی حصہ خالی ہے جس میں دہکتی ہوئی ہائیڈروجن گیس کے بادل ہیں اور کہیں کہیں اکّادکّا ستارے ہیں جن کے متعلق ایک نظریہ ہے کہ یہ ستارے کہکشاؤں سے ٹوٹ کر علیحدہ ہو گئے ہیں۔

تصویر 1 ہماری کہکشاں (راہ شیری)[a]

اگر آپ شہر کی روشنیوں سے دور اندھیری رات میں آسمان پر نظر دوڑائیں تو آپ کو دور تک پھیلا ہوا ستاروں کا جھرمٹ نظر آتا ہے جیسے ستاروں سے جڑی ہوئی ایک شاہراہ ہو۔ یہ ہماری کہکشاں ہے جو راہِ شیری (Milky Way) کہلاتی ہے۔ ان ستاروں میں سے ایک ہمارا سورج ہے جس کے گرد نو سیارے گھوم رہے ہیں۔ ان میں سے ایک سیارہ زمین ہے اور اس کے گرد بھی ایک سیّارچہ گھوم رہا ہے جسے چاند کہتے ہیں۔ دوسرے سیاروں کے گرد بھی ایک یا ایک سے زیادہ سیّارچے گھومتے ہیں۔ سورج اور اس

[a] اس کتاب کی بیشتر تصاویر Shutterstock.com سے حاصل کی گئیں۔

کے گرد گھومنے والے سیارے اور سیّارچے نظام شمسی کہلاتے ہیں[a]۔ ہماری کہکشاں میں اربوں ستاروں کے اس قسم کے نظام ہیں۔ اب تک دوربینوں نے تین ہزار سے زائد ایسے نظام دیکھے گئے ہیں۔

راہ شیری ایک چکر دار کہکشاں ہے جس کا قطر[b] تقریباً ایک لاکھ نوری سال ہے اور جو اپنے محور کے گرد آتش بازی کے پہیے کی مانند گھوم رہی ہے۔ اس کے متعدد بازو ہیں جن میں سے ایک بازو کا نام اورائن (Orion) ہے۔ ہمارا نظام شمسی اسی بازو میں کہکشاں کے مرکز سے 27,000 نوری سال کے فاصلے پر واقع ہے۔

بیشتر ستارے اور کہکشائیں ہم سے اتنی دور ہیں کہ ان کی روشنی ابھی ہم تک نہیں پہنچی۔ ہمیں آسمان میں جو ستارے نظر آتے ہیں ان میں سے کچھ کا وجود ہی نہیں ہے کیوں کہ وہ کروڑوں سال پہلے ختم ہو گئے مگر ان کی روشنی ہم تک اب پہنچ رہی ہے۔ وہ ستارے ہمیں اس وقت تک نظر آتے رہیں گے جب تک ان کی آخری روشنی ہم تک نہ پہنچ جائے۔

ہماری کائنات کا وہ حصہ جس کا ہم مشاہدہ کر سکتے ہیں، اس کا قطر تقریباً 93 ارب نوری سال ہے، مگر اس کا مطلب یہ نہیں ہے کہ کائنات کا کوئی حتمی کنارہ یا "سرحد" ہے۔ دراصل، 93 ارب نوری سال کا یہ پیمانہ اس کائنات کے قابلِ مشاہدہ حصے تک محدود ہے، جس سے آگے کے علاقوں کا ہمیں علم نہیں کیوں کہ وہاں سے روشنی یا کوئی اور معلومات ہم تک ابھی نہیں پہنچی۔ ہم جانتے ہیں کہ کائنات کا یہ پھیلاؤ دراصل زمان و مکاں (Spacetime) کا پھیلاؤ ہے جس کی وجہ سے فاصلے بڑھتے جا رہے ہیں، لیکن اس کا یہ مطلب نہیں کہ کائنات "ختم" ہو جاتی ہے۔

یہ بھی ممکن ہے کہ کائنات لامحدود ہو اور ہمارے موجودہ آلات اور مشاہدے کی پہنچ سے باہر کے علاقے بھی موجود ہوں۔ جہاں بھی آپ کائنات میں ہوں، وہاں سے ہر سمت میں کائنات پھیلتی ہوئی محسوس ہو گی، لہٰذا ایسا کوئی مرکز نہیں ہے جسے کائنات کا "اصلی مرکز" قرار دیا جا سکے۔

کائنات کی عمر اور روشنی کی محدود رفتار کی وجہ سے ہمیں صرف ایک محدود حصہ دکھائی دیتا ہے، اور

---

[a] نظام شمسی کا آخری سیارہ، پلوٹو، ہمارے چاند سے بھی چھوٹا ہے اور کچھ ماہرین فلکیات اسے نظام شمسی کا حصہ نہیں سمجھتے لہٰذا سورج کے گرد سیاروں کی تعداد آٹھ رہ جاتی ہے۔

[b] قطر: اس لائن کی لمبائی جو دائرے کے محیط کے کسی نقطے سے شروع ہو کر مرکز سے گزرتی ہوئی محیط کے مخالف نقطے پر ختم ہو۔

جیسے جیسے وقت گزرے گا، ہم مزید علاقوں کو دیکھ سکیں گے۔ اس وسیع اور مسلسل پھیلتی کائنات میں کائنات کی حقیقت کا مکمل ادراک ہماری موجودہ سائنسی حدوں سے باہر ہو سکتا ہے، اور ہمیں یہ سمجھنا چاہیے کہ 93 ارب نوری سال کا قطر اس لامحدود حقیقت کا صرف ایک چھوٹا حصہ ہے۔

ہمیں معلوم ہے کہ روشنی کی رفتار تقریباً 3 لاکھ کلومیٹر فی سیکنڈ ہے اور اس سے زیادہ رفتار سے حرکت کرنا ممکن نہیں۔ جیسا کہ اوپر کہا گیا، ہماری لگ بھگ ساڑھے تیرہ ارب سال پرانی کائنات کے اس حصے کا قطر جس کا ہم مشاہدہ کر سکتے ہیں، تقریباً 93 ارب نوری سال ہے۔ اس کا مطلب یہ ہے کہ اگر آپ کائنات کے قابلِ مشاہدہ حصے کے ایک کنارے سے مرکز کی جانب روشنی کی رفتار سے دوڑیں تو آپ کو منزل پر پہنچنے میں 46.5 ارب سال لگیں گے۔ درحقیقت کائنات اس قدر وسیع ہے کہ اس کے مرکز یا کنارے کا تصور نہیں کیا جا سکتا لیکن اگر بالفرض آپ کائنات کے مرکز پر کھڑے ہوں اور اس کے کنارے کی طرف دوڑیں تو کبھی اپنی منزل تک نہیں پہنچ سکیں گے خواہ آپ روشنی کی رفتار سے ہی کیوں نہ دوڑ رہے ہوں۔ اس کی وجہ یہ ہے کہ کائنات مستقل پھیل رہی ہے اور جوں جوں آپ آگے بڑھیں گے، منزل دور ہوتی جائے گی۔ آگے چل کر آپ پڑھیں گے کہ کائنات کی ابتدا ایک نقطے سے ہوئی تھی اور وہی اس کا مرکز تھا مگر اب وہ اتنی وسیع ہو چکی ہے کہ اس کا کوئی مرکز نہیں ہے۔ اس کی وجہ یہ ہے کہ آپ کائنات میں کسی بھی مقام پر ہوں تو ہر طرف وہ ایک جیسی ہی لگے گی کیوں کہ وہ اس مقام سے ہر طرف پھیل رہی ہو گی۔ لہٰذا آپ جس مقام پر ہوں گے، آپ کے لیے وہی کائنات کا مرکز ہو گا۔

1.4. پس ایٹم

جب ہم کائنات کی وسعت سے پلٹ کر آتے ہیں اور اپنے اندر جھانکتے ہیں تو ہم ایک اور ہی دنیا میں پہنچ جاتے ہیں۔ یہ وہ دنیا ہے جسے ہم عریاں آنکھ سے نہیں دیکھ سکتے اور اس کے لیے ہمیں آلات کا سہارا لینا پڑتا ہے۔ مثال کے طور پر ہماری انگلی کی پور پر سوئی

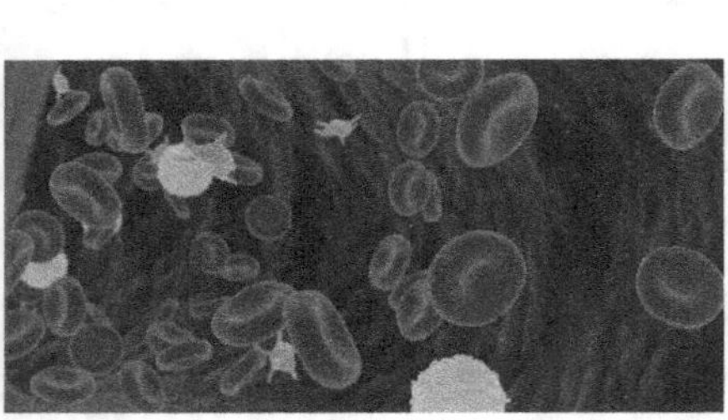

تصویر 2: خون کا ایک قطرہ، خردبین کی آنکھ سے

چھننے سے جھلکنے والا خون کا قطرہ تو نظر آجاتا ہے مگر ہماری آنکھ نہیں دیکھ سکتی کہ اس قطرے میں کیا ہے۔ جب ہم اسے شیشے کے سلائڈ پر رگڑ کر خردبین کے نیچے رکھ کر دیکھتے ہیں تو اس میں دیگر اجزا کے ساتھ زیادہ تر چھوٹی چھوٹی پچکی ہوئی ڈونٹ جیسی گیندیں نظر آتی ہیں۔ یہ سرخ خلیے ہیں جو پھیپھڑوں سے آکسیجن لے کر جسم کے ہر حصے میں پہنچاتے ہیں اور کاربن ڈائی آکسائڈ لے کر واپس آتے ہیں اور پھیپھڑوں کو لوٹا دیتے ہیں۔ ان خلیوں کی تعداد کا حساب لگانے کے لیے یوں سمجھیں کہ اگر ایک لیٹر خون کے دس لاکھ حصے کیے جائیں تو ہر حصہ ایک مائکرولیٹر ہوتا ہے۔ خون کا ایک قطرہ تقریباً پچاس مائکرولیٹر ہوتا ہے اور ایک مائکرولیٹر (یعنی ایک قطرے کے پچاس ویں حصے) میں سرخ خلیوں کی تعداد مردوں میں 40 سے 59 لاکھ اور عورتوں میں 38 سے 52 لاکھ ہوتی ہے۔ جیسے جیسے ہم خردبین کی طاقت میں اضافہ کرتے ہیں ویسے ویسے ہمیں خون کے مزید اجزا کا علم ہوتا ہے۔ ہماری کہکشاں میں جتنے ستارے ہیں، ان سے سو گنا مختلف خلیے ہمارے جسم میں ہیں۔

جب ہم خردبینی دنیا سے مزید نیچے اتر کر ایٹمی اور پس ایٹمی یا ذیلی ایٹمی (Subatomic) سطح پر پہنچ کر الیکٹران، پروٹان اور نیوٹران کا مشاہدہ کرتے ہیں، تو ایک نئی دنیا ہمارے سامنے آتی ہے جس کے اپنے قواعد ہیں اور جس کے اصول روایتی یا کلاسیکی میکانیات (Classical Mechanics) سے مختلف ہیں۔ کلاسیکی میکانیات، جسے ہم روزمرہ کی اشیا کی حرکت اور قوتوں کے مطالعے میں استعمال کرتے ہیں، کی درستی بڑے پیمانے پر محدود ہے اور یہ ایٹمی سطح پر کارگر نہیں ہوتی۔

جب ہم ایٹم کے اندرونی ذرات کا جائزہ لیتے ہیں تو ہمیں ایک ایسی ریاضیاتی اور نظری سائنس، یعنی کوانٹم میکانیات (Quantum Mechanics) کی ضرورت پڑتی ہے جو اس خردبینی دنیا کے رویوں کو بیان کرتی ہے۔ کوانٹم میکانیات کے مطابق، ذرات کی حرکت اور مقام کی پیمائش میں یقین کی بجائے احتمال (Probability) کا کردار اہم ہوتا ہے، جو اسے کلاسیکی میکانیات سے نمایاں طور پر مختلف بناتا ہے۔

کلاسیکی میکانیات میں کسی بھی شے کا مقام اور رفتار بیک وقت عین درستی سے معلوم کی جا سکتی ہے، مگر کوانٹم میکانیات میں ایسا ممکن نہیں ہوتا۔ اس کی وضاحت ہائزنبرگ کے غیر یقینی اصول

(Heisenberg's Uncertainty Principle) سے ہوتی ہے، جو بتاتا ہے کہ ایک ذرے کا مقام اور رفتار بیک وقت انتہائی درستی سے نہیں ناپی جاسکتیں۔

یہ مخصوص اصول اور دیگر کوانٹم تصورات ایٹمی اور زیر ایٹمی سطح پر ہونے والے پیچیدہ مظاہر کو سمجھنے میں مدد دیتے ہیں، جیسے کہ برقناطیسی تعاملات، الیکٹرانوں کا مدار، اور کوانٹم الجھاؤ (Quantum Entanglement)۔ یہ تمام خصوصیات ہمیں کوانٹم میکانیات میں ملتی ہیں، جو کلاسیکی میکانیات کی جگہ لے کر کائنات کی بنیادی حقیقت کو مزید وضاحت سے بیان کرتی ہے۔ آگے چل کر ہم ان موضوعات کا تفصیل سے جائزہ لیں گے۔

ہمیں یہ بھی معلوم ہوتا ہے کہ خواہ بادلوں کا گرجنا برسنا ہو، یا بیج کا پودا اور درخت بننا ہو، خواہ ہمارا کھانا ہضم ہونے اور جزوبدن بننے کا عمل ہو یا موت کے بعد جسم کا گل کر زمین میں جذب ہونا ہو، سب میں ان ہی الیکٹرانوں کا عمل دخل ہے جو سالموں میں دوڑے دوڑے پھرتے ہیں اور کیمیائی تعامل یا ردّ عمل (Chemical Reaction) سے کچھ کا کچھ بنا دیتے ہیں۔ اگلے ابواب میں ہم پس ایٹمی سطح کا تفصیلی مطالعہ کریں گے۔

1.5. قوانینِ فطرت

ہم جانتے ہیں کہ زمین میں زندگی کو قائم رکھنے کی صلاحیت اور توازن بدرجہ اتم موجود ہے۔ ہوا کے مختلف اجزا کا تناسب، فضا کا درجہ حرارت، نمی کی سطح، سورج کے گرد زمین کے گھومنے کی رفتار، زمین کی قوتِ ثقل (Gravitational Force) کی مقدار، یہ سارے عناصر زمین پر زندگی کو ممکن بناتے ہیں اور قوانینِ فطرت کا جُز ہیں۔

یہاں سوال پیدا ہوتا ہے کہ قوانین فطرت کیا ہیں۔ جہاں تک ہمارے بیانیہ کا تعلق ہے تو یہ ان چند قوانین کا مجموعہ ہے جو کائنات کی پیدائش کے ساتھ ہی آیا تھا اور کائنات میں ہونے والا ہر عمل ان قوانین کا پابند ہے۔ ایک لفظ جو عموماً فطرت کے لیے استعمال کیا جاتا ہے وہ "قدرت" ہے۔ اگرچہ مذہبی نقطۂ نظر سے قدرت کا تعلق خدا سے ہے اور یہ خدا کی وہ طاقت یا صلاحیت ہے جسے بروئے کار لا کر وہ جو کچھ کرنا چاہتا

ہے اس کے لیے کہتا ہے کہ "ہو جا"، اور وہ فوراً ہو جاتا ہے، مگر اس کتاب میں ہم دونوں الفاظ عبارت کی ضرورت کے لحاظ سے ایک ہی معنی میں استعمال کریں گے جس کے مطابق فطرت یا قدرت (Nature) کا مفہوم کافی وسیع ہے۔ اس میں ہر وہ شے، ہر وہ عمل اور تمام وہ مظاہر شامل ہیں جو انسان کی مداخلت کے بغیر ظہور پذیر ہوتے ہیں۔ پانی کا بہنا، ہوا کا چلنا، آگ کا جلانا، ہائیڈروجن کے ایک ایٹم اور کلورین کے ایک ایٹم کا مل کر نمک کے تیزاب[a] کا ایک سالمہ (Molecule) بننا، سب کچھ قوانینِ فطرت کے تحت ہوتا ہے۔

اگرچہ انسان خود کو اشرف المخلوقات کا درجہ دیتا ہے اور ماحولیات (Ecology) پر مکمل عبور حاصل کرنا چاہتا ہے مگر زمین پر اس کے ہونے یا نہ ہونے سے کوئی فرق نہیں پڑتا بلکہ اس نے جس طرح ماحولیاتی توازن پر منفی اثر ڈالا ہے اس لحاظ سے اس کی غیر موجودگی زمین کے لیے مفید ہوگی۔ رسل مینز[b] امریکہ میں ریڈ انڈین قبیلے اوگلالا لکوٹا کے ایک سرگرم کارکن، اپنی دانائی اور اقوال کے لیے مشہور ہیں۔ ان ہی کا قول ہے کہ:

> "میری عمر چھ سال بھی نہیں تھی جب میرے دادا دادی اور میری والدہ نے مجھے سکھایا تھا کہ ہم اتنے بے قدر ہیں کہ اگر زمین سے اگنے والی تمام سبزیاں اٹھالی جائیں تو کوئی زندگی باقی نہیں رہے گی۔ اگر زمین سے چار ٹانگوں والی تمام مخلوقات کو اٹھالیا جائے تو کوئی زندگی باقی نہیں رہے گی۔ اگر تمام پروں والی مخلوقات کو زمین سے اٹھالیا جائے تو کوئی زندگی باقی نہیں رہے گی۔ اگر رینگنے اور تیرنے والے اور زمین کے اندر رہنے والے ہمارے تمام رشتہ داروں کو چھین لیا جائے تو کوئی زندگی باقی نہیں رہے گی۔ لیکن اگر تمام انسانوں کو لے جایا جائے تو زمین پر زندگی پروان چڑھے گی۔"[4]

ایک اندازے کے مطابق زمین پر مختلف مخلوقات کی 87 لاکھ قسمیں ہیں اور ان میں انسانی وجود کا حصہ صرف 0.01٪ ہے[5]۔ اس کے علاوہ زمین پر پہاڑ ہیں، درخت اور پودے ہیں، دریا اور سمندر ہیں، اور قدرت کے لیے ان سب کی بقا عزیز ہے۔ لہٰذا جنگلات کی نشوونما کے لیے ان میں گاہے گاہے آگ لگنا ضروری ہے، نئے پہاڑ اور جھیلیں بنانے، زمین کو زرخیز کرنے اور معدنیات کو الٹ پلٹ کرکے اوپر لانے

---

[a] Hydrochloric Acid (HCl)

[b] Russell Means, 1939-2012, an activist from Oglala Lakota tribe of South Dakota

کے لیے زلزلے آتے ہیں، اور خشک زمین کو سیر اب کرنے اور دریاؤں کا راستہ بدلنے کے لیے سیلاب آتے ہیں۔ انسان ان کو قدرتی آفات کا نام دیتا ہے اور ان کا خوف اسے دیویوں اور دیوتاؤں کے پاس لے جاتا ہے جو ان آفات سے بچاسکتے ہیں، حال آنکہ یہ آفات ماحولیات کا حصہ ہیں اور زمین کو صحت مند رکھنے کے لیے ضروری ہیں۔

ہمارا جبلّی تجسس ہمیں اپنے ماحول کا مطالعہ کرنے پر مجبور کرتا ہے اور اس کے نتیجے میں جمع ہونے والے نظریات، خیالات اور عقائد کا پلندا بار بار ایک ہی نتیجے پر لے جاتا ہے، اور وہ یہ کہ قوانینِ فطرت اس قدر حیران کن ہیں اور کائنات اتنی وسیع اور پیچیدہ ہے کہ اس کی تخلیق کو کسی نہ کسی خالق کا مرہونِ منت ہونا چاہیے۔ یہی وجہ ہے کہ جب سے انسان میں سوچنے سمجھنے اور اپنے ارد گرد دیکھ کر حیران ہونے کی صلاحیت پیدا ہوئی ہے تب ہی سے وہ مختلف خداؤں اور دیوی دیوتاؤں کو پوجتا چلا آرہا ہے۔

جو لوگ خدا کے وجود کو نہیں مانتے ان کے نزدیک کائنات کی پیچیدگی کی وضاحت کے لیے خدا کا وجود ضروری نہیں ہے۔ اکثر سائنس دانوں کا بھی یہی قول ہے مگر وہ یہ نہیں کہہ سکتے کہ چوں کہ خدا کا وجود ضروری نہیں ہے لہٰذا خدا کا وجود نہیں ہے۔ جو سائنس دان لامذہب ہوتے ہیں ان میں سے کچھ دہریے (Atheist) ہوتے ہیں اور کچھ لاادری (Agnostic) یعنی وہ اس نتیجے پر نہیں پہنچ پاتے کہ خدا کا وجود ہے یا نہیں۔

اس کی ایک وجہ تو یہ ہے کہ وہ اپنے کام میں اتنے محو ہوتے ہیں کہ انہیں خدا کے عدم یا وجود پر غور کرنے کی فرصت ہی نہیں ملتی۔ دوسری وجہ یہ ہے کہ سائنس کا دائرہ کار مادے (Matter) اور توانائی (Energy) تک محدود ہے۔ آگے چل کر ہم دیکھیں گے کہ سائنس دان کے پاس تحقیق کرنے کے لیے صرف دو وسائل ہیں یعنی ریاضیات (Mathematics) اور سائنسی آلات (Tools)، جن کی مدد سے وہ مادے اور توانائی کا مطالعہ کرتا ہے۔ چوں کہ ہم نے خدا کی ماہیت کا تعین نہیں کیا اور ہم نہیں جانتے کہ وہ مادہ ہے یا توانائی یا کچھ اور، لہٰذا وہ سائنس دان کی تحقیق کا موضوع نہیں بن سکتا۔ اس کا مطلب یہ نہیں کہ تحقیق کے دروازے ہمیشہ کے لیے بند ہیں۔ جوں جوں وقت گزر رہا ہے ہمارے علم میں دن دونی رات چوگنی رفتار سے اضافہ ہو رہا ہے اور سائنس کا دائرہ کار وسیع ہو رہا ہے۔ جو کچھ ہمارے موجودہ علم کے احاطے میں نہیں آتا اسے ہم مافوق الفطرت (Supernatural) قرار دیتے ہیں، مثلاً ایک زمانے میں

ہسٹیریا کو جنوں اور بھوتوں کا اثر کہا جاتا تھا اور اس کا علاج تعویذ گنڈوں سے کیا جاتا تھا مگر اب اسے ایک نفسیاتی بیماری سمجھا جاتا ہے جو اعصابی کمزوری کی حالت میں جذباتی ہیجان سے لاحق ہوتی ہے اور اس کا علاج بھی کیا جاتا ہے۔ سائنس کے نقطۂ نظر سے جو کچھ ہمارے ارد گرد ہوتا ہے وہ سب قوانینِ فطرت کے مطابق ہوتا ہے۔ اگر ہمیں ان قوانین سے واقفیت نہیں ہوتی یا ابھی تک ان قوانین کا علم ہم تک نہیں پہنچا تو ہم اسے مافوق الفطرت سمجھتے ہیں یا معجزہ کہتے ہیں۔

جس رفتار سے ہمارے علم میں اضافہ ہو رہا ہے اس کے پیشِ نظر کچھ عجب نہیں کہ وہ وقت بھی آئے جب ہمارے پاس وہ تحقیقی وسائل پیدا ہو جائیں جو خدا، روحانیت اور مذہب کو سائنسی تحقیق کے میدان میں لے آئیں۔ ایسے آثار پیدا ہونا شروع ہو گئے ہیں اور خصوصاً صحت کے شعبے میں روحانیت کے کردار کو سنجیدگی سے لیا جانے لگا ہے[6]۔

چوں کہ سائنس خدا کے معاملے میں لاتعلق ہو جاتی ہے لہٰذا الوہیت پر کسی قسم کی گفتگو کرنے کے لیے یا تو فلسفہ سے رجوع کرنا پڑتا ہے یا پھر مذہب کی طرف جانا پڑتا ہے مگر دونوں صورتوں میں دشواریوں کا سامنا کرنا پڑتا ہے۔ جہاں تک کہ فلسفہ کا تعلق ہے تو اگرچہ اس کا دائرہ کار لامحدود ہے لیکن وہ انسانی سوچ کو پیچیدگی اور تجرید (Abstraction) کی اس سطح پر لے جاتا ہے جہاں اس کی حیثیت ذہنی عیاشی سے زیادہ نہیں رہتی اور وہ عام آدمی کی دسترس سے باہر ہو جاتا ہے۔ اس کے برخلاف مذہب اس دشواری پر قابو پانے کے لیے اپنے پیغام کو سیدھے سادے طریقے پر پیش کرتا ہے تاکہ عام آدمی بھی اسے سمجھ سکے۔ پھر یہ پیغام وصول کرنے والے کی دانش پر منحصر ہے کہ وہ اسے پیچیدگی اور تصور کی معراج کی کس سطح تک لے جاتا ہے۔ کبھی وہ رُومی بن کر شمس تبریزی کے ساتھ ناچتا ہے اور کبھی سرمد بن کر لا الٰہ کے نعرے لگاتا ہوا دہلی کی سڑکوں پر ننگا بھاگا پھرتا ہے۔

بد قسمتی سے بیشتر منظم مذاہب میں پیشہ ور پجاریوں نے مذہب کو اغوا کر لیا ہے اور مذہب کے ماننے والوں پر حکومت قائم رکھنے کے لیے ان کے سامنے خدا کو اپنے آلہ کار کے طور پر پیش کر کے اظہارِ خیال اور اختلافِ رائے کے سارے دروازے بند کر دیے ہیں۔ دراصل وجودِ خداوندی کو ایک

بدیہہ (Axiom) کی حیثیت سے بغیر ثبوت کے تسلیم کیا جاتا ہے۔ ریاضی اور منطق میں بدیہہ کی تعریف یہ ہے کہ وہ بذات خود سورج سے زیادہ روشن اور واضح ہوتا ہے۔ اسے بلا کسی پس و پیش کے مسلمہ اصول کی حیثیت سے تسلیم کر لیا جاتا ہے۔ نہ اس کا کوئی ثبوت ہوتا ہے اور نہ اسے ثابت کرنے کی کوئی ضرورت محسوس کی جاتی ہے، مثال کے طور پر یہ ممکن نہیں کہ کوئی شے بیک وقت کسی ایک جگہ ہو اور نہ بھی ہو[a] ایک بدیہہ ہے جسے بلا کسی ثبوت کے تسلیم کیا جاتا ہے۔ اس کے بر خلاف ایسا نظریہ جس کے صحیح ہونے کا ثبوت ہو یا اسے عملی طور پر صحیح ثابت کیا جا سکے تو اسے کلیہ یا مسئلہ (Theorem) کہتے ہیں۔ اگر آگے چل کر کسی بدیہہ کو غلط ثابت کر دیا جائے تو وہ رد ہو جاتا ہے اور اگر اس کے صحیح ہونے کا ثبوت مل جائے تو وہ کلیہ بن جاتا ہے۔ وجود خداوندی اگر ایک کلیہ ہوتا تو اسے ثبوت کی ضرورت ہوتی۔ جب تک خدا کے وجود یا عدم وجود کا ثبوت نہ مل جائے تب تک اسے بدیہہ کی حیثیت سے تسلیم کیا جائے گا۔

1.6. سائنس کا طریقہ کار

سائنسی قانون مختصر مگر جامع زبان میں وہ بیان (Statement) ہوتا ہے جو کسی قانون فطرت کی عکاسی ممکنہ حد تک درستی سے کرتا ہے۔ مثال کے طور پر نیوٹن کے تین قوانینِ حرکت وضاحت کرتے ہیں کہ "اشیا" کیسے حرکت کرتی ہیں۔ یہاں اشیا سے مراد کچھ بھی ہو سکتا ہے، خواہ وہ پتھر کا ٹکڑا ہو، ٹرین ہو یا بادل ہو۔ عام زبان میں ہم اسے "شے" (Object) اور طبیعیات کی اصطلاح میں "جسم" (Body) کہتے ہیں۔ اس کتاب میں دونوں اصطلاحات ایک ہی معنیٰ میں استعمال کی جائیں گی۔ جب ہم کسی شے کی حرکت کا مطالعہ نیوٹن کے قوانین کے حوالے سے کرتے ہیں تو ہمیں اس سے غرض نہیں کہ وہ پتھر کا ایک ٹکڑا ہے اور نہ ہمیں اس کے رنگ یا شکل سے کوئی غرض ہے۔ ہمارے لیے وہ صرف ایک شے ہے جس کی حرکت کا مطالعہ کر رہے ہیں۔ اگر وہ شے پتھر کے بجائے ایک کرسی ہوتی تب بھی اس پر ان قوانین کا اطلاق اسی طرح ہوتا۔ نیوٹن کے تین قوانینِ حرکت کو آگے چل کر بیان کریں گے۔ فی الحال اس تمہید کا مقصد یہ بتانا ہے کہ ایک بیان سائنسی قانون بننے کے لیے چار مدارج سے گزرتا ہے جو حسب ذیل ہیں۔

[a] Merrium-Webster Dictionary.

1. قیاس(Conjecture)

وہ بیان جو بظاہر صحیح معلوم ہو مگر سائنسی اعتبار سے اس کے صحیح ہونے کا ثبوت نہ ملا ہو۔ قیاس کی حیثیت اس رائے کی طرح ہوتی ہے جو کوئی مشاہدات یا تجربات کی بنیاد پر قائم کرتا ہے۔ قیاس سے جو نتائج اخذ کیے جاتے ہیں وہ بھی قیاس کے زمرے میں آتے ہیں۔ مثال کے طور پر ایک ماں کا مشاہدہ ہے کہ وہ جب بھی اپنے ڈیڑھ سالہ بیٹے کو آئس کریم دیتی ہے تو وہ ختم کرنے کے بعد اور مانگتا ہے۔ اس کے برخلاف جب وہ اسے پڈنگ دیتی ہے تو ہمیشہ تھوڑی بہت چھوڑ دیتا ہے۔ اس سے وہ یہ نتیجہ اخذ کرتی ہے کہ اس کے بچے کو پڈنگ کے مقابلے میں آئس کریم زیادہ پسند ہے[7]۔ اس مرحلے پر یہ صرف اس کا قیاس ہے جس کا قوی امکان ہے کہ درست ہے، مگر اس کا کوئی ثبوت نہیں ہے۔ اسی طرح اگر آپ کے سامنے نمبروں کا ایک سلسلہ (Series) ہو، مثلاً ... ,9 ,6 ,3 اور آپ سے پوچھا جائے کہ اگلا نمبر کیا ہوگا تو آپ کہیں گے 12، مگر یہ صرف قیاس ہے جو آپ نے اس بنیاد پر قائم کیا ہے کہ سلسلہ وار نمبروں کا فرق 3 ہے۔

2. مفروضہ(Hypothesis)

اگر تمام موجودہ مشاہدات کسی قیاس کی حمایت کریں اور جو نتائج اس قیاس سے اخذ کیے گئے ہوں وہ بھی اس قیاس کے صحیح ہونے کی شہادت دیں تو وہ قیاس مفروضہ بن جاتا ہے مگر مفروضہ کے صحیح ہونے کا ثبوت پھر بھی نہیں ہوتا۔ ہماری روزمرہ زندگی میں بے شمار مفروضے آتے ہیں، مثلاً رات کو کم از کم آٹھ گھنٹے سونے سے آدمی چاق و چوبند رہتا ہے، تمباکو نوشی سے کینسر ہوتا ہے اور زیادہ مٹھائیاں کھانے سے وزن بڑھتا ہے۔ یہ سب مفروضے ہیں۔ کچھ بیانات ایسے بھی ہوتے ہیں جن کے صحیح ہونے کے بارے میں ناقابل تردید شواہد نہیں ہوتے مثلاً جنّوں اور بھوتوں کا وجود، مگر پھر بھی انہیں مفروضے کا درجہ مل جاتا ہے۔

3. نظریہ(Theory)

جب پے در پے تجربات اور مشاہدات قیاس کے صحیح ہونے کی تائید کریں تو اسے نظریے کا درجہ

دے دیا جاتا ہے خصوصاً جب اس کا ریاضیاتی ثبوت (Mathematical Proof) مل جائے۔ بگ بینگ تھیوری اور نظریہ اضافیت سائنسی نظریات کی مثالیں ہیں۔ ریاضی کے نظریات کو کلیہ یا مسئلہ کہا جاتا ہے۔ ریاضیاتی ثبوت عموماً ایک مرحلہ وار منطقی مباحثے کی فہرست کی شکل میں پیش کیا جاتا ہے جس میں ہر مرحلے پر ایک مسئلہ اور اس کا نتیجہ پیش کیا جاتا ہے اور اگلے مرحلے میں اس نتیجے سے پیدا ہونے والے مسئلے اور اسکے نتیجے کو پیش کیا جاتا ہے حتیٰ کہ آخری مرحلے کا نتیجہ یہ ہوتا ہے کہ قیاس صحیح ہے اور وہ نظریہ بن جاتا ہے۔ اس کے باوجود کوئی گارنٹی نہیں دی جاسکتی کہ آگے چل کر اس ثبوت کو رد نہیں کر دیا جائے گا خصوصاً اس وقت جب کسی مرحلے میں بدیہہ ہو جس کو رد کرنے کے لیے کوئی ثبوت آجائے۔ اس صورت میں رد ہونے والے مرحلے کے بعد تمام مرحلے خود بخود رد ہو جاتے ہیں۔ اس کے باوجود ریاضیاتی ثبوت کو سائنسی ثبوت کے برخلاف اٹل سمجھا جاتا ہے۔

.4 قانون (Law)

نظریے کی بنیاد پر جب قانون بنایا جاتا ہے تو وہ واقعات اور حالات کے نتائج بتاتا ہے، مثلاً اگر کرکٹ کی گیند کو بلّے کی حرکت سے اچھال کر پھینکا جائے تو اس کے گرنے کے مقام کا دارومدار اس پر ہوگا کہ اسے کتنی قوت سے، کتنے زاویے پر اور کس سمت میں پھینکا گیا ہے۔ جواب کی درستی کا دارومدار اس پر ہوگا کہ ہوا کی رفتار اور سمت کو بھی حساب (Calculation) میں شامل کرلیا جائے۔ قانون اور نظریے میں یہ فرق ہے کہ نظریہ منطقی وضاحت دیتا ہے کہ واقعات کیوں ہوتے ہیں جب کہ قانون واقعات کے نتائج کی پیش گوئی کرتا ہے۔

واضح ہو کہ سائنسی اصطلاح میں نظریہ صرف مفروضے سے قانون کی طرف پیش رفت نہیں بلکہ ثبوت پر مبنی ایک اچھی طرح سے ثابت شدہ وضاحت ہے۔ قوانین فطری مظاہر کی وضاحت کرتے ہیں، جبکہ نظریات ان قوانین کی وضاحت کرتے ہیں۔

سائنس اور بالخصوص طبیعیات میں ہر نئے نظریے کو ریاضی میں ڈھال کر اس کی صداقت کا ثبوت تلاش کیا جاتا ہے ورنہ اگر کسی نظریے کی بنیاد صرف تجربات اور مشاہدات پر ہو تو ضروری نہیں کہ وہ نظریہ ہمیشہ قائم رہے۔ یہ بات صحیح ہے کہ جیسے جیسے ان تجربات کی تعداد بڑھتی ہے جو اس نظریے کی تصدیق کرتے

ہیں ویسے ویسے اس پر اعتماد پختہ ہوتا جاتا ہے لیکن اگر ایک بھی ایسا تجربہ یا مشاہدہ سامنے آجائے جس کے نتائج اس نظریے کے مطابق نہ ہوں تو وہ نظریہ رد کر دیا جاتا ہے یا اس میں ترمیم کی جاتی ہے۔ سائنسی لحاظ سے "اچھا" نظریہ وہ ہوتا ہے جس میں ان امور کی وضاحت کر دی جائے جن کا احاطہ وہ نظریہ نہیں کرتا۔ عموماً نظریات فیل ہونے کے بجائے بہتری کی طرف جاتے ہیں کیوں کہ مستثنیات کو ان میں شامل کیا جاتا ہے اور ترمیم نظریے کو بہتری کی طرف لے جاتی ہے۔ ترمیم کی ضرورت کیوں پیش آتی ہے؟ اس کی دو وجوہات ہیں۔

1. ہمارے نظریات حقیقت کے آس پاس تو پہنچ جاتے ہیں مگر حقیقت تک نہیں پہنچ پاتے کیوں کہ، جیسا کہ پہلے کہا جا چکا ہے، کسی نظریے کی صحت اور درستی (Accuracy) کا معیار یہ ہے کہ پہلے اسے ریاضی کے مسئلے میں تبدیل کیا جائے اور پھر اس مسئلے کو حل کیا جائے۔ اس سلسلے میں سب سے بڑی دشواری یہ پیش آتی ہے کہ ہم جوں جوں حقیقت کے قریب پہنچتے ہیں، ہماری ریاضی اتنی ہی پیچیدہ ہوتی جاتی ہے اور ہم حل تک پہنچنے کے لیے تخمینوں (Approximations) کا سہارا لیتے ہیں۔ نتیجہ یہ ہوتا ہے کہ حل تک پہنچتے پہنچتے اتنے تخمینے جمع ہو جاتے ہیں کہ حل حقیقت کے آس پاس تو ہوتا ہے مگر حقیقت تک نہیں پہنچ پاتا۔ وقت کے ساتھ جیسے جیسے کمپیوٹر کی طاقت اور رفتار میں اضافہ ہوتا رہے گا ویسے ویسے تخمینے کم ہوتے جائیں گے اور ہمارے حل نظریات کی زیادہ درستی سے نمائندگی کر سکیں گے۔

2. ہمارے مشاہدے اور پیمائش کے آلات ناقص اور ناکافی ہیں۔ کائنات کے اُس پار تک پہنچنا تو دور کی بات ہے، ہم ابھی اپنی زمین کے پچھواڑے سے ہی نہیں نکلے۔ ہماری دوربینیں ابھی ہمارے پڑوس تک محدود ہیں۔ اسی طرح اپنے اندر جھانکنے کے لیے جو آلات موجود ہیں انہیں بھی مزید طاقتور ہونے کی ضرورت ہے۔ اگرچہ الیکٹران مائکرواسکوپ اشیا کو ایک کروڑ گُنا بڑا کر کے دکھا سکتی ہے تاہم ہمیں مادّے کو اس حالت میں دیکھنے کے لیے جب وہ اپنی مادیت کھو کر توانائی بن رہا ہوتا ہے، مزید طاقتور آلات تک رسائی کی ضرورت ہے۔

2

محوِ تماشا

2.1. دھنک اور سراب

سائنس کا کام قوانینِ فطرت پر تحقیق کرنا اور انہیں سمجھنا ہے مثلاً ہم میں سے بہتوں نے کبھی اس پر غور نہیں کیا ہو گا کہ بارش کے بعد آسمان پر جو رنگ برنگی دھاریوں کی دھنک ظاہر ہوتی ہے اس میں بنفشی رنگ کی دھاری ہمیشہ سب سے نیچے ہوتی ہے، اس کے اوپر اودی، نیلی، سبز، پیلی، اور نارنجی دھاریاں ہوتی ہیں اور سب سے اوپر سرخ دھاری ہوتی ہے۔ آخر کبھی ایسا کیوں نہیں ہوتا کہ رنگوں کی ترتیب مختلف ہو؟ اس کا جواب ہمیں سائنس سے ملتا ہے جو یہ بتاتی ہے کہ روشنی دراصل توانائی کی لہروں یا موجوں کی شکل میں سفر کرتی ہے جنہیں ضیائیہ یا فوٹان (Photons) کہتے ہیں۔ فوٹان کو روشنی کے ذرّات کی حیثیت سے بھی پہچانا جاتا ہے جن کے ارتعاش سے روشنی کی موجیں بنتی ہیں۔ ان موجوں کو سمجھنے کے لیے کسی ایسے تالاب یا جھیل کے کنارے کھڑے ہوں جس کا پانی ساکت ہو۔ اس میں آہستہ سے ایک کنکری اچھال کر پھینکیں تو پانی میں موجیں پیدا ہوتی ہیں جو دائروں کی شکل میں کناروں کی طرف بڑھتی ہیں۔ روشنی کی موجیں بھی اسی طرح سفر کرتی ہیں۔

سورج کی روشنی کا رنگ سفید سمجھا جاتا ہے مگر اس میں وہ تمام رنگ ہوتے ہیں جو دھنک میں نظر آتے ہیں۔ ان سارے رنگوں کے امتزاج سے سفید رنگ بنتا ہے۔ ہر رنگ کی موج کی لمبائی مختلف ہوتی ہے۔ اس لمبائی کو طولِ موج (Wavelength) کہتے ہیں۔ مثلاً جیسا کہ تصویر 3 میں دکھایا گیا ہے، سرخ رنگ کی موجیں بنفشی موجوں سے لمبی ہوتی ہیں۔ روشنی کی موجوں کا طول موج نینو میٹر

(Nanometers) میں ناپا جاتا ہے جو ایک میٹر کا ایک ارب واں حصہ ہوتا ہے۔

در حقیقت دھنک میں رنگوں کا ایک متصل سلسلہ ہوتا ہے، جس میں کچھ رنگ آنکھ سے واضح طور پر نظر نہیں آتے۔ دو رنگوں کے درمیان لاتعداد رنگوں کا سلسلہ ہوتا ہے۔ اگرچہ ہم عام طور پر دھنک کو سات رنگوں میں بیان کرتے ہیں، یہ تقسیم انسانی آنکھ کی تعبیر ہے۔ قدرت میں رنگ کسی سخت تقسیم کے بغیر ایک ہموار سلسلے کی صورت میں موجود ہوتے ہیں۔

چوں کہ ہر رنگ کی روشنی کی رفتار یکساں ہے لہٰذا ایک سیکنڈ میں گزرنے والی ان موجوں کی تعداد جن کا طول موج کم ہو ان موجوں کے مقابلے میں زیادہ ہوگی جن کا طول موج زیادہ ہو۔ مطلب یہ کہ بنفشی موجوں کے مقابلے میں کم سرخ موجیں گزریں گی۔ ایک سیکنڈ میں گزرنے والی موجوں کی تعداد کو فریکوئنسی (Frequency) یا تعدّد کہتے ہیں۔ ہم اس کتاب میں فریکوئنسی ہی استعمال کریں گے کیوں کہ یہ عام فہم ہے۔

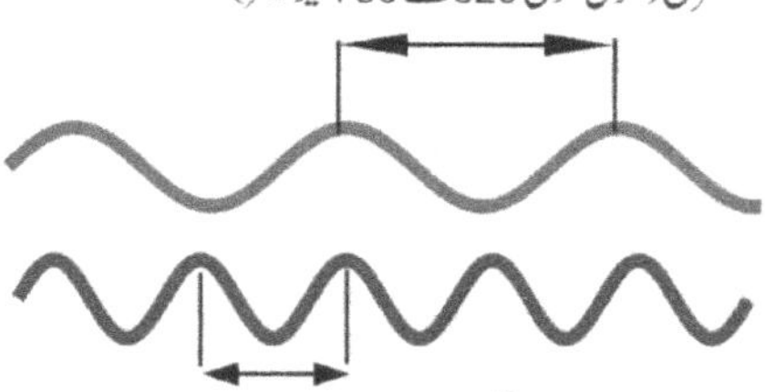

تصویر 3: سرخ اور بنفشی روشنی کی موجوں کا موازنہ

جیسا کہ تصویر 3 میں دکھایا گیا ہے، بنفشی رنگ 380 نینو میٹر پر شروع ہوتا ہے اور سرخ رنگ 750 نینو میٹر پر ختم ہوتا ہے۔ (واضح رہے کہ ایک نینو میٹر ایک میٹر کا ایک اربواں حصہ ہوتا ہے۔)

سورج کی روشنی میں 380 نینو میٹر سے چھوٹی موجیں بھی ہوتی ہیں جن کی توانائی بنفشی موجوں سے زیادہ ہوتی ہے۔ انہیں بالا بنفشی (Ultraviolet) کہتے ہیں۔ یہ روشنی انسانی آنکھ نہیں دیکھ سکتی۔ اسی طرح 750 نینو میٹر سے لمبی موجیں جن کی توانائی سرخ روشنی سے کم ہوتی ہے انہیں زیریں سرخ (Infrared) کہتے ہیں اور یہ روشنی بھی انسانی آنکھ کو نظر نہیں آتی۔

چلتے چلتے ایک بات اور ہو جائے، پھر ہم اپنے مطلب کی طرف واپس آئیں گے۔ روشنی کی ہر موج میں توانائی ہوتی ہے جس کی مقدار کا رشتہ اس کے طول موج سے "تناسب معکوس" (inverse proportion) کا ہے۔ سادہ الفاظ میں یوں سمجھیں کہ ریاضی کی اصطلاح میں اگر ایک مقدار بڑھے اور

اسی نسبت سے دوسری مقدار گھٹے یا جس نسبت سے ایک مقدار کم ہو اسی نسبت سے دوسری مقدار بڑھ جائے تو ایسے تناسب کو تناسبِ معکوس کہتے ہیں لہٰذا روشنی کی موج جتنی طویل ہو گی یعنی اس کی فریکوئنسی جتنی کم ہو گی اس کی توانائی اتنی ہی کم ہو گی اور جتنی چھوٹی ہو گی اس میں توانائی کی مقدار اتنی ہی زیادہ ہو گی، لہٰذا چوں کہ سرخ روشنی کی موجوں کا طول موج بنفشی موجوں سے زیادہ ہوتا ہے یعنی فریکوئنسی کم ہوتی ہے اس لیے ان میں توانائی بنفشی موجوں سے کم ہوتی ہے۔

اب ہم واپس آتے ہیں دھنک کے رنگوں کی طرف۔ دھنک کے سات رنگ ہوتے ہیں یعنی بنفشی، اُودا، نیلا، سبز، پیلا، نارنجی اور سرخ۔ جب بارش کے بعد سورج نکلتا ہے (یعنی سورج کے سامنے سے بادل ہٹ جاتے ہیں) تو بارش کے وہ قطرے جو ابھی فضا میں لٹکے ہوئے ہیں، شیشے کا کام کرتے ہیں۔ ویسے تو روشنی کی موجیں ہمیشہ (کم از کم ویکیوم میں) سیدھی لائن پر سفر کرتی ہیں[a] مگر جب شیشے سے ترچھے زاویے سے گزرتی ہیں تو ہلکی سی مڑ جاتی ہیں۔ اس خاصیت کو انحراف نور (Refraction of Light) کہتے ہیں۔ روشنی کی موج کا طولِ موج جتنا کم ہو گا یعنی فریکوئنسی جتنی زیادہ ہو گی اتنی زیادہ مڑے گی۔ چوں کہ بنفشی روشنی سب سے زیادہ مڑتی ہے لہٰذا اس کی دھاری سب سے نیچے ہوتی ہے جب کہ سرخ روشنی سب سے کم مڑتی ہے چناں چہ اس کی دھاری سب سے اوپر ہوتی ہے۔ باقی رنگ بھی اپنے طول موج کے مطابق مڑتے ہیں اور سورج کی روشنی کے سات رنگ علیحدہ علیحدہ نظر آتے ہیں۔

کبھی کبھار بارش کے بعد دوہری دھنک بھی نظر آتی ہے جس میں ثانوی دھنک بنیادی دھنک کے اوپر ہوتی ہے اور اس میں رنگوں کی ترتیب اُلٹ ہوتی ہے۔ دوہری دھنک اس وقت بنتی ہے جب روشنی پانی کے قطروں کے اندر دو بار منعکس ہوتی ہے، جس سے دو الگ الگ رنگین کمانیاں بنتی ہیں۔

انحراف نور کا ایک اور دل چسپ مظاہرہ صحرا میں سراب کی شکل میں نظر آتا ہے۔ تپتے ہوئے صحرا میں سفر کرنے والا مسافر پیاس سے نڈھال ہو کر جب دور نظر دوڑاتا ہے تو اسے لرزتی ہوئی گرم ہوا کے پار دور ایک جھیل نظر آتی ہے جس کا پانی سورج کی شعاؤں سے جھلملا رہا ہے۔ وہ بے تاب ہو کر جھیل کی

---

[a] دراصل روشنی صرف خلا کے اس حصے سے سیدھی لائن میں سفر کرتی ہے جس میں مادّے کا وجود نہ ہو یا وہ متجانس واسطہ (Homogeneous Medium) سے گزر رہی ہو۔ جب روشنی کائنات میں کسی جسم کے قریب سے گزرتی ہے تب بھی آئن اسٹائن کے عمومی اضافیت کے نظریے کے مطابق اس جسم کی کشش ثقل کی بنا پر خمیدہ ہو جاتی ہے۔

جانب دوڑتا ہے مگر جیسے جیسے وہ آگے بڑھتا ہے وہ جھیل اس سے دور ہوتی جاتی ہے۔ آخر اسے احساس ہوتا ہے کہ وہ ایک سراب کی طرف دوڑ رہا ہے اور اس جھیل کا کوئی وجود نہیں۔ صحرا میں جب تپتی ہوئی ریت کے نزدیک کی گرم ہوا اوپر کی ٹھنڈی ہوا سے ملتی ہے تو درجہ حرارت کے فرق کی وجہ سے سورج کی روشنی ایک تہہ سے دوسری تہہ میں داخل ہوتے وقت ذرا سی مڑ جاتی ہے اور شیشے کا کام دیتی ہے، لہٰذا دور سے زمین پر نیلے آسمان کا سایہ نظر آتا ہے اور مسافر اسے جھیل سمجھتا ہے۔ روشنی کی یہ خاصیت فطری ہے۔

2.2. کائنات پھیل رہی ہے

فطرت کے چند سیدھے سادے قوانین ہیں جو پوری کائنات کو چلا رہے ہیں اور اُن قوانین کا اطلاق ہم ایسے ایسے مظاہر قدرت میں دیکھتے ہیں جن کا بظاہر آپس میں کوئی تعلق نہیں ہے، مثلاً اگر آپ سڑک پار کرنے سے پہلے سامنے سے آتی ہوئی کار گزر جانے کے انتظار میں کنارے پر کھڑے ہوں اور وہ کار ہارن بجاتی ہوئی تیزی سے آپ کے سامنے سے گزر جائے تو آپ محسوس کریں گے کہ جب کار دور ہوتی ہے تو اس کے ہارن کی آواز بھاری ہوتی ہے اور جیسے جیسے آپ کے نزدیک آتی ہے تو آواز باریک ہوتی جاتی ہے اور جب آپ کے سامنے سے گزر جاتی ہے تو آواز دوبارہ بھاری ہونی شروع ہو جاتی ہے۔ یہ مشاہدہ تو عام زبان میں بیان کر دیا گیا۔ تکنیکی زبان میں یوں کہہ سکتے ہیں کہ اگر ہمارے اور آواز کے ماخذ (Source) کے درمیان فاصلہ کم ہو رہا ہو تو آواز کی فریکوئنسی بڑھتی ہے اور اگر آواز کا ماخذ دور ہوتا جا رہا ہو تو فریکوئنسی گھٹتی ہے۔ یہ اصول ڈاپلر اثر (Doppler Effect) کہلاتا ہے۔

اب فرض کریں کہ آپ سڑک کے کنارے کھڑے ہونے کے بجائے خود کار چلا رہے ہیں اور دوسری کار ہارن بجاتی ہوئی تیزی سے آتی ہے اور آپ کو اوور ٹیک کر کے آگے بڑھ جاتی ہے۔ اس بار آپ کی رفتار بھی اس کی رفتار میں شامل ہو جائے گی اور ڈاپلر اثر کم ہو گا۔ البتہ اگر آپ مخالف سمت میں سفر کر رہے ہیں تو اثر زیادہ ہو گا۔

ڈاپلر اثر ایک سیدھا سادا قانون قدرت ہے مگر اسے ہم روزمرہ کی زندگی میں جگہ جگہ استعمال کرتے

ہیں، مثلاً

- محکمہ موسمیات میں طوفانوں کی سمت اور رفتار کی تحقیق۔
- اسپتالوں میں خون کی گردش کی نگرانی۔
- خون میں لوتھڑوں کی موجودگی کی تحقیق۔
- سڑکوں پر کاروں کی تیز رفتاری کی نگرانی۔
- سیٹلائٹ کی نگرانی اور اس کی صحیح پوزیشن کی معلومات۔

ڈاپلر اثر کو استعمال کر کے ہمیں معلوم ہوتا ہے کہ کائنات پھیل رہی ہے۔ کہکشائیں اور ان میں بسنے والے ستارے ایک دوسرے سے دور ہوتے جا رہے ہیں۔ نہ صرف یہ بلکہ کائنات کے پھیلاؤ کی رفتار مسلسل بڑھ رہی ہے۔ جو ستارہ ہم سے جتنی دور ہے وہ اتنی ہی تیزی سے آگے بڑھ رہا ہے۔ واضح ہو کہ کائنات کا یہ پھیلاؤ آئن اسٹائن کے عمومی نظریہ اضافت کے مطابق خلا کے پھیلنے کے نتیجے میں ہے جس کی بنا پر کائنات کے اجسام ایک دوسرے سے دور ہوتے جا رہے ہیں۔ ہوتے ہوتے کہکشاؤں کا ربط ایک دوسرے سے ختم ہو جائے گا اور یہ کائنات ختم ہو جائے گی یا پھر کوئی ایسا غیر متوقع واقعہ پیش آئے گا کہ کائنات پھیلنا بند ہو جائے گی۔

پچھلے سیکشن میں جہاں ہم نے دھنک کے متعلق بات کی تھی وہاں روشنی کی موجوں کا تذکرہ کیا تھا۔ آواز بھی روشنی کی طرح موجوں کے ذریعے پھیلتی ہے۔ فرق صرف یہ ہے کہ آواز کی موجوں کے لیے واسطہ (Medium) درکار ہوتا ہے لہٰذا ویکیوم سے آواز نہیں گزرتی۔ اگر دو اشخاص آمنے سامنے بیٹھے ہوئے گفتگو کر رہے ہوں تو ان کے الفاظ ہوا میں ارتعاش پیدا کرتے ہیں جو آواز کی لہروں کی شکل میں آگے بڑھتی ہیں۔ یہاں ہوا واسطہ ہوتا ہے۔ اس کے برخلاف روشنی کی لہریں فوٹان کے ارتعاش سے پیدا ہوتی ہیں لہٰذا انہیں کسی واسطے کی ضرورت نہیں ہوتی اور روشنی ویکیوم سے گزر سکتی ہے۔

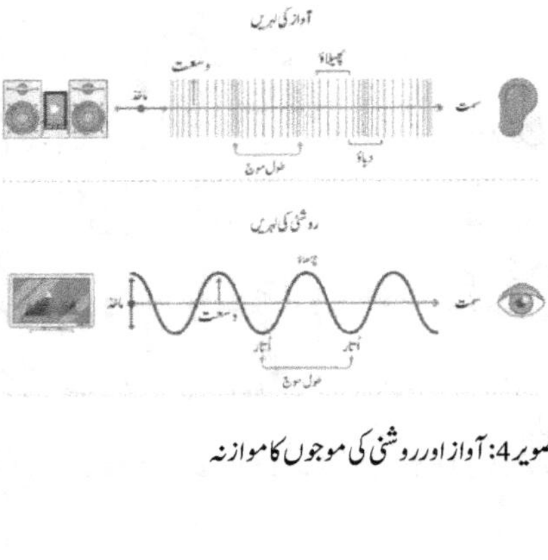

تصویر 4: آواز اور روشنی کی موجوں کا موازنہ

اس سے پہلے کہ ہم آگے بڑھیں، ذرا ویکیوم یا جوف کا جائزہ لے لیں۔ فرض کریں کہ کائنات ایک خول میں لپٹی ہوئی ہے۔ اس خول کے اندر تمام مقامات مل کر اسپیس (Space) بناتے ہیں جس میں کائنات میں موجود توانائی اور تمام مادّی اشیا رہتی ہیں۔ اردو میں اسے خلا کہتے ہیں۔ اس کے بر خلاف اگر کسی طرف سے پمپ کے ذریعے کُلّی طور پر ہوا نکال لی جا سکے تو اس حالت کو ویکیوم (Vacuum) کہتے ہیں۔ اگرچہ اردو میں اسے بھی خلا کہتے ہیں مگر ہم اس کتاب میں اس کے لئے ویکیوم ہی استعمال کریں گے تا کہ غلط فہمی نہ ہو۔ ویکیوم خلا کی وہ حالت ہے جس میں خلا میں مادّے کا وجود نہ ہو۔

دراصل آواز کی موجیں فضا میں ارتعاش سے پیدا ہوتی ہیں۔ جس طرح روشنی کی موجوں میں اتار اور چڑھاؤ ہوتا ہے اسی طرح آواز کی موجیں فضا میں دباؤ اور پھیلاؤ پیدا کرتی ہیں۔ یہ دباؤ اور پھیلاؤ آواز کی سمت بڑھتے رہتے ہیں۔ اس کے بر خلاف روشنی کی موجوں کے اتار اور چڑھاؤ عمودی ہوتے ہیں۔ اسی لیے آواز کی موجوں کو طولی موجیں (Longitudinal Waves) کہتے ہیں اور روشنی کی موجوں کو عرضی موجیں (Transverse Waves) کہا جاتا ہے۔

پچھلے سیکشن میں ہم نے یہ بھی دیکھا تھا کہ 750 نینو میٹر سے لمبی موجیں جن کی توانائی سرخ روشنی سے کم ہوتی ہے، زیریں سرخ کہلاتی ہیں اور یہ کہ ہر گرم شے سے زیریں سرخ روشنی نکلتی رہتی ہے، جو ہمیں نظر نہیں آتی۔ ان اشیا میں ستارے بھی شامل ہیں۔ جیمس ویب خلائی دوربین جو ہبل کی جگہ لے رہی ہے، دراصل ستاروں سے خارج ہونے والی زیریں سرخ روشنی کو دیکھتی اور ناپتی ہے جس سے ہمیں نئے ستاروں کا پتا چلتا ہے۔ دل چسپ بات یہ ہے کہ یہ دوربینیں کائنات کے ماضی کو دیکھتی ہیں۔ وہ دور دراز ستارے جو حال ہی میں (یعنی چند کروڑ یا ایک آدھ ارب سال پہلے) پیدا ہوئے اور ان کی روشنی ہم تک ابھی نہیں پہنچی، ہبل زُوم کر کے آگے بڑھتی ہے اور ان ستاروں کو جوان ہوتا ہوا دیکھتی ہے جب کہ جیمس ویب ان کے بچپن تک پہنچ جاتی ہے۔ کونیات دان (Cosmologists) جو کائنات کا مطالعہ کرتے ہیں، بے چینی سے ان آلات کے منتظر ہیں جو کائنات کی پیدائش سے قریب ترین وقت تک لے جا سکیں۔

اب ہم واپس آتے ہیں ستاروں سے خارج ہونے والی زیریں سرخ موجوں کی جانب۔ تحقیق سے پتا چلتا ہے کہ وقت کے ساتھ ساتھ ان موجوں کی فریکوئنسی گھٹ رہی ہے یعنی وہ موجیں سرخ سے سرخ تر

ہوتی جا رہی ہیں۔ اس عمل کو سرخ انتقال (Redshift) کہتے ہیں اور ڈاپلر اثر کے مطابق یہ ظاہر کرتا ہے کہ ستارے ہم سے دور ہوتے جا رہے ہیں یعنی کائنات پھیل رہی ہے۔ (واضح ہو کہ کچھ ستارے ہماری جانب بھی آ رہے ہیں اور ان کی زیریں سرخ فریکوئنسی بڑھ رہی ہے۔ اس عمل کو نیلا انتقال (Blueshift) کہتے ہیں۔) ڈاپلر اثر کی ریاضی میں دیگر عوامل بھی آتے ہیں، مثلاً مشاہدہ کرنے والے کی حرکت، کشش ثقل اور کائنات کا پھیلاؤ، مگر اس کتاب کی حد تک انہیں بیان کرنے کی ضرورت نہیں ہے۔

جدید تحقیق کے مطابق کائنات کے پھیلاؤ کی رفتار 73.3 کلومیٹر فی سیکنڈ فی میگا پارسیک ہے[a]۔ ایک میگا پارسیک دس لاکھ پارسیک کے برابر ہوتا ہے جب کہ ایک پارسیک 3.26 نوری سال یا 3.086×1013 کلومیٹر کا ہوتا ہے۔[8] اس کا مطلب ہے کہ جو کہکشائیں ہم سے 1 میگا پارسیک کے فاصلے پر ہیں وہ 73.3 کلومیٹر فی سیکنڈ کی رفتار سے ہم سے دور ہو رہی ہیں اور جو 2 میگا پارسیک کے فاصلے پر ہیں ان کی رفتار 146.6 کلومیٹر فی سیکنڈ ہے لہٰذا جو ستارہ جتنا دور ہے اتنی ہی تیزی سے ہم سے دور جا رہا ہے۔

ڈاپلر اثر ایک سادہ اصول ہے جو ہمارے روزمرہ مشاہدات میں دیکھا جا سکتا ہے۔ جیسا کہ اوپر بیان کیا گیا ہے، اس کے مطابق اگر آواز کا ماخذ سامع کی جانب آئے تو آواز کی لہروں کی فریکوئنسی بڑھتی ہوئی محسوس ہوتی ہے یعنی آواز باریک ہوتی جاتی ہے اور اگر سامع سے دور ہو رہا ہو تو فریکوئنسی گھٹتی ہوئی محسوس ہوتی ہے یعنی آواز بھاری ہوتی جاتی ہے۔ اس کے برخلاف کائنات کے پھیلاؤ کی وجہ سے جو سرخ انتقال (Redshift) ہوتا ہے، وہ کلاسیکی ڈاپلر اثر سے مختلف ہے۔ کائناتی سرخ انتقال کا سبب روشنی کی لہروں کی فریکوئنسی میں تبدیلی ہے جو کائنات کے مسلسل پھیلنے سے ہوتی ہے۔ اس عمل میں کہکشائیں ایک دوسرے سے ایسے دور ہو رہی ہیں جیسے ایک پھیلتے ہوئے غبارے کی سطح پر نشان دور ہوتے جائیں۔ روشنی کی یہ سرخی ہمیں بتاتی ہے کہ دور دراز کہکشائیں ہم سے دور جا رہی ہیں اور جتنا زیادہ دور ہیں، اتنی ہی تیزی سے دور ہوتی جا رہی ہیں۔

کائناتی سرخ انتقال کا یہ اصول آئن سٹائن کے عمومی نظریہ اضافیت (General Theory of

---

[a] مختلف تجربات سے اس رفتار کی مختلف قدریں نکلتی ہیں۔ بہتر قدر 67 اور 70 کلومیٹر فی سیکنڈ فی میگا پارسیک ہو گی۔

(Relativity) کے تحت ہے، جو بتاتا ہے کہ زمان و مکاں (Spacetime) پھیل رہی ہے[a]۔ اس کا مطلب یہ ہے کہ روشنی کی لہریں بھی اس پھیلاؤ پھیلاؤ کے ساتھ پھیل رہی ہیں اور ان کی فریکوئنسی کم ہوتی جا رہی ہے، جسے ہم سرخ انتقال کہتے ہیں۔ کائناتی سرخ انتقال کو ڈاپلر اثر سے براہ راست نہیں سمجھا جا سکتا کیونکہ یہ خلا کے پھیلاؤ کے ساتھ وابستہ ہے، نہ کہ کسی واسطے میں سفر کرنے والی آواز کی مانند۔

یہ فرق سمجھنا ضروری ہے کیونکہ کلاسیکی ڈاپلر اثر اور کائناتی سرخ انتقال دونوں مختلف طبیعی اصولوں پر مبنی ہیں۔ کائناتی سرخ انتقال ہمیں کائنات کے پھیلاؤ اور اس کی اصل نوعیت کو سمجھنے میں مدد دیتا ہے، جو ایک وسیع اور پیچیدہ کائنات کی تصویر کو مزید واضح کرتا ہے۔

2.3. پانی کی انوکھی خاصیت

اگرچہ قوانینِ فطرت اٹل ہیں لیکن اگر زندگی کو قائم رکھنے کے لیے ان میں ترمیم کی ضرورت پیش آتی ہے تو وہ تبدیلی بھی قوانینِ فطرت کا حصہ بن جاتی ہے جس کی ایک مثال پانی ہے۔ زمین کی سطح کا تقریباً 71٪ حصّہ پانی سے ڈھکا ہوا ہے، اور زمین کے تمام پانی کا تقریباً 96.5٪ سمندروں میں ہے، 1٪ زیر زمین کھارا پانی ہے اور صرف 2.5٪ میٹھا پانی ہے جو دریاؤں اور جھیلوں میں، برف کی تہوں اور گلیشیئروں میں، زمین میں مٹی کی نمی کے طور پر، آبی ذخائر میں، ہوا میں آبی بخارات کے طور پر اور جان داروں کے جسموں میں موجود ہے۔ ہمارے جسم کا اوسطاً 60٪ حصہ پانی ہوتا ہے۔ عورتوں میں عموماً پانی کی مقدار مردوں کے مقابلے میں کم ہوتی ہے۔

اس سے پہلے کہ ہم پانی کی انوکھی خاصیت کا جائزہ لیں ہم ایک مرتبہ ان بیانات کو دہرا لیں جو ہمیں ہائی اسکول کی جنرل سائنس پڑھائے گئے تھے۔

- مادے کی تین حالتیں ہوتی ہیں: ٹھوس، مائع اور گیس۔ (آگے چل کر ہم ایک چوتھی حالت کی بات کریں گے جسے پلازما کہتے ہیں۔)
- اگر کسی ٹھوس شے کو گرم کیا جائے تو وہ ایک خاص درجہ حرارت پر پگھل کر مائع ہو جاتی ہے اور اگر

[a] سیکشن 9,3 میں ہم عمومی نظریہ اضافیت کا تفصیل سے مطالعہ کریں گے۔

مزید گرم کرتے رہیں تو بخارات بن کر گیس کی شکل میں تبدیل ہو جاتی ہے۔ اسی طرح اگر گیس کو ٹھنڈا کیا جائے تو ایک خاص درجہ حرارت پر وہ مائع ہو جاتی ہے اور اگر مزید ٹھنڈا کرتے رہیں تو ٹھوس حالت اختیار کر لیتی ہے۔

- پانی کو اگر ٹھنڈا کیا جائے تو[a] 0°C پر برف بن کر ٹھوس حالت میں آجاتا ہے اور اگر گرم کیا جائے تو 100°C پر بھاپ بن کر گیس کی شکل اختیار کر لیتا ہے۔
- کسی شے میں مادے کی مقدار کو کمیّت (Mass) کہتے ہیں (دیکھیے اگلا سیکشن) اور اس کا سائز حجم (Volume) کہلاتا ہے۔ اگر کمیّت کو حجم سے تقسیم کریں تو اس شے کی کثافت (Density) نکل آتی ہے۔ آگے بڑھنے کے لیے یہ تین الفاظ یاد رکھیں: کمیّت، حجم اور کثافت۔
- اگر ہم اشیا کو ٹھنڈا کرتے جائیں تو ان کا حجم کم ہوتا جاتا ہے لہٰذا کثافت بڑھتی جاتی ہے۔

دوسری اشیا کی مانند پانی کا حجم بھی درجہ حرارت کم ہونے سے گھٹتا ہے اور کثافت بڑھتی ہے مگر صرف اس وقت تک جب درجہ حرارت 4°C پہنچ جائے۔ اگر درجہ حرارت مزید کم کیا جائے تو دوسری اشیا کے برخلاف پانی کا حجم بڑھنا شروع ہوتا ہے اور نتیجتاً کثافت کم ہوتی ہے یہاں تک کہ 0°C پر پہنچ کر پانی جم کر برف بن جاتا ہے۔ اس کا مطلب ہے کہ 4°C پر پانی کا حجم قلیل ترین (Minimum) ہوتا ہے اور کثافت کثیر ترین (Maximum) ہوتی ہے جیسا کہ تصویر 5 میں دکھایا گیا ہے۔ اس درجہ حرارت پر 1 گرام پانی کا حجم 1 کیوبک سینٹی میٹر ہوتا ہے یعنی کثافت 1 گرام فی کیوبک سینٹی میٹر ہوتی ہے۔

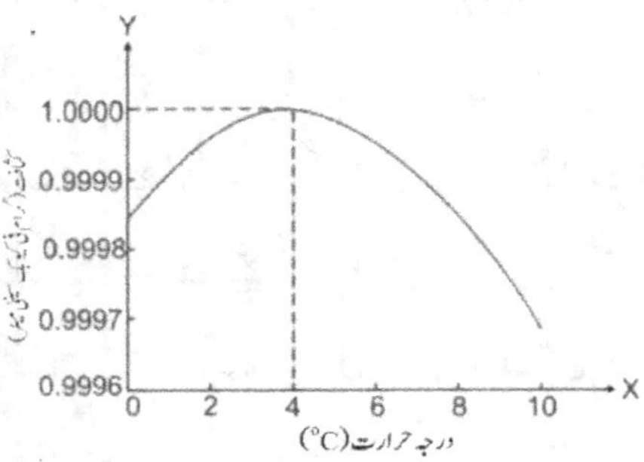

تصویر 5: درجہ حرارت سے پانی کی کثافت میں تبدیلی

پانی کے جم کر برف بننے کے دوران اس کے حجم کا کم ہونے کی بجائے بڑھنا ایک منفرد اور غیر معمولی خصوصیت ہے۔ عام طور پر، جب کسی مائع کو ٹھنڈا کیا جاتا ہے تو اس کے سالموں کی حرکت سست ہو جاتی ہے، اور وہ ایک دوسرے کے قریب آتے جاتے ہیں، جس سے اس کا حجم کم

°C[a] (ڈگری سینٹی گریڈ)

ہوتا ہے۔ مگر پانی میں یہ عمل مختلف ہوتا ہے، اور اس کی وجہ پانی کے سالموں کی ساخت ہے۔

پانی کا ہر سالمہ دو ہائیڈروجن ایٹم اور ایک آکسیجن ایٹم پر مشتمل ہوتا ہے اور ایک سالمے کی ہائیڈروجن دوسرے سالمے کی ہائیڈروجن کے ساتھ بھی منسلک ہو جاتی ہے۔ اسے ہائیڈروجن بانڈنگ کہتے ہیں اور یہ سالموں کو ایک مخصوص زاویے پر جوڑتی ہے۔ جب درجہ حرارت 0°C تک پہنچتا ہے، تو پانی کے سالمے ایک مخصوص بلوری (Crystalline) ساخت اختیار کر لیتے ہیں، جس میں ہر سالمہ چار دیگر سالموں سے منسلک ہو جاتا ہے۔ یہ ساخت زیادہ جگہ گھیرتی ہے، جس کے باعث پانی کے سالموں کے درمیان فاصلے بڑھ جاتے ہیں، اور پانی کا حجم بڑھ جاتا ہے۔ یہی وجہ ہے کہ برف پانی سے ہلکا ہوتا ہے اور پانی میں تیرتا ہے۔

سرد ممالک میں جہاں سردیوں میں درجہ حرارت نقطۂ انجماد سے نیچے چلا جاتا ہے، جوں ہی موسم بہار آتی ہے سڑکوں کی مرمت شروع ہو جاتی ہے کیوں کہ سردی میں سڑکیں تڑخ جاتی ہیں۔ اس کی وجہ یہ ہے کہ سردیاں آنے سے پہلے جب بارشیں ہوتی ہیں تو ان کا پانی سڑکوں کے نیچے زمین میں جذب ہو جاتا ہے۔ سردی میں جب پانی کا درجہ حرارت 4°C سے نیچے جاتا ہے تو اس کا حجم بڑھنا شروع ہو جاتا ہے اور اس کے دباؤ کی بنا پر سڑکیں تڑخنا شروع ہو جاتی ہیں۔

ان ممالک میں جھیلیں اور دریا منجمد ہو جاتے ہیں وہاں جوں جوں پانی ٹھنڈا ہوتا ہے، اس کی کثافت بڑھتی ہے اور وہ نیچے کی طرف جاتا ہے۔ جب درجہ حرارت 4°C سے نیچے جانا شروع ہوتا ہے تو کثافت کم ہونا شروع ہوتی ہے اور پانی سطح کی جانب چڑھنا شروع ہوتا ہے۔ درجہ حرارت میں مزید کمی سے پانی جمنا شروع ہو جاتا ہے اور 0°C پر برف بن جاتا ہے۔ واضح ہو کہ برف تھرموس کی طرح ناقص مَوصِلِ حرارت [a] ہے۔ مطلب یہ کہ اس میں سے حرارت آسانی سے نہیں گزرتی لہٰذا سطح کے نیچے پانی کا درجہ حرارت 4°C سے نیچے نہیں گرتا۔ نتیجتاً پانی کی سطح جمی رہتی ہے اور لوگ منجمد جھیلوں کی سطح پر اسکیٹنگ کرتے ہیں مگر اس کے نیچے پانی مائع کی حالت میں رہتا ہے، اور اس میں مچھلیاں تیرتی رہتی ہیں۔ اگر پانی کی یہ خاصیت نہ ہوتی تو پورے سمندر، دریا اور جھیلیں منجمد ہو جاتیں اور زیر آب زندگی قائم نہ رہ سکتی۔ معلوم

[a] Bad conductor of heat

ہوتا ہے کہ پانی کی یہ انوکھی خاصیت صرف مچھلیوں کو سردی میں زندہ رکھنے کے لیے ہے۔ بچپن میں مولوی محمد اسمٰعیل میرٹھی کی اردو کی کتاب میں ایک نظم پڑھی تھی جس کا ایک شعر آج تک نہیں بھلایا جاسکا۔

آبِ رواں کے اندر مچھلی بنائی تُو نے
مچھلی کے تیرنے کو آبِ رواں بنایا

2.4. پانی کی مخصوص حرارت

جب ہم کسی جسم کو گرم کرتے ہیں تو وہ حرارت جذب کرتا ہے جس کے نتیجے میں اس کا درجہ حرارت بڑھتا ہے۔ اس کے برخلاف جب ہم اسے ٹھنڈا کرتے ہیں تو وہ حرارت خارج کرتا ہے اور نتیجتاً اس کا درجہ حرارت کم ہوتا ہے۔ حرارت کی جتنی مقدار جذب یا خارج ہو، درجہ حرارت اتنا ہے بڑھتا یا گھٹتا ہے۔ اگر اُس جسم کی کمیت 1 کلوگرام ہو اور ہم اس کا درجہ حرارت صرف 1 ڈگری سینٹی گریڈ بڑھائیں یا گھٹائیں تو وہ جسم حرارت کی جو مقدار جذب یا خارج کرے گا اسے اُس جسم کی مخصوص حرارت (Specific Heat) کہتے ہیں۔ پانی کی مخصوص حرارت 4184 جول[a] فی کلوگرام فی ڈگری سینٹی گریڈ ہوتی ہے، یعنی 1 کلوگرام پانی جس کا درجہ حرارت 25°C ہو، اس کا درجہ حرارت 26°C پہنچانے کے لیے اسے 4,184 جول حرارت دینی ہوگی۔

آگے چل کر آپ پڑھیں گے کہ اب تک ہم 118 عناصر دریافت کرچکے ہیں یا بنا چکے ہیں۔ یہ عناصر مل کر جو مرکبات بناتے ہیں ان کی تعداد اب تک سی اے ایس رجسٹری[b] کے ڈیٹا بیس میں 20 کروڑ تک پہنچ گئی ہے اور ہر سال 15 سے 20 ہزار نئے مرکبات رجسٹر کیے جاتے ہیں۔ نظری کیمیا کے مطابق مرکبات کی کُل تعداد کھربوں تک پہنچے گی۔

اب تک کی تحقیق کے مطابق ان تمام اُن مرکبات میں جو کمرے کے درجہ حرارت، یعنی 25°C پر مائع کی حالت میں ہوتے ہیں پانی واحد مرکب ہے جس کی مخصوص حرارت سب سے زیادہ ہوتی ہے۔ اس کے مقابلے میں پارہ (Mercury) ہے جس کی مخصوص حرارت صرف 140 جول فی کلوگرام فی ڈگری

[a] جول (Joule) توانائی کی مقدار کی اکائی ہے۔

[b] Chemical Abstracts Service (CAS) Registry

سینٹی گریڈ ہوتی ہے، لہذا پارے کی ایک خاص مقدار کے مقابلے میں پانی کی اسی مقدار کا درجہ حرارت ایک سطح سے دوسری سطح تک بڑھانے کے لیے تقریباً 30 گنا حرارت کی ضرورت پڑتی ہے۔

پانی کی یہ بلند ترین مخصوص حرارت کا اثر پورے ماحولیاتی نظام پر پڑتا ہے۔ دراصل زمین پر زندگی کی موجودگی پانی کی بلند مخصوص حرارت کی مرہون منت ہے۔ زمین پر جتنی مقدار میں سورج سے آنے والی حرارت جذب ہوتی ہے اس کے مطابق اگر پانی کی مخصوص حرارت آدھی ہوتی، یعنی 2092 جول فی کلوگرام فی ڈگری سینٹی گریڈ ہوتی تو 238 دن[a] میں زمین پر موجود سارا پانی بخارات بن کر اڑ جاتا۔

ہمارے جسم کا اوسط درجہ حرارت 37°C ہوتا ہے خواہ ہم گرم ملک میں رہ رہے ہوں یا سرد ملک میں۔ اس کی وجہ یہ ہے کہ ہمارے جسم کا 50٪ سے زیادہ حصہ پانی ہوتا ہے جس کی مخصوص حرارت اتنی زیادہ ہوتی ہے کہ ہمارے درجہ حرارت میں زیادہ کمی بیشی نہیں ہونے دیتی۔

پانی کی مخصوص حرارت کی بلند قدر کی بنا پر سمندروں، دریاؤں اور جھیلوں میں پانی کے ذخائر درجہ حرارت میں کم تبدیلی کے باوجود حرارت کی بڑی مقدار جذب کرسکتے ہیں۔ پانی کی یہ خاصیت آس پاس کے علاقوں کے موسمی نظام کو مستحکم رکھنے میں مدد دیتی ہے، دن ورات اور موسموں کے درمیان درجہ حرارت میں شدت سے اتار چڑھاؤ کو کم کرتی ہے۔ عطارد پر جو ہمارے نظام شمسی کا پہلا سیارہ ہے اور جہاں، پانی نہیں ہے، دن اور رات کے درجہ حرارت کا فرق بہت زیادہ ہوتا ہے۔ عطارد کا دن بے حد گرم ہوتا ہے اور درجہ حرارت 430°C تک پہنچ جاتا ہے اور رات بے حد سرد ہوتی ہے جب درجہ حرارت 180°C- تک گر جاتا ہے۔

جب سیاروں پر زندگی کے آثار کی تحقیق کی جاتی ہے تو سب سے پہلے پانی تلاش کیا جاتا ہے۔ اگر پانی کے آثار ملیں تو زندگی کے امکانات کے متعلق سوچا جاتا ہے۔ مریخ کی سطح پر خشک ندیوں کی وادیوں، پانی کے گلیشیئرز، اور نمکیاتی ذخائر کے آثار ملے ہیں جو ماضی میں پانی کی موجودگی کی طرف اشارہ کرتے ہیں۔ مریخ پر زیر زمین نمکین پانی کے ذخائر بھی موجود ہوسکتے ہیں۔

---

[a] اس حساب میں کرّہ ارض پر پانی کی کل مقدار، سورج سے خارج ہونے والی حرارت کا زمین پر جذب ہونے والا حصہ، پانی کے مائع سے بخارات بننے کے عمل میں درکار حرارتِ تبخیر (Latent Heat) اور پانی کی مخصوص حرارت کو استعمال کیا گیا۔ اور فرض کیا گیا کہ ابتدائی درجہ حرارت 15°C بڑھتا ہے۔

اگرچہ مریخ کی موجودہ سطح پر پانی زیادہ نہیں پایا جاتا، زیرزمین پانی کے ذخائر کی موجودگی ممکنہ طور پر خردحیاتی (Microbial) زندگی کے لیے سازگار حالات فراہم کرسکتی ہے۔ نظام شمسی کے سیاروں سے منسلک سیارچوں، مثلاً مشتری کے چاند یوروپا (Europa)، زحل کے چاند اینسیلاڈس (Enceladus) اور ٹائیٹن (Titan) پر پانی کی موجودگی کے آثار زندگی کے امکانات کو بڑھاتے ہیں۔

سمندر کے ساحلی شہروں میں اندرونی علاقوں کے مقابلے میں موسم زیادہ معتدل ہوتا ہے کیوں کہ سمندری پانی کی زیادہ مخصوص حرارت درجہ حرارت کی تبدیلیوں کو کم کرتی ہے اور سمندری جانوروں کی بقا کے لیے اہم ہے۔ سمندر بڑے حرارتی ذخائر کے طور پر کام کرتے ہیں، جو استوائی علاقوں سے قطبی علاقوں تک حرارت کی منتقلی کرتے ہیں۔ حرارت کی اس تقسیم سے عالمی موسمی پیٹرن پر اثر پڑتا ہے، جس میں طوفانوں، تجارتی ہواؤں، اور بارش کے نظام شامل ہیں۔

2.5. کمیّت اور وزن

اگر آپ کو کمیّت اور وزن (Weight) کا فرق معلوم ہے تو اس سیکشن کو نظرانداز کیا جاسکتا ہے۔ اگرچہ کمیت کی سائنسی تعریف ذرا پیچیدہ سی ہے مگر آسان زبان میں یوں سمجھ لیں کہ کسی شے کی کمیت اس شے میں مادّے کی مقدار کو ظاہر کرتی ہے جب کہ وزن اس شے کی زمین کے مرکز کی جانب کھچنے کی قوت کا نام ہے۔ یہ تو ہم جانتے ہیں کہ زمین ہر شے کو اپنے مرکز کی جانب کھینچتی ہے اور اسی لیے اشیا زمین پر گرتی ہیں۔ اس کشش کو کشش ثقل (Gravity) کہتے ہیں اور جس قوت سے وہ شے زمین کی جانب کھنچتی ہے وہ اس کا وزن ہوتا ہے۔

عموماً ہم کمیت اور وزن کو متبادل اصطلاحات کے طور پر استعمال کرتے ہیں۔ اگر کسی شے کی کمیت 100 کلوگرام ہے تو اس کا وزن بھی 100 کلوگرام ہوگا۔ فرق صرف اتنا ہے کہ اگر ہم اس شے کو زمین سے چاند پر لے جائیں تو اس کی کمیت 100 کلوگرام ہی رہے گی مگر وزن تقریباً 16 کلوگرام رہ جائے گا کیوں کہ زمین کی کشش ثقل چاند کی کشش ثقل سے 6.1 گنا ہے۔ اگر آپ جاننا چاہیں کہ چاند پر آپ کا وزن کتنا ہوگا تو زمین پر جو آپ کا وزن ہے اسے 6.1 سے تقسیم کرلیں۔

پرانے زمانے میں وزن معلوم کرنے کے لیے ترازو اور باٹ استعمال ہوتے تھے۔ ترازو کے دو پلڑے

ہوتے ہیں۔ ایک پلڑے میں باٹ رکھے جاتے ہیں اور دوسرے میں وہ شے جس کا وزن کرنا مقصود ہو۔ جب دونوں پلڑوں کی بلندی برابر ہو تو اس شے کا وزن باٹوں کے وزن کے برابر ہوگا۔ واضح ہو کہ ترازو وزن نہیں بلکہ کمیت ناپتی ہے کیوں کہ اگر اس تجربے کو چاند پر کیا جائے تب بھی پلڑے برابر ہونگے کیوں باٹوں کے وزن میں بھی اتنی ہی کمی آئے گی جتنی اس شے کے وزن میں۔ اس کے برخلاف آپ اپنا وزن کرنے کے لیے جو مشین استعمال کرتے ہیں اسے عرف عام میں کانٹا کہتے ہیں۔ جب آپ اس پر کھڑے ہوں تو اس میں لگے ہوئے اسپرنگ آپ کے وزن سے دبتے ہیں جس کی بنا پر ڈائل پر لگی ہوئی سوئی چکر لگا کر آپ کا وزن دکھاتی ہے۔ اگر آپ چاند پر جا کر اسی کانٹے سے اپنا وزن کریں تو ظاہر ہے کہ اسپرنگ کم دبے گا اور کانٹا کم وزن دکھائے گا۔

جیسا کہ ہم اگلے ابواب میں دیکھیں گے، طبیعیات یا فزکس (Physics) میں کمیت کی اہمیت وزن کے مقابلے میں کہیں زیادہ ہے اور بیشتر مساوات میں استعمال ہوتی ہے۔

2.6. زمین گول کیوں ہے؟

کائنات شکلوں سے بھری پڑی ہے۔ یہاں ہم ان شکلوں کی بات نہیں کر رہے جو ہم نے بنائی ہیں، مثلاً بلڈنگیں، سڑکیں، بجلی کے کھمبے، پہیے اور گیندیں۔ بات ہو رہی ہے قدرتی شکلوں کی، مثلاً کیا کبھی آپ نے غور کیا کہ چاند، سورج، زمین اور ستارے گول کیوں ہوتے ہیں۔ اس کا سیدھا سادا جواب یہ ہے کہ ہمارے سورج کی مانند ستارے دہکتی ہوئی گیس سے بنے ہیں جسے پلازما (Plasma) کہتے ہیں۔ ستارے کی کششِ ثقل پلازما کو مرکز کی جانب کھینچتی ہے اور چوں کہ یہ کشش ہر سمت میں برابر ہوتی ہے لہٰذا ستارہ ایک گیند کی مانند کُرّے (Sphere) کی شکل اختیار کر لیتا ہے۔ زمین بھی جب ساڑھے چار ارب سال پہلے تشکیل پا رہی تھی تو ابتدا میں گیس اور فضائی گرد کا مجموعہ تھی جو ٹھنڈی ہوتے ہوتے گولے کی شکل اختیار کرتی گئی اور آہستہ آہستہ اس پر ایک ٹھوس چھلکا بن گیا جس پر ہم رہتے ہیں۔ اب بھی زمین پگھلی ہوئی گاڑھی معجون سے بھری ہوئی ہے جسے میگما (Magma) کہتے ہیں۔ میگما کا درجہ حرارت 1000°C سے زیادہ ہوتا ہے اور اس میں پگھلی ہوئی دھاتیں اور گندھک ہوتی ہے۔ جب آتش فشاں پھٹتے ہیں تو میگما لاوا کی شکل میں باہر نکل کر بہنا شروع ہو جاتا ہے۔

ستارے اور سیّارے اپنے گرد پھرکنی یا لٹّو کی طرح گردش کرتے رہتے ہیں۔ سورج بھی گردش کر رہا ہے اور 25 دن میں ایک گردش مکمل کرتا ہے۔ اسی طرح زمین اپنی گردش تقریباً 24 گھنٹے میں مکمل کرتی ہے[a]۔ اس کی گردش کا محور قطب شمالی اور قطب جنوبی سے گزرتا ہے۔

زمین کا مطالعہ کرنے کے لیے اس کے گرد کئی فرضی دائرے کھینچ کر اسے مختلف حصوں میں بانٹ دیا گیا ہے، مثلاً ایک دائرہ بیچوں بنایا گیا ہے جسے خط استوا کہتے ہیں اور وہ زمین کو شمال اور جنوب، دو حصوں میں تقسیم کرتا ہے۔ خط استوا سے قطب شمالی تک لاتعداد فرضی دائرے ہیں جن کی پوزیشن کو ڈگری میں ظاہر کیا جاتا ہے۔ خط استوا کی پوزیشن صفر ڈگری (0°) ہے جب کہ قطب شمالی کی پوزیشن نوّے ڈگری شمال (90^oN) ہے۔ اسی طرح خط استوا سے قطب جنوبی تک بھی لاتعداد فرضی دائرے ہیں اور قطب جنوبی کی پوزیشن نوّے ڈگری جنوب (90^oS) ہے۔ ان فرضی لائنوں میں سے ہر لائن کو عرض البلد (Latitude) کہا جاتا ہے۔ اسی طرح قطب شمالی سے قطب جنوبی تک فرضی لائنیں ڈالی گئی ہیں جن میں سے ہر لائن کو طول البلد (Longitude) کہتے ہیں۔

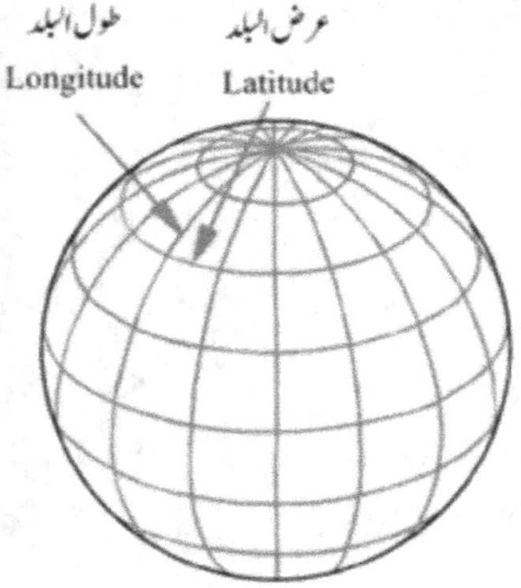

تصویر 6: عرض البلد اور طول البلد (Twinkl.com)

جس طرح 0^oN عرض البلد کی لائن خط استوا کہلاتی ہے اسی طرح 0^oE کی لائن نصف النہار اوّل (Prime Meridian) کہلاتی ہے۔ اس کے مشرق اور مغرب میں طول البلد کی لائنیں 180° پر زمین کی دوسری جانب جمع ہوتی ہیں۔ یہ لائن زیادہ تر بحر الکاہل سے گزرتی ہے۔ اس کے علاوہ روس کے کچھ علاقے اور فجی بھی اس لائن پر ہیں۔ جس نقطے پر خط استوا اور نصف النہار اوّل ملتے ہیں وہ مغربی افریقہ کے ساحل سے 700 کلومیٹر دور بحر اوقیانوس میں واقع ہے جسے

---

[a] جب زمین تشکیل پا رہی تھی تو اس کی گردش کافی تیز تھی اور پانچ گھنٹے میں ایک گردش مکمل کر لیتی تھی مگر وقت گزرنے کے ساتھ وہ سست ہوتی گئی اور گردش کا دورانیہ بڑھ کر 23 گھنٹے 56 منٹ اور 4.05093 سیکنڈ (تقریباً 24 گھنٹے) ہو گیا۔

نل آئی لینڈ(Null Island) کہتے ہیں۔ واضح ہو کہ یہاں کسی جزیرے کا وجود نہیں ہے اور یہ ایک فرضی نام ہے جہاں ایک موسمی تیراک نشان (Weather Buoy) نصب ہے۔ نل آئی لینڈ کے محدّدین (0°N, 0°E)ہیں۔ کسی مقام کے عرض البلد اور طول البلد کے جوڑے کو محدّدین(Coordinates) کہتے ہیں جو اس کا تعیّن کرتے ہیں کہ وہ مقام کرّہ ارض کے کس نقطے پر واقع ہے

کراچی میں قائد اعظم کے مزار کے محدّدین (24.8746°N, 67.0395°E) ہیں جس کا مطلب ہے کہ مزار قائد خط استوا سے 24.8746° شمال میں اور نصف النہار اول سے 67.0395° مشرق میں واقع ہے۔ آپ کے موبائل فون پر جو جی پی ایس(Global Positioning System) عرض البلد اور طول البلد کی بنیاد پر ہی کام کرتا ہے۔ چناں چہ اگر آپ لاہور میں مینار پاکستان جانا چاہیں تو آپ اس مقام پر پہنچیں گے جس کے محدّدین(31.5925°N, 74.3095° E)ہیں۔

زمین سورج کے گرد گھومتی ہے اور اپنا سفر 365 دن 6 گھنٹے اور 9 منٹ میں مکمل کرتی ہے۔ جو ممالک خط استوا کے نزدیک ہیں ان پر سورج کی شعائیں سیدھی پڑتی ہیں لہٰذا ان ممالک میں گرمی زیادہ ہوتی ہے۔ جوں جوں ہم شمال یا جنوب کی جانب بڑھیں تو موسم سرد ہوتا جاتا ہے۔ زمین سورج کے سامنے سیدھی نہیں گھومتی بلکہ اس کا محور سورج کے سامنے 23.5° جھکا ہوا ہے (تصویر 7)، لہٰذا سال کے چھ مہینے قطب شمالی کا جھکاؤ سورج کی طرف ہوتا ہے اور قطب جنوبی کا جھکاؤ سورج سے دور ہوتا ہے لہٰذا شمالی نصف کرّے میں واقع ممالک (مثلاً پاکستان) میں گرمیوں کا موسم ہوتا ہے جب کہ جنوبی نصف کرّے میں واقع ممالک (مثلاً آسٹریلیا) میں سردیاں ہوتی ہیں۔ سال کے بقیہ چھ مہینے اس کا اُلٹ ہوتا ہے۔

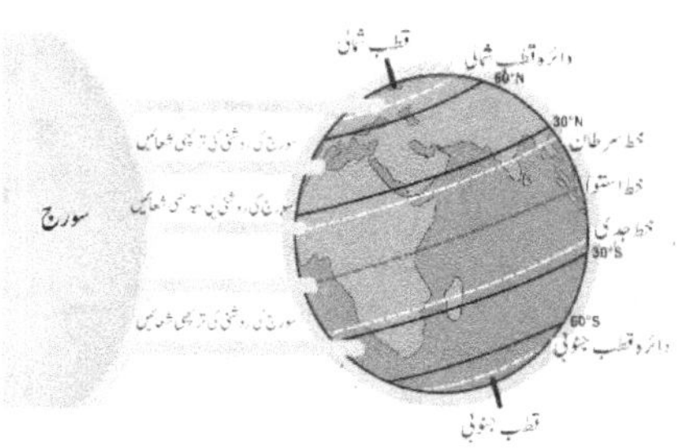

تصویر 7: سورج کے سامنے زمین کا جھکاؤ

واضح ہو کہ زمین مکمل طور پر گول نہیں ہے۔ خط استوا پر زمین کے مرکز سے سطح سمندر کا فاصلہ قطبین سے سطح سمندر کے فاصلے سے 43 کلو میٹر زیادہ ہے جس کا مطلب ہے کہ خط استوا پر زمین کا قطر زیادہ ہے۔ ایسا معلوم ہوتا ہے کہ زمین کو قطبین پر ہتھیلیاں رکھ کر دبا دیا گیا ہو جس سے زمین قطب شمالی اور قطب جنوبی پر پچک گئی ہو اور

خط استوا پر پھول گئی ہو۔ اس شکل کو بیضوی کُرّہ نما (Oblate Spheroid) کہتے ہیں۔ یہ صفت گردش کرتے ہوئے تمام ستاروں اور سیاروں میں پائی جاتی ہے اور اس کی وجہ جاننے کے لیے پلے لینڈ میں دائرے میں گردش کرتے ہوئے جھولوں کی مثال دیکھیں گے۔

تصویر 8: مرکز گریز قوت

جب جھولا ساکت ہوتا ہے تو اس کی کرسیاں نیچے لٹکی ہوئی ہوتی ہیں مگر جب گردش کرتا ہے تو کرسیاں باہر نکل آتی ہیں۔ گردش جتنی تیز ہوتی ہے کرسیاں اتنی ہی باہر نکلتی ہیں جیسے کوئی قوت انہیں باہر دھکیل رہی ہو۔ اس قوت کو مرکز گریز قوت (Centrifugal Force) کہتے ہیں۔ جب کوئی شے دائرے کی شکل میں حرکت کر رہی ہو تو مرکز گریز قوت ایک مدافعتی ردعمل کے طور پر پیدا ہوتی جو اسے گردش کے مرکز سے دور کھینچتی ہے۔ جب آپ موٹروے پر گاڑی چلاتے ہوئے تیز رفتاری سے کسی موڑ پر دائیں جانب مڑتے ہیں تو مرکز گریز قوت آپ کو بائیں جانب جھکا دیتی ہے۔

جب زمین پیدائش کے مرحلے سے گزر رہی تھی اور گیس اور گرد کا نیم سیال مرکب تھی تو گردش کے دوران مرکز گریز قوت کے زیر اثر وہ مرکب اُسے مرکز سے دور کھینچ رہا تھا اور یہی وجہ ہے کہ جیسے جیسے ہم قطبین سے خط استوا کی طرف آتے ہیں تو زمین کے مرکز سے ہمارا فاصلہ بڑھتا جاتا ہے۔ چناں چہ زمین کا قطر خط استوا پر 12,756 کلو میٹر ہے اور قطبین کے درمیان قطر 43 کلو میٹر کم ہے۔ یہ فرق قابل نظر اندازی ہے اور ہماری عام زندگی میں اس کا کوئی اثر نہیں ہوتا۔

2.7. البیرونی کا تجربہ

ابوریحان البیرونی[a] کا تذکرہ نہ صرف اس لیے دلچسپ ہے کہ اس نے زمین کا سائز معلوم کیا بلکہ اس تجربے کا تعلق پاکستان سے بھی ہے [9]۔ اسے گیارہویں صدی کا ایک بہت بڑا سائنس دان، جغرافیہ دان، تاریخ

[a] ابوریحان البیرونی 973–1051 CE

دان، ریاضی دان، محقّق، ستارہ شناس، ارضیات، نباتیات اور فلکیات کا ماہر مانا جاتا ہے۔ اس نے اپنے دور کے ہر علم کا مطالعہ کیا اور امرا اس کے تحقیقی منصوبوں کے لیے سرمایہ مہیا کرنے پر فخر محسوس کرتے تھے۔ اسے متعدد زبانوں پر عبور حاصل تھا جن میں خوارزمی، فارسی، عربی، سنسکرت، یونانی، عبرانی اور سریانی زبانیں شامل ہیں۔[10]

تصویر9: ابوریحان البیرونی

البیرونی جب محمود غزنوی کے ساتھ برصغیر آیا تو قلعہ نندنا میں ٹھہرا جو ضلع جہلم کی تحصیل پنڈ دادن خان میں واقع ہے۔ قلعہ نندنا دسویں صدی عیسوی کی تعمیر ہے اور اس میں ایک شہر اور مندر کے آثار بھی ہیں۔ اس پر ہندو شاہی سلسلے کے راجا گیارہویں صدی تک حکمران رہے اس کے بعد محمود غزنوی کی حکومت قائم ہوئی[11]۔

اگرچہ 500 سال قبل مسیح تک یونانی اس نتیجے پر پہنچ چکے تھے کہ زمین گول ہے اور سب سے پہلے فیثا غورث نے یہ دعویٰ کیا تھا مگر اس نے کوئی ثبوت پیش نہیں کیا۔ اس کا کہنا تھا کہ چوں کہ قدرتی شکلوں میں کُرّہ سب سے کم جگہ گھیرتا ہے لہٰذا زمین کو بھی گول ہونا چاہیے۔ سب سے پہلے ایراتاستھنیز[a] نے زمین کا محیط (Circumference) ناپا۔ محیط اس لائن کی لمبائی کو کہتے ہیں جو دائرہ بناتی ہے۔ اس کے حساب کے مطابق زمین کا محیط 39,060 اور 40,320 کلومیٹر کے درمیان ہے۔ موجودہ دور میں خط استوا کے گرد زمین کا محیط 40,070 کلومیٹر ناپا گیا ہے۔

جب عباسی خلیفہ مامون الرشید نے اس وقت کے نامور اسکالرز کو زمین کے محیط کا حساب کرنے کا کام سونپا تو صحرا کی تپتی دھوپ میں صحیح پیمائشیں نہ ہو سکیں اور ان کے تجربات ناکام ہو گئے۔ البیرونی نے اپنے تجربے کے لیے نندنا پہاڑ کا انتخاب کیا اور پیمائش کے لیے اصطرلاب (Astrolabe) استعمال کیا۔

اصطرلاب وہ آلہ ہے جس سے جہازران دو ہزار سال پہلے سے سطح سمندر سے ستاروں کی بلندی کو

[a] Eratosthenes 276-194 BC

ناپنے کے لیے استعمال کرتے آرہے تھے۔

اصطرلاب استعمال کرنے کے لیے عموماًاس کے اوپر کے کنڈے میں رسّی باندھ دی جاتی ہے جسے پکڑ کر استعمال کیاجاتاہے۔ اس طرح اصطرلاب عموداًلٹکتا ہے اور افق سے متوازی ہوتاہے۔ اصطرلاب کے پہیے پر چاروں طرف زاویوں کے نشان ہوتے ہیں جن کے گرد بندوق کی نال جیسا ایک رولر گھومتاہے۔ اس کے ایک جانب ایک چھلّا ہوتاہے اور دوسری جانب ایک کیل۔ اصطرلاب استعمال کرنے والا چھلّے میں سے ستارے کو دیکھتے ہوئے رولر کو اس قدر گھماتاہے کہ ستارہ، کیل اور چھلا ایک ہی لائن میں آجائیں۔ اس پوزیشن پر وہ ڈائل پر زاویے کو پڑھتاہے جو ستارے کی بلندی کو ظاہر کرتاہے۔ زاویہ 90° سے جتنا قریب ہوگا، ستارہ اتناہی بلند ہوگا۔

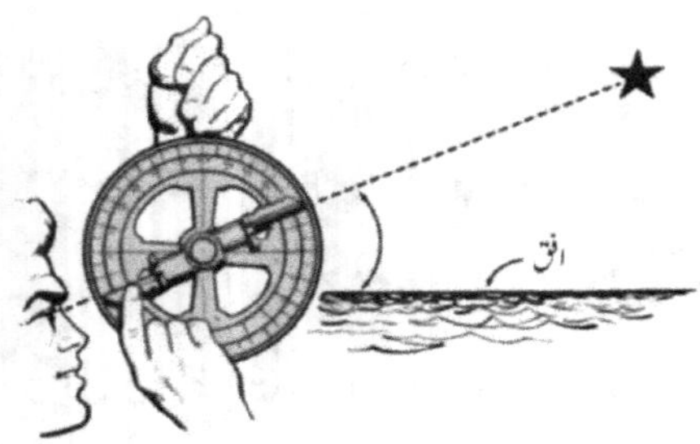

تصویر10: اصطرلاب

جس زمانے میں جہاز راں اصطرلاب کا استعمال کرتے تھے، طول البلد ابھی دریافت نہیں ہوا تھا لہٰذا جہازراں عرض البلد تک ہی محدود تھے۔ ستاروں کی بلندی کا انحصار اس پر تھا کہ وہ خط استوا سے کتنے فاصلے پر تھے۔ انھیں یہ معلوم تھا کہ ان کی منزل مشرق میں تھی یا مغرب میں۔ چناں چہ اپنے جہاز کا رخ اسی سمت رکھتے تھے۔ انھیں منزل پر خاص ستاروں کی بلندی کا بھی علم ہوتا تھا لہٰذا اصطرلاب سے اس بلندی کو بھی ناپتے رہتے تھے تاکہ منزل سے بھٹک نہ جائیں۔

آٹھویں صدی میں اصطرلاب عرب جہازرانوں میں پہنچا اور اسلام کی آمد کے بعد جب مسلمان پوری دنیا میں پھیلے تو ان کا سب سے بڑا مسئلہ یہ ہوتا تھا کہ وہ جس جگہ تھے وہاں سے کعبہ کس سمت میں تھا اور نماز کے اوقات کیا تھے۔ اس دوران مسلمان سائنس دانوں نے قبلہ نما اصطرلاب، اوقات نماز کے اصطرلاب، علم نجوم سے متعلق ستاروں کی چال بتانے والے اصطرلاب، غرض ہر قسم کے اصطرلاب ایجاد کیے۔

گیارہویں صدی میں اصطرلاب کی ٹیکنالوجی مسلمانوں کے ساتھ اسپین میں پہنچی اور وہاں سے یورپ

اور شمالی امریکا میں پہنچی[12]۔ البیرونی کا طریقہ ٹرگنو میٹری کے فارمولے استعمال کرتا ہے[13]۔ یہ طریقہ دو مراحل پر مشتمل تھا۔ پہلے مرحلے (تصویر 11) میں اس نے نندنا پہاڑ کی بلندی معلوم کی اور دوسرے مرحلے (تصویر 12) پر زمین کا نصف قطر (R) معلوم کیا۔

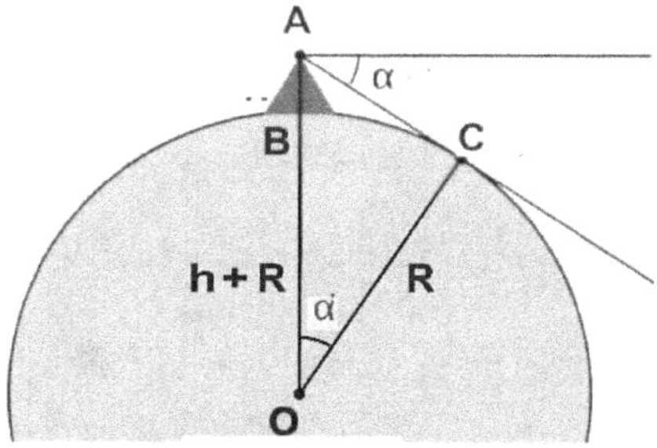

$$R = \frac{h \cos \alpha}{1 - \cos \alpha}$$

تصویر:12 زمین کا نصف قطر کے لیے البیرونی کی مساوات

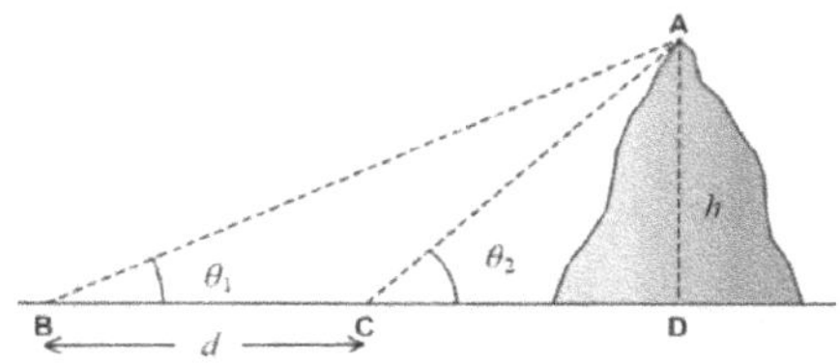

$$h = \frac{d \tan \theta_1 \tan \theta_2}{\tan \theta_2 - \tan \theta_1}$$

تصویر 11: نندنا پہاڑ کی بلندی ناپنے کے لیے البیرونی کا طریقہ

ٹریگنو میٹری کے اصول استعمال کرتے ہوئے البیرونی نے زمین کا نصف قطر (R) معلوم کرنے کے لیے وہ مساوات اخذ کی جو تصویر 12 میں نمایاں کی گئی ہے۔ یہ ٹریگنو میٹری کی وہ مشہور مساوات ہے جسے البیرونی کی مساوات (Biruni Equation) کہتے ہیں۔ البیرونی کے مطابق زمین کا محیط 39,808 کلو میٹر نکلا جب کہ موجودہ دور میں خط استوا کے گرد زمین کا محیط 40,070 کلو میٹر تسلیم کیا جاتا ہے۔ اس لحاظ سے البیرونی کی نکالی ہوئی قدر میں غلطی کی مقدار ٪1 سے بھی کم ہے۔

2.8. ریاضی کی اہمیت

اس کتاب کے مطالعے کے دوران ہم ایک جانب کائنات میں ستاروں اور کہکشاؤں کے درمیان فاصلوں کی بات کریں گے اور دوسری جانب پس ایٹمی سطح پر الیکٹران اور پروٹان کی کمیت اور برقی بار یا چارج (Charge) کے متعلق گفتگو کریں گے۔ لہٰذا آپ کو یا بہت بڑے بڑے نمبروں سے واسطہ پڑے گا یا پھر بہت چھوٹے چھوٹے نمبروں سے۔ ان نمبروں کو سمجھنے کے لیے آپ کو کم از کم ہائی اسکول کی ریاضی کے سبق یاد رکھنے کی ضرورت پڑے گی۔ اگر آپ درج ذیل سوالوں کے جواب دے سکتے ہیں تو اس کا مطلب ہے کہ آپ کو وہ سبق یاد ہیں ورنہ ہر سوال کے آگے دیے ہوئے ضمیمہ کا مطالعہ کر لیں۔

1. روشنی کی رفتار 2.9979×10^8 کلو میٹر فی سیکنڈ ہوتی ہے، پائی (π) کی قدر (Value)

3.1415926... ہوتی ہے اور الیکٹران کی کمیت $9.1093837X10^{-31}$ کلو گرام ہوتی ہے۔ کیا آپ ان نمبروں کو سمجھتے ہیں؟ (ضمیمہ نمبر 1)

2. کیا آپ اعشاریہ کسر (Decimal Fractions) کا استعمال جانتے ہیں مثلاً 5.000720 اور 5.702 کے فرق کو سمجھتے ہیں؟ (ضمیمہ نمبر 5)
3. لامتناہیت یا انفنٹی (Infinity) کا کیا مطلب ہے؟ (ضمیمہ نمبر 2)
4. 5+ اور 5- میں کیا فرق ہے؟ (ضمیمہ نمبر 3 اور 4)

کائنات میں ہر قدم پر نمبر ہی نمبر بکھرے ہوئے ہیں مثلاً:

- پانی کی کثافت 4^oC پر 1 ہوتی ہے۔
- تیزابیت کو ناپنے کا پیمانہ پی ایچ (pH) ہے۔ پینے کے پانی کی pH مثالی طور پر 7 ہونی چاہیے۔ اگر اس سے کم ہو گی تو پانی میں تیزابیت (Acidity) بڑھ جائے گی ور اگر اس سے زیادہ ہو گی تو القلیت (Alkalinity) بڑھ جائے گی۔
- دائرے کا رقبہ πr^2 ہوتا ہے جب کہ π=3.1415926... اور r دائرے کا نصف قطر ہے۔
- سورج سے مریخ کا فاصلہ تقریباً 20 کروڑ 79 لاکھ 10 ہزار کلومیٹر ہے۔

عام لوگ سمجھتے ہیں کہ ریاضی صرف نمبروں کا کھیل ہے جس میں نمبروں کو جمع، تفریق، ضرب اور تقسیم کیا جاتا ہے۔ اگرچہ ریاضیاتی مسائل حل کرنے کے دوران عموماً نمبروں سے واسطہ پڑتا ہے مگر ریاضی دان نمبروں سے کہیں وسیع تجریدی ڈھانچوں (Abstract structures) کے علاوہ جیومیٹری کی مختلف شکلوں مثلاً خط مستقیم، مثلث، مربع، دائرہ[a] وغیرہ کا مطالعہ کرتے ہیں۔

2.9. ریاضی اور کائنات

ہم نہ صرف قوانینِ فطرت پر تحقیق کے لیے بلکہ اپنی روزمرہ کی زندگی میں مستقل تولتے اور ناپتے رہتے ہیں اور نمبروں کو جمع، تفریق، ضرب اور تقسیم کرتے رہتے ہیں۔ برطانوی طبیعیات دان جیمس جینز[b] کا قول ہے کہ ایسا لگتا ہے جیسے کائنات کو کسی ریاضی دان نے ڈیزائن کیا ہو۔ عصبی نفسیات کے ماہرین

[a] Straight Line (سیدھی لائن), Triangle, Square, Circle
[b] James Jeans 1877-1946 CE

(Neuropsychologists) کا کہنا ہے کہ ہمارے دماغ میں نمبروں کی حس پیدائشی ہوتی ہے بلکہ ہمارے الٹے کان کے پیچھے دماغ کا ایک چھوٹا سا حصہ ہے جو اشیا کی تعداد کا تعین کرتا ہے[14]۔ جس طرح دماغ کا ایک حصہ رنگ پہچاننے کے لیے مخصوص ہے، اور وہ نیلے اور سرخ رنگ میں تمیز کرتا ہے، اسی طرح دماغ کا یہ حصہ جو تعداد پہچاننے کے لیے مخصوص ہے وہ دو اور تین کے فرق کو سمجھتا ہے۔ بہت سے بچے ایک سال کی عمر میں ایک ہی طرح کی ایک، دو یا تین اشیا کے فرق کو سمجھنے لگتے ہیں۔

جب بچہ بولنے کے قابل ہوتا ہے تو گننا سیکھتا ہے اور پہلے پہل تین تک گنتی گن سکتا ہے۔ جب وہ دو سال کا ہوتا ہے تو اس کی ماں اسے ہاتھ کی انگلیوں پر گننا سکھاتی ہے اور وہ پانچ تک گن لیتا ہے۔ اگلے مرحلے میں جب اسے دوسرے ہاتھ پر چھ، سات، آٹھ، نو اور دس گننا سکھایا جاتا ہے تو ابتدا میں اس کے لیے ایک ہاتھ کی انگلیوں پر پانچ تک گننے کے بعد ہاتھ کو بدلنا اور چھ سے شروع کرنا کٹھن ترین کام ہوتا ہے مگر وہ مرحلہ بھی گزر جاتا ہے اور اسے دس تک گننا آ جاتا ہے لیکن اسے یہ معلوم نہیں ہوتا کہ نو اور دس میں کیا فرق ہے۔ اس نے تو بس دس تک گنتی رٹ لی ہے۔ پھر اسے ہر چیز گنوائی جاتی ہے اور گننا اس کا مشغلہ بن جاتا ہے۔ اس کی ماں رنگ برنگی میٹھی گولیاں اس کی ہتھیلی پر رکھتی جاتی ہے اور اس کے ساتھ ساتھ گنتی جاتی ہے۔ اس عمر کے بچے گھر میں ہر چیز کو گنتے ہیں یہاں تک کہ انہیں معلوم ہو جاتا ہے کہ نو اور دس میں کیا فرق ہے۔ اس وقت تک وہ عموماً چار سال کی عمر تک پہنچ چکے ہوتے ہیں۔

پرانے زمانے میں گاؤں کی بڑی بوڑھیوں کو صرف بیس تک گنتی آتی تھی۔ اس سے زیادہ گننے کی ضرورت شاذونادر ہی پڑتی تھی۔ کسی تقریب کے موقع پر لوگ ایک ایک روپے کے نوٹ دیتے تھے اور بڑی بی انہیں گننے بیٹھ جاتی تھیں۔ بیس بیس نوٹوں کی گڈّیاں بنا کر بہو کو بتاتیں کہ پانچ بیسی اور پندرہ روپے جمع ہوئے ہیں۔

جیسے جیسے اشیا کی تعداد بڑھتی ہے تو پہلی نظر میں اس کا اندازہ لگانا مشکل ہوتا جاتا ہے، لیکن اگر انہیں چھوٹی چھوٹی ٹکڑیوں میں بانٹ دیا جائے تو ہمارا دماغ ان کی تعداد کو زیادہ آسانی سے گن سکتا ہے، مثلاً اگر ایک ہی رنگ کی نو پنسلیں برابر برابر متوازی رکھ دی جائیں اور ایک لمحے کے لیے ان پر نظر ڈالی جائے تو ان کی تعداد بتانا ذرا مشکل ہوگا لیکن اگر انہیں دو گروپوں میں اس طرح بانٹ دیا جائے کہ ایک گروپ میں چار پنسلیں ہوں اور دوسرے میں پانچ، اور دونوں گروپوں میں تھوڑا سا فاصلہ ہو، تو اچٹتی سی نظر پڑتے ہی دماغ دونوں گروپوں میں پنسلوں کی تعداد دیکھ کر جمع کر لیتا ہے۔

ریاضی کا دخل کائنات کے ہر عمل میں ہے۔ ایک جانب تو اجرام فلکی (Heavenly Bodies) کی حرکات اور کہکشاؤں میں ستاروں کا استحکام، سب کچھ ریاضی کے نپے تلے اصولوں کے تابع ہے اور دوسری جانب ہماری زندگی کے ہر پہلو کو ریاضی کی کسوٹی پر پرکھا جاسکتا ہے یہاں تک کہ ہماری بے تکی اور اندھادھند (Random) حرکات کو بھی ریاضی دیکھ سکتی ہے مثلاً جب احتجاج کرتے ہوئے ہجوم پر پولیس لاٹھی چارج کرتی ہے تو ہجوم کی بھگدڑ کو بھی ریاضی کے فارمولوں پر فٹ کیا جاسکتا ہے۔ جب ہم مادّے کی ساخت کی تحقیق کے دوران سالموں تک پہنچتے ہیں اور وہاں سے ایٹم، الیکٹران، پروٹان اور نیوٹران تک آتے ہیں تو ہر قدم پر ریاضی ساتھ ہوتی ہے۔ پوری کائنات کو نہ صرف ریاضی کی زبان میں بیان کیا جاسکتا ہے بلکہ لاتعداد کائناتوں کے لاتعداد مجموعوں نے مل کر ریاضی کی ایک "بہت بڑی شے" بنالی ہے اور چوں کہ ہماری کائنات اس کا ایک حصہ ہے لٰہذا وہ بذات خود ریاضی ہے[15]۔

یونانی فلسفیوں کے دور سے یہ بحث چلی آرہی ہے کہ ریاضی انسانی دماغ کی اختراع ہے جسے ہم نے ایجاد کیا ہے یا یہ قدرت کا عطیہ ہے جسے ہم نے دریافت کیا ہے۔ فلسفہ کی دنیا میں یہ بحث آج بھی جاری ہے۔

2.10. قدرت کا آرٹ

اگر ہم کائنات کو ایک آرٹ کی حیثیت سے دیکھیں تو سب سے پہلے ہمیں آرٹ کی تعریف کا تعین کرنا ہوگا۔ یہاں اتنا کہنا ہی کافی ہوگا کہ آرٹ کسی بامعنی شے کی تخلیق کا نام ہے اور تخلیق کے اس عمل کے لیے دو اجزا ضروری ہیں: تخیّل اور مہارت۔ آرٹ کی ایک نمایاں صفت یہ ہے کہ وہ اپنے آرٹسٹ کی نشان دہی کردیتا ہے۔ ہر آرٹسٹ انفرادیت کی تلاش میں ہوتا ہے تاکہ وہ اپنی تخلیق میں ہمیشہ زندہ رہے۔ ہم کوئی شعر سنتے ہی کہہ دیتے ہیں کہ یہ فیض کا شعر ہے یا کسی پینٹنگ پر نظر پڑتے ہی اندازہ ہوجاتا ہے کہ اس کا خالق گُل جی ہے۔ اس کی وجہ یہ ہے کہ ہر آرٹسٹ کا اپنا اسلوب ہوتا ہے جو وہ اپنی تخلیق کے ڈیزائن میں اپنے انگوٹھے کے نشان کے طور پر استعمال کرتا ہے۔

قدرت بھی تخلیق کے عمل میں چند نپے تلے ڈیزائن استعمال کرتی ہے جن کی بنیاد سیدھے سادے قوانینِ فطرت پر ہوتی ہے۔ ان ہی میں سے ایک ڈیزائن ہے فبوناچی سلسلہ 16 (Fibonacci Sequence)۔ یہ ریاضی کا سب سے مشہور فارمولا اور اعداد کا سلسلہ ہے جس میں ہر

عدد پچھلے دو اعداد کا مجموعہ ہوتا ہے۔

اس سے پہلے کہ ہم آگے بڑھیں، یہ وضاحت کرنا ضروری ہے کہ فبوناچی سلسلہ اور اس سے منسلک مشاہدات بعض اوقات غیر سائنسی سمت اختیار کر لیتے ہیں جب انہیں حسن، صحت، اور زندگی کا "پراسرار کوڈ" قرار دیا جاتا ہے۔ کئی دعوے، جیسے کہ ان کا اسٹاک مارکیٹ یا انسانی خوبصورتی پر اثر، مستقل سائنسی شواہد سے محروم ہیں۔ اگرچہ یہ خیالات دلچسپ اور مقبول ہیں، لیکن وہ اکثر محدود یا مخصوص تشریحات پر مبنی ہوتے ہیں، نہ کہ مستند حقائق پر۔

اب ہم واپس آتے ہیں فبوناچی سلسلے کی جانب۔ ریاضی کی زبان میں اسے یوں بیان کیا جاسکتا ہے:

$$F_n = F_{n-1} + F_{n-2}$$

اور آسان زبان میں ہم یوں لکھ سکتے ہیں:

0, 1, 1, 2, 3, 5, 8, 13, 21, 34, 55, 89, . . .

یہ فبوناچی سلسلے کے پہلے بارہ اعداد ہیں اور اصول یہ ہے کہ ہر عدد اس سے پہلے کے دو اعداد کا مجموعہ ہے، مثلاً پانچواں عدد 3 ہے اور اس سے پہلے دو اعداد 1 اور 2 ہیں لہٰذا 3=2+1۔ اسی طرح بارہواں عدد 89 ہے اور اس سے پہلے دو اعداد 34 اور 55 ہیں لہٰذا 89=55+34۔ یہ سلسلہ آگے تک چلتا رہتا ہے۔ آخر میں تین نقطوں کا مطلب ہے کہ یہ سلسلہ انفنٹی[a] تک چلتا ہے۔ اب آپ تیرہواں فبوناچی عدد خود معلوم کر لیں۔ اگر آپ کا جواب 144 ہے تو درست ہے۔

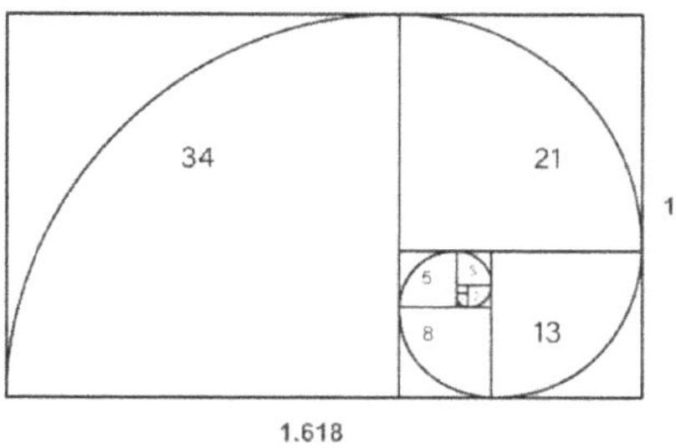

تصویر 13: فبوناچی مرغولہ

اگر آپ فبوناچی اعداد کو تصویر 13 میں دیے ہوئے مربعوں (Squares) سے اس طرح ظاہر کریں کہ ہر مربع کی لمبائی اور چوڑائی اگلے فبوناچی نمبر کے برابر ہو اور ان مربعوں کے مخالف کونوں سے ایک لکیر کھینچیں تو وہ ایک پیچ دار مَرغُولے (Spiral) کی شکل اختیار کر لیتی ہے۔ اسے ہم فبوناچی مرغولہ (Fibonacci Spiral) کہتے ہیں۔

---

[a] دیکھیے ضمیمہ نمبر 2

فبوناچی ڈیزائن کا مطالعہ کرنے کے لیے سورج مکھی کا پھول بہترین مثال ہے۔ سورج مکھی کے پھول میں اس کے سائز کے مطابق 34، 55 یا 89 پنکھڑیاں ہوتی ہیں۔ یہ تینوں فبوناچی اعداد ہیں۔ پھول کے بیچوں بیچ ایک دائرے میں سورج مکھی کے بیج ہوتے ہیں۔ اگر آپ محدب عدسے سے انہیں دیکھیں تو معلوم ہو گا کہ یہ بیج فبوناچی مرغولوں کے ڈیزائن میں مختلف سمتوں میں ترتیب دیے ہوئے ہیں۔ ذیل کی تصویر میں ان مرغولوں کو گننے کی نشان دہی کی گئی ہے[17]۔

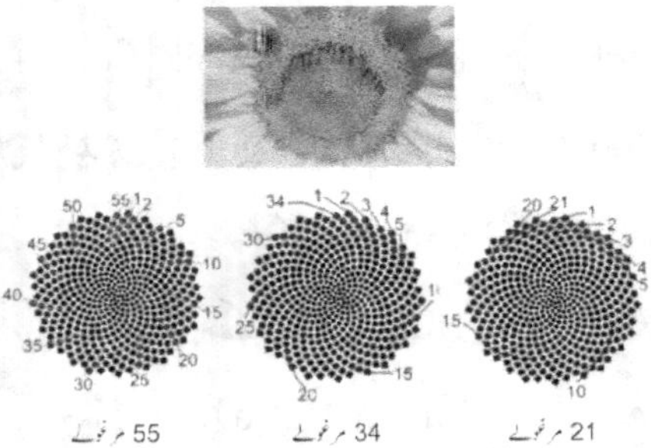

تصویر14: سورج مکھی کے پھول میں بیجوں کے مرغولے گننے کا طریقہ

جیسا کہ تصویر 14 میں دکھایا گیا ہے، مختلف سمتوں میں گننے سے مرغولوں کی تعداد 21، 34 اور 55 آتی ہے۔ واضح ہو کہ یہ تینوں فبوناچی اعداد ہیں۔

فبوناچی مرغولہ قدرت کا محبوب ڈیزائن اور فطرت کا وہ خفیہ ضابطہ ہے جو مظاہر قدرت میں کثرت سے نظر آتا ہے اور پھول کی پنکھڑیوں سے لے کر گردش کرتے ہوئے طوفانوں، سمندر کی موجوں اور پیچ دار کہکشاؤں میں حُسن بکھیرتا ہے۔ خواہ سمندر کے کنارے پڑی ہوئی سیپیاں ہوں یا گھونگے کی پیٹھ پر گنبد نما پیچ دار کُب، خواہ درختوں سے لٹکتی ہوئی ڈالیاں ہوں یا سَرخَس (fern) کی خم دار پنکھڑیوں کا کِھلنا، خواہ شیر کا پنجہ ہو یا مینڈھے کے سینگ، خواہ ہاتھی کے دانت ہوں یا طوطے کی چونچ، فبوناچی مرغولہ حیرت انگیز طور پر ہر جگہ موجود ہے۔ بہت سے پودوں میں پھولوں کی پنکھڑیوں کی تعداد فبوناچی عدد ہوتی ہے[18]۔ مثلاً سوسن (Lily) میں 3 پنکھڑیاں اوپر اور 3 نیچے ہوتی ہیں، گل بہاری (Daisy) میں 34، 55 یا 89 پنکھڑیاں ہوتی ہیں۔

تصویر15: فبوناچی مرغولہ قدرت کا محبوب ترین ڈیزائن ہے۔

اب ہم حضرت عیسیٰ کی پیدائش سے تقریباً 300سال پہلے کے زمانے میں چلتے ہیں جہاں قدیم یونان میں اقلیدس (Euclid) سے ملتے ہیں جو اُس دور کا ایک ریاضی دان تھا اور جسے بابائے جیومیٹری کہا جاتا ہے۔ دو بُعدی جیومیٹری (Two-Dimensional or Plane Geometry) کے بیشتر مسائل اور نظریات اقلیدس کے مرہون منت ہیں۔ ایک دل چسپ عدد جو اقلیدس نے دریافت کیا وہ ہے ...1.618 جسے سنہری نسبت (Golden Ratio) کہا جاتا ہے۔ یہ ایک غیر ناطق عدد (Irrational Number) ہے[a]۔ اس عدد کے آخر میں دائیں جانب تین نقطوں کا مطلب ہے کہ آگے لاتعداد اعداد ہیں۔

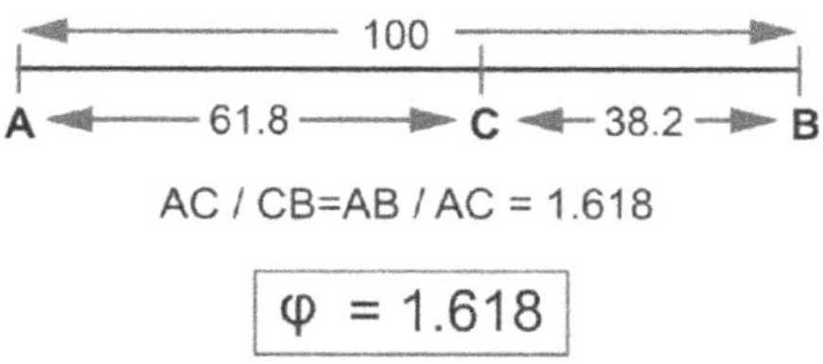

تصویر2: سنہری نسبت

اقلیدس نے مشاہدہ کیا کہ اگر ایک خط مستقیم AB پر ایک نقطہ C ایسے مقام پر لگایا جائے جہاں AC کا طول CB کے طول سے زیادہ ہو اور اگر AC کو CB سے تقسیم کیا جائے تو جواب وہی آئے جو پوری لائن AB کو AC سے تقسیم کرنے سے آتا ہے تو یہ جواب ہوگا 1.618، مثلاً اگر AB کا طول 100 سینٹی میٹر ہو اور AC کا طول 61.8 سینٹی میٹر ہو تو CB کا طول 38.2 سینٹی میٹر ہوگا۔

$$AC/CB = 61.8/38.2 = 1.618$$

$$AB/AC = 100/61.8 = 1.618$$

بظاہر 1.618 کی کوئی اہمیت نظر نہیں آتی مگر یہ جیومیٹری میں جگہ جگہ آتا ہے۔ نہ صرف یہ بلکہ کارخانۂ قدرت میں حیرت انگیز طور پر غیر متوقع مقامات پر 1.618 سامنے آکھڑا ہوتا ہے۔ صدیوں سے فلسفی، آرٹسٹ، موسیقار، ماہرین حیاتیات، تاریخ داں، ماہرین تعمیرات، ماہرین نفسیات یہاں تک کہ اہل تصوف اس عدد کے متعلق حیرت زدہ رہے ہیں اور اسی لیے اسے سنہری نسبت کہتے ہیں اور اسے یونانی حرف فائی (φ) سے ظاہر کرتے ہیں[19]۔

جب اقلیدس کے تقریباً ڈیڑھ ہزار سال کے بعد فبوناچی سلسلہ دریافت ہوا تو ریاضی دان حیران

---

[a] دیکھیے ضمیمہ نمبر6

ہو گئے کہ اگر کسی فبوناچی عدد کو اس سے پہلے عدد سے تقسیم کریں تو چند ابتدائی اعداد کے بعد حاصل تقسیم سنہری نسبت آتی ہے، مثلاً

1/1=1

2/1=2

3/2=1.5

5/3=1.667

8/5=1.6

13/8=1.624

21/13=1.615

34/21=1.619

55/34=1.618

89/55=1.618

144/89=1.618

ہم اس سلسلے کو جہاں تک لے جانا چاہیں لے جائیں مگر جواب 1.618 ہی آئے گا۔

ایسا لگتا ہے کہ قدرت نے کائنات اور اس میں ہر شے کو ڈیزائن کرنے میں سنہری نسبت کو ملحوظ خاطر رکھا ہے اور وہ اس عدد کو تخلیق میں توازن کے لیے استعمال کرتی ہے۔

اگرچہ فبوناچی سلسلہ اور اس سے اخذ کیے مشاہدات میں مضبوط سائنسی اور ریاضیاتی جواز موجود ہیں، لیکن تشریحات کو سائنسی شواہد پر مبنی ہونا چاہیے، نہ کہ مبالغہ آرائی یا غیر حقیقی دعووں پر۔ زیادہ تر معاملات میں، یہ مثالیں جو ہم نے اس سیکشن میں بیان کی ہیں، ایسی مؤثر شکلیں ہیں جو ارتقا اور ڈیزائن قدرتی طور پر اپناتے ہیں، جو انہیں تقریباً "جادوئی" ظاہر کرتے ہیں۔ تاہم، سخت جانچ اور احتیاط ضروری ہے تاکہ ہم ان تصورات کو غیر سائنسی سمت میں جانے سے روک سکیں۔

3

دورِ آگہی

3.1. ادراک کا سیلاب

ہماری سوچنے سمجھنے اور اپنے گردوپیش کا تجزیہ کر کے اس سے نتائج اخذ کرنے کو ادراک (Cognition) کہتے ہیں۔ ہر جاندار شے میں اس کی جبلت کے مطابق اتنا ادراک ہوتا ہے کہ وہ خود کو زندہ رکھ سکے۔ اگرچہ انسان موجودہ شکل اور ہیئت میں کرہ ارض پر لگ بھگ دو لاکھ سال سے ہے مگر تقریباً پانچ ہزار سال پہلے جب مصر کی قدیم سلطنت (2575-2150 BC) کی بنیاد پڑی تو اچانک بنی نوع انسان میں ادراک کا ایک سیلاب آ گیا۔ فراعین مصر کی تہذیب کے زیر اثر چوتھی صدی قبل مسیح تک یونانی فلسفیوں اور ریاضی دانوں نے معقول سوچ کو آسمانی بلندیوں تک پہنچا دیا[a]۔

حقائق کو سمجھنے اور ان کا تجزیہ کرنے کی ذہنی صلاحیت کا یہ انقلاب جس کی ابتدا حضرت عیسیٰ کی پیدائش سے 600 سال پہلے ہوئی، مصر اور یونان تک محدود نہیں تھا بلکہ دنیا بھر میں مذہب اور فلسفہ پروان چڑھ رہا تھا، نیپال میں گوتم بدھ (563-483 BC)، چین میں کنفیوشسس (551-479 BC) اور ہندوستان میں جین مذہب کے رہنما، وردھمان مہاویر (599-527 BC) کا تعلق اسی دور سے ہے۔ اگرچہ ہندوؤں کا دعویٰ ہے کہ ان کا مذہب ہمیشہ سے ہے مگر رامائن اور مہابھارت اسی دور میں لکھی گئیں۔

---

[a] BC (Before Christ) قبل مسیح (ق م) یعنی حضرت عیسیٰ کی پیدائش سے پہلے کا دور۔ محققین کا خیال ہے کہ ان کی پیدائش 6 BC اور 4 BC کے درمیاں ہوئی مگر مروجہ کیلنڈر جسے ہم عیسوی (CE-Common Era) کیلنڈر کہتے ہیں، ان کی پیدائش سے ہی شروع ہوتا ہے۔ اردو میں عیسوی سال کو ء کے نشان سے ظاہر کیا جاتا ہے۔

موجودہ توریت کی پہلی کتاب یعنی پیدائش بھی اسی زمانے میں لکھی گئی۔ تقریباً تین سو سال کا یہ دور جو چھٹی صدی قبل مسیح میں شروع ہوا، روشن خیالی اور آگہی کا دور کہلاتا ہے کیوں کہ یہ وہ زمانہ تھا جب فلسفہ اور مذہب کی نشو و نما ہوئی[20]۔

اگرچہ قدیم یونان میں مذہب انفرادی سطح پر عقائد، رسومات اور خرافات کی شکل میں موجود تھا مگر اجتماعی سطح پر ان کے پاس جدید معنوں میں "مذہب" کے لیے کوئی لفظ نہیں تھا۔ یوں تو مختلف دیوتاؤں کی مشترکہ عبادت گاہیں اور قربان گاہیں موجود تھیں مگر انہیں مذہب کے بجائے رسم و رواج کے طور پر سمجھا جاتا تھا۔ بیشتر عام لوگ بارہ دیوتاؤں اور دیویوں کو مانتے تھے جو ان کے عقیدے کے مطابق کوہ اولمپس پر رہتے تھے۔ بیشتر مذہبی عقائد قدیم مصریوں کے مذہب سے آئے اور یونانیوں سے رومیوں کو منتقل ہوئے۔ فلسفہ کی شکل میں ایک واحد ماورائی دیوتا کا نظریہ قائم ہوا جسے خدا کا درجہ دیا جانے لگا۔

یونانی فلسفیوں نے علم کا جو خزانہ چھوڑا تھا اس کا ڈیڑھ ہزار سال گزرنے کے بعد اسپین میں مسلمانوں کے دور میں عربی میں ترجمہ کیا گیا جس کے نتیجے میں یورپ کی نشاۃ ثانیہ کی بنیاد پڑی یہاں تک کہ ہم اکیسویں صدی میں آ پہنچے۔ 1900ء تک انسانی علم کی مقدار ہر 100 سال میں دگنی ہو جاتی تھی۔ دوسری جنگ عظیم کے بعد یہ مدت 25 سال ہو گئی اور اب علم اس قدر تیزی سے بڑھ رہا ہے کہ ہر سال انسانی علم کی مقدار تقریباً دوگنی ہو جاتی ہے اور اگر یہی رفتار رہی تو ایک وقت ایسا آئے گا کہ ہر روز دوگنی ہو جائے گی[21]۔

باوجود اس کے کہ ہمارے حسّی اور عقلی اثاثوں میں اضافے کی رفتار تیز سے تیز تر ہوتی جا رہی ہے، ہمارے پاس ان سوالوں کی تعداد کہیں زیادہ ہے جن کے جوابات ابھی ہمارے پاس نہیں ہیں بہ نسبت اُن سوالوں کے جن کے جوابات ہمیں مل گئے ہیں۔ جوں جوں ہمارے نظری، تجرباتی اور عقلی اثاثے بڑھتے جائیں گے، ہماری تحقیق کا دائرہ وسیع تر ہوتا جائے گا اور ہمارے ان سوالوں کے جوابات ملتے جائیں گے جو اب تک ہمارے پاس نہیں ہیں۔

جیسا کہ بیان کیا جا چکا ہے، اس دور آگہی کی ابتدا میں جو 600 قبل مسیح میں شروع ہوا اور تقریباً 200 قبل مسیح تک جاری رہا، قدیم مذاہب کی بنیاد پڑی اور اس کے اواخر تک ہندوستان، چین، مصر اور یونان میں فلسفہ، سائنس اور ریاضی کے علوم پروان چڑھتے رہے۔ ان علوم کی تالیف و ترویج کا سہرا مصری اور یونانی فلسفیوں کے سر ہے اور انہیں ہم تک پہنچانے کا سہرا اندلس کے مسلمانوں کے سر ہے جن کے ترجموں نے

یورپ کو قرونِ وسطیٰ کے دورِ جاہلیت سے نکالا۔ یوں تو چار سو سال پر محیط اس دورِ آگہی میں ساڑھے تین سو سے زیادہ فلسفیوں، ریاضی دانوں اور حکما کے نام آتے ہیں [22] مگر ہم اس باب میں صرف ان چند فلسفیوں اور ریاضی دانوں کا تذکرہ کریں گے جن کے خیالات مغربی سوچ کی بنیاد ہیں اور جنہوں نے ہمارے دور کے فلسفہ اور ریاضی کی بنیادیں رکھیں۔

3.2. فیثاغورث

فیثاغورث[a] کے متعلق یہ کہنا مشکل ہے کہ وہ فلسفی تھا، ریاضی دان تھا، اور یا پھر مذہبی رہنما تھا۔ ویسے دو الفاظ "فلسفہ" اور "ریاضی" سب سے پہلے فیثاغورث نے استعمال کیے اور وہ خود کو فلسفی کہتا تھا۔ اس کے نزدیک فلسفہ کا تعلق عقل سے ہے اور ریاضی کا تعلق اعداد سے۔ اس نے خود کچھ لکھا ہوا مواد نہیں چھوڑا بلکہ اس کا زیادہ تر علم اس کے شاگردوں کے ذریعے ہم تک پہنچا ہے۔

تصویر 17: فیثاغورث (عجائب خانہ روم)

فیثاغورث جزیرہ ساموس میں پیدا ہوا جو موجودہ ترکی کے ساحل کے نزدیک ہے۔ وہ جوانی میں ہی ریاضی کے علم کی تلاش میں مختلف ملکوں میں سفر کرتا رہا جن میں مصر اور بابل شامل ہیں۔ (ریاضی میں بابل کی تہذیب کی اہمیت کے لیے ضمیمہ نمبر 3 میں صفر کی تاریخ کا مطالعہ کریں۔) جب وہ واپس اپنے آبائی وطن ساموس آیا تو وہاں دہشت گردی کا دور دورہ تھا۔ چناں چہ وہ کروٹن پہنچا جو آج کے اٹلی میں واقع ہے۔ وہاں اس نے ایک مدرسے کی بنیاد رکھی جس میں داخلے کے وقت طلبا کو رازداری کا حلف لینا پڑتا تھا۔ فیثاغورث کے نظریے کے مطابق ریاضی کا علم خدا کا تحفہ ہے جو عوام سے پوشیدہ رکھنا ضروری ہے کیوں کہ وہ الوہی علم ہونے کی مناسبت سے صرف عقل مند لوگوں کے لیے ہے [23]۔

[a] Pythagoras 570–495 BC

3.3. فیثاغورثی برادری

ریاضی کی تحقیق میں رازداری کی روایت اب تک قائم رہی ہے جب کہ سائنس کے دیگر شعبوں میں زیر تحقیق مسائل پر گفتگو کرنے میں عموماً کوئی تامل محسوس نہیں کیا جاتا بلکہ مختلف تعلیمی اور تحقیقی اداروں میں اشتراک اور تعاون عام ہے مگر ریاضی دانوں کو یہ خوف لاحق رہتا ہے کہ کوئی اُن کی تحقیق کو اپنے نام سے شائع نہ کر دے۔ یہی وجہ ہے کہ ریاضی میں بے شمار مثالیں ان مسائل کی ملتی ہیں جن کے حل کا علم محقق کی موت کے بعد اس کے چھوڑے ہوئے مواد کے مطالعے سے ہوا۔ فیثاغورث کے تین سو برس بعد ارشمیدس (Archimedes) نے حجم، کمیت اور کثافت پر جو تحقیق کی تھی اس کا علم ارشمیدس کی موت کے بعد اس کے چھوڑے ہوئے مسودات سے ہوا جن سے اندازہ ہوا کہ وہ کتنا بڑا ریاضی دان تھا۔

فیثاغورث کے مُقلّدین اور شاگرد فیثاغورثی برادری (Pythagorean Brotherhood) کے نام سے جانے جاتے ہیں۔ انہیں معاشرے میں عزت کی نگاہ سے دیکھا جاتا تھا کیوں کہ وہ امن پسند تھے اور اپنے کام سے کام رکھتے تھے۔ مدرسے میں داخلے کے امیدواروں کو اپنے عقل مند ہونے کا ثبوت دینے کے لیے کڑے امتحان سے گزرنا پڑتا تھا۔ اگر وہ ناکام ہوتے تو عرصہ دراز تک فیثاغورثیوں کی صحبت میں رہتے اور ان کے ساتھ تبادلہ خیال اور مباحثوں کے بعد خود کو دوبارہ امتحان کے لیے پیش کرتے۔ آہستہ آہستہ فیثاغورث کے مدرسے کی شہرت دور دور تک پھیل گئی ور پورے یونان سے داخلے کے امیدوار آنے لگے اور فارغ التحصیل ہونے کے بعد انہوں نے اپنے علاقوں میں مدرسے کھولنے شروع کر دیے۔

وقت کے ساتھ ساتھ فیثاغورث کی دل چسپی روحانیت میں بڑھتی گئی اور اس نے ایک مذہب کی بنیاد رکھی۔ وہ ایک غار میں رہتا تھا اور تبلیغ کرنے کے لیے باہر نکلتا تھا۔ لوگ پورے ملک سے جوق در جوق اس کا وعظ سننے کے لیے آتے تھے۔ وہ آواگون کا قائل تھا اور اس کے عقیدے کے مطابق روح غیر فانی ہے جو موت کے بعد کسی اور جسم میں داخل ہو جاتی ہے۔ اگر انسان ہر جنم میں اچھے اعمال کرے تو اس کی روح پاک ہو کر خدا کے ساتھ مل جاتی ہے۔ اگرچہ فیثاغورث یونانی خداؤں کی عزت کرتا تھا مگر خدائے واحد کا قائل تھا۔ اس کے عقیدے کے مطابق روح ایک پُل ہے جو انسان کو خدا اور کائنات سے ملاتی ہے۔ اسی

لیے آج تک "دروز مذہب" (Druze Religion) کے لوگ، جن کی اکثریت شام اور لبنان میں رہتی ہے، اسے پیغمبر مانتے ہیں۔24

3.4. نظریہ اعداد

فیثا غورث کا قول ہے کہ عدد ہی سب کچھ ہے۔ اس کے نزدیک اعداد مقدس ہیں اور جیومیٹری کی شکلوں سے ان کا تعلق کائنات کو سمجھنے کے لیے ضروری ہے۔ نمبر 1 خالق ہے کیوں کہ اسی سے باقی قدرتی اعداد (1, 2, 3, 4, ...) بنتے ہیں، (ضمیمہ نمبر 1)۔ چناں چہ ایک اور ایک دو ہوتے ہیں اور اس میں ایک اور جمع کر دیا جائے تو تین بن جاتے ہیں لہٰذا تمام اعداد کا خالق 1 ہے کیوں کہ اگر ایک نہ ہوتا تو کوئی اور عدد بھی نہ ہوتا اور نہ ہی یہ دنیا ہوتی کیوں کہ دنیا اشیا کا مجموعہ ہے اور اشیا کا وجود ان کے حجم سے ہے اور حجم کو بیان کرنے کے لیے اعداد درکار ہیں، لہٰذا اگر اعداد نہ ہوتے تو حجم کا تصور بھی نہ ہوتا اور اگر حجم نہ ہوتا تو اشیا بھی نہ ہوتیں اور اگر اشیا نہ ہوتیں تو کائنات بھی نہ ہوتی۔ اس کا عقیدہ تھا کہ عدد خدا کا ایک روپ ہے اور ہم اعداد کے آپس کے تعلق کو سمجھ کر ہی کائنات کی گتھیاں سلجھا سکتے ہیں۔ اعداد کے متعلق فیثا غورثی فلسفیوں کے عقیدے کو فلسفہ کے برطانوی تاریخ دان تھامس اسٹینلے نے یوں بیان کیا ہے:[25]

> "عدد کی دو حیثیتیں ہیں: عقلی اور علمی۔ عقلی یا غیر مادی حیثیت سے عدد ابدی حقیقت ہے۔ فیثا غورث کے نزدیک اعداد وہ اٹل اصول ہیں جو خداؤں نے پنی جانب سے زمین اور آسمانوں میں اور ان کے درمیان اپنی فطرت کے نفاذ کے لیے نازل کیے ہیں۔ یہ حقیقت ہی کائنات میں ہر شے کی موجودگی کا سرچشمہ ہے۔ علمی یا مادّی لحاظ سے اعداد اُس ابدی حقیقت کے نُطفے سے پیدا ہونے والے ان اسباب کو ظاہر کرتے ہیں جن کا وجود وحدت یا وحدتوں کے مجموعوں میں ہے۔"

وحدت سے مراد نمبر 1 ہے اور بس وہی ایک عدد ہے جس کا کوئی وجود ہے۔ باقی سارے اعداد اسی ایک عدد کا مجموعہ ہیں۔ فیثا غورث کے نزدیک اعداد کا وجود مقداروں کو ناپنے کے لیے نہیں ہے بلکہ وہ اپنا الگ وجود رکھتے ہیں۔ اگر کائنات کا وجود نہ ہوتا تو اعداد پھر بھی موجود ہوتے۔ فیثا غورث کے نزدیک ہم نے اعداد ایجاد نہیں کیے بلکہ قدرت نے ہم پر نازل کیے ہیں۔ اس کے شاگرد اعداد میں پُر اسرار خواص

ڈھونڈھتے تھے، مثلاً سال میں 365 دن ہوتے ہیں اور یہ تین متواتر (consecutive) نمبروں کے مربع (squares) کا مجموعہ ہے، یعنی

$$10^2+11^2+12^2$$
$$=100+121+144$$
$$=365$$

نہ صرف یہ بلکہ اگلے دو نمبروں کے مربع کا مجموعہ بھی ہے، یعنی 365=142+132۔ یا پھر چاند کے مہینے میں 28 دن ہوتے ہیں اور 28 کو جن نمبروں سے تقسیم کیا جاسکتا ہے وہ ہیں 14 ,7 ,4 ,2 ,1۔ یہ نمبر 28 کے اجزا (Factors) ہیں۔ کسی نمبر کے اجزا وہ نمبر ہوتے ہیں جن سے اس نمبر کو تقسیم کیا جاسکتا ہے۔ نمبر 28 کی ایک خصوصیت یہ ہے کہ اس کے اجزا کا مجموعہ اس نمبر کے برابر ہوتا ہے یعنی 28=14+7+4+2+1۔ جس نمبر کے اجزا کا مجموعہ اس نمبر کے برابر ہو اسے "کامل عدد" (Perfect Number) کا نام دیا گیا۔ اس کے برخلاف جس نمبر کے اجزا کا مجموعہ اس سے زیادہ ہو وہ "از حد عدد" (Excessive Number) کہلاتا تھا۔ اس کی مثال 12 ہے جس کے اجزا کا مجموعہ اس سے زیادہ ہے: 16=6+4+3+2+1 ۔اسی طرح جس نمبر کے اجزا کا مجموعہ اس سے کم ہو وہ "ناقص عدد" (Defective Number) کہلاتا تھا۔ اس کی مثال 10 ہے جس کے اجزا کا مجموعہ اس سے کم ہے: 8=5+2+1۔ قدرتی اعداد دو قسم کے ہوتے ہیں:

1. طاق اعداد (Odd Numbers) وہ اعداد ہیں جنہیں 2 سے پورا پورا تقسیم نہیں کیا جاسکتا، مثلاً... ,1, 3, 5, 7
2. جُفت اعداد (Even Numbers) وہ اعداد ہیں جنہیں 2 سے پورا پورا تقسیم کیا جاسکتا ہے، مثلاً... ,2, 4, 6, 8

فیثا غورث کے شاگرد دن رات نمبروں پر غور کرتے اور ان کے باہمی تعلق پر طرح طرح کی بحثیں کرتے تھے۔ اس کا سب سے بڑا فائدہ یہ ہوا کہ نظریۂ اعداد (Theory of Numbers) کی ابتدا کے لیے ہم فیثا غورثی فلسفیوں کے مرہونِ منت ہیں مگر ساتھ ہی نمبروں میں جنون کی حد تک دل چسپی کی بنا پر ان میں طرح طرح کے توہمات نے بھی جنم لیا مثلاً ان کے نزدیک اعداد بھی نر اور مادہ تھے اور مختلف اعداد

محبت، نفرت اور دیگر جذبات کی ترجمانی کرتے تھے۔ ان کا خیال تھا کہ طاق اعداد نر ہوتے ہیں اور جفت اعداد مادہ۔ مزید یہ کہ پہلا جفت عدد 2 ہے اور پہلا طاق عدد 3۔ اس کی وجہ یہ تھی کہ وہ 1 کو عدد نہیں مانتے تھے کیوں کہ وہ تو اعداد کا خالق ہے۔ چناں چہ 2 سے مراد عورت ہے اور 3 سے مراد مرد۔ ان دونوں اعداد کو جمع کریں تو 5 بن جاتا ہے جس سے مراد شادی ہے۔ اسی طرح 7 کا عدد نیک ساعت یا موقع کے لیے مخصوص تھا اور 4 کا عدد انصاف کے لیے۔ ان کے عقیدے کے مطابق اعداد میں پراسرار خصوصیات ہوتی ہیں۔ کچھ اعداد مبارک ہوتے ہیں اور کچھ منحوس۔ ان توہمات کے باوجود اس میں شک نہیں کہ فیثا غورث اور اس کے شاگردوں نے جدید ریاضی کی بنیاد رکھی۔ بقول فیثا غورث "سب کچھ نمبر ہی ہے۔"

نظریۂ اعداد (Number Theory) ریاضی کی ایک بنیادی اور اہم شاخ ہے۔ فیثا غورثی برادری نے نظریۂ اعداد کو ایک فلسفیانہ اور مذہبی مفہوم دیا اور اسے مابعد الطبیعات کی گہرائیوں تک لے گئے۔ ان کا نظریۂ اعداد ریاضی کے سائنسی اصولوں پر مبنی نہیں تھا بلکہ ایک تصوراتی اور روحانی نظریہ تھا، مگر جدید ریاضی میں نظریۂ اعداد کا ارتقا منطقی اور سائنسی انداز میں ہوا ہے۔

3.5. مسئلۂ فیثا غورث

اعداد کے علاوہ فیثا غورث نے شکلوں کا مطالعہ کیا۔ ہمارے ارد گرد اشیا بکھری پڑی ہیں، خواہ وہ قدرتی ہوں یا ہم نے انہیں بنایا ہو۔ ہر ٹھوس شے کی شکل (Form) ہوتی ہے، گول اشیا، لمبوتری اشیا، چوکور اشیا اور ہزارہا ایسی اشیا جن کی شکل کو ہم نے کوئی نام نہیں دیا۔ اُس دور کے فلسفیوں نے مختلف شکلوں کے حجم اور رقبے کی مساوات دریافت کیں اور اسے جیومیٹری کا نام دیا۔ فیثا غورث نے جیومیٹری کو محض ناپنے کے عمل سے آگے بڑھا کر مسئلوں (Theorems) کی شکل دی جسے آگے چل کر افلاطون اور اقلیدس نے ایک باقاعدہ علم کے طور پر مجتمع کیا۔

جیومیٹری کا سب سے مشہور مسئلہ جو آپ کو ہائی اسکول کے زمانے سے یاد ہو گا، مسئلۂ فیثا غورث (Pythagoras' Theorem) کہلاتا ہے جس کے مطابق "ایک زاویہ قائمہ مثلث میں وتر کا مربع دونوں ضلعوں کے مربعوں کے مجموعے کے برابر ہوتا ہے۔" انگریزی میں اسی مسئلے کو یوں بیان کیا جاتا ہے:

"The square of the hypotenuse of a right-angled triangle equals the

sum of the squares of the other two sides."

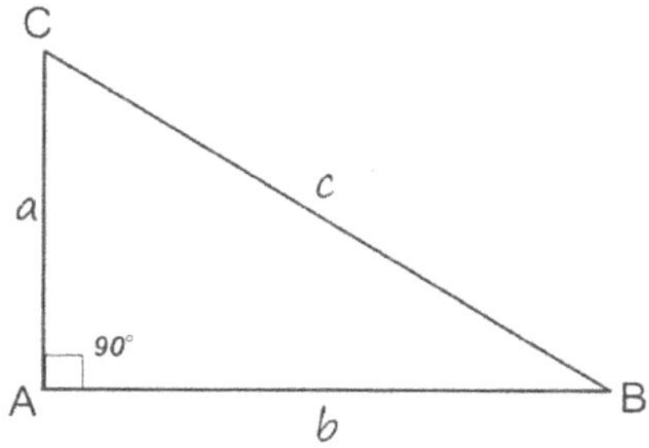

تصویر 18: مسئلہ فیثا غورث c2=a2+b2

اگر آپ کو زاویہ، مثلث، وتر، اضلاع اور مربع کے معنی سے واقف نہیں تو فی الحال اتنا سمجھ لیں کہ تصویر 18 میں دیے ہوئے مثلث [a] ΔABC کے تین اضلاع (اطراف) ہیں، یعنی AB، AC اور BC۔ ہر ضلع ایک خط مستقیم ہوتا ہے جو دو نقطوں کے درمیان ہوتا ہے۔ ہر نقطے پر دو اضلاع ملنے سے ایک زاویہ بنتا ہے۔ اس مثلث کے تین زاویے ∠A، ∠B اور ∠C ہیں جن میں ∠A زاویہ قائمہ ہے یعنی ∟A=90°۔ اگر مثلث کا ایک زاویہ زاویہ قائمہ ہو تو اسے زاویہ قائمہ مثلث (Right-angled Triangle) کہتے ہیں اور زاویہ قائمہ کے سامنے والے ضلع یعنی BC کو وتر (hypotenuse) کہتے ہیں اور بقیہ دو اضلاع قاعدہ (Base) اور عمود (Perpendicular) کہلاتے ہیں۔ چناں چہ ΔABC میں AB قاعدہ ہے اور AC عمود ہے۔ مسئلہ فیثا غورث کے مطابق وتر کی لمبائی بقیہ دو اضلاع کی لمبائی کے مربعوں (Squares) کے مجموعے کے جذر (Square root) کے برابر ہوتی ہے۔ اگر آپ کو مربع اور جذر کا علم نہیں تو ضمیمہ نمبر 6 کا مطالعہ کر لیں۔ حساب کی زبان میں فیثا غورث کا مسئلہ یوں بیان کیا جا سکتا ہے:

$$c^2 = a^2 + b^2$$

اگر AC اور BC کی لمبائی بالترتیب 3 فٹ اور 4 فٹ ہو تو:

$a = 3; b = 4$

$c^2 = a^2 + b^2 = 3^2 + 4^2 = 3 \times 3 + 4 \times 4 = 9 + 16 = 25$

$c = \sqrt{25} = 5$

لہٰذا اگر کسی زاویہ قائمہ مثلث کا ایک ضلع 3 فٹ لمبا ہو اور دوسرا ضلع 4 فٹ لمبا ہو تو اس کا وتر 5 فٹ لمبا ہو گا۔ اِن تین نمبروں کے سیٹ (3,4,5) کو فیثا غورثی ثلاثی (Pythagorean Triplet) کہتے ہیں۔ یہ تین مثبت سالم (positive integers) اعداد کا سیٹ ہوتا ہے۔ نئی ثلاثیوں کی تلاش فیثا غورث کے شاگردوں کا محبوب مشغلہ تھا۔ ریاضی کے مطابق ان کی تعداد لامحدود ہے۔ ذیل میں چند مزید ثلاثیوں کی

---

[a] یہاں جیومیٹری میں استعمال ہونے والے کچھ علامات استعمال کی گئی ہیں، مثلاً Δ = مثلث، ∠ = زاویہ، ∟ = زاویہ قائمہ

مثالیں ہیں:

(5,12,13) (7,24,25) (8,15,17) (9,40,41) (11,60, 61)

واضح ہو کہ فیثا غورث کی تحقیق قدرتی اعداد اور کسریات (Fractions) تک محدود تھی اور اس کے مطابق کسر کی تعریف یہ ہے کہ وہ دو قدرتی اعداد کا تناسب یا حاصل قسمت (Quotient) ہوتا ہے یعنی ایک عدد کو دوسرے عدد سے تقسیم کرنے سے بنتا ہے، مثلاً 19/25, 3/8, 1/2 وغیرہ، (ضمیمہ نمبر 5)۔

فیثا غورث کے ایک شاگرد ہپّاسس (Hippasus) نے پہلی مرتبہ یہ سوال اٹھایا کہ کچھ اعداد ایسے ہیں جو دو سالم اعداد کے تناسب کے برابر نہیں ہیں، مثلاً اگر ایک زاویہ قائمہ مثلث کے دو اضلاع کی لمبائی 1 ہو تو وتر کی لمبائی $\sqrt{2}$ ہو گی، یعنی

$$c = \sqrt{a^2 + b^2} = \sqrt{1^2 + 1^2} = \sqrt{1 + 1} = \sqrt{2}$$

ہپّاسس نے ثابت کیا کہ $\sqrt{2}$ کو دو اعداد کے تناسب کے طور پر پیش نہیں کیا جاسکتا۔ اگر آپ کے فون پر ایک اچھا کیلکیولیٹر ہے جس میں جذر (square root) نکالنے کا فارمولا ہو تو آپ کو معلوم ہو گا کہ $\sqrt{2}$ کی قدر تقریباً ...1.41421356237 ہوتی ہے۔ اعشاریہ کے دائیں جانب اعداد کی تعداد لامتناہی ہوتی ہے لہٰذا ایسے اعداد کو نہ دو سالم اعداد کے تناسب سے ظاہر کیا جاسکتا اور نہ ان کی صحیح قدر معلوم کی جاسکتی ہے۔[26]

ہپّاسس کی اس دریافت سے فیثا غورثیوں میں بھونچال آگیا۔ یہ کیسے ممکن تھا کہ ایسے اعداد موجود ہوں جن کی صحیح قدر معلوم نہ ہو کیوں کہ اعداد تو خالق کی طرف سے آئے ہیں اور خالق کی تخلیق میں کوئی نقص نہیں ہو سکتا۔ جب ہپّاسس اپنے نظریے کو عوام کے سامنے لے آیا تو فیثا غورث نے اس پر کفر کا فتویٰ صادر کر دیا۔ اس نے کہا کہ ہپّاسس نہ صرف ملحد ہے بلکہ اس نے الوہی علم کو ان لوگوں پر ظاہر کر کے جو اس کے مستحق نہیں، امانت میں خیانت کی ہے، لہٰذا اس کی سزا موت ہے۔ شاگردوں نے ہپّاسس کو پکڑ کر کشتی میں بٹھایا اور بیچ سمندر میں غرق کر دیا مگر اس کی موت کے بعد ان کسریات کا چرچا بڑھتا گیا جنہیں دو سالم اعداد کے تناسب سے ظاہر نہیں کیا جاسکتا اور جن کی صحیح قدر معلوم نہیں ہو سکتی۔ یہ اعداد آگے چل کر غیر منطقی اعداد (Irrational Numbers) کہلائے، (ضمیمہ نمبر 6)۔ حقیقت یہ ہے کہ صرف ان اعداد کا جذر سالم عدد ہوتا ہے جو مکمل مربع (Perfect Square) ہوں، مثلاً 4, 9,

16, 25, 36 وغیرہ، باقی سارے اعداد کا جذر غیر منطقی ہوتا ہے۔

غیر منطقی اعداد کا وجود یونانیوں کے لیے ایک بہت بڑا فلسفیانہ اور ریاضیاتی مسئلہ بن گیا، کیوں کہ یہ فیثاغورث کے اس عقیدے کے خلاف تھا کہ اعداد میں ہم آہنگی ہے۔ یہ دریافت ریاضیاتی سوچ میں بڑی تبدیلی لائی اور ریاضی دانوں کو منطقی اعداد سے آگے حقیقی اعداد (Real Numbers) کی کھوج کی طرف مائل کیا اور ریاضی کے دائرے کو وسیع کیا۔ غیر منطقی اعداد کے تصور نے اقلیدسی ہندسہ (Euclidean Geometry) کے بنیادی اصول قائم کرنے میں اہم کردار ادا کیا، کیوں کہ اس سے یہ بات واضح ہوئی کہ لمبائی اور مقدار کی وضاحت کو ایسے تناسب سے آزاد کر کے سمجھنے کی ضرورت ہے جو منطقی اعداد کے ذریعے نہ ہو۔

آنے والی صدیوں میں غیر منطقی اعداد کے مطالعے نے ریاضی دانوں کو **نظریۂ اعداد** اور **جبریاتی ڈھانچوں** (Algebraic Structures) کو مزید بہتر کرنے پر اکسایا، جس نے بعد میں علم الحصا (Calculus) میں ترقی کی راہیں کھولیں۔ غیر منطقی اعداد کا اعتراف اعداد کے تسلسل کو سمجھنے میں ایک اہم سنگ میل ہے۔

اگرچہ فیثاغورث کے شاگرد صرف ان ثلاثیوں کی تلاش میں تھے جن کے تینوں اعداد مثبت سالم ہوں مگر مسئلہ فیثاغورث میں اس کی کوئی قید نہیں مثلاً اگر ایک زاویہ قائمہ مثلث کا ایک ضلع 2 فٹ لمبا ہو اور دوسرا ضلع 3 فٹ لمبا ہو تو

$$a = 2;\ b = 3$$
$$c^2 = a^2 + b^2 = 2^2 + 3^2 = 4 + 9 = 13$$
$$c = \sqrt{13} = 3.6055512754$$

یعنی وتر تقریباً 3.6 فٹ ہو گا۔

مسئلہ فیثاغورث جیومیٹری میں غالباً سب سے اہم اور جانا پہچانا مسئلہ ہے اور اس کا اطلاق بے شمار مقامات پر ہوتا ہے، مثلاً فن تعمیر کا ماہر انجینئرنگ اور عمارات کے ڈیزائن میں، پہاڑوں کی بلندی اور فاصلے ناپنے کے دوران اور جی پی ایس منزل تک کم سے کم فاصلہ معلوم کرنے کے لیے مسئلہ فیثاغورث کا استعمال کرتے ہیں۔ بلند عمارتوں پر پینٹ کرنے والے اس کا حساب لگانے کے لیے مسئلہ فیثاغورث کا سہارا لیتے ہیں

کہ وہ اپنی سیڑھی کو عمارت سے کتنے فاصلے پر رکھیں کہ وہ مقررہ بلندی تک پہنچ سکیں۔ اس کے علاوہ چہرہ پہچاننے کے لیے سیکیورٹی کیمرہ اپنی بلندی، چور کے چہرے سے کیمرے کے فاصلے اور زاویے پر مسئلہ فیثاغورث کا اطلاق کر کے چہرے کو پہچانتا ہے۔

تاریخ دان آج تک فیصلہ نہیں کر پائے کہ فیثاغورث کی موت کب اور کیسے واقع ہوئی۔ جب کروٹن نے 510 ق م میں فیثاغورث اور اس کے شاگردوں کی مدد سے سائبرِس کا شہر فتح کیا تو کروٹن کے شہریوں نے وہاں جمہوری نظام قائم کرنے کی تجویز پیش کی جسے فیثاغورثی برادری نے رد کر دیا اور اس کے نتیجے میں جمہوریت کے حامیوں کی ان سے دشمنی ہو گئی۔ ایک روز جب فیثاغورثی برادری کے ممبر ایک مکان میں کوئی میٹنگ کر رہے تھے تو جمہوریت پسندوں نے حملہ کر کے اس مکان کو آگ لگا دی اور برادری کے بہت سے اراکین جل کر مر گئے۔ ایک روایت کے مطابق فیثاغورث اس میٹنگ میں شامل نہیں تھا۔ دوسری روایت کے مطابق فیثاغورث میٹنگ میں موجود تھا اور مرنے والوں میں شامل تھا۔ کچھ جوان اور طاقت ور لوگ مکان سے بھاگ نکلنے میں کامیاب ہو گئے اور تیسری روایت کے مطابق فیثاغورث بھی بچ جانے والوں میں شامل تھا۔ ایک اور روایت کے مطابق وہ اور اس کے شاگرد میٹاپونٹم پہنچے اور پناہ کی درخواست کی جسے رد کر دیا گیا۔ واضح ہو کہ میٹاپونٹم وہی شہر تھا جس سے ہپّاسس کا تعلق تھا اور ہپّاسس وہی شاگرد تھا جسے غیر منطقی اعداد کی دریافت پر فیثاغورث نے سمندر میں پھینکوا دیا تھا۔

جہاں فلسفہ اور ریاضی میں فیثاغورث کے بعد آنے والے فلسفیوں نے اس کی علمیت کا لوہا مانا ہے وہیں اس پر نکتہ چینی کرنے والوں کی کمی نہیں رہی۔ کچھ تاریخ دانوں کا کہنا ہے کہ فیثاغورث اتنا بڑا ریاضی دان نہیں تھا جتنا اسے کہا جاتا ہے۔ ان کے مطابق اس کے خیالات اس تعلیم کا نتیجہ تھے جو اس نے بابل میں حاصل کی تھی اور یہ کہ بابل کی سُمیری (Sumerian) تہذیب میں زاویہ قائمہ مثلث کی مساوات کا علم فیثاغورث کے عہد سے ایک ہزار سال پہلے سے تھا۔ بہر حال اس میں کوئی شک نہیں کہ فیثاغورث نے فلسفہ، نظریۂ اعداد اور اقلیدسی جیومیٹری کی بنیاد رکھی۔

3.6. سقراط

تصویر19: سقراط

سقراط[a] ، اس کا شاگرد افلاطون اور افلاطون کا شاگرد ارسطو، قدیم یونانی فلسفہ کے وہ تین مرکزی کردار ہیں جن کے فلسفہ نے نہ صرف مغربی سوچ کو پروان چڑھایا بلکہ کتاب الموسیقی الکبیر کے مصنف ابو نصر محمد الفارابی (872ء سے 950ء) کے توسط سے اسلامی دنیا کو بھی متاثر کیا۔ فلسفہ کی دنیامیں ارسطو کو استادِ اوّل اور الفارابی کو استادِ دوئم کہا جاتا ہے۔

سقراط کی عاجزی کی مثال اس کا یہ مشہور مقولہ ہے کہ "میں جانتا ہوں کہ میں کچھ نہیں جانتا۔" وہ زندگی میں پاکیزگی ، کردار میں پختگی اور اخلاقیاتی سوچ کا علم بردار تھا۔ اس روایت کی ابتدا دراصل فیثاغورث نے کی تھی اور اس کے بعد آنے والے فلسفیوں نے اس کی تعلیمات کو اپنایا لہٰذا وہ بلند پایہ کردار کے حامل ہوتے تھے اور انہیں معاشرے میں عزت کی نگاہ سے دیکھا جاتا تھا۔ یہی وجہ تھی کہ فلسفہ، مذہب اور روحانیت یکجا ہو گئے، اور مسیحی مذہب خصوصاً رومن کیتھولک چرچ نے ارسطو کا فلسفہ اپنالیا۔

واضح ہو کہ دوسرے کو اپنا ہم خیال بنانے کے دو طریقے ہوتے ہیں، جدلیت (dialectic) اور خطابت (rhetoric)۔ جدلیت یا علم مناظرہ میں منطقی استدلال سے کام لیا جاتا ہے، آواز دھیمی رکھی جاتی ہے، دوسرے کے خیالات سنے جاتے ہیں اور جہاں اتفاق رائے ہو وہاں دوسرے کا نقطۂ نظر تسلیم بھی کیا جاتا ہے۔ اس طرح خیر سگالی کے طور پر آپ کے خیالات قبول کرنے میں دوسرے کی مزاحمت کی دیوار گر جاتی ہے۔ علمی مناظروں میں ہمیشہ جدلیت سے کام لیا جاتا ہے۔ اس کے نتیجے میں سننے والوں کے خیالات میں جو تبدیلی آتی ہے وہ مستقل یا کم از کم دیرپا ہوتی ہے۔

خطابت میں منطقی استدلال کے بجائے سننے والوں کے جذبات کو ابھارا جاتا ہے، لچھے دار زبان استعمال کی جاتی ہے، آواز میں ڈرامائی لہجہ اختیار کیا جاتا ہے اور دوسروں کو بولنے کا موقع نہیں دیا جاتا۔ سیاست اور

[a] Socrates, 470-399 BC

مذہب میں عموماً خطابت کا لہجہ استعمال کیا جاتا ہے۔ اس کے نتیجے میں سننے والوں کے خیالات میں جو تبدیلی آتی ہے وہ فوری ہوتی ہے مگر اکثر دیرپا نہیں ہوتی۔

سقراط نے جدلیت میں ایک نئی صنف ایجاد کی اور وہ تھی "مکالمہ"۔ وہ اپنے مقابل سے موضوع کے متعلق ایسے "سقراطی سوالات" (Socratic Questions) کرتا تھا جن کے جوابات مقابل کو سقراط کے نقطۂ نظر کی طرف لے جائیں۔ آخر میں سقراط مکالمے کو ختم کرتے ہوئے کہتا، "پس ثابت ہوا کہ۔۔۔"

ہم تک سقراط کی تعلیمات اس کے شاگردوں، خصوصاً افلاطون کے توسط سے پہنچی ہیں کیوں کہ خود اس نے کوئی تحریر نہیں چھوڑی۔ افلاطون کی شہرۂ آفاق تصنیف، مکالمات (Dialogues) میں سقراط اور اس کے مقابل مختلف موضوعات پر گفتگو کرتے ہیں جن میں فلسفہ، مذہب، سائنس، انسانی فطرت، محبت، جنسیات، جسم اور روح، ادراک اور حقیقت وغیرہ شامل ہیں۔ ان مکالمات میں سقراط جو نظریات پیش کرتا ہے وہ آج بھی دانشوروں کی سوچ اور ذہنی تربیت میں شامل ہوتے ہیں۔

سقراط کو مغرور سیاست دانوں سے چڑ تھی جو خود کو عوام سے برتر سمجھتے تھے اور اپنے زورِ خطابت سے عوام کے جذبات کو ابھار کر انہیں اپنا ہم خیال بناتے تھے۔ سقراط انہیں مستقل چیلنج کرتا رہتا تھا لہٰذا وہ اس کے دشمن ہوگئے۔ یہاں قدیم یونانیوں کے عقائد کا تذکرہ دل چسپی سے خالی نہ ہوگا۔ وہ دیویوں اور دیوتاؤں پر ایمان رکھتے تھے اور سال ہا سال سے ڈیلفی کے مقام پر اپالو دیوتا کے مندر کی کاہنہ پائیتھیا (Pythia) کے پاس فال نکلوانے، استخارے کرنے اور پیش گوئی کرانے کے لیے جاتے تھے۔ اسی دوران کائریفُن (Chaerephon) نامی ایک شخص نے کاہنہ سے پوچھا کہ ایتھنز میں سب سے عقل مند شخص کون ہے۔ کاہنہ نے جواب دیا کہ سقراط سب سے عقل مند شخص ہے۔ کائریفُن نے شہر میں آکر کاہنہ کا فیصلہ لوگوں کو سنا دیا جس کے بعد دشمنوں کا حسد مزید بڑھ گیا اور انہوں نے سقراط پر مقدمہ دائر کر دیا۔ الزام یہ لگایا کہ وہ ان دیوتاؤں کی عزت نہیں کرتا جن کو ریاست مانتی ہے۔ ان کی جگہ نئے خدا ایجاد کر لیے ہیں اور ان کی تبلیغ کر کے نوجوان نسل کو گمراہ کر رہا ہے۔ مدعیان میں تین اشخاص تھے: اینیٹس (Anytus) جو ایک سیاست دان تھا، لائکن (Lycon) جو ایک خطیب تھا اور میلیٹس (Meletus) جو

ایک شاعر تھا اور مقدمے کی کاروائی میں پیش پیش تھا۔ کہا جاتا ہے کہ میلیٹس تو صرف ایک کٹھ پتلی تھا اور اصل مدعی اینیٹس تھا جس کے بیٹے سے سقراط کے جنسی تعلقات تھے۔ افلاطون نے لکھا ہے کہ سقراط نے اسے بتایا تھا کہ اینیٹس کے بیٹے کے ساتھ ایک مختصر مدّت کے لیے اس کے تعلقات رہے تھے مگر اس سے یہ ظاہر نہیں ہوتا کہ وہ تعلقات جنسی نوعیت کے تھے[27]۔ واضح ہو کہ ایتھنز کے اکثر مردوں کی طرح سقراط میں بھی ہم جنس پرستی کا رجحان تھا جس کی تکمیل وہ اپنے شاگردوں کے ساتھ کرتا تھا۔

سقراط کا مقدمہ 500 ممبروں کی جیوری کے سامنے پیش کیا گیا اور نو دس گھنٹے چلا۔ عدالت میں جیوری کے ممبروں کے علاوہ تماشائیوں کی بہت بڑی تعداد تھی اور ان ہی میں سقراط کا 27 سالہ شاگرد افلاطون بھی شامل تھا جس نے مقدمے کی کاروائی مکالمات کی شکل میں تین حصوں میں مرتب کی: دفاع، فیصلہ اور سزا۔ ان میں سے دفاع کا ابتدائی حصہ مختصراً یہاں درج کیا جارہا ہے[28]۔ اس منظر میں سقراط میلیٹس سے جرح کر رہا ہے۔

”میلیٹس، تم یہاں میرے سامنے آؤ۔ مجھے تم سے ایک سوال پوچھنا ہے۔ میرا خیال ہے کہ تم نوجوان نسل کی بہتری کے لیے بہت کچھ سوچتے ہو،“ سقراط نے کہا۔

”بالکل، میں سوچتا ہوں،“ میلیٹس نے جواب دیا۔

”تو پھر اگر تم نے اتنی محنت کر کے معلوم کیا ہے کہ میں انہیں بد چلنی پر آمادہ کر رہا ہوں تو تم ان ججوں کو بتلاؤ کہ انہیں نیک چلنی کی طرف کون لے جارہا ہے؟“

میلیٹس نے کوئی جواب نہیں دیا۔ اس پر سقراط نے کہا، ”میلیٹس، تم خاموش کیوں ہو؟ کیا یہ اس بات کا ثبوت نہیں ہے کہ تمہیں اس معاملے میں کوئی دل چسپی نہیں۔ اگر ہے تو بتاؤ کہ کون انہیں نیک چلنی کی طرف لے جاتا ہے؟“

”قوانین،“ میلیٹس نے جواب دیا۔

”میرے دوست، یہ میرا مطلب نہیں ہے۔ میں پوچھتا ہوں کہ وہ کون شخص ہے جسے قوانین کا علم ہے۔“

”یہ جج، جو عدالت میں موجود ہیں۔“

”کیا تم یہ کہہ رہے ہو کہ یہ جج ہماری نوجوان نسل کو ہدایت بھی کر سکتے ہیں اور بہتری کی طرف بھی

لے جاسکتے ہیں؟"

"میرا یہی مطلب ہے۔"

"کیا یہ سارے جج یا ان میں سے کچھ جج؟"

"سارے جج۔"

"دیوی کی قسم، تم نے مجھے بڑی اچھی خبر سنائی۔ اس کا مطلب ہے کہ کافی لوگ ہیں جو نوجوانوں کو نیک چلن بناتے ہیں۔ اس عدالت میں جو حاضرین ہیں، ان کے متعلق تمہارا کیا خیال ہے۔ کیا وہ بھی نوجوانوں کو بہتری کی طرف لے جاتے ہیں۔"

"بالکل۔"

"اور سینیٹروں کے متعلق کیا خیال ہے؟"

"وہ بھی انہیں بہتری کی ترغیب دیتے ہیں۔"

"پھر شاید اسمبلی کے ممبر انہیں ورغلاتے ہوں گے، یا وہ بھی انہیں نیک چلن بناتے ہیں۔"

"بالکل۔"

"تو پھر اس کا مطلب یہ ہوا کہ ایتھنز کا ہر باشندہ ہماری نوجوان نسل کو بہتری کی طرف لے جا رہا ہے، سوائے میرے۔ پورے شہر میں میں واحد شخص ہوں جو نوجوان نسل کو بہکا رہا ہوں۔ کیا تمہارا یہی خیال ہے؟"

"بالکل، یہ میرا پکّا ایمان ہے۔"

یہ مکالمہ مناظرے میں سقراط کے جدلی استدلال کی مثال ہے۔ سقراط اپنے دفاع میں چاہے جتنے دلائل پیش کرتا مگر جیوری پہلے ہی اسے مجرم قرار دے چکی تھی۔ اس کی سب سے بڑی وجہ یہ تھی کہ ایتھنز میں جمہوریت کا دور دورہ تھا۔ سقراط کے بچپن میں ہی پیریکلیز (Pericles) اقتدار میں آیا اور اس نے یونان کے سنہری دور کی بنیاد ڈالی۔ اس کا عقیدہ تھا کہ آزادی نہ صرف مال داروں کے لیے ہے بلکہ عوام کا بھی حق ہے۔ سقراط کا خیال تھا کہ عوام میں اتنا سلیقہ نہیں کہ وہ ریاست کے امور میں دخل دے سکیں۔ لہٰذا انہیں اقتدار سے دور رکھنا چاہیے۔ وہ اپنے خیالات کی ترویج کھلم کھلا کرتا تھا لہٰذا ساری علمیت کے باوجود معاشرے میں وہ ایک ناپسندیدہ شخص کی حیثیت رکھتا تھا۔

مقدمے کے آخر میں عدالت نے جیوری سے ووٹ لیا تو اکثریت نے اسے مجرم قرار دیا اور سزائے موت دے دی۔ سقراط نے عدالت سے نکلتے وقت کہا کہ تاریخ بتادے گی کہ اس کی موت سے ایتھنز کا سر شرم سے جھک جائے گا۔

سقراط کو تو زہر کا پیالہ پلا کر مار دیا گیا مگر اس میں شک نہیں کہ قدیم یونانی جنہوں نے جمہوریت کی داغ بیل ڈالی، انہوں نے ہی جاہل اور متعصب شہریوں کے خود ساختہ الزامات کی آڑ میں مغربی فکر کے بانی کو موت کے گھاٹ اتار دیا۔ یہی وجہ ہے کہ سیاست دان اور تاریخ داں سقراط کے مقدمے کو یہ ثابت کرنے کے لیے استعمال کرتے ہیں کہ اگر جمہوریت کی حفاظت نہ کی جائے تو وہ بڑی آسانی سے ظلم، دہشت گردی اور ناانصافی کے لیے استعمال ہو سکتی ہے۔

3.7. افلاطون

تصویر20: افلاطون

افلاطون[a] سے قبل فلسفہ کی حیثیت خیالی پلاؤ سے زیادہ نہیں تھی جس کا عملی زندگی میں کوئی مقام نہیں تھا۔ افلاطون نے ریاضی، سائنس، مذہب، مابعد الطبیعیات[b] (Metaphysics)، اخلاقیات، ادب ، آرٹ اور روایتی فلسفہ کو آپس میں ضم کر کے ایک نئے ضابطے کی بنیاد رکھی جس کا اطلاق زندگی کے ہر شعبے پر ہوتا ہے۔ اس ضابطے کو افلاطون نے فلسفہ کہا۔ گو کہ جدلیّاتی مکالمہ (Dialectic Dialogue) سقراط سے منسوب ہے مگر اسے ہم تک پہنچانے کا سہرا افلاطون کے سر ہے۔ اس سلسلے میں

[a] Plato, 424–348 BC

[b] مابعد الطبیعیات یا علمِ روحِ انسانی فلسفہ کی وہ شاخ ہے جو "حقیقت" کے سمجھنے میں وسیع اور تجریدی تصورات کا استعمال کرتی ہے۔ مابعد لطبیعیاتی مطالعہ عام طور پر حقیقت کے اُن آفاقی عناصر کی وضاحت کرنے کی کوشش کرتے ہیں جن کا تجربہ ہماری روزمرہ کی زندگی میں آسانی سے نہیں ہوتا مثلاً وجود، وقت، علم، ماہیت، شناخت وغیرہ۔

ہم پچھلے سیکشن میں افلاطون کی تصنیف "مکالمات" کے متعلق پڑھ چکے ہیں۔ اس کی ایک اور تصنیف جو سقراطی مکالمات (Socratic Dialogues) میں لکھی گئی ہے وہ ری پبلک (Republic) ہے جس کا موضوع ریاست میں انصاف کی اہمیت ہے۔ افلاطون کے مطابق یہ ضروری ہے کہ معاشرے کے افراد ایک دوسرے کے ساتھ انصاف کریں اور ریاست شہریوں کے ساتھ انصاف کرے خواہ وہ سیاسی انصاف ہو یا باہمی انصاف۔ افلاطون کے نزدیک ایک مثالی معاشرے میں تین سماجی طبقے ہوتے ہیں: حاکم، سرپرست اور پیداگیر[29]۔ اچھے حاکموں کو فلسفی ہونا چاہیے، اچھائی اور برائی کی پہچان ہونی چاہیے اور وہ انصاف کو اوّلین ترجیح دیں۔ سیاست میں صرف ان کو داخلے کی اجازت ہو جنہوں نے 10 سال ریاضی کی تعلیم حاصل کی ہو، 5 سال علم مناظرہ سیکھا ہو اور 15 سال کا جنگ اور فوج کا عملی تجربہ ہو۔ یہ بھی ضروری ہے کہ حکومت چلانے کے لیے ایسے لوگ چنے جائیں جنہیں عہدے کی خواہش نہ ہو بلکہ ان کی عقل و دانش اور اعلیٰ کردار کے پیش نظر انہیں قیادت کے لیے مجبور کیا جائے۔ سماج کا دوسرا طبقہ سرپرستوں کا ہے جس میں ریاست کی حفاظت کرنے والے سپاہی ہوتے ہیں اور تیسرے طبقے میں کسان اور ہنرمند لوگ ہیں جو شہریوں کی ضرورت کا سامان پیدا کرتے ہیں۔ ریاست کی بقا کے لیے ضروری ہے کہ تینوں طبقے آپس میں انصاف کریں۔

افلاطون نے اپنی فلسفہ کی اکیڈمی ایتھنز کے باہر زیتون کے اس کُنج میں قائم کی جو عقل و دانش کی دیوی اتھینا کے نام پر وقف تھا۔ یہ اکیڈمی تین سو سال تک قائم رہی اور اس سے فارغ التحصیل ہونے والوں میں بڑے بڑے فلسفیوں کے نام آتے ہیں۔ ان میں ارسطو بھی شامل ہے جس نے افلاطون کی اکیڈمی میں 20 سال گزارے۔ اگرچہ افلاطون کو ریاضی میں واجبی شدبد تھی مگر چوتھی صدی قبل مسیح میں ریاضی میں بیشتر تحقیق اسی کی اکیڈمی میں ہوئی[30]۔

3.8. افلاطونی ٹھوس اجسام

افلاطون کے دور میں ریاضی سے مراد جیومیٹری ہوتی تھی۔ یونانی ریاضی دانوں نے مختلف شکلوں کے حجم معلوم کرنے کے لیے فارمولے دریافت کیے تھے۔ وہ ریاضی کو ایک الوہی علم قرار دیتے تھے جو

دیوتاؤں کی طرف سے عقل مندوں کے لیے ایک تحفہ تھا۔ افلاطون کے نزدیک جیومیٹری کی اہمیت کا اندازہ اس ہدایت سے لگتا ہے کہ اس کی اکیڈمی کے دروازے پر ایک بورڈ نصب تھا جس پر لکھا تھا کہ ”جسے جیومیٹری نہ آتی ہو وہ داخل نہ ہو۔“

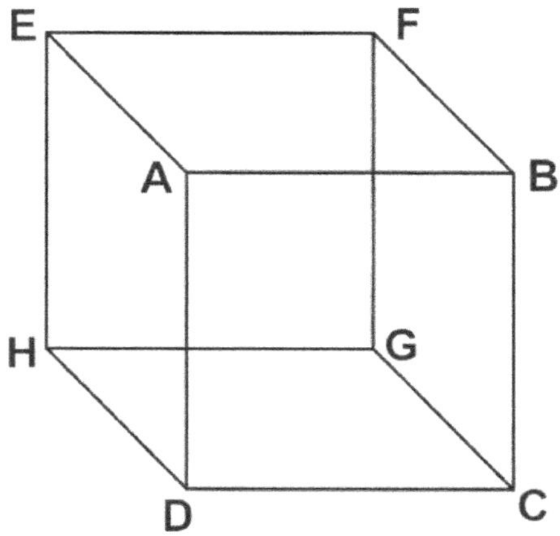

جیومیٹری میں کثیر السطوح (Polyhedron) ایک تین بُعدی (Three Dimensional) شے ہے جس میں سطحوں کی تعداد محدود ہوتی ہے۔ مثال کے طور پر مکعب میں چھ سطحیں ہوتی ہیں، یعنی سامنے ABCD، پشت EFGH، دائیں BFGC، بائیں EADH، چھت EFBA اور پیندا HGCD۔ ہر سطح کے چار اضلاع ہوتے ہیں جو مربع بناتے ہیں مثلاً

AB=BC=DC=AD

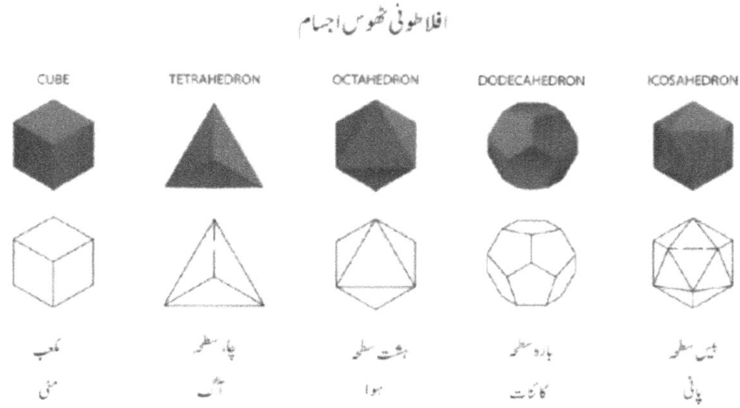

تصویر 21: افلاطونی ٹھوس اجسام (PLATONIC SOLIDS)

ان کے چاروں اضلاع برابر ہوتے ہیں اور چاروں زاویے زاویہ قائمہ ہوتے ہیں۔ باقاعدہ (Regular) کثیر السطوح میں تمام اضلاع برابر ہوتے ہیں اور تمام سطحیں متماثل (congruent) ہوتی ہیں یعنی شکل اور

رقبے کے لحاظ سے ایک دوسرے کی کاپی ہوتی ہیں۔

افلاطون کے نزدیک با قاعدہ کثیر السطوح کی تعداد پانچ ہے، یعنی مکعب (Cube)، چار سطحہ (Tetrahedron)، ہشت سطحہ (Octahedron)، بارہ سطحہ (Dodecahedron) اور بیس سطحہ (Icosahedron)۔ ان پانچوں شکلوں کو افلاطونی ٹھوس اجسام (Platonic Solids) کہا جاتا ہے۔

قدیم یونانی ہر بات میں فلسفہ کا پہلو تلاش کرتے تھے۔ ان کے نزدیک کائنات کی ہر شے چار عناصر سے مل کر بنی ہے، یعنی مٹی، آگ، ہوا اور پانی۔ افلاطون نے مکعب کو مٹی سے، چار سطحہ کو آگ سے، ہشت سطحہ کو ہوا سے اور بیس سطحہ کو پانی سے منسوب کیا۔ اس کے پاس یہ نسبت قائم کرنے کے لیے بدیہی جواز تھا، مثلاً آگ کی حرارت اور اس سے پیدا ہونے والی جلن ویسی ہی ہوتی ہے جیسے چار سطحہ کے نوکیلے کونوں کی چبھن۔ اسی طرح ہوا ہشت سطحہ سے بنی ہے کیوں کہ اس کے کنارے اتنے ہموار ہوتے ہیں کہ محسوس نہیں ہوتے۔ بیس سطحہ تقریباً کُرّے کی طرح گول ہوتا ہے اور اگر ہتھیلی پر رکھ کر ذرا سا بھی ایک جانب جھکائیں تو پانی کی طرح لڑھک جاتا ہے۔ مکعب میں گولائی نام کو نہیں ہے لہٰذا مٹی ہے۔ باقی رہا بارہ سطحہ تو اس کے متعلق افلاطون نے کہا کہ اسے خالق نے آسمان میں ستاروں کے بُرجوں کو قائم کرنے کے لیے استعمال کیا۔ آگے چل کر ارسطو نے پانچویں عنصر کا اضافہ کیا جو ”ایتھر“ تھا۔ چناں چہ اس نے بارہ سطحہ کو ایتھر سے منسوب کر دیا۔

اس دور کے نظریے کے مطابق ایتھر ایک نظر نہ آنے والا بے رنگ، بے ذائقہ، بے رگڑ، بے بُو مادہ ہے جو کیمیائی طور پر کسی اور مادّے سے نہیں ملتا، اور پوری کائنات اس مادے سے بھری ہوئی ہے۔ جس طرح آواز کی موجیں ہوا میں ارتعاش پیدا کر کے ہم تک پہنچتی ہیں اسی طرح سورج اور ستاروں کی روشنی ہم تک ایتھر سے گزر کر پہنچتی ہے۔ اگر ہوا نہ ہوتی تو آواز ہم تک نہ پہنچتی اور اگر ایتھر نہ ہوتی تو ہمیں چاند، سورج اور ستارے بھی نظر نہ آتے۔ 19 ویں صدی تک ایتھر کا تصور باقاعدہ طبیعیات کا حصہ رہا یہاں تک 1887 میں مائیکلسن اور مورلے نے ”ایتھر کے بہاؤ کی سمت میں“ اور اس سے عمودی سمت میں زمین کی گردش کی رفتار معلوم کی۔ ان کے نظریے کے مطابق دوسری رفتار پہلی کے مقابلے میں ایتھر کی رگڑ کی بنا پر کم ہونی چاہیے تھی مگر رفتار کی دونوں قدریں برابر تھیں۔ لہٰذا تجربے نے ثابت کیا کہ ایتھر کا کوئی وجود

نہیں ہے۔ آگے چل کر جب روشنی کی ماہیت کے متعلق ہمارا علم بڑھا تو ثابت ہوا کہ روشنی کو ایک مقام سے دوسرے مقام تک سفر کرنے کے لیے کسی ذریعے کی ضرورت نہیں۔

اب ہم واپس آتے ہیں افلاطونی ٹھوس اجسام کی طرف۔ ان اجسام کی ریاضی اس کتاب کے دائرے میں نہیں آتی لیکن اگر آپ کو ریاضی سے شغف ہے تو مزید تحقیق سے معلوم ہوگا کہ سالمے اور ان کے گروپ بھی ان پانچ افلاطونی ٹھوس اجسام کی شکل اختیار کر لیتے ہیں، مثلاً اگر ہم اپنے جسم میں مختلف عناصر کے ایٹموں کی تعداد گنیں تو معلوم ہوگا کہ 63٪ ہائیڈروجن (H)، 24٪ آکسیجن (O) اور 12٪ کاربن (C) ہے۔

اگرچہ ہمارے جسم میں کاربن کی مقدار صرف 12٪ ہے مگر اس کی حیثیت وہی ہے جو ایک درخت میں تنے کی ہوتی ہے۔ مختلف اجزا کے سالموں میں کاربن کے ایٹم زنجیروں کی صورت میں ہیں اور ان کے ساتھ ہائیڈروجن، آکسیجن، نائٹروجن اور چند دوسرے عناصر کے ایٹم چپکے ہوئے ہوتے ہیں۔ ان اجزا میں سے ایک میتھین (Methane) ہے۔ ہماری آنتوں میں بیکٹیریا اور وائرس کی تخمیر (Fermentation) کے نتیجے میں گیس پیدا ہوتی ہے جس کے اجزا میں کاربن ڈائی آکسائڈ اور ہائیڈروجن کے علاوہ بدبودار میتھین اور ہائیڈروجن سلفائڈ بھی شامل ہوتی ہیں جو ریاح یا سانس کے ذریعے خارج ہو جاتی ہیں[31]۔

میتھین مرکبات کی جس قسم سے تعلق رکھتی ہے اسے ہائیڈروکاربن کہا جاتا ہے۔ ان مرکبات کے سالموں میں کاربن ایٹم کی زنجیریں یا چھلّے ہوتے ہیں اور ہر کاربن ایٹم سے ہائیڈروجن ایٹم منسلک ہوتے ہیں۔

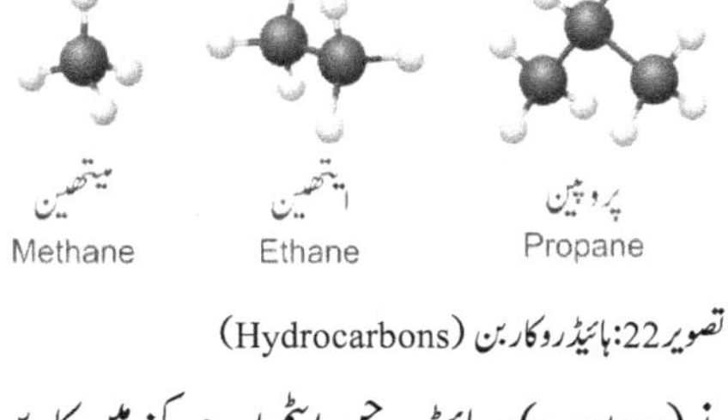

تصویر22: ہائیڈروکاربن (Hydrocarbons)

جیسا کہ تصویر 22 میں دکھایا گیا ہے، میتھین کے سالمے میں ایک ایٹم کاربن کا ہوتا ہے اور اس سے منسلک چار ایٹم ہائیڈروجن کے ہوتے ہیں لہٰذا میتھین کا کیمیائی فارمولا CH_4 ہے اور اس کی شکل چار سطحی (Tetrahedral) ہوتی ہے جس کے ہر کونے (vertex) پر ہائیڈروجن ایٹم اور مرکز میں کاربن ایٹم ہوتا ہے۔ اسی طرح ایتھین (C_2H_6) میں دو کاربن ایٹم ہوتے ہیں جن میں ہر کاربن ایٹم کے ساتھ تین ہائیڈروجن ایٹم اور ایک کاربن ایٹم منسلک ہوتا ہے اور یہ چار سطحوں کا جوڑا ہوتا ہے گویا دو میتھین کے

سالمے مل گئے ہوں۔ پروپین (C_3H_8) جس میں تین کاربن ایٹم ہوتے ہیں چار سطحی شکل کی مثلث ہوتی ہے۔

غرض ہائیڈروکاربن کے سالموں میں خواہ کتنے ہی کاربن ایٹم ہوں مگر وہ چار سطحی شکل کو برقرار رکھتے ہیں۔

یہ کہنا مشکل ہے کہ افلاطون نے بیس سطحی ساخت کو پانی سے کیوں منسوب کیا مگر حقیقت یہ ہے کہ پانی جوں جوں جمتا ہے تو اس کے سالمے آپس میں جڑ کر بیس سطحی ساخت اختیار کرلیتے ہیں۔ پگھلی ہوئی دھاتوں کے سالموں کی بھی یہی خاصیت ہوتی ہے۔

ہم جانتے ہیں کہ ہر ذی حیات کا جسم خلیوں (cells) سے بنا ہے۔ ہمارے جسم میں بھی مختلف قسم کے تقریباً ایک ہزار کھرب خلیے ہوتے ہیں۔ سمندروں میں کثرت سے یک خلوی (Unicellular) اجسام ہوتے ہیں جنہیں ریڈیولیریا (Radiolaria) کہتے ہیں اور ان کی ساخت میں سارے ہی افلاطونی ٹھوس اجسام ملتے ہیں۔ دوسری جانب کیپلر[a] افلاطون کے نظریات سے اتنا متاثر ہوا کہ اس نے ان اجسام کو نظام شمسی کے سیاروں کی گردش سے منسوب کیا۔ اس نے انہیں ایک دوسرے کے ساتھ منسلک کرکے ان کے گرد کُرّے بنائے اور معلوم ہوا کہ ان کُرّوں کے ایک دوسرے سے فاصلوں کی وہی مناسبت تھی جتنی مختلف سیاروں کے مدار (orbit) کی۔ اس نے عطارد (Mercury) کو ہشت سطحہ سے، زہرہ (Venus) کو بیس سطحہ سے، مریخ (Mars) کو بارہ سطحہ سے، مشتری (Jupiter) کو چار سطحہ سے اور زحل (Saturn) کو مکعب سے منسوب کیا۔ باقی سیارے یورینس (Uranus) اور نیپچون (Neptune) کیپلر کی زندگی میں دریافت نہیں ہوئے تھے۔

افلاطون نے ان پانچ ٹھوس اجسام کے متعلق کہا تھا کہ وہ کائنات کی حقیقت کے ستون ہیں اور پوری کائنات ان پانچ شکلوں سے بنی ہے۔ محققین نے پچھلے ڈھائی ہزار سال سے خردبینی دنیا سے دوربینی دنیا تک افلاطونی ٹھوس اجسام کا عمل دخل پایا ہے۔

3.9. تین دنیائیں

افلاطون کا نظریۂ اشکال (Theory of Forms) نہ صرف اب تک زندہ ہے بلکہ کوانٹم طبیعیات کا

[a] Johannes Kepler, 1571–1630 CE

جزبن چکا ہے۔اس نظریے کی ابتدا دراصل افلاطون سے ڈیڑھ سو سال پہلے فیثا غورث کے دور میں ہی ہوگئی تھی جس کے متعلق ہم پہلے پڑھ چکے ہیں کہ اس کے نزدیک اعداد قدرتی ہیں اور اگرچہ ہم انہیں اشیا کی ناپ، تول اور تعداد کو ظاہر کرنے کے لیے استعمال کرتے ہیں لیکن اگر وہ اشیا نہ ہوتیں بلکہ اگر اس دنیا کا وجود بھی نہ ہوتا جس میں وہ اشیا موجود ہیں، تب بھی اعداد موجود ہوتے۔ اس نظریہ کے مطابق دو اور دو چار ایک اٹل حقیقت ہے۔ جب کرۂ ارض پر انسان کا وجود نہ تھا تب بھی دو اور دو چار ہوتے تھے۔

اب ہم مسئلہ فیثا غورث کی طرف آتے ہیں جس کے مطابق اگر کسی زاویہ قائمہ مثلث کے وتر کی لمبائی c ہو جب کہ باقی دو اضلاع کی لمبائی a اور b ہو تو

$$a^2 + b^2 = c^2$$

اس مساوات کا اطلاق ہر اُس مثلث پر ہوگا جس کا ایک زاویہ 90° کا ہوگا، خواہ آپ وہ مثلث کاغذ پر بنالیں اور اسے میز پر رکھیں یا اس کا کوئی کونا پکڑ کر لٹکالیں۔ آپ کاغذ کے بجائے وہ مثلث انگلی سے ریت پر بھی بناسکتے ہیں۔ اسکول کے زمانے میں اگر آپ نے کبھی جیومیٹری باکس خریدا تھا تو آپ کو یاد ہوگا کہ اس میں بھی دو پلاسٹک کے زاویہ قائمہ مثلث تھے۔ ان سب پر فیثا غورث کی مساوات لگے گی، بلکہ کسی کاغذ، ریت یا جیومیٹری باکس میں کسی مثلث کی موجودگی کی ضرورت نہیں ہے۔ آپ صرف ایک ایسے مثلث کا تصور کریں (یا نہ بھی کریں) جس کا ایک زاویہ 90° کا ہو، اس پر بھی مسئلۂ فیثا غورث کا اطلاق ہوگا۔ مطلب یہ کہ زاویہ قائمہ مثلث ایک تصور ہے جس کا طبیعی وجود ضروری نہیں ہے۔ مثلث، دائرہ، مربع، مستطیل (Rectangle) وغیرہ مختلف شکلیں ہیں جنہیں ریاضی عالم وجود میں لاتی ہے۔ افلاطون کے پانچ ٹھوس اجسام جن کے متعلق آپ پڑھ چکے ہیں، ریاضی کی پیداوار ہیں۔ اگر ایک بے قاعدہ اور ناہموار پتھر کے ٹکڑے کے تمام کونوں کھدروں کی پیمائش کرلی جائے تو ایک سنگ تراش ان اعداد و شمار کی مدد سے اس پتھر کی ہو بہو نقل تیار کرسکتا ہے۔

افلاطون کا نظریہ تھا کہ ہم جس دنیا میں رہتے ہیں اور اسے اپنے اردگرد دیکھتے اور محسوس کرتے ہیں وہ مادّی دنیا (Physical World) ہے۔ اس کے علاوہ ایک اور دنیا بھی ہے جس میں مادّی دنیا میں موجود ہر شے کی ریاضیاتی شکل خالص ترین حالت میں موجود ہے۔ اسے ہم ریاضیاتی یا افلاطونی دنیا (Platonic

World) کہتے ہیں۔ اس دنیا میں تمام قدرتی اور فرضی اعداد، ریاضی کے فارمولے اور مساوات، تمام ریاضیاتی مسائل جن کا ہمیں علم ہے یا ابھی نہیں ہوا، جوں کے توں اُس دنیا میں اپنی خالص ترین حالت میں بستے ہیں۔ یہ افلاطونی دنیا ہمیشہ سے تھی اور ہمیشہ رہے گی۔ جب مادّی دنیا کا وجود نہیں تھا، افلاطونی دنیا اس وقت بھی موجود تھی۔ افلاطون کے مطابق مادّی دنیا افلاطونی دنیا کا ''مسخ شدہ'' یا ادھورا چربہ ہے۔ ادھورا اس لیے کہ مادّی دنیا کا احساس ہمارے حواس خمسہ کا مرہون منت ہے اور ہمارے حواس محدود ہیں، مثلاً ہم پڑھ چکے ہیں کہ ہماری آنکھیں صرف اس روشنی کو دیکھ سکتی ہیں جس کی موجوں کا طول موج 380 اور 750 نینومیٹر کے درمیان ہو۔ اسی طرح ہمارے کان صرف اس آواز کو سُن سکتے ہیں جس کی موجوں کا طول موج 1.7 سینٹی میٹر اور 17 میٹر کے درمیان ہو۔ آنکھیں ایک خاص فاصلے سے آگے نہیں دیکھ سکتیں، کان ایک خاص سطح سے ہلکی آواز کو نہیں سن سکتے اور ناک ایک خاص حد سے ہلکی بو کو نہیں سونگھ سکتی۔ چناں چہ محدود ذرائع ادراک کی بنا پر مادّی دنیا کے حقائق مسخ شدہ اور ادھورے ہونے کے علاوہ تغیّر پذیر ہوتے ہیں۔ وقت کے ساتھ جوں جوں ہماری زندگی کی پیچیدگی میں اضافہ ہو رہا ہے، ہماری ذہانت بڑھ رہی ہے اور ہمارے مشاہدات اور پیمائش کے آلات کی نفاست اور معیار میں بھی اضافہ ہو رہا ہے۔ اس کا نتیجہ ہے کہ مادّی دنیا کے حقائق کی دھند چھٹتی جا رہی ہے۔ نئے حقائق سامنے آتے ہیں تو پرانے نظریات میں بھی تبدیلی آتی ہے۔ اس کے برخلاف افلاطونی دنیا خالص ترین، دائمی اور تجریدی ہے جس میں حقائق ناقابل تغیّر ہوتے ہیں۔

افلاطون نے مادّی دنیا کے حقائق کے ادھورے پن کو واضح کرنے کے لیے غار کی تمثیل استعمال کی ہے۔ فرض کریں کہ ایک غار میں چند لوگ ایک صف میں کھڑے ہیں۔ وہ نہ بول سکتے ہیں، نہ گردن کو موڑ سکتے ہیں اور نہ کمر کو، لہٰذا وہ صرف سامنے دیکھ سکتے ہیں اور انہیں ایک دوسرے کا کوئی علم نہیں ہے۔ ان کی پیٹھ غار کے دہانے کی طرف ہے اور ان کے سامنے غار کی دیوار ہے۔ ان کے پیچھے بھی ایک دیوار ہے جس کی بلندی ان کے کندھوں تک ہے، مگر انہیں اس دیوار کا کوئی علم نہیں ہے۔ دیوار کے عین اوپر ایک چھجے میں ایک کٹھ پُتلی گر چھپا ہوا تماشا کر رہا ہے۔ چھجے اور دیوار کے درمیان کٹھ پتلیاں ناچ رہی ہیں اور غار کے دہانے سے اندر آتی ہوئی سورج کی روشنی سے ان کے سامنے والی دیوار پر ناچتی ہوئی کٹھ پتلیوں کی پرچھائیاں

بنتی ہیں۔ ایک صف میں کھڑے ہوئے وہ لوگ جو اسی حالت میں غار میں پیدا ہوئے تھے، ان کے نزدیک مادّی دنیا کی صرف ایک حقیقت ہے اور وہ ہے سامنے دیوار پر ناچتی ہوئی پرچھائیاں۔

افلاطونی دنیا کی شفاف حقیقتیں مادّی دنیا میں پرچھائیوں کی شکل میں ہمارے سامنے آتی ہیں اور جیسا کہ پہلے کہا گیا ہے، اس دھندھلاہٹ اور ادھورے پن کی وجہ وہ حدود ہیں جنہیں ہمارے ذرائع ادراک متعین کرتے ہیں۔ ان ذرائع میں ہمارے حواس خمسہ، ذہانت اور آلات شامل ہیں۔ مادّی دنیا میں حقیقت کی دھندلاہٹ کے اس نظریے کو افلاطونیت (Platonism) کہا جاتا ہے۔ فلسفہ کی دنیا میں افلاطونیت کو بڑی سنجیدگی سے لیا جاتا ہے۔ اس کے مطابق خالق نے ریاضیاتی کائنات کو مادّی شکل دے کر ہماری کائنات کی تخلیق کی۔ یہی وجہ ہے کہ مادّی کائنات میں تمام قوانینِ فطرت ریاضی کے اصولوں کے مطابق قائم کیے گئے ہیں۔ افلاطون نے فلکیات میں بھی ریاضیاتی کائنات کا نظریہ پیش کیا۔ اس کے مطابق ستارے، سیارے اور دیگر اجرام فلکی (Celestial Bodies) ریاضی کے اصولوں پر حرکت کرتے ہیں چناں چہ رات کو آسمان تکنے کے بجائے ہمیں اُن قوانینِ حرکت پر تحقیق کرنی چاہیے جو ریاضیاتی کائنات میں موجود ہیں اور ان اجسام کو چلاتے ہیں۔

طبیعیات میں ہمارا واسطہ اجسام (Bodies) یا اشیا (Objects) سے پڑتا ہے جن کی حرکت کا مطالعہ کرتے ہیں مثلاً اگر ہوا میں ایک گیند اچھالی جائے تو وہ کتنے سیکنڈ کے بعد زمین پر گرے گی؟ یہاں گیند ایک شے ہے اور ہم اس شے کی حرکت کا مطالعہ کر رہے ہیں۔ اسی طرح خط، دائرہ، کُرّہ، مثلث وغیرہ ریاضیاتی اشیا (Mathematical Objects) ہیں۔ دونوں میں ایک فرق یہ ہے کہ گیند ایک حقیقی شے ہے جسے ہم چھو سکتے ہیں، دبا سکتے ہیں اور اچھال سکتے ہیں۔ اس کے برخلاف ریاضیاتی اشیا بظاہر محض تصورات (Concepts) ہیں جنہیں ہم کاغذ پر منتقل کر دیتے ہیں۔

رینے دیکارت[a] مشہور فرانسیسی فلسفی تھا جسے جدید دور کا پہلا فلسفی سمجھا جاتا ہے اور مابعد الطبیعیات کے مسائل پر سیر حاصل بحث کے لیے مشہور ہے۔ اس کا ایک جملہ بہت مشہور ہے: "چوں کہ میں سوچتا ہوں لہٰذا میرا وجود ہے۔" دیکارت کے مطابق ایک تیسری دنیا کا وجود بھی ہے جسے ہم تصوراتی دنیا

[a] René Descartes, 1596-1650

(Mental World) کہتے ہیں۔ اس دنیا کا مقام ہمارا دماغ ہے اور اس کے باشندے ہمارے جذبات اور محسوسات ہیں۔ خواب، علم، ارادے، عزم، محبت، نفرت، غصہ، غم، خوشی اور خوف ہماری تصوراتی دنیا میں رہتے ہیں۔

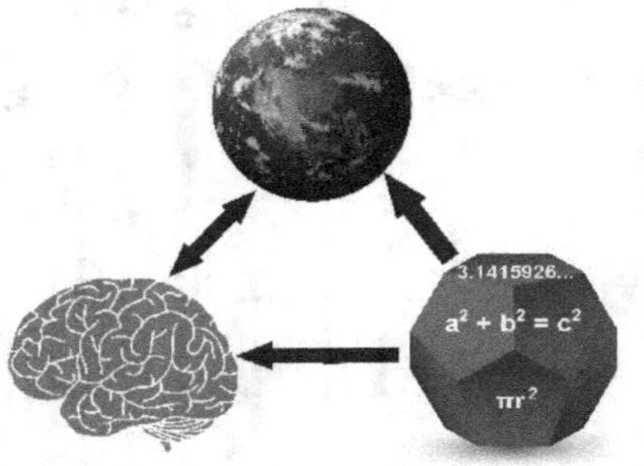

تصویر 23: پینروز کی تین دنیائیں

راجر پینروز[a] ایک برطانوی ریاضی دان اور ریاضیاتی طبیعیات دان ہیں جنہیں 2020 میں طبیعیات میں نوبیل پرائز ملا۔ وہ افلاطونیت کے حامی ہیں[32]۔ ان کے مطابق افلاطونی دنیا نے ماڈی دنیا کی تشکیل کے لیے تمام ریاضیاتی حقائق اس تک پہنچائے جیسا کہ تصویر 23 میں اس تیر سے ظاہر ہوتا ہے جس کی سمت افلاطونی دنیا سے ماڈی دنیا کی طرف ہے۔ اس کے برخلاف تصوراتی دنیا اور ماڈی دنیا کا رابطہ دوطرفہ ہے۔

ہم ماڈی دنیا میں مشاہدات اور تجربات کرکے ریاضی کے قواعد سیکھتے ہیں اور مزید قواعد افلاطونی دنیا سے اخذ کر کے ماڈی دنیا پر تجربات کر کے تصدیق کرتے ہیں۔ افلاطونی دنیا اور تصوراتی دنیا کا رابطہ بھی یک طرفہ ہے۔ افلاطونی دنیا ریاضی کا گودام اور سرچشمہ ہے جس میں پورا اسٹاک موجود ہے جس میں ریاضی کے وہ تصورات بھی شامل ہیں جن کا ہمیں ابھی علم نہیں ہے۔ سوال یہ پیدا ہوتا ہے کہ یہ تصورات کتنے حقیقی ہیں؟ عام نقطۂ نظر سے ان کے بارے میں کچھ بھی حقیقی نہیں ہو سکتا۔ یہ صرف ریاضی دانوں کی ذہنی تصور گری کی تعمیرات ہیں۔ دوسری جانب جب ایک ریاضی دان ذہنی غور و فکر سے بہت آگے نکل جاتا ہے تو ریاضیاتی تصورات حقیقت بن کر اس کے سامنے آجاتے ہیں اور وہ ان میں اتنا غرق ہو جاتا ہے کہ افلاطونی دنیا میں داخل ہو کر ان تصورات کو چلتے پھرتے دیکھتا ہے۔ یہ ایک ریاضی دان کی معراج ہوتی ہے۔

[a] Roger Penrose, 1931-

3.10. ارسطو

تصویر24: ارسطو

ارسطو[a] کو مغربی فکر اور منطق کا بانی کہا جاتا ہے۔ وہ یونان کے شمال مشرقی علاقے میں پیدا ہوا جسے مقدونیہ (Macedonia) کہا جاتا ہے۔ سترہ سال کی عمر میں اسے ایتھنز میں افلاطون کی اکیڈمی میں بھیج دیا گیا جہاں اس نے بیس سال گزارے اور شاید ہی کوئی مضمون ہو جس کا احاطہ اس نے نہ کیا ہو۔ افلاطون کے مرنے کے بعد ارسطو کا خیال تھا کہ اسے اکیڈمی کا سربراہ مقرر کیا جائے گا مگر جب افلاطون کے بھتیجے کو اکیڈمی کی باگ ڈور سونپ دی گئی تو وہ دل برداشتہ ہو کر ایسوس چلا گیا جو موجودہ ترکی کے شمال مغربی ساحل پر واقع تھا۔ اسی دوران مقدونیہ کے بادشاہ فلپ نے اسے دعوت دی کہ وہ مقدونیہ آکر اس کے تیرہ سالہ بیٹے کو تعلیم دے جو بعد میں سکندر اعظم کے نام سے مشہور ہوا۔ یہ کہنا مشکل ہے کہ اس نے کتنا عرصہ سکندر کی تعلیم و تربیت کی مگر جب سکندر نے اپنے باپ کے اسسٹنٹ کا عہدہ سنبھالا تو ارسطو واپس ایتھنز آگیا جہاں اس نے اپنے مدرسے کی بنیاد رکھی۔ یہ مدرسہ جس عمارت میں واقع تھا اسے لائیسیم (Lyceum) کہتے تھے جو یونانی دیوتا اپالو لائیسیس (Apollo Lyceus) کے نام پر قائم کی گئی تھی اور وہاں ہمیشہ سے فلسفیوں کے بحث مباحثے ہوا کرتے تھے جن میں سقراط اور افلاطون بھی شامل ہوتے تھے۔ واضح ہو کہ یونان اور نواحی علاقوں کے لوگ ایک دوسرے سے سخت نفرت کرتے تھے۔ چناں چہ مقدونیہ اور ایتھنز کے باشندوں میں دشمنی تھی۔ سکندر اعظم کی زندگی میں یہ نفرتیں چھپی رہیں مگر جب موجودہ عراق کے قدیم شہر بابل میں سکندر اعظم کا انتقال ہو گیا تو لاوا پھٹ پڑا اور ارسطو ایتھنز سے فرار ہو کر ایک جزیرے پر آگیا اور وہیں اس کا انتقال ہوا[33]۔

---

[a] Aristotle, 384–322 BC

فلسفہ کے علاوہ ارسطو نے طبیعیات، حیاتیات (Biology)، ڈرامہ، موسیقی، نفسیات، شاعری اور سیاسیات پر 200 سے زیادہ تصانیف چھوڑیں جن میں سے صرف 31 ہم تک پہنچی ہیں۔ نہ صرف مغربی فلسفہ بلکہ اسلامی فلسفہ پر بھی ارسطو کا گہرا اثر ہے جس کے لیے ہم ابن رشد[a] کے مرہون منت ہیں۔ اس نے عربی زبان میں ارسطو کی تصانیف پر مفصل شرحیں لکھیں جن کا ترجمہ یورپی زبانوں میں ہوا۔ مسیحی کلیسا[b] نے بھی ارسطو کو اپنایا کیوں کہ اس کی تعلیمات بائبل سے متصادم نہیں تھیں۔ پادریوں کی درس گاہوں اور تربیتی خانقاہوں میں اسے باقاعدگی سے پڑھایا جاتا ہے۔

ارسطو کی سب سے مشہور تصنیف نکوماکی اخلاقیات (Nichomachean Ethics) ہے جو دس کتابوں کا مجموعہ ہے۔ غالباً اس کا عنوان اس نے اپنے بیٹے کے نام پر رکھا تھا جو نکوماگس کہلاتا تھا۔ ارسطو کے نزدیک اخلاقیات انسانی زندگی کے لیے اُس بھلائی کی سائنس ہے جس کی جانب ہمارے تمام اعمال ہمیں کھینچ کر لے جاتے ہیں۔ اس کتاب کا موضوع ایک سقراطی سوال ہے جس کا جائزہ افلاطون نے اپنی تصانیف میں لیا تھا۔ وہ سوال یہ تھا کہ ایک مرد کو اپنی زندگی بہترین انداز میں گزارنے کے لیے کیا کیا کرنا چاہیے، اس کا کردار کیسا ہونا چاہیے، اس کی پسند اور ناپسند میں کون سی چیزیں شامل ہوں۔ غرض ایک بہترین مرد کا مکمل خاکہ کیسا ہونا چاہیے۔ ارسطو کہتا ہے کہ سقراط کی سب سے بڑی خوبی یہ ہے کہ اس نے ایسے سوالات اٹھائے جو انسانی زندگی سے قریب تھے اور اس کے نتیجے میں فلسفہ نظری سطح سے ہٹ کر عملی سطح پر آ گیا۔

3.11. منطقی استدلال

ارسطو نے منطقی استدلال کے لیے اصول مرتب کیے اور ایک باقاعدہ نظام وضع کیا[34]۔ منطق میں استدلال کے نتائج اخذ کرنے کے دو نظام ہیں: استخراجی استدلال (Deductive Reasoning) اور استقرائی استدلال (Inductive Reasoning)۔ اول الذکر میں استدلال کا نتیجہ صحیح ہونا لازمی ہے اور جب تک اسے صحیح تسلیم نہ کیا جائے تب تک اگلا قدم نہیں اٹھایا جا سکتا، جب کہ آخر الذکر میں نتیجہ غالباً صحیح ہو

---

[a] Averroes, 1126-1198

[b] کلیسا یا کلیسیا مسیحیت کے مذہبی رہنماؤں کی وہ جماعت ہے جو مذہبی امور میں تمام مسیحیوں کی سربراہ ہے۔

تو آگے بڑھا جا سکتا ہے۔ استخراجی استدلال کی ایک صنف ہے جسے قیاس منطقی (Syllogism) کہتے ہیں۔ یہ تین بیانات کا مجموعہ ہے جس میں پہلے دو بیانات سے نتیجہ اخذ کیا جاتا ہے، مثلاً

بیان نمبر ا: تمام پرندے اُڑ سکتے ہیں۔

بیان نمبر ۲: کوّا ایک پرندہ ہے۔

بیان نمبر ۳: لہٰذا کوّا اُڑ سکتا ہے۔

ان تینوں بیانات کو بالترتیب صغریٰ، کبریٰ اور نتیجہ کہتے ہیں۔ اس استدلال میں ضروری ہے کہ صغریٰ اور کبریٰ صحیح ہوں تو نتیجہ بھی لازماً صحیح ہو گا۔ منطق کی زبان میں اسے یوں بھی بیان کر سکتے ہیں کہ:

اگر الف = ب

اور ب = ج

تو الف = ج

قیاس منطقی میں مستثنیات (Exceptions) کو بھی شامل کیا جا سکتا ہے، مثلاً

بیان نمبر ا: تمام ہاتھیوں کے کان بڑے ہوتے ہیں۔

بیان نمبر ۲: کچھ جانور ہاتھی ہوتے ہیں۔

بیان نمبر ۳: لہٰذا کچھ جانوروں کے کان بڑے ہوتے ہیں۔

یہاں کچھ کا استعمال مستثنیات کو ظاہر کرتا ہے۔ ارسطو کا کہنا ہے کہ منطقی دلیل کی گہرائی کا تعلق اس بات سے نہیں کہ اس میں مواد کیا ہے بلکہ اس دلیل کی ساخت سے ہے، مثلاً قیاس منطقی کی ساخت تین بیانات پر مشتمل ہے جس میں سے پہلے دو بیانات کی بنا پر ہم نتیجے پر پہنچتے ہیں۔ اوپر بیان کیا ہوا استدلال اس وقت بھی صحیح ہو گا جب اس میں ہاتھیوں اور بڑے بڑے کانوں کا تذکرہ نہ ہو مگر استدلال کی ساخت کو قائم رکھا جائے، مثلاً

بیان نمبر ا: اساتذہ شاگردوں کو پڑھاتے ہیں۔

بیان نمبر ۲: حمید صاحب استاد ہیں۔

بیان نمبر ۳: لہٰذا حمید صاحب شاگردوں کو پڑھاتے ہیں۔

ان دونوں دلائل کی ساخت ایک ہی ہے یعنی تین بیانات پر مشتمل ہیں جن میں پہلے دو بیانات سے نتیجہ اخذ کیا گیا ہے جسے تیسرے بیان میں پیش کیا گیا ہے۔ دونوں دلائل کے مواد میں کوئی بات مشترک نہیں ہے۔ ایک میں ہاتھیوں اور بڑے کانوں کا تذکرہ ہے اور دوسرے میں اساتذہ اور حمید صاحب کی بات ہو رہی ہے۔

3.12. نظریۂ مسرت

ہم میں سے کون نہیں چاہے گا کہ خوش رہیں، مگر کیا کبھی ہم نے سوچا ہے کہ "خوشی" کیا ہے؟ چوں کہ فلسفہ کا بنیادی مقصد سوالات اٹھانا، کائنات پر غور و خوض کرنا اور انسانی سوچ کو پروان چڑھانا ہے، لہٰذا جب ہم اس سوال کا جواب فلسفہ میں ڈھونڈھیں گے تو ہمیں سب سے پہلے خوشی کی تعریف متعین کرنی ہو گی۔ جب سے انسان نے سوچ کو ایک علم کی حیثیت دی ہے تب ہی سے فلسفیوں نے خوشی کی طرح طرح کی تعریفیں پیش کی ہیں اور اب تک کر رہے ہیں۔ سقراط نے ایک سوال اٹھایا تھا جسے افلاطون نے پیش کیا اور ارسطو نے اس کا جواب دیا۔ وہ سوال تھا کہ ایک مرد کو اپنی زندگی کس طرح گزارنی چاہیے۔ واضح ہو کہ اُس دور کی یونانی سوسائٹی میں عورت کا کوئی سماجی یا سیاسی کردار نہیں تھا۔ اُس کا کام صرف گھر چلانا، بچے پیدا کرنا اور ان کی پرورش کرنا تھا[35]۔

افلاطون کے نزدیک خوشی بذات خود کچھ نہیں ہے۔ وہ صرف ایک کیفیت ہے جو علم اور "فضیلت" سے وابستہ زندگی کا نتیجہ ہوتی ہے۔ آگے چل کر ارسطو نے نِکوما کی اخلاقیات میں فضیلت کی وضاحت کی۔ دراصل یہ پوری تصنیف فضیلت کے متعلق ہی ہے اور اس سوال کے جواب میں لکھی گئی تھی جو سقراط کے زمانے سے چلا آ رہا تھا۔ ارسطو کے نزدیک فضیلت اعلیٰ کردار کا دوسرا نام ہے اور اس کا نتیجہ خوشی ہوتا ہے[36]۔

چوں کہ اخلاقیات کا دائرۂ کار انسانی فلاح ہے اس لیے ہم اُس کا مطالعہ اپنی زندگی کو سنوارنے کے لیے کرتے ہیں۔ ارسطو کے نزدیک خوش رہنے کے لیے اچھی زندگی ضروری ہے اور اچھی زندگی اعلیٰ اقدار کے بغیر ممکن نہیں۔ ارسطو نے اعلیٰ اقدار میں چار اوصاف شامل کیے ہیں: بصیرت، اعتدال، عدل اور بہادری۔ ظاہر ہے کہ خوف، نفرت، ظلم اور ضمیر کی ملامت کے دوران خوشی کا گزر نہیں ہوتا لہٰذا ان منفی

کیفیات سے دور رہنے کے لیے زندگی میں اخلاقی قدروں کا ہونا ضروری ہے۔ دوسرا اصول یہ ہے کہ ان اوصاف کے مظاہرے میں نہ زیادتی ہونی چاہیے نہ کمی، بلکہ اعتدال سے کام لینا چاہیے۔ مثال کے طور پر جو بھاگ جاتا ہے وہ بزدل ہوتا ہے یعنی اس میں بہادری کی کمی ہوتی ہے اور جو ڈٹ کر کھڑا ہو جاتا ہے یعنی بہادری کا مظاہرہ کرتا ہے وہ کبھی کبھار پِٹ بھی جاتا ہے۔ لہٰذا میانہ روی اختیار کرنی چاہیے جو زیادتی اور کمی کا اوسط ہے۔ ارسطو نے اس میانہ روی کو سنہرا اوسط (Golden Mean) کہا ہے[37]۔

3.13. قطبی ستارہ

ارسطو کے مطابق زمین گیند کی طرح گول ہے نہ کہ طشتری کی مانند گول اور چپٹی، جیسا کہ اس زمانے میں عام نظریہ تھا۔ اس نے اپنے قول کے دو ثبوت پیش کیے۔ اول یہ کہ مکمل چاند گرہن کے دوران چاند پر زمین کا سایہ ہمیشہ گول ہوتا ہے۔ یہ صرف اس صورت میں ممکن ہے جب زمین گیند کی مانند گول ہو۔ اگر زمین چپٹی ہوتی تو چاند پر اس کا سایہ صرف اس صورت میں گول ہوتا جب زمین کی ٹکیہ کا رخ چاند کی طرف ہوتا ورنہ سایہ بیضوی ہوتا۔ دوسرے یہ کہ قطبی ستارے کی بلندی جنوبی نصف کُرّے کے ممالک میں شمالی نصف کرے کے ممالک کے مقابلے میں زیادہ ہوتی ہے۔ اگر زمین چپٹی ہوتی تو وہ بلندی ہر جگہ سے یکساں ہوتی۔

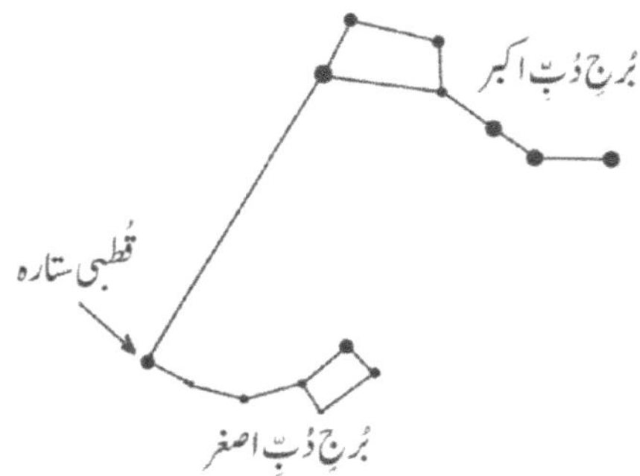

تصویر25: قطبی ستارہ

یہاں قطبی ستارے کا تذکرہ دلچسپی سے خالی نہیں ہوگا۔ شہروں میں روشنی کی وجہ سے ستارے نظر نہیں آتے یا مدہم ہوتے ہیں لیکن اگر گاؤں میں جا کر دیکھیں تو آسمان ستاروں سے بھرا ہوتا ہے۔ ان میں ایک ستارہ جسے قطب تارہ یا قطبی ستارہ (North Star) کہتے ہیں، خاص اہمیت کا حامل ہے۔ یہ ستارہ عین شمال کی جانب ہے اور قدیم زمانے سے مسافروں کی رہنمائی کرتا رہا ہے۔

رات کے ابتدائی حصے میں شمال کی جانب دیکھیں اور سات ستاروں کے جھرمٹ کو تلاش کریں جو

برج دُبِّ اکبر (Big Dipper Constellation) کہلاتا ہے۔ اس جھرمٹ کے دائیں جانب پانچ ستارے ایک قوس بناتے ہیں جب کہ باقی دوستارے ان کے سامنے ہوتے ہیں۔ ان دوستاروں پر نیچے کی جانب ایک سیدھی لکیر کھینچیں یہاں تک کہ وہ اگلے ستارے تک پہنچ جائے۔ یہ قطبی ستارہ ہے۔ اس کے دائیں جانب چھ ستاروں کا ایک اور جھرمٹ تلاش کریں جو برج دُبِّ اصغر (Small Dipper Constellation) کہلاتا ہے۔ اس جھرمٹ کے چار ستارے ایک قوس بناتے ہیں۔ اس قوس کے بائیں جانب کے دو آخری ستاروں پر ایک لکیر کھینچیں تو وہ لکیر بھی قطب تارے پر ختم ہوتی ہے۔

قطبی ستارہ ہر دور میں نہیں ہوتا۔ کبھی کبھی تو وہ کئی ہزار سال کے لیے غائب ہو جاتا ہے اور پھر کوئی دوسرا ستارہ قطبی ستارے کی حیثیت سے ظاہر ہوتا ہے۔ ہمارے دور میں جو قطبی ستارہ ہے اسے پولارِس (Polaris) کہتے ہیں۔

3.14. ارشمیدس

تصویر26: ارشمیدس

ارشمیدس[a] وہی فلسفی تھا جس کے سامنے سیر اکیوز کے بادشاہ ہیرو دوئم نے ایک مسئلہ رکھا تھا۔ بادشاہ کے لیے سنار نے ایک نیا تاج بنایا تھا جس کے لیے اس نے دعویٰ کیا تھا کہ وہ خالص سونے کا ہے۔ بادشاہ نے ارشمیدس سے پوچھا کہ اس بات کا کیا ثبوت ہے کہ سنار نے بے ایمانی سے اس میں سستی دھاتیں نہیں ملا دیں۔ بظاہر یہ اتنا مشکل مسئلہ نہیں تھا کیوں کہ سونے کی چوکور اینٹ میں ملاوٹ آسانی سے معلوم کی جا سکتی ہے۔ پہلے تو اسے تول کر اس کی کمیت معلوم کرلی جائے اور پھر اسے ناپ

[a] Archimedes, 287-212 BC

کر حجم نکال لیا جائے جس سے اس کی کثافت معلوم ہو جائے گی:

حجم = لمبائی X چوڑائی X اونچائی

کثافت = کمیت / حجم

چوں کہ ہمیں معلوم ہے کہ سونا زمین پر کثیف ترین دھاتوں میں سے ایک ہے اور اس کی کثافت 19.32 گرام فی کیوبک سینٹی میٹر ہوتی ہے لہٰذا اگر سونے کے تاج کی کثافت مطلوبہ نمبر سے کم ہو تو اس میں ملاوٹ ہو گی مگر مسئلہ یہ تھا کہ سونے کے تاج کی ساخت چوکور نہیں تھی اور ارشمیدس کے پاس کوئی ایسا فارمولا نہیں تھا جس سے وہ اس تاج کا حجم معلوم کر سکتا۔ اسی ادھیڑ بن میں جیسے جیسے وقت گزر تا رہا، ارشمیدس کی پریشانی بڑھتی رہی کیوں کہ اس کی عزت اور شہرت داؤ پر لگی ہوئی تھی۔

آخر ایک روز جب نہانے کے لے وہ پانی کے چوکور ٹب میں بیٹھا تو اس نے محسوس کیا کہ جوں جوں وہ ٹب میں اترا پانی کی سطح بلند ہوتی گئی۔ اس سے وہ اس نتیجے پر پہنچا کہ اس کا حجم اس فارمولے سے آسانی سے معلوم کیا جا سکتا ہے:

حجم = لمبائی X چوڑائی X (اونچائی $_2$ - اونچائی $_1$)

جب کہ اونچائی $_1$ اور اونچائی $_2$ اس کے ٹب میں اترنے سے پہلے اور بعد کی سطح کی پیمائش ہے۔ یہ خیال آتے ہی وہ ٹب سے نکلا اور وفور جذبات سے سڑکوں پر ننگ دھڑنگ یوریکا یوریکا (مجھے پتا چل گیا، مجھے پتا چل گیا!) چیختا ہوا بھاگتا پھرا۔

ارشمیدس قدیم یونان کے دانش وروں میں نمایاں حیثیت رکھتا ہے۔ وہ سیر اکیوز میں پیدا ہوا جو سسلی کے جزیرہ پر ایک خوب صورت شہر ہے۔ اس وقت سسلی پر یونان کا قبضہ تھا۔ ارشمیدس کا تعلق دانش وروں کے خاندان سے تھا اور اس نے ابتدائی تعلیم اپنے بڑوں سے حاصل کی جس کے بعد اس نے مصر کا سفر کیا جہاں اسکندریہ کی یونیورسٹی میں جیّد فلسفیوں اور ریاضی دانوں کی صحبت میں اس کی سوچ میں نکھار آیا۔

ارشمیدس نہ صرف ایک ریاضی دان تھا بلکہ ایک نامور موجد اور انجینئر بھی تھا جس کے اختراعی ذہن نے ایسی سادہ مشینیں ایجاد کیں جنہوں نے روز مرّہ کی زندگی کو آسان بنا دیا، مثلاً کنویں سے پانی نکالنے کے لیے ایک بالٹی میں رسّی باندھ کر اسے کنویں میں اتارا جاتا ہے اور پانی سے بھری ہوئی بالٹی کو

اوپر کھینچا جاتا ہے۔ ارشمیدس کو احساس ہوا کہ وزنی اشیا کو اوپر کھینچنا زیادہ دشوار ہے چناں چہ اس نے ایک چرخی (pulley) ایجاد کی جسے کنویں پر فٹ کر دیا جاتا ہے اور رسّی اس کے اوپر سے گزاری جاتی ہے، اس طرح رسی کو اوپر کھینچنے کے بجائے نیچے کی طرف کھینچا جاتا ہے جو زیادہ آسان ہوتا ہے۔ ہمارے دور میں یہ چرخیاں ان تمام مشینوں میں استعمال ہوتی ہیں جہاں وزن اٹھانے کی ضرورت محسوس ہوتی ہے۔

تصویر 27: ارشمیدس نے سیدھی سادی مشینیں ایجاد کیں

ارشمیدس کی ایک اور سادہ مشین جسے ہم کثرت سے استعمال کرتے ہیں بیرم یا لیور (Lever) ہے جسے ہم وزن یا بار (Load) اٹھانے یا لڑھکانے کے لیے استعمال کرتے ہیں۔ وزن کے نزدیک کوئی اونچی چیز رکھیں جسے نصاب (Fulcrum) کہتے ہیں۔ ایک ڈنڈا نصاب پر سے گزاریں اور اس کا سرا وزن کی نیچے رکھ کر دوسرے سرے کو نیچے کی جانب دبائیں۔ وزن اٹھانے میں آپ کو جتنی مشقت (Effort) کی ضرورت ہو گی اس کا انحصار اس بات پر ہے کہ وزن نصاب سے اور نصاب آپ سے کتنی دور ہے۔ لیور کے ان دونوں فاصلوں کو مزاحمت بازو اور مشقت بازو کہتے ہیں۔ اگر دونوں بازوؤں کی لمبائی ایک ہی ہو یعنی نصاب لیور کے بیچوں بیچ رکھا ہو تو مشقت وزن کے برابر ہو گی۔ اگر مزاحمت بازو کی لمبائی مشقت بازو سے آدھی ہو تو مشقت بھی آدھی ہو گی۔

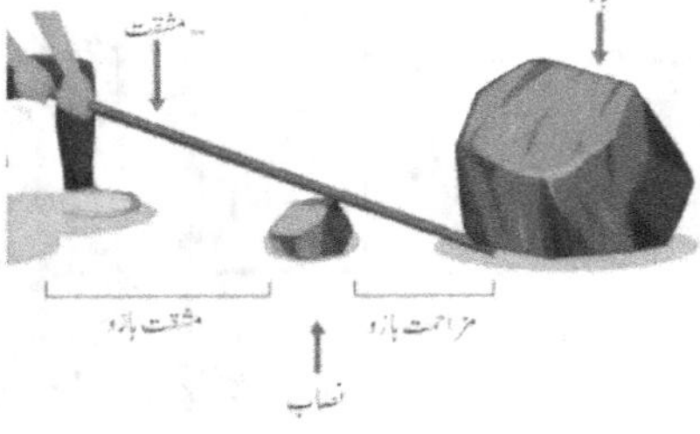

تصویر 28: بیرم (LEVER)

ہماری روزمرّہ زندگی میں لیور کا اتنا عمل دخل ہے کہ ہر مشین کے پرزوں میں لیور کا استعمال ہوتا ہے۔ ارشمیدس کا ہی قول ہے کہ مجھے کھڑے ہونے کے لیے کوئی مناسب جگہ دے دو اور ایک لیور دے

دو تو میں زمین کو بھی ہلا سکتا ہوں۔

ریاضی میں ارشمیدس کا سب سے بڑا کارنامہ پائی (π) کی سب سے درست قدر معلوم کرنا تھا۔ پائی کے متعلق آپ پڑھ چکے ہیں کہ اگر دائرے کے محیط کو اس کے قطر سے تقسیم کیا جائے تو جواب میں پائی (π) آتا ہے جس کی قدر ...3.1415926 ہے۔ ریاضی میں ارشمیدس کی بیشتر دریافتیں مختلف جیومیٹری اشکال مثلاً کُرّہ (Sphere)، بیلن (Cylinder)، مخروط (Cone) وغیرہ کا حجم معلوم کرنے کے فارمولے وضع کرنا تھیں۔

رومن ریپبلک نے 213-212 قبل مسیح میں اپنی سمندری فلیٹ سے سیر اکیوز کا محاصرہ کر لیا جس کے دوران ارشمیدس نے سیر اکیوز کے دفاع کے لیے مختلف قسم کے ہتھیار ایجاد کیے جن میں اس کی موت کی شعاع مشہور ہے۔ روایات کے مطابق اس نے ساحل پر تھوڑے تھوڑے فاصلے سے آئینے لگوا دیے جو سورج کی شعاؤں کو ساحل پر کھڑے ہوئے رومن جہازوں پر مرکوز کرتے تھے یہاں تک کہ جہازوں میں آگ لگ جاتی تھی۔ ان کے علاوہ اس نے دیو ہیکر مشینیں ایجاد کیں جن کے بازو جہازوں کو پکڑ کر اٹھاتے تھے اور پلٹ دیتے تھے۔

جب رومن فوجیں شہر میں داخل ہو گئیں تو سپاہی ارشمیدس کو گرفتار کرنے کے لیے آ گئے۔ وہ اس وقت ریاضی کا کوئی مسئلہ حل کرنے میں لگا ہوا تھا۔ اس نے سپاہی کو ڈانٹ کر کہا کہ وہ پیچھے ہٹ کر کھڑا ہو اور اسے کام کرنے دے مگر سپاہی آگے بڑھا اور اپنی تلوار سے ارشمیدس کو قتل کر دیا۔

3.15 ہر کمالے را زوال

یوں تو یونان سے پہلے آج کے مصر، عراق، ہندوستان اور چین میں عقلی سوچ کا آغاز ہو چکا تھا اور یونانی مفکرین ان نظریات سے متاثر ہوئے تھے مگر اس میں شک نہیں کہ انہوں نے اس سوچ کو عروج پر پہنچایا۔ کہتے ہیں کہ ہر عروج کے بعد زوال ہوتا ہے اور یہی یونان کے ساتھ ہوا۔ واضح ہو کہ یونان کبھی ایک ملک نہیں تھا بلکہ جس طرح ہندوستان میں رجواڑے اور نوابی ریاستیں تھیں اور ان میں ہمیشہ چپقلش رہتی تھی، اسی طرح یونان میں شہری ریاستیں قائم تھیں اور ان کے حکمران ایک دوسرے کے ساتھ

مصروف جنگ رہتے تھے[38]۔

ان ریاستوں میں اسپارٹا، ایتھنز، تھیبس اور کورنتھ[a] سب سے زیادہ طاقتور ریاستیں تھیں مگر سال ہا سال کی خانہ جنگی نے انہیں کمزور کر دیا تھا یہاں تک کہ مقدونیہ کے حکمران فلپ دوئم نے پہ در پہ حملے کر کے بیشتر ریاستوں کو اپنے زیر اقتدار متحد کر لیا۔ اس کی موت کے بعد، اس کے بیٹے، سکندر اعظم نے جو ایک عظیم جرنیل تھا، اقتدار سنبھال لیا۔ وہ مصر سمیت یونان اور ہندوستان کے درمیان ان تمام زمینوں کو فتح کر کے اپنی مفتوحہ ریاستوں کو اپنے جرنیلوں میں بانٹتا ہوا آگے بڑھتا رہا مگر اچانک 323 قبل مسیح میں اس کا انتقال ہو گیا جس کے بعد ان جرنیلوں میں لڑائی شروع ہو گئی اور یونان کی شہری ریاستیں کمزور ہوتی گئیں۔ اس دوران اٹلی میں رومن تہذیب اقتدار میں آئی۔ جیسے جیسے روم کی طاقت بڑھتی گئی، انہوں نے یونانی ریاستوں پر ایک ایک کر کے قبضہ کر لیا اور بالآخر 146 قبل مسیح میں کورنتھ کی جنگ میں شہر کو مکمل طور پر تباہ کر دیا جس کے بعد یونان پر روم کی حکومت تھی۔ آہستہ آہستہ مشرق وسطیٰ میں جہاں یونانیوں کی حکومتیں تھیں وہاں رومنوں کا تسلط ہو گیا۔

قدیم روم کے سنہری دور میں غلامی سلطنت کی معیشت کا بنیادی ستون تھی[39]۔ مفتوحہ علاقوں کے شہریوں کو غلام بنا کر لایا جاتا اور ان کی حیثیت ان کے مالک کی ملکیت کی سی ہوتی جس کے قانونی طور پر کوئی حقوق نہیں تھے۔ اشرافیہ کو چھوڑ کر عوام کو دو طبقات میں بانٹا جاتا تھا: آزاد اور غلام۔ آزاد بھی دو قسم کے تھے۔ ایک تو وہ جو پیدائشی آزاد تھے یعنی آزاد ماں باپ کے بچے تھے اور دوسرے وہ جو پہلے غلام تھے مگر بعد میں آزاد کر دیئے گئے تھے۔ اسی طرح غلام بھی دو قسم کے تھے۔ ایک تو پیدائشی غلام جن کے ماں باپ بھی غلام تھے اور دوسرے وہ جو پہلے آزاد تھے مگر بعد میں غلام بنا لیے گئے تھے۔ معاشرے میں ان چاروں طبقات کا مقام طے کر دیا گیا تھا۔

رومن ایک جنگ جو قوم تھے اور فلسفہ ان کی ترجیحات میں شامل نہیں تھا۔ اگرچہ یونانی ثقافت مصر اور ترکی کے کچھ شہروں تک پہنچ چکی تھی مگر اس ثقافت نے جس عقلی سوچ اور فلسفے کی بنیاد ڈالی تھی وہ آہستہ آہستہ معدوم ہوتا گیا۔ مذہبی لحاظ سے رومن بت پرست تھے اور مندروں میں مختلف دیوی

---

[a] Sparta, Athens, Thabes and Corinth

دیوتاؤں کی پوجا ہوتی تھی یہاں تک ہر شہر کے اپنے دیوی دیوتا تھے لیکن مذہب کے معاملے میں وہ کافی فراخ دل تھے۔ چناں چہ مصری اور یونانی دیوتاؤں کی بھی عزت کرتے تھے اور شہریوں کو مکمل آزادی تھی کہ وہ جس دیوتا کی پوجا کرنا چاہیں کریں۔

حضرت عیسیٰ کی پیدائش تک رومن طاقت اپنے عروج پر پہنچ چکی تھی یہاں تک کہ ان کی تصلیب کا حکم بھی اس رومن گورنر نے دیا تھا جس نے ہزاروں یہودیوں کو صلیب پر چڑھایا تھا۔ حضرت عیسیٰ کے وصال کے تقریباً 40 سال کے بعد ان کا ایک شاگرد پیٹر (Peter) روم پہنچا اور وہاں اس نے رومن کلیسا کی بنیاد رکھی۔ رومن کیتھولک فرقے کے پیرو پیٹر کو پہلا پوپ مانتے ہیں۔ اس کی تبلیغ کے نتیجے میں لوگوں نے عیسائیت کو قبول کرنا شروع کر دیا خصوصاً غلاموں میں نیا مذہب خاصا مقبول ہوا۔ اس کی وجہ یہ تھی کہ وہ انہیں معاشرے میں وہی حقوق دیتا تھا جو آزاد شہریوں کے تھے۔ ابتدا میں رومنوں کو پیٹر کے مشن پر کوئی اعتراض نہ ہوا کیوں کہ جہاں اور دیوی دیوتا تھے وہاں ایک نیا خدا بھی تھا مگر دو وجوہات کی بنا پر رومن اشرافیہ عیسائیوں کے خلاف ہوگئی۔

پہلی وجہ تو یہ تھی کہ عیسائیوں کو دوسرے خداؤں پر اعتراض تھا اور ان کی ضد تھی کہ باقی سب خداؤ ں کو چھوڑ کر صرف ہمارے خدا کی پرَستِش کرو۔ دوسری وجہ یہ تھی کہ غلاموں میں نیا مذہب بے چینی کو جنم دے رہا تھا اور وہ معاشرتی توازن کے لئے ایک چیلنج بن کر ابھر رہا تھا۔ عیسائی ان سے مرنے کے بعد آرام اور چین کی ابدی زندگی کا وعدہ کرتے تھے اور عیسائی مذہب قبول کرنے کے بعد ان سے برابری کا سلوک کرتے تھے۔ عام لوگ عیسائیوں کو ایک خطرناک فرقہ سمجھتے تھے جو راتوں کو جاگ کر عجیب عجیب رسومات میں مصروف رہتے تھے۔ ایک جانب نیا مذہب تیزی سے جڑیں پکڑ رہا تھا اور دوسری جانب ان پر مظالم بڑھتے جا رہے تھے۔

ایک نو آبادیاتی قوت ہونے کے باوجود رومن سوسائٹی اندر سے ٹوٹ پھوٹ کا شکار ہو رہی تھی۔ چونکہ عیسائی زیادہ تر مفتوحہ علاقوں سے آکر بس گئے تھے اور یونانی زبان بولتے تھے لہٰذا غیر ملکی سمجھے جاتے تھے۔، زیادہ تر غریب اور بے ضرر تھے مگر رومن ان سے نفرت کرتے تھے اور یہودی اس نفرت کو ہوا دیتے تھے۔ یہ طبقاتی جنگ معاشرے کو کمزور کرتی رہی۔ جولائی 64ء میں روم میں آگ بھڑک اٹھی۔

آگ کے شعلے اتنی تیزی سے پھیلے کہ ان سے لڑنے کی تمام کوششیں بے سود ہو گئیں اور شہر کے بیشتر حصے جل کر راکھ ہو گئے۔ روم کے شہنشاہ نیرو نے عیسائیوں پر آتش زنی کا الزام لگایا اور اس کے نتیجے میں ان پر حملے ہونا شروع ہو گئے۔ نیرو نے پِیٹر کو گرفتار کر کے صلیب پر چڑھا دیا۔

روم میں آگ لگنے کے واقعے کے بعد رومن قانون میں عیسائیت کو جرم قرار دے دیا گیا جس کے نتیجے میں سزائے موت تک دی جا سکتی تھی مگر وقت کے ساتھ ساتھ معاشرے میں عیسائی مذہب کی مقبولیت میں اضافے کے ساتھ ساتھ اس کے لیے برداشت بڑھتی گئی۔ آخر پِیٹر کی موت کے ڈھائی سو سال بعد 313ء میں روم کے شہنشاہ کانسٹنٹائن اول (Constantine I) اور یورپی نو آبادیات کے شہنشاہ لِیسِینیَس (Licinius) کے درمیان ایک سیاسی معاہدہ ہوا جس کے تحت تمام افراد کو آزادی دی گئی کہ وہ جس دیوتا کو پسند کریں اس کی عبادت کریں، عیسائیوں کو قانونی حقوق کی یقین دہانی کرائی گئی، گرجا گھروں کو منظم کرنے کا حق دیا گیا اور ضبط شدہ جائیدادوں کی فوری واپسی کی ہدایت کی گئی[40]۔ اس حکم نامے کے بعد عیسائیت دن دونی رات چوگنی تیزی سے پھیلنے لگی اور اشرافیہ میں بھی جڑیں پکڑنے لگی یہاں تک کہ کانسٹنٹائن نے بھی عیسائی مذہب قبول کر لیا اور 380ء میں عیسائیت کو سرکاری مذہب کی حیثیت حاصل ہو گئی اور باقی مذاہب کو غیر قانونی قرار دے دیا گیا۔

کچھ تاریخ دانوں نے کانسٹنٹائن کے عیسائی مذہب قبول کرنے کے حوالے سے شکوک کا اظہار کیا ہے کیوں کہ اپنی زندگی میں اس نے کبھی تبدیلیٔ مذہب کی رسم ادا نہیں کی چناں چہ ایک پادری نے اسے بسترِ مرگ پر بپتسمہ دیا۔ ان تاریخ دانوں کا خیال ہے کہ کانسٹنٹائن کے عیسائی مذہب قبول کرنے کا محرک خالصتاً سیاسی تھا کیوں کہ عیسائیت مبینہ طور پر قدامت پسندی کو فروغ دیتی تھی۔ چوں کہ کانسٹنٹائن خود قدامت پسند تھا لہٰذا عیسائیت اس کے مزاج کے مطابق تھی۔ اس کا نتیجہ یہ ہوا کہ اس کے دور میں کہیں قابلِ ذکر جدت نہیں ملتی[41]۔ وقت کے ساتھ ساتھ رومن ریاستوں میں صرف عیسائیت کو مذہب کی حیثیت سے تسلیم کیا جانے لگا اور کلیسیا مضبوط ہوتی گئی یہاں تک کہ پورے یورپ پر اثر انداز ہونے لگا۔ رومن سلطنت کے زوال کے اسباب کی فہرست میں جہاں مسلسل حالتِ جنگ، لامحدود فوجی اخراجات، کرپشن، اسمگلنگ، ٹیکس کی چوری، افریقی قزاقوں کے حملوں کی بنا پر تجارت اور غلاموں کی فراہمی میں رکاوٹ، سیاسی انتشار

اور اکھاڑ پچھاڑ کو شامل کیا جاتا ہے وہیں عیسائیت کو زوال کا ایک سبب سمجھا جاتا ہے[42]۔

395ء تک رومن سلطنت اتنی بڑی ہو چکی تھی کہ اسے ایک مرکز سے کنٹرول کرنا ناممکن ہو گیا۔ چناں چہ سلطنت کو مستحکم کرنے کے لیے اسے دو حصوں میں تقسیم کر دیا گیا۔ اس طرح مشرقی سلطنت اور مغربی سلطنت بن گئی۔ مشرقی سلطنت کا دارالخلافہ قسطنطنیہ تھا، اس کی سرکاری زبان یونانی تھی اور مذہباً یونانی آرتھوڈوکس چرچ کے احکام پر عمل کرتے تھے جب کہ مغربی سلطنت کا دارالخلافہ روم تھا، اس کی سرکاری زبان لاطینی تھی اور مذہب کے لحاظ سے رومن کیتھولک تھے۔ ابتدا میں یہ دونوں رومن سلطنتیں کہلاتی تھیں اور ان میں ایک دوسرے کے ساتھ تعاون بھی تھا، مگر آہستہ آہستہ دونوں سلطنتوں میں بے حسی اور محاذ آرائی کی فضا قائم ہو گئی۔ جوں جوں مشرقی سلطنت جسے بازنطینی سلطنت کہتے ہیں، آہستہ آہستہ مستحکم ہوتی گئی، مغربی سلطنت کمزور ہوتی چلی گئی۔

پانچویں صدی میں رومن کیتھولک چرچ کی دولت میں ڈرامائی اضافہ ہوا۔ ان کے قبضے میں سرکاری اور نجی دونوں طرح کے بے پناہ وسائل آ گئے جنہیں ایک جانب گرجا گھروں اور اسپتالوں کی تعمیر، خیراتی کاموں اور غریبوں کی امداد کے لیے استعمال کیا جانے لگا اور دسری جانب اشرافیہ سے تعلقات بڑھانے کے لیے شان دار ضیافتیں ہونے لگیں جن میں بااثر افراد کو مدعو کیا جاتا۔ اس طرح چرچ کا اثر ورسوخ معاشرے کے ہر طبقے پر بڑھتا گیا یہاں تک کہ کچھ ریاستوں پر جنہیں الوہی ریاستیں (Divine States) کہا جاتا تھا، بلاواسطہ کلیسائی حکومت کی حکومتیں قائم ہو گئیں اور بقیہ ریاستوں میں بھی حکم رانوں کے لیے پوپ کو راضی رکھنا ضروری ہو گیا۔

500ء سے 1500ء کا دور یورپ کی تاریخ میں تاریک دور کہلاتا ہے۔ یہ جہالت، توہم پرستی اور سماجی جبر و تشدد کا دور تھا جب جرمن نژاد وحشی قبائل کے حملوں نے مغربی سلطنت کو ختم کر دیا اور وہاں آ کر بس گئے۔ سلطنت کے خاتمے کے بعد، یورپ ایک بڑی کلیسائی ریاست کے طور پر ابھرا جس پر چرچ حکومت کرنے لگا۔ انتظامی امور کے لئے چرچ کو بھی دو گروہوں میں تقسیم کر دیا گیا۔ ایک گروہ کا کام لوگوں کی روحانی ضروریات اور دوسرے گروہ کی ذمہ داری دنیاوی ضروریات پوری کرنا تھا۔ پہلے گروہ میں مذہبی رہنما، راہب اور پادری شامل تھے جب کہ دوسرا گروہ غیر مذہبی کارکنان پر مشتمل تھا۔ وقت کے ساتھ ساتھ یہ دونوں گروہ اپنے اپنے اقتدار کے لیے اختلاف رائے، تصادم اور جنگ میں مبتلا ہو گئے۔

یورپ کا یہ تاریک دور کم و بیش 900 سال قائم رہا یہاں تک کہ یورپ میں مسلمانوں کی آمد، ایک برتر کلچر کے ساتھ ٹکراؤ اور صلیبی جنگوں نے یورپ کی نشاۃ ثانیہ کی بنیاد رکھی جس نے مذہب کی بالادستی کو چیلنج کیا اور موجودہ دور کے سائنسی انقلاب کی بنیاد رکھی۔

4

سائنس اور مذہب کا ٹکراؤ

4.1. ارسطو کی سائنس

اگرچہ مغربی فلسفے پر ارسطو کا گہرا اثر ہے لیکن اگر تنقیدی زاویے سے دیکھا جائے تو حال آنکہ اس نے افلاطون کی اکیڈمی میں بیس سال گزارے جہاں ریاضی میں اُس دور کی بیشتر تحقیق ہوئی مگر ارسطو کو ریاضی سے کوئی شغف نہیں تھا۔ قوانینِ فطرت کے سلسلے میں بھی اس کا خیال تھا کہ انہیں جوں کا توں تسلیم کرنا چاہیے کیوں کہ وہ خالق کی طرف سے ہیں اور ان پر تجربات کر کے انہیں صحیح ثابت کرنے کی کاوش غیر ضروری ہے۔ اس کا ایک قول، جس کا بہت مذاق اڑایا جاتا ہے وہ یہ ہے کہ عورتوں کے دانتوں کی تعداد مردوں کے مقابلے میں کم ہوتی ہے [43]۔ برٹرینڈ رسل نے لکھا ہے:

> ”مشاہدہ بمقابلہ اتھارٹی: جدید تعلیم یافتہ لوگ حقائق کا تعین مشاہدے سے کرتے ہیں، نہ کہ بزرگوں کے اقوال کی روشنی میں، لیکن یہ سوچ نئے دور میں ہی آئی ہے وگرنہ سترھویں صدی سے پہلے شاید ہی کوئی ایسا سوچتا ہو۔ کہتے ہیں ارسطو کے مطابق عورتوں کے دانت مردوں کے مقابلے کم ہوتے ہیں۔ اگرچہ اس نے دو مرتبہ شادی کی تھی، مگر اس نے کبھی یہ نہ سوچا کہ وہ کم از کم اپنی بیویوں کے منہ کھلوا کر ان کے دانت گن لے [44]۔“

ارسطو کا دفاع کرنے والوں میں کچھ تو ایسے ہیں جو اس بات سے متفق نہیں ہیں کہ ارسطو نے ایسی کوئی بات کی تھی۔ کچھ کا خیال ہے کہ اس نے کسی عورت کا منہ کھول کر دانت گنے تھے جو کم تھے اور اس کی وجہ یہ بھی ہو سکتی ہے کہ کچھ دانت اکھڑ چکے تھے۔

قدیم یونانیوں کے نزدیک دنیا کی ہر چیز چار عناصر سے بنی تھی اور وہ تھے مٹّی، پانی، آگ اور ہوا جن

میں پہلے دو عناصر زمینی ہیں اور آخری دو عناصر آسمانی ہیں۔ یہی وجہ ہے کہ اگر مٹی یا پانی کو آزاد چھوڑ دیا جائے تو وہ زمین کی جانب گرتے ہیں لیکن اگر آگ اور ہوا کو آزاد چھوڑ دیا جائے تو وہ آسمان کی جانب لپکتے ہیں۔ اشیا کے خواص کا دارومدار اس پر ہے کہ وہ کن عناصر سے بنی ہیں اور ان میں کون سے عناصر کی مقدار کتنی ہے۔ ارسطو کے مطابق اگر کسی شے کو بلندی سے پھینکا جائے تو وہ جوں جوں زمین کے نزدیک آتی ہے اس کی رفتار میں اضافہ ہوتا جاتا ہے اور اس کی وجہ یہ ہے کہ زمینی عناصر جوں جوں زمین کی جانب بڑھتے ہیں ان میں زمین کی "محبت" بڑھتی جاتی ہے اور وہ زیادہ تیزی سے گرتے ہیں۔

اگرچہ ارسطو کے نزدیک زمین گیند کی طرح گول تھی مگر اس وقت تک وہ کائنات کا مرکز سمجھی جاتی تھی۔ چاند اور سورج بھی زمین کے گرد گھومتے تھے۔

ارسطو کا خیال تھا کہ اگر دو اشیا ایک ہی بلندی سے گرائی جائیں تو جس شے کی کمیت (مادّے کی مقدار) زیادہ ہو گی اس کی رفتار اتنی ہی زیادہ ہو گی اور وہ اتنی ہی پہلے زمین پر پہنچے گی لہٰذا اگر ایک لوہے کا گولا اور مور کا پر ایک پہاڑی سے ایک ساتھ گرائے جائیں تو لوہے کا گولا زمین پر پہلے پہنچے گا۔ بظاہر یہ مشاہدہ صحیح ہے مگر اصل وجہ یہ ہے کہ پر ہوا کے دباؤ کی بنا پر ڈولتا ہوا نیچے آتا ہے جب کہ لوہے کے گولے پر ہوا کے دباؤ کا اثر اتنا نہیں ہوتا۔ اگر ہوا کا وجود نہ ہوتا تو لوہے کا گولا اور مور کا پر ایک ساتھ زمین پر پہنچتے۔ ارسطو کے نزدیک اشیا کے گرنے کی رفتار کے فرق کا انحصار ان کی ماہیت پر بھی ہے۔ اگر کسی شے میں زمینی عناصر (مٹی اور پانی) آسمانی عناصر (آگ اور ہوا) سے زیادہ ہوں تو وہ زیادہ تیزی سے زمین کی جانب آئے گی۔

حیرت کی بات یہ ہے کہ تقریباً 1500 سال تک ارسطو کے نظریات صحیح مانے گئے، آخر گیلیلیو نے دھات کے دو گُرّے جن کے حجم برابر تھے مگر وزن مختلف تھے، لیننگ ٹاور آف پیسا (Leaning Tower of Pisa) سے گرائے اور دونوں ایک ساتھ زمین پر پہنچے۔

ایک نظریہ یہ ہے کہ گیلیلیو نے واقعی دو گُرّے لیننگ ٹاور آف پیسا سے نہیں گرائے تھے بلکہ وہ صرف ایک فکری تجربہ (Thought Experiment) تھا۔ فکری تجربہ ایک فرضی منظر نامہ ہے جس میں ایک مفروضہ، نظریہ، یا اصول اس کے نتائج کے بارے میں سوچنے کے لیے پیش کیا جاتا ہے اور سائنسی استدلال سے نتائج اخذ کیے جاتے ہیں۔ سائنسی تحقیق میں گیلیلیو کا امتیازی مقام ہے اور اس کے متعلق ہم اگلے سیکشن میں مزید پڑھیں گے۔

4.2. نظام شمسی اور مذہب

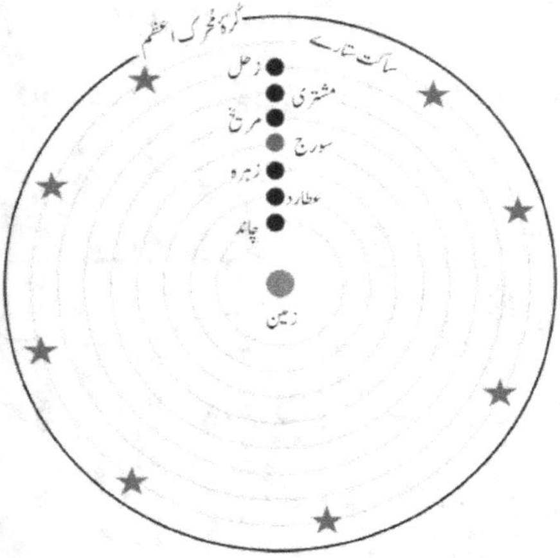

تصویر29: ارسطو کا کائنات کا ماڈل

ہم پچھلے باب میں پڑھ چکے ہیں کہ ارسطو کو زمین کے گیند کی مانند گول ہونے کا علم تھا مگر اس کے دور میں کائنات زمین کے گرد گھومتی تھی۔ اس کے نظریے کے مطابق آسمانوں کی تعداد 55 تک ہے اور تمام آسمان مرتکز کُرّے (Concentric spheres) ہیں جن کا مرکز ایک ہی ہے جہاں زمین واقع ہے۔ ہر آسمان سے ایک یا ایک سے زیادہ آسمانی اجسام یعنی چاند، سورج، سیارے اور ستارے منسلک ہیں۔ ہر آسمان ایک خاص رفتار سے زمین کے گرد گھوم رہا ہے، گویا زمین کائنات کا مرکز ہے۔ سب سے آخری آسمان کا تعلق "مُحرّک اعظم" سے ہے جہاں سے وہ دوسرے تمام آسمانوں کو چلا رہا ہے۔ آسمانی اجسام کی اس ترتیب کو ارض مرکزی یا جیوسینٹرک (Geocentric) ماڈل کہتے ہیں کیوں کہ اس میں زمین کی مرکزی حیثیت ہے۔

ارسطو کے نزدیک کائنات میں حرکت کا کوئی جواز نہیں سوائے اس کے کہ کوئی ہستی یا طاقت ہے جو تمام حرکتوں کو وجود میں لا رہی ہے مگر خود غیر متحرّک ہے اور اسے کوئی طاقت حرکت میں نہیں لا سکتی۔ ارسطو نے اسے مُحرّک اعظم (Prime Mover) کا نام دیا[45]۔ اس کے مطابق مُحرّک اعظم حسن میں یکتا، کامل اور ناقابل تقسیم ہے، اور اس کی سوچ میں کوئی جھول نہیں۔ یونانی عوام میں نہ خدائے واحد کا تصور تھا اور نہ مذہب کی کوئی شکل تھی جس میں نفاست ہو، بلکہ مختلف دیوی دیوتاؤں کی پوجا کرتے تھے، مگر کسی واحد ہستی کے وجود کے متعلق یونانی فلسفیوں میں گفتگو فیثاغورث کے زمانے سے ہی شروع ہو گئی تھی۔ ارسطو کے نزدیک کائنات میں تبدیلیاں ہونے کے لیے ایک لافانی اور مستحکم وجود ضروری ہے جو مکمل طور پر دنیا کے نظم و ضبط کا ذمہ دار ہے۔ دوسری صدی عیسوی میں یونانی فلسفی بطلیموس (Ptolemy) نے ارسطو کے ماڈل کو استعمال کرتے ہوئے چاند، سورج اور ان سیاروں کی گردش کی پیمائش کی

جن کا علم اس زمانے میں تھا۔

ارسطو کے دور کے ایک اور فلسفی، ایرسٹارکس [a] نے جو ارسطو کے مرنے کے بارہ سال بعد پیدا ہوا کائنات کا مہر مرکزی یا ہیلیو سینٹرک (Heliocentric) ماڈل پیش کیا جس کے مطابق سورج کی حیثیت مرکزی تھی جب کہ زمین اور دیگر سیارے جن کے وجود کا اس وقت علم تھا، سورج کے گرد گھوم رہے تھے۔ ارسطو کے مقابلے میں ایرسٹارکس کو پذیرائی نہ ملی جس کی بڑی وجہ یہ تھی کہ ارسطو کی تعلیمات نے مذہبی صورت اختیار کرلی تھی اور انہیں چیلنج کرنا الحاد کے مترادف تھا۔ اگرچہ ایرسٹارکس کی تحریر گم ہوچکی تھی مگر ارشمیدس کی ایک کتاب میں اس کا حوالہ یوں ملتا ہے [46]۔

> آپ کو معلوم ہے کہ زیادہ تر ماہرین فلکیات اس کُرّہ کو "کائنات" کہتے ہیں جس کا مرکز زمین کا مرکز ہے، جبکہ اس کا نصف قطر زمین کے مرکز سے سورج کے مرکز تک کا فاصلہ ہے۔ یہ عام نظریہ ہے جو آپ نے ماہرین فلکیات سے سنا ہے مگر اریسٹارکس نے بعض مفروضوں پر مشتمل ایک کتاب نکالی ہے، جن کی رو سے کائنات اُس کائنات سے کئی گنا بڑی ہے جس کا تذکرہ ماہرین فلکیات کرتے ہیں۔ اریسٹارکس کے مفروضے یہ ہیں:
>
> - ساکت ستارے اور سورج غیر متحرّک رہتے ہیں۔
> - زمین سورج کے گرد ایک دائرے کے محیط پر گھومتی ہے۔
> - سورج زمین کے مدار کے مرکز میں ہے۔
> - ساکت ستاروں کا کرہ، ایک ہی مدار میں واقع ہے۔

قرون وسطیٰ میں جب چرچ نے ارسطو کا فلسفہ دریافت کیا تو اسے بائبل کی تعلیمات کے عین مطابق پایا اور پادریوں کی تربیت گاہوں میں بائبل کے ساتھ ساتھ ارسطو کا فلسفہ پڑھایا جانے لگا۔ ارسطو کا محرک اعظم عیسایئت کا خدا اور اس کا کُرّہ عیسائیت کا آسمان بن گیا۔ عیسائیت پر ارسطو کی اخلاقیات کی چھاپ گہری ہے اور وہ رومن کیتھولک چرچ کی تعلیمات کا حصہ بن چکی ہے۔

بائبل کی متعدد آیات زمین کو کائنات کا مرکز قرار دیتی ہیں۔ اُن آیات کے مطابق خدا نے انسان کو

[a] Aristarchus, 230-210 BC

اپنی شکل پر بنایا اور زمین کو اس کا مسکن بنایا لہٰذا زمین کے ساتھ تقدس بھی وابستہ ہے اور وہ کائنات کا مرکز ہے۔ ارسطو کی گواہی ان آیات کی سچائی کے ثبوت میں پیش کی جانے لگی اور اس طرح گُفّار یونانی فلسفیوں کے نظریات عیسائی مذہب کے عقائد کا حصہ بن گئے[47]۔ عموماً غلط نظریات کی عمر کم ہوتی ہے مگر یہ رومن کیتھولک چرچ کی طاقت تھی جس کی بنا پر ارسطو اور بطلیموس کا ماڈل 1300 سال تک قائم رہا جس کے تحت زمین نہ صرف کائنات کا مرکز ہے بلکہ ساکت ہے۔

1515ء میں پولینڈ کے ایک ماہر فلکیات نکولس کوپرنیکس[a] نے تجویز پیش کی کہ زہرہ یا مریخ کی طرح زمین بھی ایک سیارہ ہے، اور تمام سیارے سورج کے گرد گھوم رہے ہیں۔ کوپرنیکس نہ صرف ماہر فلکیات تھا بلکہ ایک پادری بھی تھا اور چرچ کے خوف سے اس نے اپنے نظریے کی تشہیر نہیں کی۔ آخر اس کے بیٹے نے 1543ء میں اپنے باپ کی کتاب چھپوا کر اس کی موت سے کچھ دیر پہلے شائع کی۔

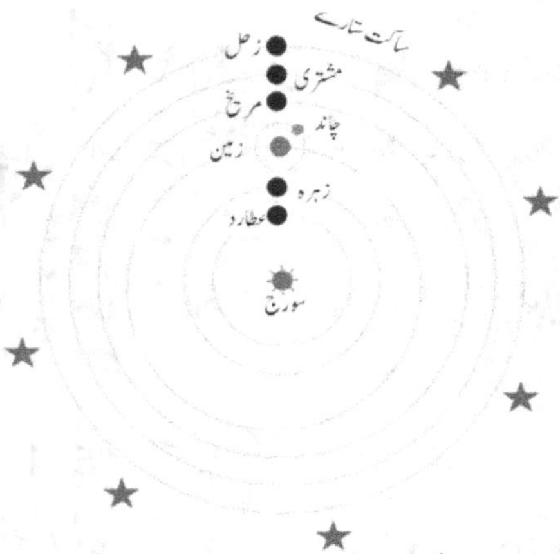

تصویر30: کوپرنیکس کا ماڈل

رومن کیتھولک چرچ نے ارسطو کے ماڈل سے یہ نتیجہ اخذ کیا تھا کہ خدا کے نزدیک کائنات میں ہمارا خاص مقام ہے۔ چناں چہ اس نے زمین بنا کر اس پر ہمیں بسایا اور ہمارے گرد کائنات کو پھیلایا۔ کوپرنیکس نے اس نظریے کی نفی کر دی اور کہا کہ ہم کائنات میں خصوصی مقام نہیں رکھتے۔

جن محققین نے کوپرنیکس کے نظریہ سے اتفاق کیا ان پر چرچ نے الحاد کا الزام لگایا، یہاں تک کہ اطالوی سائنس دان جیورڈانو برونو[b] کو دیگر بدعتی نظریات کے علاوہ کوپرنیکس کا کائنات کا مہر مرکزی نظریہ سکھانے کے الزام میں زندہ جلا دیا گیا[48]۔

مہر مرکزیت کا نظریہ یقینی طور پر مذہبی عقائد کے روایتی تصورات سے متصادم تھا، لیکن مذہبی

---

[a] Nicolaus Copernicus, 1473-1543

[b] Giordano Bruno, 1548–1600

حلقوں میں ردعمل کئی طرح کا تھا۔ کچھ مذہبی علما، اگرچہ محتاط تھے، کوپرنیکس کے خیالات کو قبول کرنے کے لیے تیار تھے۔ درحقیقت، چند کلیسیائی اراکین خود ماہرین فلکیات تھے اور ابتدائی فلکیات میں حصہ بھی ڈالا۔ کلیسا کی جانب سے اس نظریے کی مخالفت محض سائنسی اختلاف نہیں تھا بلکہ اس میں مذہبی، سیاسی اور سماجی عوامل بھی شامل تھے۔ پروٹسٹنٹ اصلاحات کی تحریک نے، جو اسی دور میں چل رہی تھی، مختلف علاقوں اور فرقوں میں سائنسی خیالات پر ردعمل کو بھی متاثر کیا۔

کوپرنیکس کا مہر مرکزیت کا نظریہ تقریباً دو صدیوں تک مزاحمت کا شکار رہا۔ سترہویں صدی کے اوائل میں گلیلیو گلیلی کے اس نظریے کی حمایت نے تنازع کو جنم دیا، جس کے نتیجے میں 1633ء میں اسے کلیسائی عدالت میں پیش کیا گیا (سیکشن 4.5)۔ اس نظریے کو مکمل قبولیت کا درجہ سترھویں صدی کے آخر تک نہیں ملا، جب آئزک نیوٹن کے قانونِ ثقل (سیکشن 5.4) اور قوانینِ حرکت (سیکشن 5.5) نے اس نظریے کو سائنسی بنیاد فراہم کی۔ لہٰذا مہر مرکزیت کی قبولیت کئی نسلوں میں آہستہ آہستہ عمل میں آئی۔

4.3. نظام شمسی پر ایک نظر

آگے بڑھنے سے پہلے ہم کونیات[a] (Cosmology) کے موجودہ علم کے مطابق نظام شمسی پر ایک نظر ڈال لیتے ہیں۔ اگر عملی نقطۂ نظر سے دیکھا جائے تو کائنات چپٹی ہے۔ اگر آپ کائنات کے "اوپر" کھڑے ہو کر نیچے دیکھیں تو آپ کو اپنی کہکشاں یعنی راہ شیری نظر آئے گی جو آتش بازی کے چکردار پہیے کی طرح اپنے مرکز کے گرد گھڑی کی سوئی کی مخالف سمت میں گردش کر رہی ہے۔ جیسا کہ ہم پہلے پڑھ چکے ہیں، راہ شیری کے اورائن بازو میں ہمارا سورج مع اپنے لاؤ لشکر یعنی سیاروں، سیارچوں، شہاب ثاقب اور دُم دار سیاروں (Comets) کے موجود ہے اور پورا نظام راہ شیری کے بقیہ اجرام فلکی کے ساتھ کہکشاں کے مرکز کے گرد گھوم رہا ہے۔

---

[a] عموماً فلکیات (Astronomy) اور کونیات (Cosmology) کو ہم معنی سمجھا جاتا ہے۔ دراصل فلکیات اجرام فلکی، خلا اور پوری کائنات کا سائنسی مطالعہ ہے۔ اس کا مقصد ستاروں، سیاروں، شہاب ثاقب، کہکشاؤں اور دیگر اجرام فلکی کا مشاہدہ اور تجزیہ کرنا ہے۔ علاوہ ازیں فلکیات عظیم نوتاروں (Supernovae) اور کائناتی مائکروویو پس منظر (Cosmic Microwave Background) جیسے مظاہر کا بھی مطالعہ کرتی ہے۔ اس کے برخلاف کونیات فلکیات کی ایک شاخ ہے جو کائنات کے آغاز، ارتقا، ساخت اور آخری انجام کا مطالعہ کرتی ہے۔

تصویر31: نظام شمسی

اب ذرا نظام شمسی کو نزدیک سے دیکھتے ہیں۔ پہلی بات تو یہ کہ سورج، بیشتر سیارے اور ان کے سیارچے لٹّو کی طرح گھڑی کی سوئی کی مخالف سمت میں اس محور پر گردش کر رہے ہیں جو ان کے مرکز سے گزرتا ہے۔ زہرہ کی گردش گھڑی کی سوئی کی سمت میں ہے اور یورینس ایک ٹیڑھی سمت میں گردش کر رہا ہے۔

لٹّو کی طرح اپنے محور کے گرد گردش کرنے کے علاوہ تمام سیارے سورج کے گرد بھی گھڑی کی سوئی کی مخالف سمت میں گھوم رہے ہیں۔ زمین کا ایک چکر اپنے محور کے گرد 23 گھنٹے 56 منٹ اور 4 سیکنڈ میں اور سورج کے گرد 365.25 دن میں مکمل ہوتا ہے۔

سیارہ	گردشی دور	مداری دور
عطارد	58.6 دن	0.24 سال
زہرہ	243 دن	0.62 سال
زمین	0.99 دن	1.00 سال
مریخ	1.03 دن	1.88 سال
مشتری	0.41 دن	11.86 سال
زحل	0.45 دن	29.46 سال
یورینس	0.72 دن	84.01 سال
نیپچون	0.67 دن	164.79 سال

جدول1: نظام شمسی کے سیارے

جدول 1 میں گردشی دور (Rotational Period) وہ عرصہ ہے جس میں ایک سیارہ اپنے محور کے گرد ایک گردش پوری کرتا ہے اور مداری دور (Orbital Period) وہ عرصہ ہے جو ایک سیارہ سورج کے گرد ایک چکر پورا کرتا ہے۔ سیاروں میں مشتری سب سے بڑا سیارہ ہے یعنی اس کی کمیت سب سے زیادہ ہے اور اس کا گردشی دور اتنا ہی کم ہے۔ اس کے برخلاف عطارد سب سے چھوٹا سیارہ ہے اور اسے اپنی گردش مکمل کرنے میں کم و بیش دو مہینے لگ جاتے ہیں لہٰذا اصول یہ ہے کہ سیارے میں جتنا زیادہ مادّہ ہو گا وہ اتنی ہی تیزی سے گردش کرے گا۔

فلکی طبیعیات دانوں (Astrophysicists) کا نظریہ ہے کہ کائنات کی تخلیق کا عمل کافی ہنگامہ خیز تھا بلکہ ایک جنگ کا سماں تھا۔ ستارے بن رہے تھے، پھٹ رہے تھے، ایک دوسرے سے ٹکرا رہے تھے اور ان کے ملبے سے نئے اجسام کی تعمیر ہو رہی تھی۔ جب ساڑھے چار ارب سال پہلے نظام شمسی تشکیل پا رہا تھا

تو اس کے بچپن میں ہی زہرہ اور یورینس کے ساتھ کوئی حادثہ پیش آیا تھا اور ادھر سے گزرتے ہوئے ملبے کا کوئی ٹکڑا ان سے ٹکرایا تھا جس کی بنا پر ان کی گردش متاثر ہوئی تھی۔ یہی وجہ ہے کہ زہرہ اس اصول سے مستثنیٰ ہے۔ جدول 1 میں دی ہوئی سیاروں کی فہرست سورج سے ان کے فاصلے کی ترتیب سے ہے یعنی عطارد سورج سے نزدیک ترین سیارہ ہے جب کہ نیپچون سب سے دور ہے۔ سیاروں کا مداری دور ظاہر کرتا ہے کہ ایک سیارہ سورج سے جتنی دور ہوگا اسے سورج کے گرد اپنا چکر مکمل کرنے میں اتنا ہی زیادہ وقت لگے گا۔

4.4. کیپلر کے قوانین

تصویر 32: یوہانیس کیپلر[a] (انسائیکلوپیڈیا بریٹانیکا)

جرمن ماہر فلکیات اور ریاضی دان یوہانیس کیپلر[b] نے پہلی مرتبہ نظام شمسی کا ایسا ماڈل پیش کیا جو نہ صرف سیدھا سادا تھا بلکہ مشاہدات اور ریاضی کی کسوٹی پر پورا اترتا تھا[49]۔ کیپلر پادریوں کی درسگاہ میں ریاضی پڑھاتا تھا اور اس کی تعلیمات میں مذہبی رنگ تھا۔ اس کے دور میں علم فلکیات میں علم نجوم بھی شامل تھا جس کے مطابق ستاروں کی چال زمین پر ہونے والے واقعات اور ہماری زندگی پر اثر انداز ہوتی ہے۔ ہمارے دور میں فلکیات کو طبیعیات کا حصہ سمجھا جاتا ہے جب کہ کیپلر کے زمانے میں وہ ریاضیات کا ایک موضوع تھا۔

کیپلر کے مطابق سورج کے گرد سیاروں کے مدار بیضوی شکل کے ہیں جو پچکے ہوئے دائرے کی مانند ہوتی ہے۔ جیومیٹری میں اس پچکے ہوئے دائرے کو ناقص یا بیض (Ellipse) کہتے ہیں۔ کیلپلر کے ماڈل کو سمجھنے کے لیے ضروری ہے کہ ہم تصویر 33 میں دکھائے ہوئے بیض کا تفصیل سے مطالعہ کریں۔ خط AB جو بیض کو لمبائی کے ساتھ ساتھ دو حصوں میں تقسیم کرتا ہے، محور کبیر (Major Axis) کہلاتا ہے اور خط

[a] By August Köhler - Kepler-Museum in Weil der Stadt, Public Domain.
[b] Johannes Kepler, 1571-1630

CD جو بیض کو چوڑائی کے ساتھ ساتھ دو حصوں میں تقسیم کرتا ہے، محور صغیر (Minor Axis) کہلاتا ہے۔ نقطہ O بیض کا مرکز ہے جو ہر محور کو دو برابر کے حصوں میں تقسیم کرتا ہے۔ نقاط E اور F کا بیض میں ایک خاص مقام ہے۔ ان دونوں میں سے ہر نقطے کو نقطۂ ماسکہ (Focus) کہتے ہیں۔ نقاطِ ماسکہ بیض کی جیومیٹری اور الجبرا سے متعلق خصوصیات کو سمجھنے میں اہم کردار ادا کرتے ہیں۔

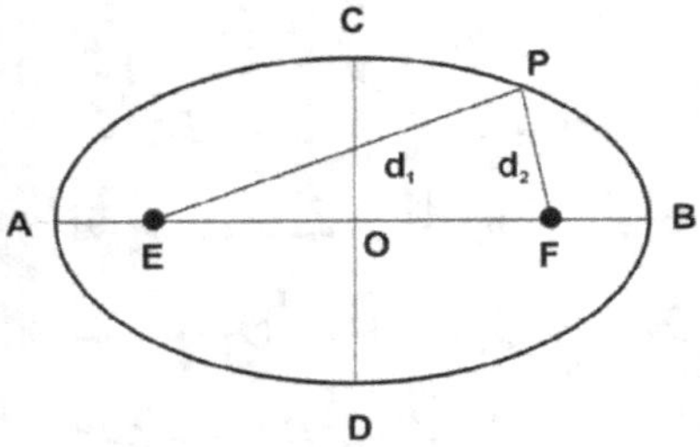

تصویر 33: بیضوی شکل

بیض جیومیٹری کی دل چسپ ترین شکل ہے۔ اس کی ایک خصوصیت یہ ہے کہ اس پر کہیں بھی کوئی نقطہ ہو تو وہاں سے دونوں کے نقاط ماسکہ کے فاصلے کا مجموعہ عددِ مستقل (Constant) ہو گا یعنی اس کی قدر ایک ہی ہو گی۔ مثلاً اگر نقطہ P سے نقطۂ ماسکہ E تک فاصلہ d_1 ہے اور نقطۂ ماسکہ F تک فاصلہ d_2 ہے تو ریاضی کی زبان میں

$$d_1 + d_2 = \text{Constant}$$

لہٰذا اگر یہ دو فاصلے 5 سینٹی میٹر اور 3 ینٹی میٹر ہیں تو مجموعہ 8 سینٹی میٹر ہو گا اور یہ مجموعہ 8 سینٹی میٹر ہی رہے گا خواہ نقطہ P بیض پر کہیں بھی ہو۔ بیض کی دوسری خصوصیت یہ ہے کہ اگر نصف محور کبیر (AO) کی لمبائی a، نصف محور صغیر (OC) کی لمبائی b اور مرکز سے کسی ایک نقطۂ ماسکہ تک (OF) لمبائی c ہے تو

$$a^2 = b^2 + c^2$$

سورج کے گرد سیاروں کے گھومنے سے متعلق کیپلر نے تین قوانین پیش کیے:

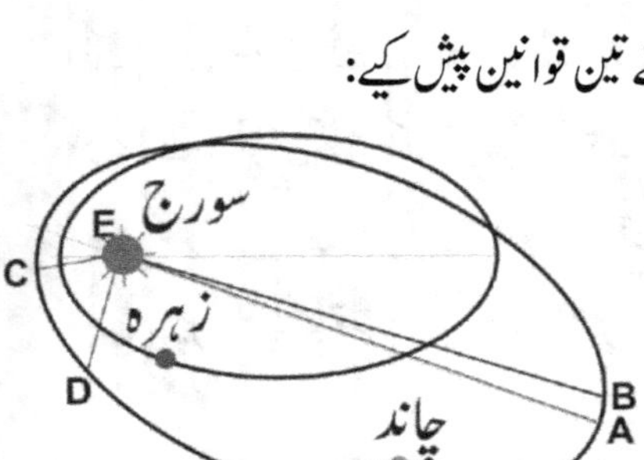

تصویر 34: بیضوی مدار

1. ہر سیارہ ایسے بیضوی مدار پر گھومتا ہے جس کے ایک نقطۂ ماسکہ پر سورج ہوتا ہے: تصویر 34 میں زہرہ، زمین اور چاند کے مدار دکھائے گئے ہیں۔ واضح رہے کہ اس تصویر میں اجسام اور فاصلے پیمانے کے مطابق نہیں ہیں۔ زہرہ اور زمین سورج کے گرد گردش

کر رہے ہیں اور سورج ان کے مداروں کے نقطہ ماسکہ پر ہے لٰہذا سیارے کا فاصلہ سورج سے گھٹتا بڑھتا رہتا ہے۔ چاند زمین کے گرد گھوم رہا ہے لٰہذا زمین چاند کے مدار کے نقطہ ماسکہ پر ہے۔

2. ایک سیارہ خلا کے ایک ہی رقبے کا ایک ہی وقت میں احاطہ کرتا ہے چاہے وہ اپنے مدار میں کہیں بھی ہو: کیپلر کے اس قانون کو سمجھنے کے لیے تصویر 34 میں دیے ہوئے دو قطعات یعنی EAB اور ECD کا موازنہ کریں۔ فرض کریں کہ دونوں کا رقبہ ایک ہی ہے۔ چوں کہ نقاط A اور B سورج سے زیادہ فاصلے پر ہیں بہ نسبت C اور D کے، لٰہذا کیپلر کے دوسرے قانون کے مطابق زمین کو A سے B تک کا فاصلہ طے کرنے میں اتنا ہی وقت لگے گا جتنا C سے D تک، یعنی A سے B تک کا فاصلہ طے کرنے کے لیے زمین کی رفتار کم ہو گی بہ نسبت C سے D تک کے سفر میں۔ بالفاظ دیگر جوں جوں زمین سورج سے دور ہوتی جاتی ہے اس کی رفتار کم ہوتی جاتی ہے اور جیسے جیسے سورج کے قریب آتی ہے، اس کی رفتار میں تیزی آتی ہے۔

3. ایک سیارے کے مداری دور کے مربع کی اس کے مدار کے نصف محور کبیر کے مکعب سے راست نسبت ہوتی ہے: آسان زبان میں اسے یوں بیان کیا جاسکتا ہے کہ مداری دور وہ عرصہ ہے جس کے دوران ایک سیارہ سورج کے گرد اپنا چکر مکمل کرتا ہے۔ یہ عرصہ سالوں میں ناپا جاتا ہے۔ جدول 1 کے مطابق زمین کا مداری دور 1 سال اور مریخ کا مداری دور 1.88 سال ہے۔ تصویر 34 کے مطابق کسی سیارے کا محور کبیر AB لٰہذا نصف محور کبیر AO یا OB ہو گا۔ اس کا اندازہ لگانے کے لیے یوں سمجھیں کہ سورج سے زمین کا اوسط فاصلہ تقریباً 150 ملین یا 15 کروڑ کلومیٹر ہے۔ مریخ زمین کے مقابلے میں سورج اے زیادہ دور ہے۔ سورج سے اس کا اوسط فاصلہ 228 ملین یا 22 کروڑ 80 لاکھ کلومیٹر ہے۔ فرض کریں کہ ہم نظام شمسی کے کسی سیارے کا مداری دور انگریزی کے حرف T اور نصف محور کبیر d سے ظاہر کرتے ہیں۔ اگر آپ کو ریاضی میں شدھ بدھ ہے تو یوں سمجھیں کہ ریاضی کی زبان میں کیپلر کا تیسرا قانون یوں لکھیں گے:

$$T^2 \propto d^3$$

اگر آپ کو ریاضی کی سوجھ بوجھ نہیں ہے تو یوں سمجھ لیں کہ سیارہ سورج سے جتنا دور ہو گا، وہ سورج کے گرد اتنے ہی زیادہ عرصے میں اپنی گردش مکمل کرے گا۔ اوپر دیے ہوئے اعداد کی روشنی میں زمین اور مریخ کا مقابلہ کر کے اس بیان کی صداقت کو پرکھ لیں۔

ہم نے سیکشن 2.6 میں مرکز گریز قوت کے متعلق پڑھا تھا کہ جب کوئی شے منحنی راہ (Curved Path) پر حرکت کر رہی ہو تو مرکز گریز قوت اسے باہر کی طرف پھینکتی ہے، مثلاً اگر آپ تیزی سے سائیکل چلاتے ہوئے بائیں جانب مڑیں تو آپ کی سائیکل دائیں جانب جھک جائے گی کیوں کہ مرکز گریز قوت اسے باہر کی جانب دھکیل رہی ہے۔ اسی اصول کے تحت موٹروے پر موڑ ڈیزائن کرتے وقت خیال رکھا جاتا ہے کہ موڑ باہر کی جانب اونچی ہو بہ نسبت اندر کی جانب کے۔ موڑ جتنا تنگ ہوگا باہر کی جانب اونچائی اتنی ہی زیادہ ہوگی اور رفتار بھی اس کے مطابق رکھنی ہوگی۔ اسی لیے موڑ پر محفوظ رفتار کا بورڈ لگا دیا جاتا ہے۔

تصویر 34 میں دیگر سیاروں کی طرح زمین بھی بیضوی مدار پر گردش کر رہی ہے اور سورج اس مدار کے نقطۂ ماسکہ پر ہے، لہٰذا زمین جب سورج کے سامنے ہوتی ہے تو اس سے دور ہوتی ہے اور جوں جوں نقطۂ ماسکہ کی جانب بڑھتی ہے سورج کے نزدیک آتی ہے اور سورج کی قوتِ ثقل بڑھتی جاتی ہے۔ آگے چل کر آپ پڑھیں گے کہ نیوٹن کے قانونِ ثقل (Law of Gravitation) کے مطابق جب فاصلہ آدھا رہ جاتا ہے تو قوتِ ثقل چار گنا ہو جاتی ہے، لہٰذا زمین چکر دار راستہ اختیار کر کے سورج سے جا ٹکرائے گی۔ اس سے بچنے کے لیے ضروری ہے کہ کوئی قوت مخالف سمت میں اسے سورج سے دور کھینچے۔ یہ صرف مرکز گریز قوت ہوتی ہے جوں جوں سیارہ سورج کے نزدیک آتا ہے قوتِ ثقل بڑھنے کے ساتھ ساتھ مرکز گریز قوت کا بڑھنا ضروری ہے اور وہ صرف اسی صورت میں ممکن ہے جب سیارے کی رفتار بڑھتی جائے۔ جب زمین سورج کے "پیچھے" پہنچتی ہے تو قوتِ ثقل اپنے عروج پر ہوتی ہے اور اس کا مقابلہ کرنے کے لیے مرکز گریز قوت کا بھی اپنے عروج پر ہونا ضروری ہے۔

سورج کے گرد زمین کی گردش کے دوران ہر نقطے پر قوتِ ثقل مرکز گریز قوت کے برابر رہتی ہے۔ اسی لیے زمین اپنے مدار پر قائم رہتی ہے اور یہ عمل زمین موقع کے لحاظ سے اپنی رفتار گھٹا یا بڑھا کر سرانجام دیتی ہے۔ سیاروں کا یہ طرز عمل حیرت انگیز ہے۔ معلوم ہوتا ہے کہ سیارے زندہ ہیں اور یہ ان کی "جبلّت" ہے یا کوئی اور قوت ہے جو ان کی رفتار کو کنٹرول کرتی ہے۔ دراصل کائنات کا قیام مخالف قوتوں میں توازن کا نتیجہ ہے۔ یہ توازن ایسا ہی ہے جیسے مخالف قوتیں ترازو کے دو پلڑوں میں ہوں اور دونوں پلڑے ایک ہی سطح پر ہوں۔ اگر ترازو کا ایک پلڑہ ذرا سا بھی جھکے گا تو اجرام فلکی پھٹ جائیں گے،

پچک جائیں گے، یا ایک دوسرے سے ٹکرا کر ختم ہو جائیں گے۔

اگرچہ کیپلر کو سیاست میں کوئی دل چسپی نہیں تھی اور وہ اپنی سائنسی تحقیق میں مگن رہتا تھا مگر اس کی زندگی کافی دردناک تھی۔ یورپ میں 17 ویں صدی کی کئی دہائیاں فرقہ وارانہ جنگوں اور معاشرے میں ظلم و استبداد میں گزریں۔ عیسائیوں میں پروٹسٹنٹ فرقہ جو مذہبی اصلاحات کا قائل تھا اور اس کا عقیدہ تھا کہ بائبل کو پڑھنے اور اس کی آیات سے نتیجہ اخذ کرنے کا حق ہر ایک کو ہے۔ یہ عقیدہ رومن کیتھولک پادریوں کی طاقت کو ختم کرنے کے مترادف تھا۔ چناں چہ وہ رومن کیتھولک فرقے سے برسرپیکار تھا جس نے چرچ کی حکومت قائم کر رکھی تھی۔ دیگر فرقے بھی ان جنگوں میں شامل ہو گئے تھے۔

کیپلر کا تعلق پروٹسٹنٹ لوتھرن چرچ سے تھا۔ وہ سیدھا سادا عیسائی تھا اور فرقہ بندی کے خلاف تھا۔ اس کی سائنسی تحقیق کی بنا پر معاشرے میں اس کی عزت تھی مگر جب اس کی ماں کا اپنی پڑوسن سے جھگڑا ہو گیا تو پڑوسن نے اس پر جادوگرنی ہونے کا الزام لگایا اور کہا کہ کیپلر کی ماں نے اسے بد دعا دی تھی۔ اس زمانے میں جادوگرنی ہونے کا الزام لگا کر عورتوں کو زندہ جلا دیا جاتا تھا۔ کیپلر کی ماں پر مقدمہ قائم ہو گیا اور کیپلر نے اس کا دفاع کرنے کا فیصلہ کیا۔ اس بنا پر دونوں ماں بیٹے زیر عتاب آ گئے اور ان پر ظلم ہونے لگا۔ کیپلر کی ماں سے کہا گیا کہ وہ اپنا جرم تسلیم کر لے تو اس پر ظلم ہونا بند ہو جائے گا مگر اسے معلوم تھا کہ اگر اس نے جرم تسلیم کر لیا تو اسے زندہ جلا دیا جائے گا لہٰذا وہ انکار کرتی رہی۔ کیپلر کا وقت مقدمے کی پیروی میں گزرتا تھا۔ آخر سات سال کے بعد کیپلر کی ماں کو رہا کر دیا گیا مگر وہ رہائی کے کچھ عرصے بعد ہی مر گئی۔

اسی دوران کیپلر نے ایک کتاب شائع کی جس میں اس نے نظام شمسی کے سیاروں کا تعلق موسیقی کے سروں سے بتایا اور دعویٰ کیا کہ ان کی گردش موسیقی کے اصولوں کے مطابق ہے۔ لوتھرن چرچ نے اس پر کفر کا فتویٰ صادر کر کے اپنے فرقے سے نکال دیا۔ رومن کیتھولک چرچ نے اسے دعوت دی کہ وہ ان کے فرقے میں شامل ہو جائے مگر اس نے انکار کر دیا اور لوتھرن عقائد پر قائم رہا[50]۔

4.5. گیلیلیو گیلیلائی

تصویر 35: گیلیلیو گیلیلائی

کوپر نیکس تو دنیا سے رخصت ہوتے وقت اپنے پیچھے ان لوگوں کی کثیر تعداد چھوڑ گیا جو اس کے نظریات سے متفق تھے لیکن کلیسا کی مخالفت کی بنا پر اس کا اظہار نہیں کرتے تھے۔ ان ہی میں سے ایک گیلیلیو گیلیلائی[a] تھا جو اٹلی کے شمالی علاقے کے ایک خوب صورت شہر پاڈوا کی یونیورسٹی میں پڑھا رہا تھا۔ اس نے کیپلر کو ایک خط لکھا جس میں اعتراف کیا کہ وہ ایک عرصے سے کوپر نیکس کے نظریے کا حامی ہے کیوں کہ وہ مہر مرکزی ماڈل کی مدد سے بیشتر قدرتی مظاہر کی وضاحت کر سکتا ہے جب کہ ارسطو اور بطلیموس کا ارض مرکزی ماڈل اس میں ناکام رہتا ہے۔

گیلیلیو کے نزدیک ارسطو کی سب سے بڑی کمزوری یہ تھی کہ اس کے نظریات صرف مشاہدات پر مبنی تھے۔ وہ نہ تجربات کی ضرورت محسوس کرتا تھا اور نہ استدلال کی۔ گیلیلیو کا کہنا تھا کہ مادّی کائنات علّت و معلول (اسباب اور نتائج) کی دنیا ہے جس میں ہر واقعے کا سبب ایک اور واقعہ ہوتا ہے اور دوسرا واقعہ پہلے واقعے کا نتیجہ ہوتا ہے۔ چناں چہ واقعات ایک دوسرے کے ساتھ سبب اور نتیجے کی لڑی میں پروئے ہوئے ہوتے ہیں۔ مثال کے طور پر موسم سے تعلق رکھنے والے واقعات کو لیں:

1. سورج سے حرارت خارج ہوتی ہے جو زمین کے موسمی نظام کے لیے توانائی کا بنیادی ذریعہ ہے۔
2. سورج سے حاصل ہونے والی توانائی کا کچھ حصہ زمین کی سطح میں جذب ہو جاتا ہے جس سے سطح گرم ہو جاتی ہے۔
3. چوں کہ مختلف مقامات پر زمین کی سطح اپنی ساخت کے اعتبار سے یکساں مقدار میں حرارت جذب نہیں کرتی لہٰذا مختلف مقامات پر ہوا کا درجہ حرارت مختلف ہوتا ہے۔

[a] Galileo Galilei, 1564-1642

4. ہوا کا درجہ حرارت جتنا زیادہ ہو گا وہ اتنی ہی ہلکی ہو گی اور اس کا رخ اوپر کی جانب ہو گا اور نتیجتاً ہوا کا دباؤ اتنا ہی کم ہو گا۔
5. ہوا زیادہ دباؤ والے مقامات کی طرف سے کم دباؤ والے مقامات کی طرف چلے گی۔ ہوا کی یہ حرکت نرم رو بھی ہو سکتی ہے اور آندھی یا جھکّڑ کی شکل میں بھی ہو سکتی ہے۔ اس کا دارومدار دونوں مقامات کے ہوا کے دباؤ کے فرق پر ہے۔
6. جب نم ہوا اوپر اٹھتی ہے اور ٹھنڈی ہوتی ہے تو پانی کے بخارات شبنم بن کر بادلوں میں جذب ہو جاتے ہیں۔
7. جوں جوں بادل گہرے ہوتے ہیں، ان میں پانی کی مقدار بڑھتی جاتی ہے حتیٰ کہ وہ پانی کا وزن برداشت نہیں کر سکتے اور بارش یا برف بن کر برسنے لگتے ہیں۔
8. ہوا کا درجہ حرارت، نمی، اور ہوا کی حرکت کا پیٹرن مل کر موسم کے دیگر واقعات مثلاً آندھی، طوفان، جھکڑ وغیرہ کا سبب بنتے ہیں۔
9. لمبے عرصے تک کسی مقام پر موسم کے یہ واقعات اس مقام کی آب و ہوا کا تعین کرتے ہیں۔

اوپر دیے ہوئے واقعات کی ترتیب قانونِ علّت و معلول (Law of Causation) کی ایک مثال ہے جس کے تحت واقعہ نمبر 1 سبب بنتا ہے واقعہ نمبر 2 کا جو کہ نتیجہ ہے واقعہ نمبر 1 کا۔ اس قانون کی دوسری شِق یہ ہے کہ واقعات یکے بعد دیگرے ہوتے ہیں۔ ایک واقعہ دوسرے واقعے سے پہلے اور دوسرا واقعہ تیسرے واقعے سے پہلے ہوتا ہے۔ گیلیلیو کے نزدیک کائنات میں ظہور پذیر ہونے والے واقعات اس قانون کے طابع ہوتے ہیں جسے آسان الفاظ میں یوں بیان کیا جا سکتا ہے: "ہر نتیجے کا ایک سبب ہوتا ہے۔" اگر اسی کو رسمی اور غیر مبہم زبان میں کہا جائے تو یوں کہیں گے: "بلا سبب کسی وجود کی نہ ابتدا ہوتی ہے اور نہ انتہا۔"

گیلیلیو کو سائنسی سوچ کا بانی سمجھا جاتا ہے کیوں کہ اس نے ڈیڑھ ہزار سال پرانی اندھی تقلید کو ترک کر کے عقل کو سوچ کا منبع قرار دیا۔ وہ پہلا ماہر فلکیات تھا جس نے چاند ستاروں کو ریاضی کا جامہ پہنایا۔ اس کے مطابق ہماری کائنات ایک عظیم کتاب ہے جسے ریاضی کی زبان میں لکھا گیا ہے۔

4.6. دوربین

کوپرنیکس کے ماڈل کے ناقابل تردید ثبوت نہ نظری کونیات (Theoretical Cosmology) سے آئے اور نہ عریاں آنکھ سے مشاہدہ کرنے سے، بلکہ وہ ثبوت ان لوگوں کی طرف سے آئے جنہیں تجربات کرنے کا شوق تھا۔ یہ تجربات اس شیشے کے ساتھ تھے جو نظر کے چشمے میں لگایا جاتا ہے اور عدسہ یا لینس (Lens) کہلاتا ہے۔ عموماً اس کی دو قسمیں ہوتی ہیں۔ ایک وہ جو بیچ میں موٹا ہوتا ہے اور سرے پر پتلا۔ اسے مُحدّب عدسہ (Convex Lens) کہتے ہیں۔ دوسری قسم کا لینس بیچ میں پتلا اور سرے پر موٹا ہوتا ہے اور اسے مُقعّر عدسہ (Cocave Lens) کہتے ہیں۔ آپ کے چشمے میں کون سا لینس لگایا جاتا ہے، اس کا دارومدار اس بات پر ہے کہ آیا آپ کی دور کی نظر کمزور ہے یا نزدیک کی۔

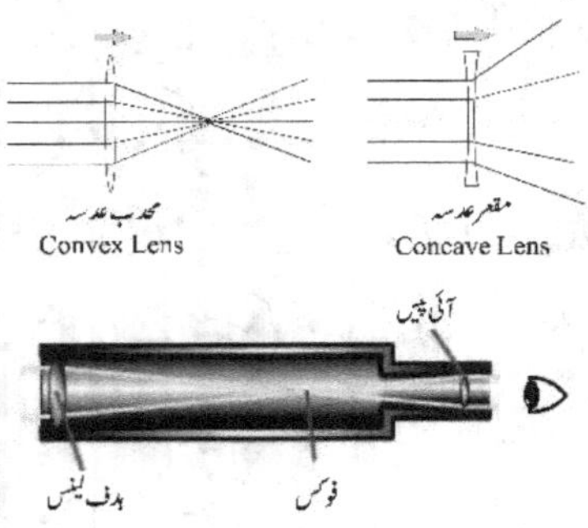

تصویر36: دوربین

ممکن کہ آپ بچپن میں محدب عدسے سے کھیلے ہوں۔ اسے سورج کے سامنے لاکر دوسری طرف کاغذ کا ایک ٹکڑا رکھتے تھے اور کاغذ پر سورج کا چمکیلا عکس بن جاتا تھا۔ جب لینس کو آگے پیچھے حرکت دیتے تھے تو ایک مقام پر سورج کا عکس ایک روشن نقطہ رہ جاتا تھا اور کاغذ کے ٹکڑے میں آگ لگ جاتی تھی۔ اس کی وجہ یہ ہے کہ سورج کی روشنی ہم تک سیدھی پہنچتی ہے یعنی سورج کی شعائیں متوازی ہوتی ہیں۔ جب یہ شعائیں محدب عدسے سے گزرتی ہیں تو ایک نقطے پر مرکوز ہو جاتی ہیں جسے نقطہ ماسکہ (Focus) کہتے ہیں اور روشنی کی تمام توانائی اس نقطے پر جمع ہو جاتی ہے۔ نقطہ ماسکہ سے آگے بڑھ کر شعائیں پھیلنا شروع ہو جاتی ہیں۔ جن لوگوں کی نزدیک کی نظر کمزور ہو ان کے چشمے میں محدب عدسہ لگایا جاتا ہے۔ مقعر عدسے سے روشنی کی شعائیں گزرتے ہوئے بجائے ایک نقطے پر مرکوز ہونے کے پھیلتی ہیں اور جن لوگوں کی دور کی نظر کمزور ہو ان کے چشمے میں مقعر عدسہ لگایا جاتا ہے۔

کسی شوقین مزاج نے جو مختلف قسم کے تجربات کیا کرتا تھا، اتفاقیہ طور پر دریافت کر لیا کہ اگر ایک محدب عدسے اور ایک مقعر عدسے کو آمنے سامنے ایک خاص فاصلے پر رکھا جائے اور مقعر عدسے سے

جھانکا جائے تو دور کی چیزیں نزدیک نظر آتی ہیں۔ اس نے دونوں عدسوں کو ایک ٹیوب میں فٹ کر کے "جاسوس شیشہ" (Spyglass) بنانا اور بیچنا شروع کر دیا۔ 1608ء میں پورے یورپ میں جاسوس شیشہ مقبول ترین کھلونا بن گیا جس سے دور سے آتے ہوئے سمندری جہازوں اور مکان کی چھت پر چڑھ کر دور دراز کے محلوں پر نظر رکھی جاتی تھی۔

جب یہ خبر گیلیلو تک پہنچی تو اس نے اپنے ایک دوست کے دوست کو خط لکھوا کر تصدیق کروائی تو معلوم ہوا کہ خبر صحیح تھی۔ گیلیلیو نے دن رات ایک کر کے خود ایک جاسوس شیشہ بنالیا جسے ہم دوربین کہتے ہیں۔ عام جاسوس شیشہ چیزوں کو 8 گنا نزدیک لے آتا تھا جب کہ گیلیلیو کی دوربین 20 گنا نزدیک لے آتی تھی۔ اس نے اپنی دوربین کا رخ سمندری جہازوں کے بجائے آسمانوں کی طرف کر دیا جس کے نتیجے میں اس پر حیرتوں کے پہاڑ ٹوٹ پڑے کیوں کہ اس کی آنکھ نے وہ نظارے دیکھے جو اس سے پہلے عریاں آنکھ نے نہیں دیکھے تھے۔ دسمبر 1609ء اور جنوری 1610ء کے دوران دو مہینے میں دوربین کی مدد سے فلکیات میں جتنی دریافتیں ہوئیں اتنی اس وقت تک نہیں ہوئی تھیں۔ ان میں سے چند دریافتیں ایسی تھیں جنہوں نے گیلیلیو کو کلیسا کے مقابل لا کھڑا کیا۔

چاند کے مشاہدے سے معلوم ہوا کہ اس کی سطح ویسی ہی کھردری ہے جیسی زمین کی سطح ہے۔ چاند پر بھی زمین کی طرح پہاڑ، گڑھے اور میدان ہیں، خصوصاً اس علاقے میں جو چاند پر اندھیرے اور اجالے کے درمیان ہے۔ کلیسا نے اس دریافت پر شدید اعتراض کیا جس کی وجہ یہ تھی کہ یونانیوں کے ایک نظریے کے مطابق تمام اجرام فلکی ایک ہی عنصر سے بنے تھے جسے جوہر (Quintessence) کہا جاتا تھا۔ ان کے مطابق جوہر ایک خالص اور ہر قسم کے نقص اور عیب سے پاک عنصر تھا۔ جب یونانی فلسفے نے عیسائیت میں سرایت کی تو چاند، سورج، ستارے، سیارے اور تمام آسمانی اجسام بھی پاک قرار دیے گئے۔ چوں کہ خدا کا مسکن بھی آسمانوں میں ہے لہٰذا تمام آسمانی اجسام لطیف ہیں کیوں کہ خدا کی ذات بھی لطیف ہے۔ کلیسا کے نزدیک گیلیلیو کا یہ دعویٰ عین کفر تھا کہ چاند جیسی آسمانی شے میں پہاڑ اور گڑھے جیسی زمینی کثافتیں موجود ہیں۔

نظام شمسی میں ایسی لاتعداد پتھریلے اجسام ہیں جو مریخ اور مشتری (جوپیٹر) کے درمیان سورج کے

گرد گھوم رہے ہیں۔ یہ اجسام، جو شہاب ثاقب (Asteroids) کہلاتے ہیں اُس وقت وجود میں آئے جب نظام شمسی تشکیل پا رہا تھا۔ وہ عمل ایسا ہی تھا جیسے ایک سنگ تراش پتھروں کی کاٹ چھانٹ کرے۔ اس کے دوران جو بے کار پتھریلے ٹکڑے بچے وہ ایسٹرائیڈ کی شکل میں نظام شمسی کا حصہ بن گئے۔ موجودہ نظریے کے مطابق تقریباً ساڑھے چار ارب سال قبل جب زمین ابھی تشکیل کے مرحلے میں تھی، اس سے ایک ایسٹرائیڈ ٹکرایا جو مریخ کے برابر تھا۔ یہ ٹکراؤ اس قدر شدید تھا کہ زمین اور ایسٹرائیڈ دونوں کے کچھ حصے ٹوٹ کر علیحدہ ہو گئے۔ ان ٹکڑوں نے جمع ہو کر چاند کی شکل اختیار کر لی اور زمین کے گرد محور بنا لیا۔

4.7. مہر مرکزی ماڈل کا ثبوت

مشتری نظام شمسی کا سب سے بڑا اور سب سے دل چسپ سیارہ ہے۔ اگر بقیہ تمام سیاروں میں مادّے کی مقدار (کمیت) کو جمع کیا جائے تو مشتری میں اس سے دوگنا مادّہ ہے۔ اس کا حجم زمین سے 1,321 گنا ہے۔ مشتری کی سطح ٹھوس نہیں بلکہ یہ سیارہ ہائیڈروجن اور ہیلیم (Helium) گیس کا ایک گولا ہے۔ مشتری کی قوت ثقل اور مقناطیسی فیلڈ (Magnetic Field) اتنے طاقت ور ہیں کہ جو پتھریلے شہاب ثاقب زمین کی طرف آتے ہیں انہیں مشتری اپنی جانب کھینچ کر نظام شمسی کے باہر پھینک دیتا ہے، گویا قدرت نے مشتری کو ہمارا پہرے دار اور مہتر مقرر کیا ہے جو کوڑے کرکٹ کو ہم سے دور رکھتا ہے۔

جب گیلیلیو نے اپنی دوربین کا رخ مشتری کی جانب کیا تو اسے حیرت ہوئی کہ مشتری کے نزدیک تین ایسے ستارے تھے جو پہلے کبھی نہیں دیکھے گئے تھے۔ ان میں سے دو مشتری کے مشرق میں تھے اور ایک مغرب میں۔ اگلی رات کو گیلیلیو نے دیکھا کہ ان کی پوزیشن تبدیل ہو گئی تھی۔ جوں جوں دن گزرتے گئے ان تین نئے اجسام میں اس کی دلچسپی بڑھتی گئی اور معلوم ہوا کہ وہ ستارے نہیں بلکہ سیّارچے تھے جو مشتری کے گرد گھوم رہے تھے جس طرح چاند زمین کے گرد گھومتا ہے۔ اس دریافت نے ارسطو اور بطلیموس کے ارض مرکزی ماڈل کی نفی کر دی جس کے مطابق تمام سیارے زمین کے گرد گھوم رہے تھے اور چاند بھی ان میں سے ایک تھا۔ گیلیلیو نے ثابت کیا کہ سیاروں کے لیے ضروری نہیں کہ وہ مرکز کے گرد ہی گھومیں بلکہ وہ دوسرے سیاروں کے گرد بھی گھوم سکتے ہیں۔ ہم عرف عام میں انہیں مہتاب یا

سیّارچہ کہتے ہیں۔ جس طرح زمین کا ایک سیّارچہ ہے جسے ہم چاند کہتے ہیں اسی طرح گیلیلیو کے مطابق مشتری کے تین سیّارچے تھے۔ وقت کے ساتھ ساتھ جوں جوں دوربینیں زیادہ طاقت ور ہوتی گئیں مشتری کے مزید سیّارچے دریافت ہوئے۔ اب تک ان کی تعداد 80 تک پہنچ گئی ہے۔

دوسرا سیارہ جو ہمارے لئے دل چسپی کا باعث ہے، زہرہ (وِینَس) ہے جسے زمین کی بہن بھی کہتے ہیں کیوں کہ یہ ہمارا پڑوسی ہے اور سائز کے لحاظ سے زمین جتنا ہی ہے۔ رومن دیومالا میں زہرہ محبت، حسن، شہوت اور تولیدی زرخیزی کی دیوی ہے۔ وہ سمندر کے جھاگ میں پیدا ہوئی اور ایک حسین اور جوان عورت کی شکل میں سمندر سے نکلی۔ اس کا بیٹا، کیوپڑ، نوجوانوں کے دلوں میں تیر مار کر انہیں عشق میں مبتلا کر دیتا ہے[51]۔

دیومالائی کہانی اپنی جگہ مگر حقیقت یہ ہے کہ زہرہ کی سطح بیابان اور پتھریلی ہے جس پر چٹیل میدان اور آتش فشاں ہیں جو لاوا اگلتے رہتے ہیں۔ اس کی فضا میں کاربن ڈائی آکسائڈ کی گہری چادر نے پورے سیارے کو گرین ہاؤس بنا دیا ہے جس کی بنا پر اوسط درجہ حرارت $467^{\circ}C$ ہوتا ہے اور گرمی کی شدت سے سیسہ پگھل جاتا ہے۔ زہرہ کی فضا پر گندھک کے تیزاب (Sulfuric Acid) کے بادل چھائے رہتے ہیں جس کی وجہ سے خلائی تحقیق میں دشواری پیش آتی ہے تاہم روس اور امریکا کے کئی خلائی مشن زہرہ پر اتر کر اس کی سطح اور فضا کا مطالعہ کر چکے ہیں۔

ارسطو کے ماڈل کے مطابق زہرہ اور سورج زمین کے گرد اس طرح گھوم رہے ہیں کہ زہرہ کا مدار زمین اور سورج کے درمیان ہے۔ نہ صرف یہ بلکہ اگر زمین اور سورج کے درمیان ایک لائن کھینچی جائے تو زہرہ ایک چھوٹے سے دائرے میں گھوم رہا جس کا مرکز اس لائن پر ہے۔ اول تو اس دائرے کی کوئی وجہ نظر نہیں آتی اور اگر اس ماڈل کو صحیح مان لیا جائے تو زہرہ زمین سے ہمیشہ ایک ہلال کی شکل میں نظر آئے گا جس کی موٹائی وقت کے ساتھ ساتھ گھٹتی بڑھتی رہے گی۔

اس کے برخلاف گیلیلیو نے جب زہرہ کا مطالعہ کیا تو معلوم ہوا کہ چاند کی مانند زہرہ کے بھی ادوار ہیں جن میں وہ گھٹتا بڑھتا رہتا ہے اور جب زمین اور سورج کے درمیان آتا ہے تو بالکل تاریک ہو جاتا ہے اور جب سورج زمین اور زہرہ کے درمیان ہوتا ہے چاند کی طرح تو ایک روشن دائرے کے صورت میں نظر آتا ہے۔ نہ صرف

یہ بلکہ زہرہ جوں جوں زمین کے نزدیک آتا ہے اس کا سائز بڑا ہوتا جاتا ہے اور جوں جوں دور ہوتا ہے وہ چھوٹا نظر آتا ہے۔ یہ مشاہدات ارسطو کے ماڈل کی نفی کرتے ہیں اور صرف اسی صورت میں ممکن ہے جب کہ کوپر نیکس کے مہر مرکزی ماڈل کے مطابق سورج نظام شمسی کا مرکز ہو[52]۔

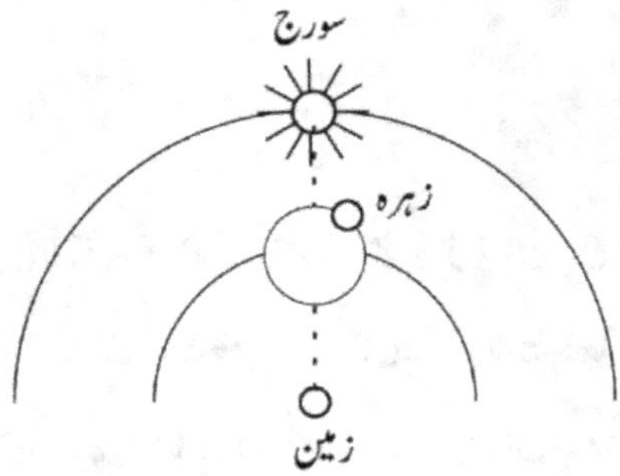

تصویر 37 زہرہ کا مدار ارسطو کے ماڈل کے مطابق

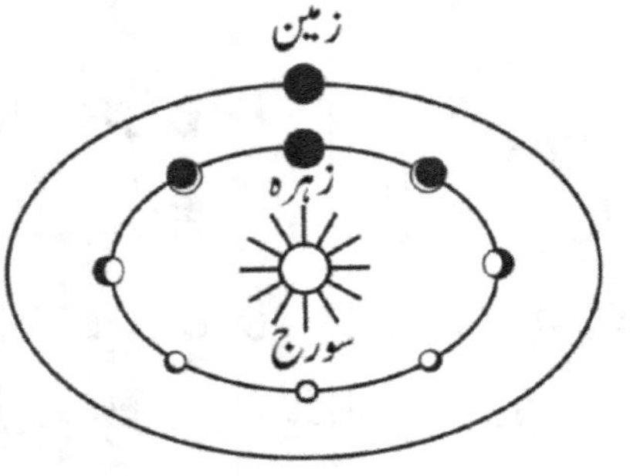

تصویر 38: زہرہ کا مدار کوپر نیکس کے ماڈل کے مطابق

اس وقت تک گیلیلیو ان سیاروں کا مشاہدہ کر رہا تھا جو نظام شمسی کا حصہ ہیں اور سورج کی روشنی کو منعکس کرتے ہیں۔ اب اس نے اپنی دوربین کا رخ ستاروں کی طرف موڑا جو بذات خود روشن ہیں اور اس نے مشاہدہ کیا کہ وہ ستارے اتنی دور ہیں کہ وہ اپنی دوربین کو فاصلے سے خواہ کتنا ہی ہم آہنگ کیوں نہ کرے مگر وہ ستارے نزدیک نہیں آتے۔ اس سے ثابت ہوا کہ کائنات ہمارے نظام شمسی کے مقابلے میں بہت وسیع ہے۔

جب گیلیلیو کی دوربین کا رخ سورج کی جانب ہوا تو پتا چلا کہ سورج کی سطح پر تاریک دھبے ہیں اور ان دھبوں کی پوزیشن بدلتی رہتی ہے اور محسوس ہوتا ہے کہ وہ ایک طرف سے دوسری طرف جا رہے ہوں۔ اس سے معلوم ہوا کہ سیاروں کی طرح سورج بھی اپنے محور پر گردش کر رہا ہے۔ اس کی گردش 25 سے 35 دن میں مکمل ہوتی ہے جس کے بعد وہ دھبے اسی مقام پر ہوتے ہیں جہاں پہلے دن تھے۔

کیتھولک چرچ کے مطابق سورج ایک آسمانی جسم کی حیثیت سے ایک لطیف تخلیق ہے جس میں کوئی نقص نہیں ہو سکتا۔ بائبل کے مطابق "خدا نے اِبتدا میں زمین و آسمان کو پیدا کیا اور زمین ویران اور سُنسان تھی اور گہراؤ کے اُوپر اندھیرا تھا اور خدا کی رُوح پانی کی سطح پر جُنبش کرتی تھی اور خُدا نے کہا روشنی ہو جا اور روشنی ہو گئی۔" (پیدائش 1:1-4) اگر یہاں اشارہ سورج کے تخلیق کی طرف ہے تو خدا نے

سورج ہمیں روشنی دینے کے لیے بنایا، پھر یہ کیوں کر ممکن ہے کہ اس میں دھبے چھوڑ دیے ہوں۔ گیلیلیو کی طرف سے کوپرنیکس کے مہر مرکزی ماڈل کی تشہیر کی بنا پر کلیسا پہلے سے ہی بھری بیٹھی تھی، اب سورج پر دھبوں کو دعویٰ گیلیلیو کے تابوت میں آخری کیل ثابت ہوا۔

4.8. گیلیلیو کی سزا

سب سے بڑی مشکل یہ تھی کہ اٹلی کی درسگاہوں کی زبان لاطینی تھی جو کہ کیتھولک چرچ کی زبان تھی اور اس دور کی سائنس بھی مذہبی تھی کیوں کہ درس گاہیں کلیسا کے تحت کام کرتی تھیں۔ اس بات کا خاص خیال رکھا جاتا کہ ان نظریات کو باہر نہ نکلنے دیا جائے جو کلیسا کے نظریات کی نفی کرتے ہوں چناں چہ درس گاہوں کے اساتذہ کلیسا کی پالیسی کے تحت ارسطو کے ماڈل کی تعلیم دیتے تھے اور وہ گیلیلیو کو اپنا مدّ مقابل سمجھتے تھے۔ چناں چہ انہوں نے اس کی مخالفت میں کوئی کسر نہ اٹھائی رکھی۔

دوسری دشواری یہ تھی کہ درس گاہوں کا ذریعہ تعلیم تو لاطینی تھا مگر عوام کی زبان اٹالین تھی۔ چوں کہ گیلیلیو اٹالین زبان میں لکھتا تھا لہٰذا اس کی تحریریں عوام تک پہنچتی تھیں اور لوگ انہیں بڑے شوق سے پڑھتے تھے۔ اس کے برخلاف کیتھولک چرچ کے پاس عوامی رابطے کا کوئی موئثر ذریعہ نہیں تھا۔ ادھر مارٹن لوتھر کنگ کی رومن کیتھولک چرچ کے خلاف پروٹسنٹ تحریک جس کی ابتدا 1517ء میں ہوئی تھی، زور پکڑ رہی تھی اور لوگ کثیر تعداد میں رومن کیتھولک چرچ چھوڑ رہے تھے، لہٰذا 1616ء میں چرچ نے کوپرنیکس کے نظریے کو جھوٹ اور غلط قرار دے کر اس کی تعلیم اور تشہیر پر پابندی لگا دی اور گیلیلیو کو حکم دیا کہ وہ اس نظریے کا دفاع کرنے اور اس پر یقین رکھنے سے باز آجائے۔ گیلیلیو کا مؤقف یہ تھا کہ وہ خود بائبل پر ایمان رکھتا ہے مگر اس کے نزدیک بائبل سائنس کی کتاب نہیں ہے اور اگر اس میں کچھ ایسے بیانات ہیں بھی جو حقائق سے متضاد ہیں تو اس کی ایک وجہ یہ بھی ہو سکتی ہے کہ وہ بطور تمثیل بیان کیے گئے ہیں۔ چرچ نے گیلیلیو کے بیان کو تسلیم نہیں کیا اور اس پر پابندی برقرار رہی۔

جب 1626ء میں گیلیلیو کا ایک دوست اور حامی کارڈینل باربیرینی پوپ اربن ہشتم بن گیا تو گیلیلیو روم گیا تاکہ وہ اپنے اوپر لگی ہوئی پابندی ہٹانے کی درخواست کرے۔ کلیسا کے عہدے داران نے فیصلہ کیا

کہ گیلیلیو کو صرف اسی صورت میں معاف کیا جاسکتا ہے جب وہ ایک کتاب لکھے اور اس میں دونوں ماڈل پیش کرے اور آخر میں ارسطو کے ماڈل کو صحیح قرار دے۔ گیلیلیو کو یہ کتاب مکمل کرنے میں چھ سال لگے اور اس نے اسے اپنے دوست پوپ اربن ہشتم کے نام معنون کیا۔ کلیسا نے اسے شائع کرنے کی منظوری دے دی اور وہ کتاب پورے یورپ میں کثیر تعداد میں بکی۔ کلیسا کے عہدے داروں نے جب بغور اس کا مطالعہ کیا تو معلوم ہوا کہ گیلیلیو نے کہیں یہ اعتراف نہیں کیا تھا کہ ارسطو کا ماڈل صحیح تھا۔ اس کے برخلاف اس نے کوپرنیکس کے ماڈل کو صحیح قرار دیا تھا۔ انہوں نے گیلیلیو سے عوامی سطح پر تسلیم کرایا کہ سورج زمین کے گرد گھومتا ہے اور اسے عمر قید کی سزا دے دی جو اسے اپنے گھر میں کاٹنی تھی۔

رومن کیتھولک چرچ کے ظلم کے باوجود گیلیلیو کٹّر کیتھولک رہا۔ اپنی موت سے چار سال پہلے یعنی 1642ء میں قید کے دوران ہی اس کی ایک اور کتاب منظر عام پر آئی جس نے پورے یورپ میں تہلکہ مچادیا۔ کہتے ہیں کہ اس کتاب نے ہمارے دور کی طبعیات کی بنیاد ڈالی۔ ایک نظریہ جو اس نے پیش کیا وہ یہ تھا کہ ضروری نہیں کہ مشاہدہ حقیقت کی نشان دہی کرتا ہو اور آنکھ جو کچھ دیکھتی ہے وہی حقیقت ہو۔ بقول مرزا غالب

ہیں کواکب کچھ نظر آتے ہیں کچھ

دیتے ہیں دھوکہ یہ بازی گر کھلا

اس کا کہنا تھا کہ مشاہدے کی گواہی اگر ریاضی دے دے تو اس پر بھروسہ کیا جاسکتا ہے لہٰذا طبعیات کے مسائل کو ریاضی کے مسئلہ میں ڈھال کر حل نکالنا چاہیے[53]۔

گیلیلیو پر کیتھولک کلیسا کے ظلم کے باوجود اسے کچھ عیسائی پادریوں کی حمایت حاصل تھی۔ ان میں ایسے افراد تھے جو سائنسی تحقیقات کی حمایت کرتے تھے اور ان کے عقیدے کے مطابق سائنس اور مذہب ایک ساتھ مل کر رہ سکتے ہیں۔ گیلیلیو کے ساتھ چرچ کے رویّے کی صرف ایک وجہ نظر آتی ہے اور وہ یہ کہ اس نے چرچ کی حاکمیت کو چیلنج کیا تھا۔ اس کی موت کے تقریباً ساڑھے تین سو سال کے بعد 1992ء رومن کیتھولک کلیسا نے سرکاری طور پر اپنی غلطی تسلیم کی اور گیلیلیو کے ساتھ جو برتاؤ کیا گیا تھا اس پر اظہار افسوس کیا۔

مذہب اور جدید سائنس کے درمیان تناؤ عیسائی مذہب تک محدود نہیں۔ بیشتر مسلم علما میں بھی سائنس کے لیے وہی مزاحمت پائی جاتی ہے جو ہم رومن کیتھولک کلیسا میں دیکھ چکے ہیں۔ اس کی سب سے بڑی وجہ یہ ہے کہ مسلم دنیا میں یونانی علوم کا ذریعہ وہ عربی تراجم تھے جو اسپین میں ہوئے اور برصغیر میں انہیں اردو میں منتقل کیا گیا یا انہیں حوالوں کے طور پر استعمال کیا گیا۔ اس کے برخلاف جدید فلسفہ اور سائنس کا منبع یورپی زبانیں، بالخصوص انگریزی ہے جسے سامراج کی نشانی کے طور پر ردّ کیا گیا اور علما نے انگریزی تعلیم حاصل کرنے کو مخربِ عقائد اور مفسدِ عمل قرار دیا۔

ہندوستان میں اسلامی تعلیم کے اعلیٰ معیار کے لیے درس نظامی کی مثال دی جاتی ہے جس کی ابتدا لکھنؤ کے فرنگی محل سے ہوئی۔ اگرچہ فرنگی محل کی تاریخ کا اس کتاب کے موضوع سے بلاواسطہ تعلق نہیں ہے مگر اس کا تذکرہ دلچسپی سے خالی نہیں ہے۔ یہ لکھنؤ میں چار خوب صورت عمارتوں کا ایک کمپلیکس ہے جو اسلامی تعلیم اور ثقافت کا حصہ رہا ہے۔ فرنگی محل کس نے بنایا؟ اس کے متعلق کئی کہانیاں ہیں جن میں سے ایک کہانی کے مطابق ایک ڈچ سوداگر نے، جس کا نام نِیل (Niel) تھا، یہ عمارت اپنی محبوبہ کے لیے اٹھارویں صدی میں بنائی تھی مگر کچھ دن کے بعد ہی اس کی محبوبہ کسی اور کے ساتھ بھاگ گئی۔ نیل اتنا دل برداشتہ ہوا کہ سب کچھ چھوڑ چھاڑ کر ہندوستان سے چلا گیا۔ اس کے بعد اس عمارت پر ان فرانسیسیوں نے قبضہ کر لیا جو ایسٹ انڈیا کمپنی کے ملازمین تھے اور انہوں نے اسے کلب کے طور پر استعمال کرنا شروع کر دیا۔

جب مغل شہنشاہ اورنگ زیب کے وزیر مذہبی امور ملّا قطب الدین سہالوی کو کسی نے قتل کر دیا تو ان کے چار بیٹوں نے بادشاہ سے درخواست کی کہ خاندانی دشمنی کی وجہ سے سہالہ میں ان کی جانیں محفوظ نہیں ہیں لہٰذا انہیں لکھنؤ منتقل کر دیا جائے۔ اورنگ زیب نے فرنگی محل ضبط کر کے چاروں بھائیوں کو ایک ایک عمارت میں بسا دیا۔ انہوں نے وہاں اپنے اپنے مدرسے قائم کیے اور ہم خیال علما کو بھی دعوت دی کہ وہاں آکر درس و تدریس کا کام کریں۔ ان میں سے ایک بھائی، ملّا نظام الدین نے ایک نصاب وضع کیا جسے درس نظامی کا نام دیا۔ یہ نصاب اسلامی دنیا میں اتنا مشہور ہوا کہ برّصغیر سے باہر بھی اپنایا گیا۔ آٹھ سال کے اس کورس میں قرآنی علوم، تفسیر، حدیث، فقہ، بلاغت، عربی گرامر اور کمپوزیشن کے علاوہ فلسفہ، منطق، اور ریاضی شامل تھے۔ ہر کورس میں متعدد کتابیں شامل تھیں۔ ریاضی میں علم الاعداد اور جیومیٹری کے

علاوہ ایک مضمون فلکیات کا بھی تھا جس میں شیخ بہائی (1621-1546) کی کتاب تشریح الافلاک پڑھائی جاتی تھی[54]۔ اس کتاب میں نظام شمسی ارسطو اور بطلیموس کے ارض مرکزی ماڈل کو ہی استعمال کرتا ہے۔ یہ معلوم نہیں ہو سکا کہ اب بھی یہی کتاب پڑھائی جاتی ہے یا نہیں۔

ارسطو کے نظریے سے چمٹے رہنے اور اسے مذہبی رنگ دینے کی ایک اور مثال 1888ء میں چھپی ہوئی امام احمد رضا کی کتاب فوزِ مبین در ردِّ حرکتِ زمین 55 سے ملتی ہے۔ اس کتاب کی ابتدا یوں ہوتی ہے:

"ناقابل تردید دلائل و براہین سے ردّ حرکتِ زمین۔ نیوٹن اور گلیلیو کے نظریات کا سائنسی دلائل سے ردّ۔ اس کتاب نے اس سائنسی نظریے کی قلعی کھول کر رکھ دی کہ زمین حرکت میں ہے۔ امام اہل سنت نے سائنسی اعتبار سے بھی ثابت فرما دیا کہ زمین ساکن ہے۔ اور قرآنی آیات سے بھی یہی بات بخوبی روشن ہے۔"

اس کتاب میں سائنس اور علوم جدیدہ کے لیے مصنف کا بیانیہ تضحیک آمیز ہے۔ مثلاً قوتِ ثقل کے بارے میں لکھتے ہیں:

"اس کا پتہ نیوٹن کو 1665ء میں اُس وقت چلا جب وہ وبا سے بھاگ کر کسی گاؤں گیا، باغ میں تھا کہ درخت سے سیب ٹوٹا اُسے دیکھ کر اسے سلسلہ خیالات چھوٹا جس سے قواعد کشش کا بھبھوکا پھوٹا۔۔۔ 1665ء تک ہزاروں برس کے عقلا سب اس فہم سے محروم گئے تو گئے تعجب یہ کہ اس سیب سے پہلے نیوٹن نے بھی کوئی چیز زمین پر گرتے نہ دیکھی۔"

انہوں نے مختلف مشاہدات کے دو اسباب بیان کیے ہیں۔ ایک وہ جو سائنس پیش کرتی ہے اور دوسرا ان کی اپنی وضاحت، مثلاً مرکز گریز قوت کے متعلق لکھتے ہیں:

"جب کوئی جسم کسی دائرے پر حرکت کرے اس میں مرکز سے نفرت ہوتی ہے۔ پتھر رسی میں باندھ کر اپنے گرد گھماؤ وہ چھوٹنا چاہے گا اور جتنے زور سے گھماؤ گے زیادہ زور کرے گا اگر چھٹ گیا تو سیدھا چلا جائے گا اور جس قدر قوت سے گھمایا تھا اتنی دور جا کر گرے گا۔ یہ مرکز سے پتھر کی نافریت (Repulsion) ہے۔"

ان کی وضاحت کچھ یوں ہے:

"نافریت بے دلیل اور پتھر کی تمثیل، نری علیل، پتھر کو انسان یا مرکز سے نفرت نہ رغبت جانب خلاف جو اس کا زور دیکھتے ہو تمہاری دافعہ کا اثر ہے نہ کہ پتھر کی نفرت کا۔۔۔"

یہی حال قرآنی آیات کا ہے جن سے انہوں نے وہ مطالب اخذ کیے ہیں جو ان کی سوچ کے مطابق ہوں۔ مسلم علما میں علوم جدیدہ اور سائنس کے خلاف عمومی طور پر جو مزاحمت پائی جاتی ہے۔اس پر پرویز ہودبھائی نے اچھا تجزیہ پیش کیا ہے[56]۔ اگرچہ قرآن میں کائنات پر غور وخوض کرنے اور اس کا علم حاصل کرنے کی بار بار ترغیب دی گئی ہے مگر ان آیات کو سائنس کی کسوٹی پر پرکھنا اور ان کی الہامی حیثیت کو تسلیم کرنے کے لیے سائنس کی گواہی پیش کرنا خطرناک عمل ہے کیوں کہ قرآن اپنی سچائی کو ابدی اور مستقل قرار دیتا ہے جب کہ سائنسی نظریات تغیر پذیر ہوسکتے ہیں۔ جوں جوں ہمارے لیے مشاہدے، تجربے اور نتائج اخذ کرنے کی منطقی صلاحیت میں اضافہ ہوتا ہے، ہمارا علم حقیقت سے قریب تر ہوتا جاتا ہے۔ یہ سائنس کی کمزوری نہیں بلکہ قوت ہے۔

حصہ دوم

قوانینِ حرکت

5

حرکت میں برکت

5.1. مقام اور وقت

اس باب میں ہم طبیعیات کے چیدہ چیدہ قواعد کا مطالعہ کریں گے۔ طبیعیات کسی شے کی حرکت کا علم ہے جب کہ شے سے مراد کوئی بھی چیز ہو سکتی ہے۔ ہم اشیا کو تین گروپوں میں تقسیم کریں گے۔ پہلے گروپ میں سیارے، ستارے، کہکشائیں اور دیگر فلکی اجسام شامل ہیں جو کمیت اور جسامت میں عظیم الجثہ ہیں اور جن پر ہمیں روزمرہ کی زندگی میں حساب کتاب کرنے کی ضرورت پیش نہیں آتی۔ دوسرے گروپ میں ہوا، پانی، اودبلاؤ، ہم خود، کاریں، جہاز وغیرہ ہیں جن سے ہمیں روزمرہ کی زندگی میں واسطہ پڑتا ہے۔ ان دونوں گروپوں کا تعلق کلاں بینی دنیا(Macroscopic World) سے ہے کیوں کہ ہم انہیں عریاں آنکھ سے دیکھ سکتے ہیں۔ تیسرے گروپ میں روشنی، خلیے، سالمے، ایٹم، الیکٹران، پروٹان، نیوٹران وغیرہ شامل ہیں جو کمیت اور جسامت کے لحاظ سے اتنے چھوٹے ہوتے ہیں کہ عریاں آنکھ سے نہیں دیکھے جاسکتے لہٰذا ان کا تعلق خردبینی دنیا(Microscopic World) سے ہے۔ دوسرا فرق یہ ہے کہ پہلے دو گروپوں میں اجسام کی رفتار روزمرہ کی رفتار ہوتی ہے مگر تیسرے گروپ میں یہ رفتار روشنی کی رفتار تک پہنچ سکتی ہے اور موجودہ نظریے کے مطابق کسی شے کے لیے روشنی کی رفتار سے تجاوز کرنا ممکن نہیں ہے۔

تیسرے گروپ میں وہ اشیا آتی ہیں جنہیں ہم عریاں آنکھ سے نہیں دیکھ سکتے مثلاً ہمارا جسم ایک فیکٹری ہے جس میں ایٹم ایک دوسرے کے ساتھ مل کر سالمے بناتے ہیں اور سالمے خلیے بناتے ہیں۔

تیسرے گروپ کی اشیامیں یہ تبدیلیاں جتنی تیزی سے رونما ہوتی ہیں وہ پہلے دو گروپوں میں ممکن نہیں ہے مثلاً ایٹمی سطح پر ایک سیکنڈ میں دس لاکھ ارب (10^{15}) عمل مکمل ہوتے ہیں یعنی ایک عمل 10^{-15} سیکنڈ میں مکمل ہو جاتا ہے۔

جوں جوں اشیا کی کمیت کم ہوتی جاتی ہے اور رفتار بڑھتی جاتی ہے، کلاسیکی میکانیات کے فارمولوں کی درستی (Accuracy) کم ہوتی جاتی ہے اور کوانٹم میکانیات کے فارمولوں کا اطلاق ہونا شروع ہو جاتا ہے یہاں تک کہ ہم ایٹمی اور پس ایٹمی سطح پر پہنچ جاتے ہیں ۔ اس سیکشن میں آپ کو ریاضی کے کچھ حسابات ملیں گے۔ اگر ریاضی آپ کی دسترس سے باہر ہے تو اس سے سرسری طور پر گزر جائیں۔

کسی شے میں طبیعیات کی بنیادی دل چسپی وقت (Time) اور مقام (Location) میں ہوتی ہے یعنی وہ شے کس وقت کہاں ہے، مثلاً ایک کار اگر موٹروے پر مقام الف سے پاکستان کے وقت کے مطابق دوپہر کو ایک بجے روانہ ہو کر مقام ب تک 100 کلومیٹر فی گھنٹے کی یکساں رفتار سے چل رہی ہے اور دونوں مقامات کا درمیانی فاصلہ 20 کلومیٹر ہے تو وہ مقام ب پر کتنے بجے پہنچے گی؟ اگر آپ کا جواب 1 بج کر 12 منٹ ہے تو صحیح ہے۔ مطلب یہ کہ کار اپنی روانگی سے 12 منٹ (وقت) کے بعد مقام ب (مقام) پر ہو گی۔ اس مسئلے کو حل کرنے کے لیے آپ نے جو فارمولا استعمال کیا اس کا تعلق کلاسیکی میکانیات سے ہے۔

ایک مسئلہ یہ ہے کہ آپ مقام الف اور مقام ب کو مستقبل میں کس طرح پہچانیں گے۔ سیکشن 2.6 میں آپ نے پڑھا تھا کہ ہر مقام کو اس کے محدّدین سے جانا جاتا ہے، مثلاً لاہور میں مینار پاکستان کے محدّدین (31.5925°N, 74.3095°E) ہیں۔ اب آپ اس مثال میں کار کے بجائے ایک ہیلی کاپٹر کا تصور کریں جو عین مینار پاکستان کے اوپر 10,000 فٹ کی بلندی پر معلق ہے۔ سوال پیدا ہوتا ہے کہ بلندی سطح زمین سے ناپی جا رہی ہے یا مینار کی چوٹی سے۔ اس کا جواب یہ ہے کہ بلندی عموماً سطح سمندر سے ناپی جاتی ہے تاکہ کوئی ابہام نہ رہے۔ لہٰذا ہم ہیلی کاپٹر کے مقام کا تعین کرنے کے لیے ایک تیسرے نمبر یعنی بلندی (Altitude) کا اضافہ کر دیتے ہیں چناں چہ ہیلی کاپٹر کے محدّدین میں ایک اور محدّد کا اضافہ ہو جائے گا یعنی عرض البلد، طول البلد اور بلندی یعنی (31.5925°N, 74.3095°E, 10,000 ft.)۔ کسی مقام کے محدّدین کا تعین کرتے وقت یہ نہ بھولیں کہ پہلے دو نمبروں کی پیمائشیں نل آئی لینڈ (0°N, 0°E) سے

کی جارہی ہیں۔ لہٰذا انل آئی لینڈ (دیکھیے سیکشن 2.6)۔ ان محدّدین کا مُبدا (Origin) ہے۔ جب ہم کسی مقام کے محدّدین بیان کریں تو ان کے مُبدا کا علم ہونا ضروری ہے ورنہ محدّدین بے معنی ہوں گے۔

ریاضی میں کسی شے کے مقام کا تعین کرنے کے لیے کئی طریقے استعمال کیے جاسکتے ہیں۔ سب سے آسان اور سیدھا سادا طریقہ کارتیزی نظام (Cartesian System) ہے جو سولھویں صدی میں فرانسیسی فلسفی اور ریاضی دان رینے دیکارت نے متعارف کیا۔ اس نظام نے ایک نئی ریاضی کی بنیاد رکھی جسے مُحدّدی علم ہندسہ یا جیومیٹری (Coordinate Geometry) کہا جاتا ہے اور اسے نیچے دیے ہوئے قواعد کے مطابق ترتیب دیا جاتا ہے۔

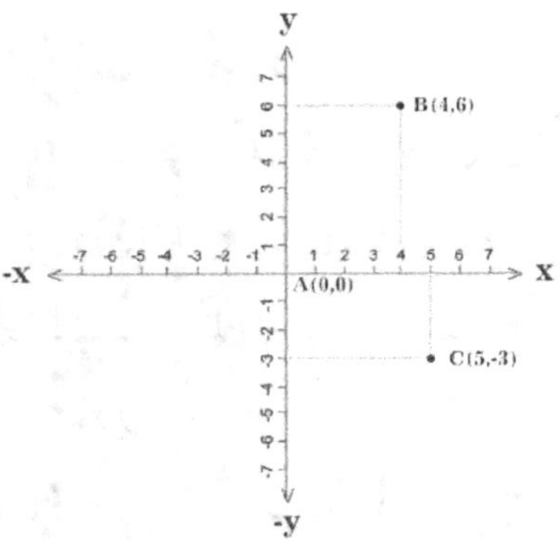

تصویر 39: دو بُعدی کارتیزی محدّدین

1. سب سے پہلے ہم مبدا کا تعین کرتے ہیں۔ مبدا وہ مقام ہوتا ہے جہاں سے تمام پیمائشیں کی جاتی ہیں۔ سامنے کی تصویر میں نقطہ A مبدا ہے۔
2. ایک بائیں سے دائیں خط مستقیم کھینچیں جو مبدا سے گزرے۔ اسے عرضی خط یا ایکس محور (x-axis) کہتے ہیں۔
3. دوسرا خط مستقیم عموداً کھینچیں جو مبدا سے گزرے۔ اسے طولی خط یا وائی محور (y-axis) کہتے ہیں۔
4. عرضی خط پر مبدا کی دائیں جانب مثبت قدریں ہوتی ہیں اور بائیں جانب منفی قدریں۔
5. طولی خط پر مبدا کے اوپر جانب مثبت قدریں ہوتی ہیں اور نیچے منفی قدریں۔
6. نقطہ B کا مقام معلوم کرنے کے لیے اس سے ایک عمودی خط ایکس محور پر کھینچیں۔ فرض کریں کہ وہ مبدا سے 4 فٹ[a] کے فاصلے پر ایکس محور کو کاٹتا ہے۔ اس قدر کو ایکس محدّد (x-coordinate) کہتے ہیں۔

[a] فٹ، انچ، سینٹی میٹر، کلو میٹر یا میل۔ کوئی اکائی ہو سکتی ہے بشرطیکہ اکائی کا علم ہو۔

7. دوسرا عمودی خط نقطہ B سے وائی محور پر کھینچیں۔ فرض کریں کہ وہ مبدا سے 6 فٹ کے فاصلے پر وائی محور کو کاٹتا ہے۔ اس قدر کو ہم وائی محدّد (y-coordinate) کہتے ہیں۔

8. نقطہ B کے محدّدین (4,6) ہیں جو ایکس محدّد اور وائی محدّد کو ظاہر کرتے ہیں۔ اسی طرح نقطہ C کے محدّدین (5,-3) ہیں۔ طبیعیات میں کسی شے کا مقام اس کے محدّدین (Coordinates) سے ظاہر کیا جاسکتا ہے بشرطیکہ مبدا کا مقام اور محوروں کی سمتیں طے کرلی جائیں۔

واضح ہو کہ ہم نے اب تک دو بُعدی جیومیٹری کی مثال استعمال کی ہے جو زمین پر چلتے پھرتے اجسام کا مقام بیان کرنے کے لیے تو کافی ہے لیکن اگر ہم فضا میں اڑتے ہوئے پرندوں اور ہوائی جہازوں کا مطالعہ کریں تو ہمیں تیسرا بُعد بھی اپنے حسابات (Calculations) میں لانا ہوگا جو شے کی بلندی کو ظاہر کرے اور اس کے لیے تین بُعدی محدّدی جیومیٹری (Three-Dimensional Coordinate Geometry) استعمال کرنی ہوگی۔ تصویر 40 میں ایکس، وائی اور زیڈ محوروں پر نقطہ B سے جو عمودی خطوط کھینچے گئے ہیں ان کی لمبائی بالترتیب 7، 15 اور 3 ہے۔ چناں چہ نقطہ B کے محدّدین (7,15,3) ہیں۔

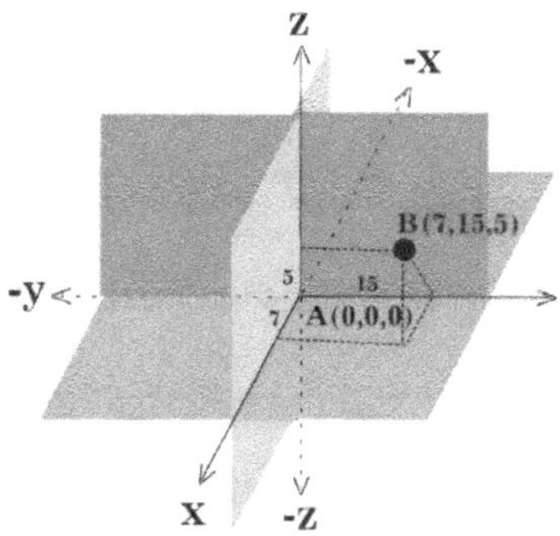

تصویر 40: تین بُعدی کارتیزی محدّدین

محدّدین کو مقرر کرنے کے لیے خواہ ہم کارتیزی نظام استعمال کریں یا کوئی اور طریقہ مگر محدّدی جیومیٹری فاصلوں کو محدود نہیں کرتی۔ خواہ ہم زمین پر اشیا کی پیمائش کرتے ہوں یا اجرام فلکی کے مقامات کا مطالعہ کرتے ہوں، محدّدی جیومیٹری کا اطلاق یکساں طور پر ہوتا ہے۔

ایک سلیس اور عام فہم سطح پر خلا کا ماڈل تین بُعدی ہے اور کارتیزی نظام کے تحت کسی مقام کا تعین اس کے تین محددین یعنی ایکس، وائی اور زیڈ (x,y,z) کی صورت میں کیا جاسکتا ہے۔ چوں کہ طبیعیات کا تعلق اشیا کی حرکت سے ہے لہٰذا مقام کا علم ہونا کافی نہیں ہے بلکہ ہمیں معلوم ہونا چاہیے کہ ہم جس شے کی تحقیق کررہے ہیں وہ کس وقت کس مقام پر تھی۔

5.2. زمان و مکاں

یوں تو فلسفیوں نے وقت کی ماہیت کو بیان کرنے میں زمین آسمان کے قلابے ملائے ہیں مگر حقیقت یہ ہے کہ ہمیں نہیں معلوم کہ وقت دراصل کیا ہے؟ مثال کے طور پر اگر آپ کسی سے پوچھیں کہ کیا وقت ہے تو وہ اپنی گھڑی دیکھ کر کہے گا کہ اس وقت تین بج کر دس منٹ ہوئے ہیں لیکن اگر آپ اس سے پوچھیں کہ وقت کیا ہوتا ہے تو وہ چکرا جائے گا۔ اس کے برخلاف اگر آپ پوچھیں کہ کیا مقام ہے تو وہ شہر، محلہ اور سڑک بتادے گا اور اگر آپ پوچھیں کہ مقام کیا ہوتا ہے تو اسے کہنا چاہیے کہ مقام خلا کا ایک ٹکڑا ہے۔

بقول آئن سٹائن، "ماضی، حال اور مستقبل صرف نظر کا دھوکہ ہیں جو مٹائے نہیں مٹتے۔"[57] جب ہم "حال" کے متعلق سوچتے ہیں تو یہ وقت کا وہ تراشہ ہوتا ہے جب ہم حال کے متعلق سوچ رہے ہوتے ہیں۔ اسی طرح "ماضی" اور "مستقبل" وقت کے وہ تراشے ہیں جو بالترتیب حال کے تراشے کے نیچے اور اوپر ہوتے ہیں یا پھر بالترتیب حال کے پیچھے اور آگے ہوتے ہیں۔ وقت کا ایک ہی بُعد ہوتا ہے جس پر اشیا حرکت کرتی ہیں اور اس پر ماضی اور مستقبل کا وجود اتنا ہی حقیقی ہے جتنا حال کا وجود ہے۔ جس طرح خلا میں اپنا مقام معلوم کرنے کے لیے آپ کا سوال ہوگا، "میں کہاں ہوں؟" اسی طرح وقت میں اپنے وجود کے متعلق سوال ہونا چاہیے، "میں کب ہوں؟"

طبیعیات وقت کی ماہیت کو سمجھنے کے بجائے اسے بڑی سادگی اور چابک دستی سے استعمال کرتی ہے۔ آئن سٹائن کے نظریہ اضافیت (Theory of Relativity) کے مطابق اگر خلا اور وقت کو جوڑ کر ایک ہی چار بُعدی ذاتیہ[a] یا وجود (Four-Dimensional Entity) تصور کیا جائے تو اسے خلا اور وقت کے تانے بانے کی حیثیت سے سمجھنا آسان ہے لہٰذا طبیعیاتی حسابات میں "زمان و مکاں" (Spacetime) کو ایک ہی ذاتیہ کے طور پر استعمال کرتے ہیں اور کسی شے کے مقام کو زمان و مکاں میں چار محددین یعنی (x,y,z,t) میں بیان کرتے ہیں جس میں محدّد ٹی (t) وقت ہے۔ جس لمحے آپ کا حساب شروع ہوتا ہے اس لمحے پر ٹی کی قدر صفر (t=0) ہوگی۔

---

[a] طبیعیات کے مطابق ذاتیہ (Entity) ہر اس شے کو کہتے ہیں جو اپنے خواص کے لحاظ سے خود مختار وجود رکھتی ہے۔

زمان و مکاں جامد ہے۔ نہ خلا کوئی حرکت کر سکتی ہے اور نہ وقت۔ صرف اشیا حرکت کرتی ہیں اور یہ حرکت کبھی نہیں رکتی۔ اگر ایک شے خلا میں ساکن ہے تو وقت میں مستقل حرکت کر رہی ہے یعنی اگرچہ ایکس، وائی، زیڈ (x,y,z) محدد ین کی قدروں میں کوئی تبدیلی نہیں ہو رہی، مگر ٹی (t) محدد تبدیل ہو رہا ہے اور اس تبدیلی کو نہ روکا جا سکتا ہے، نہ اس کی سمت تبدیل کی جا سکتی ہے اور نہ اس کی رفتار گھٹائی یا بڑھائی جا سکتی ہے۔ خلا اور وقت میں ایک بنیادی فرق یہ ہے کہ خلا میں حرکت کسی سمت میں کی جا سکتی ہے جب کہ وقت میں صرف ایک ہی سمت میں حرکت ممکن ہے۔ اگر وقت کو افسانوی رنگ دیا جائے تو بہت کچھ کہا جا سکتا ہے، مثلاً

> "وقت ایک ایسا دریا ہے جو یکساں رفتار سے ایک ہی سمت میں بہے جا رہا ہے اور ہم سب اسی میں تیر رہے ہیں، پوری دنیا تیر رہی ہے، پوری کائنات تیر رہی ہے۔ ہم نہ وقت سے چھٹکارا پا سکتے ہیں، نہ اسے روک سکتے ہیں اور نہ پلٹ کر مخالف سمت میں تیر سکتے ہیں۔ ہم وقت کی رفتار کو بھی نہیں بدل سکتے۔ یہ اور بات ہے کہ اگر ہم ہاتھ پاؤں مارتے رہیں تو ایسا لگتا ہے کہ آگے نکل جائیں گے اور اگر خاموشی سے بہتے رہیں تو پیچھے رہ جائیں گے مگر یہ صرف ہمارے فہم کا دھوکہ ہے، ورنہ حقیقت یہ ہے کہ وقت کی رفتار سب کے لئے یکساں ہے۔ ہم چاہے جتنی تگ و دو کریں، منزل پر سب ساتھ ہی پہنچتے ہیں۔"[a]

اگرچہ ہم زمان و مکاں میں ماضی کی طرف نہیں پلٹ سکتے مگر کائنات کے مطالعہ میں ہم ماضی کو ہی دیکھتے ہیں۔ اس کی وجہ یہ ہے کہ ستارے ہم سے اتنی دور ہیں کہ ان کی روشنی ہم تک پہنچتے پہنچتے اربوں سال لگ جاتے ہیں۔ جو ستارہ جتنی دور ہے اتنی ہی دیر کے بعد ان کی روشنی ہم تک پہنچے گی۔ ہمیں یہ بھی معلوم ہے کہ کائنات میں ستارے ہماری طرح پیدا ہوتے ہیں، جوان ہوتے ہیں، بوڑھے ہوتے ہیں اور مر جاتے ہیں۔

---

[a] رفیع مصطفیٰ، اے تحیر عشق

کچھ ستارے بوڑھے ہو چکے ہیں اور ان کی روشنی ہم تک ابھی نہیں پہنچی۔ جو روشنی ہم تک پہنچ رہی ہے وہ ستارے کی زندگی کے کس دور کی ہے اس کا انحصار اس پر ہے کہ وہ کتنی دور ہے۔ کچھ ستارے ختم ہوئے کروڑوں سال ہو گئے مگر ہم انہیں اب بھی دیکھ رہے ہیں کیوں کہ ان کی روشنی ہم تک اب پہنچ رہی ہے بہر حال جو ستارے بوڑھے ہو کر مر چکے ہیں مگر ان کی روشنی کا تجزیہ ہمیں ان کا بچپن دکھا رہا ہے۔ ہم اپنی دور بینوں کو جتنا آگے بڑھاتے جائیں اتنی ہی پرانی روشنی کو دیکھ سکتے ہیں۔ سوال پیدا ہوتا ہے کہ کیا کبھی ہم اتنے طاقت ور آلات بنا سکیں گے کہ کائنات کو پیدا ہوتے ہوئے دیکھ سکیں؟

5.3. کلاسیکی میکانیات

آئزک نیوٹن[a] نے 1687ء میں لاطینی زبان میں ایک کتاب لکھی جس کا عنوان تھا "قدرتی فلسفہ کے ریاضیاتی اصول"[b]۔ اس کتاب نے طبیعیات کی دنیا میں انقلاب برپا کر دیا۔ نیوٹن نے اس میں قوتِ ثقل اور اشیا کی حرکت کے اصول اتنے سادہ انداز میں ریاضی کی زبان میں بیان کیے ہیں کہ انہیں ہائی اسکول کا طالب علم بھی سمجھ لے۔ نیوٹن کی ان مساوات اور فارمولوں کو ہی کلاسیکی میکانیات یا نیوٹنی میکانیات (Newtonian Mechanics) کہتے ہیں۔ آپ نے اگر ہائی اسکول میں طبیعیات پڑھی تھی تو اس کی مساوات کلاسیکی میکانیات سے ہی لی گئی تھیں۔ نیوٹن نے اپنی کتاب میں جو موضوعات شامل کیے، ہم ان کا مطالعہ اگلے دو سیکشن میں کریں گے۔

5.4. کشش ثقل

جیسا کہ سیکشن 4.1 میں ہم نے پڑھا، ارسطو کے نزدیک جو چیزیں زمینی عناصر یعنی مٹی اور پانی سے بنی ہوتی ہیں وہ زمین کے مرکز کی طرف گرتی ہیں کیوں کہ "وہ زمین کو چاہتی ہیں۔" جوں جوں وہ زمین کے نزدیک آتی ہیں، ان کی چاہت بڑھتی جاتی ہے لہٰذا رفتار میں اضافہ ہوتا جاتا ہے اور اس رفتار کا انحصار ان کی کمیت

[a] Isaac Newton 1643-1727
[b] Philosophiae Naturalis Principia Mathematica

پر ہوتا ہے۔ جو چیز جتنی بھاری ہوگی اتنی ہی تیزی سے گرے گی۔

ہم گیلیلیو کے تجربے کا تذکرہ سیکشن 4.1 میں کر چکے ہیں جس میں اس نے ثابت کیا تھا کہ ارسطو کے اس قول میں صداقت نہیں ہے اور اشیا کے گرنے کی رفتار کا ان کی کمیت سے کوئی تعلق نہیں ہے۔

تصویر 41: آئزک نیوٹن

جب نیوٹن نے اپنی کتاب میں قانونِ ثقل (Law of Gravitation) پیش کیا تو اس سے گیلیلیو کے بیان کی تصدیق ہوئی۔ قانونِ ثقل طبیعیات کا ایک بنیادی قانون ہے جس کے مطابق ”کائنات میں ہر ذرہ جس کی کمیت ہو دوسرے ایسے ذرے کو اپنے مرکز کی جانب کھینچتا ہے۔ یہ قوت دونوں اشیا کے درمیان سیدھے خط میں عمل کرتی ہے اور دونوں کمیتوں کے حاصل ضرب کے راست متناسب (directly proportional) اور ان کے مراکز کے درمیانی فاصلے کے مربع کے بالعکس متناسب (inversely proportional) ہوتی ہے۔“

اگر ذرے سے مراد ایک ایٹم ہے تو ان ایٹموں کو ملا کر کُرے کی شکل کی ایک شے بنائی جائے تو کشش کا مرکز اس کُرّے کا مرکز ہوگا۔ اگر دو کُرّے جن کی کمیت m_1 اور m_2 ہو اور ان کے درمیان فاصلہ r ہو تو وہ ایک دوسرے کو جس قوتِ ثقل سے اپنی جانب کھینچتے ہیں اس کا فارمولا درج ذیل ہے:

$$F = G(m_1 X m_2)/r^2$$

اس فارمولے میں F قوتِ ثقل ہے اور G ثقلی مستقل (Gravitational Constant)[a] ہے۔ راست مناسبت سے مراد ہے کہ اگر دونوں اشیا میں سے کسی ایک کی کمیت دوگنی ہوتی تو ان کے درمیان

[a] ریاضیاتی حسابات میں دو قسم کے اعداد استعمال ہوتے ہیں۔ مستقلات (Constants) جن کی قدر میں کوئی تبدیلی نہیں آتی اور متغیرات (Variables) جن کی قدر تبدیل ہوتی رہتی ہے۔

قوتِ ثقل بھی دوگنی ہو جاتی اور اگر کمیت آدھی ہوتی تو قوتِ ثقل بھی آدھی ہو جاتی۔ بالعکس مناسبت اس کے برعکس ہوتا ہے۔ چوں کہ دونوں اشیا کے درمیانی فاصلے کے مربع اور قوتِ ثقل بالعکس متناسب ہیں لہٰذا اگر درمیانی فاصلہ آدھا ہوتا تو قوتِ ثقل چار گنا ہو جاتی اور اگر فاصلہ دوگنا ہوتا تو قوتِ ثقل ایک چوتھائی رہ جاتی۔

اگر کسی شے کو بلندی سے گرایا جائے تو جیسے جیسے وہ نیچے آتی ہے، اس کی رفتار میں ہر سیکنڈ میں 9.8 میٹر فی سیکنڈ کا اضافہ ہوگا۔ چناں چہ گرائے جاتے وقت اس کی رفتار صفر ہوگی اور پہلا سیکنڈ گزرنے پر 9.8 میٹر فی سیکنڈ ہوگی اور اس نے 4.9 میٹر کا فاصلہ طے کرلیا ہوگا۔ دوسرا سیکنڈ گزرنے پر اس کی رفتار 19.6 میٹر فی سیکنڈ ہوگی اور اس نے کُل 19.6 میٹر کا فاصلہ طے کرلیا ہوگا۔ چناں چہ ہر سیکنڈ گزرنے پر اس کی رفتار میں 9.8 میٹر فی سیکنڈ کا اضافہ ہوگا۔ رفتار کے اس اضافے کو اسراع (acceleration) کہتے ہیں۔ چوں کہ یہ اضافہ ثقل کی بنا پر ہوا ہے لہٰذا اسے ثقلی اسراع (acceleration due to gravity) کہا جاتا ہے۔ زمین پر یہ اسراع ہر سیکنڈ میں 9.8 میٹر فی سیکنڈ ہوتا ہے۔ اسی لیے اسراع کی اکائی میٹر فی سیکنڈ فی سیکنڈ یا میٹر / سیکنڈ^2 (m/s^2) ہوتی ہے۔

جدول 2 میں ہر سیکنڈ گزرنے پر اس شے کی رفتار اور اس کا طے کردہ فاصلہ دکھایا گیا ہے۔ یہ قدر زمین کے لیے مخصوص ہے۔ دوسرے ستاروں اور سیاروں پر ثقلی اسراع کی قدر ان کی کمیت کے لحاظ سے ہوگی، مثلاً چاند پر ثقلی اسراع کی قدر 1.625 m/s2 ہوتی ہے لہٰذا اگر زمین پر 20 میٹر کی بلندی سے کوئی شے گرائی جائے تو اسے زمین کی سطح پر پہنچنے میں 2 سیکنڈ لگیں گے مگر چاند پر وہی فاصلہ طے کرنے میں 5 سیکنڈ لگیں گے۔

وقت	زمین		چاند	
	رفتار	فاصلہ	رفتار	فاصلہ
0	0.000	0.0	0.000	0.0
1	9.800	4.9	1.625	0.8
2	19.600	19.6	3.250	3.2
3	29.400	44.1	4.875	7.3
4	39.200	78.4	6.500	13.0
5	49.000	122.5	8.125	20.3

جدول 2: زمین اور چاند کی ثقلی اسراع کا موازنہ

روزمرّہ کی زندگی میں ہمیں سوائے چیزوں کے بلندی سے گرنے کے قوتِ ثقل کا کوئی اور عملی مظاہرہ نظر نہیں آتا۔ اس کی وجہ یہ ہے کہ قوتِ ثقل ایک بہت ہی کمزور قوت ہے اور اسے محسوس کرنے کے لیے اشیا کی کمیت اجرام فلکی جتنی ہونی چاہیے۔ دراصل پوری کائنات قوتِ ثقل پر قائم ہے۔ ستارے اور سیارے ایک دوسرے کی کشش کے جال میں پروئے ہوئے پھیلتی ہوئی کائنات میں اپنے سفر پر رواں دواں ہیں۔

5.5. قوانینِ حرکت

اس باب کی ابتدا میں آپ نے پڑھا تھا کہ طبیعیات اشیا کی حرکت کا علم ہے جس کا بنیادی سوال یہ ہوتا ہے کہ ایک شے کس وقت کہاں ہے، نہ صرف یہ بلکہ کتنے وقت میں کہاں سے کہاں پہنچی۔ فرض کریں کہ ایک کار 30 کلومیٹر فی گھنٹے کی رفتار سے شمال کی طرف جا رہی ہے اور آگے جا کر دائیں جانب اسی رفتار سے مڑتی ہے۔ اب اس کا رخ مشرق کی جانب ہے۔ کچھ فاصلے کے بعد وہ ایک بار پھر دائیں جانب جنوب کی طرف مڑتی ہے مگر رفتار یا اسپیڈ (Speed) میں کوئی تبدیلی نہیں آئی۔ طبیعیات کے لیے رفتار کے ساتھ حرکت کی سمت کا علم ہونا ضروری ہے لہٰذا ہم رفتار کے بجائے "سمتی رفتار" (Velocity) استعمال کرتے ہیں۔ موجودہ مثال میں کار کی سمتی رفتار پہلے 30N کلومیٹر فی گھنٹہ تھی، پھر 30E ہو گئی اور آخر میں 30S ہو گئی[a]۔ خواہ رفتار تبدیل ہو یا سمت، کہا جائے گا کہ سمتی رفتار تبدیل ہو گئی ہے۔

اس باب کی ابتدا میں آپ پڑھ چکے ہیں کہ کسی شے میں طبیعیات کی دل چسپی اس میں ہے کہ وہ شے کس وقت کہاں ہے یعنی اس کے محدّد دین کیا ہیں۔ یہاں ہم ایک اور اضافہ کرتے ہیں اور وہ یہ کہ اس وقت اس کی سمتی رفتار کیا ہے۔ چناں چہ ہمیں اگر ہر لمحہ اس کا مقام اور سمتی رفتار معلوم ہو تو ہم اس کی حرکت سے تعلق رکھنے والی تمام معلومات اخذ کر سکتے ہیں۔ کلاسیکی میکانیات میں جن فارمولوں اور مساوات میں سمتی رفتار (v) استعمال ہوتی ہے وہیں اسے کمیت (m) سے ضرب دیا جاتا ہے اور حاصل ضرب کو تحرّک (Momentum) کہا جاتا ہے، لہٰذا حسابات میں عموماً سمتی رفتار کی جگہ تحرّک (M) کو استعمال کرتے ہیں۔

[a] N=North (شمال), E=East (مشرق), S=South (جنوب), W=West (مغرب)

$$M = m \times v$$

عام زبان میں یوں سمجھیں کہ تحرّک حرکت کی مقدار ہے۔ کسی حرکت کرنے والے جسم کی کمیت جتنی زیادہ ہو گی اور سمتی رفتار جتنی زیادہ ہو گی اس میں اتنا ہی زیادہ تحرّک ہو گا اور اسے روکنے کے لیے اتنی ہی زیادہ مخالف قوت کی ضرورت ہو گی۔

تحرّک کے سلسلے ایک اور دل چسپ بات یاد رکھیں۔ اگر ایک حرکت کرتا ہوا جسم دوسرے جسم سے ٹکرائے تو وہ دوسرے جسم کو اپنے تحرّک کا کچھ حصہ منتقل کر دیتا ہے مگر دونوں اجسام کے تحرّک کے میزان میں کوئی تبدیلی نہیں ہوتی۔ اسے قانونِ بقائے تحرّک (Law of Conservation of Momentum) کہتے ہیں۔ اگر آپ نے کبھی کیرم کھیلا ہے تو یہ قانون آسانی سے سمجھ میں آجائے گا۔ جب آپ کا اسٹرائکر ایک خاص سمتی رفتار سے گوٹ سے ٹکراتا ہے تو گوٹ میں حرکت پیدا ہو جاتی ہے اور اسٹرائکر کی رفتار کم ہو جاتی ہے۔ ٹکرانے سے پہلے گوٹ کو تحرّک صفر تھا کیوں کہ گوٹ حرکت نہیں کر رہی تھی۔ ٹکرانے کے بعد گوٹ کے تحرّک اور اسٹرائکر کے تحرّک کو جمع کریں تو میزان ٹکرانے سے قبل اسٹرائکر کے تحرّک کے برابر ہو گا۔ اس اصول کو ہم آگے چل کر استعمال کریں گے۔

نیوٹن نے بڑی آسان زبان میں تین قوانین حرکت (Laws of Motion) پیش کیے جن کا اطلاق چیونٹی کی حرکت سے لے کر کائنات، ستاروں اور کہکشاؤں کے سفر اور سیاروں کے گھومنے تک ہوتا ہے۔ یہ قوانین حسب ذیل ہیں۔

1. پہلا قانون: "اگر کوئی شے سکون میں ہے تو وہ سکون میں ہی رہے گی جب تک کوئی قوت (Force) اسے حرکت میں نہ لے آئے اور اگر کوئی شے کسی خاص سمتی رفتار سے حرکت میں ہے تو وہ اسی سمتی رفتار سے حرکت میں رہے گی جب تک کوئی قوت اسے نہ روک دے یا اس کی سمتی رفتار کو تبدیل نہ کر دے۔"

اب ہم اس بیان کی گہرائی میں جا کر اس کا تجزیہ کرتے ہیں۔ اس کا پہلا حصہ تو سیدھا سادا ہے۔ مطلب یہ کہ اگر کوئی چیز کہیں پڑی ہے تو پڑی رہے گی جب تک اسے وہاں سے اسے ہٹا

نہ دیا جائے۔ اگر وہ کہیں پارک کی ہوئی کار ہے اور اسے اسٹارٹ کر کے آگے بڑھائیں تو کار کا انجن وہ قوت فراہم کرتا ہے جو کار کو سکون کی حالت سے حرکت کی حالت میں لاتی ہے۔ بیان کا دوسرا حصہ غور طلب ہے۔ ایک بار جب کار حرکت میں آجائے تو اسے انجن بند کر دینے کے باوجود اسی سمت میں اور اسی رفتار سے چلتے رہنا چاہیے جب تک اس کے سامنے کوئی رکاوٹ نہ آجائے۔

اگر بچپن میں آپ کے والد نے آپ کو غُلیل چلانا سکھائی تھی تو آپ کو ان کی ہدایت یاد ہوگی کہ غلیل کا رخ ہمیشہ اوپر کی طرف رکھیں تاکہ غُلّا اوپر جائے۔ جب آپ غلیل کو کھینچ کر چھوڑتے تھے تو غُلّا تیر کی طرح نکلتا تھا اور آپ کی نظریں دور تک اس کا تعاقب کرتی تھیں۔ آپ کو معلوم تھا کہ غلیل کی ربر جتنی کھینچی جائے گی اتنی ہی تیز رفتاری سے غُلّا اوپر جائے گا۔

نیوٹن کے پہلے قانونِ حرکت کے مطابق غُلّے کو اسی سمتی رفتار سے آگے بڑھتے رہنا چاہیے جس سے اسے غلیل سے چھوڑا گیا تھا یہاں تک کہ وہ زمین کی فضا سے نکل جائے اور خلا میں رفتار یا سمت تبدیل ہوئے بغیر ہماری کہکشاں کو بھی پار کر کے آگے بڑھ جائے اور کائنات میں سفر جاری رکھے۔ اس کی حرکت میں کوئی تبدیلی صرف اس وقت آسکتی ہے جب اس کے راستے میں کوئی رکاوٹ آجائے یا کسی مزاحمتی قوت سے اس کا مقابلہ ہو۔

نیوٹن کے اس قانون کے برعکس ارسطو کا نظریہ تھا کہ ہر شے کو اپنی حرکت جاری رکھنے کے لیے ضروری ہے کہ کوئی قوت اسے آگے دھکیلتی رہے ورنہ اس کی رفتار سست ہوتی جائے گی حتیٰ کہ وہ سکون کی حالت میں آجائے گی۔ بادی النظر میں ہمارا مشاہدہ ارسطو کے نظریے کی تائید کرتا ہے، مثلاً اگر کار کا انجن بند کر دیا جائے تو کار کی رفتار کم ہوتی جاتی ہے یہاں تک کہ وہ رک جاتی ہے۔ غلیل کا غُلّا بھی جیسے جیسے آگے بڑھتا ہے، اس کی بلندی بڑھتی جاتی ہے یہاں تک کہ وہ بلند ترین سطح پر پہنچ جاتا ہے اور پھر اس کی بلندی کم ہوتی جاتی ہے یہاں تک کہ وہ زمین پر گر جاتا ہے۔ درحقیقت کار کے رک جانے کی وجہ یہ ہے کہ دُھری (Axle) پر پہیوں کی رگڑ سے ایک مزاحمتی قوت پیدا ہوتی ہے جو مخالف سمت میں کام کرتی ہے اور غُلّے پر قوت ثقل اثر انداز ہوتی ہے جو اسے زمین کے مرکز کی جانب کھینچتی ہے اور غُلّا زمین کی طرف پلٹ

آتا ہے۔ اگر یہ قوتیں نہ ہوتیں تو کار اسی رفتار سے چلتی رہتی جس سے اسے انجن نے ڈھکیلا تھا اور غلّا کائنات میں اسی سمت میں اور اسی رفتار سے سفر کرتا رہتا جس سے وہ غلیل سے چھوڑا گیا تھا۔

2. دوسرا قانون: "کسی شے پر اثر انداز ہونے والی قوت اپنی ہی سمت میں ایک اسراع پیدا کرتی ہے جو اس قوت کے راست متناسب ہوتا ہے۔"

اسراع کے متعلق آپ پڑھ چکے ہیں کہ یہ سمتی رفتار کی تبدیلی کی شرح ہے مثلاً اگر ایک سیکنڈ پہلے سمتی رفتار 20 میٹر فی سیکنڈ تھی، اب 25 میٹر فی سیکنڈ ہے اور ایک سیکنڈ کے بعد 30 میٹر فی سیکنڈ ہو جائے گی تو سمتی رفتار کی تبدیلی کی شرح یعنی اسراع 5 میٹر فی سیکنڈ فی سیکنڈ یا (5 میٹر فی سیکنڈ^2) ہو گی۔ راست متناسب سے مراد ہے کہ جوں جوں قوت بڑھے گے، اسراع بھی اسی مناسبت سے بڑھے گی مثلاً اگر قوت دوگنی ہو گی تو اسراع بھی دوگنی ہو جائے گی اور اگر قوت آدھی ہو گی تو اسراع بھی آدھی ہو جائے گی۔ ریاضی کی زبان میں اس تعلق کو یوں بیان کیا جاتا ہے:

$$F = m \times a$$

جہاں m کمیت ہے، a اسراع ہے اور F قوت ہے۔ اس فارمولے میں اگر کمیت کلوگرام میں اور اسراع میٹر فی سیکنڈ فی سیکنڈ میں ہے تو قوت نیوٹن میں ہو گی:

اگر $m = 10\ kg$ اور $a = 2\ m/s^2$ ہے تو:

$$F = 10\ kg \times 2\ m/s^2 = 20\ \text{Newtons}$$

نیوٹن کا دوسرا قانون اشیا کے بیرونی قوتوں کے زیر اثر حرکت کا بنیادی علم فراہم کرتا ہے اور زندگی کے ہر شعبے میں کہیں نہ کہیں اس کا اطلاق ہوتا ہے، مثلاً انجینئر اس قانون کا استعمال گاڑیوں کو ڈیزائن کرنے کے لیے کرتے ہیں۔ وہ اس بات کو یقینی بناتے ہوئے کہ گاڑی کو زیادہ سے زیادہ تیز رفتار بنانے کے لیے وہ اسے مطلوبہ قوت فراہم کریں، پیشہ ور کھلاڑیوں کی ٹریننگ کے دوران مختلف سرگرمیوں، مثلاً دوڑنے اور چھلانگ لگانے کے دوران کھلاڑیوں پر کام کرنے والی قوتوں کا تجزیہ کرنے کے لیے نیوٹن کا یہ قانون استعمال کیا جاتا ہے، یہاں تک کہ قوت ثقل کے زیر اثر اجرام فلکی کی حرکت کو اس قانون کے بغیر نہیں سمجھا جا سکتا۔ غرض یہ

کہ نیوٹن کا دوسرا قانون طبیعیات کا ایک بنیادی اصول ہے، جس کا اطلاق اشیاء کی حرکت کا تجزیہ کرنے اور اس کی پیش گوئی کرنے کے لیے مختلف شعبوں میں وسیع پیمانے پر کیا جاتا ہے۔

3. تیسرا قانون: "ہر عمل کا ایک مساوی اور مخالف ردّ عمل ہوتا ہے۔"

نیوٹن کے تیسرے قانون کے مطابق اگر ایک شے (A) دوسری شے (B) پر قوت ڈالتی ہے تو دوسری شے (B) پہلی شے (A) پر جواباً اتنی ہی قوت مگر مخالف سمت میں ڈالتی ہے۔ ریاضی کی زبان میں اس بیان کو یوں بیان کیا جاسکتا ہے:

$$F_{A\rightarrow B} = -F_{B\rightarrow A}$$

جہاں $F_{A\rightarrow B}$ وہ قوت ہے جو شے A شے B پر ڈالتی ہے اور $F_{B\rightarrow A}$ وہ قوت ہے جو شے B شے A پر ڈالتی ہے۔ اس قانون کے مطابق قوت ہمیشہ جوڑوں میں کام کرتی ہے۔ اگر کسی نظام پر مختلف سمتوں میں متعدد قوتیں اثر انداز ہو رہی ہوں تو ان کی مخالف قوتوں کو بھی حساب کرتے وقت شامل کیا جاتا ہے اور نظام محسوس کرتا ہے کہ اس پر صرف وہ قوت اثر انداز ہو رہی ہے جو ان تمام قوتوں کا مجموعہ ہے۔ علاوہ ازیں عمل اور ردّ عمل کی نوعیت یکساں ہوتی ہے، مثلاً اگر شے A کی شے B پر عمل کی نوعیت قوت ثقل ہے تو شے B کی شے A پر عمل کی نوعیت بھی قوت ثقل ہوگی۔ واضح ہو کہ نیوٹن کے قوانینِ حرکت نظام میں موجود اشیا کے درمیان تعاملات (interactions) کے لیے درست ہیں لیکن خردبینی سطح پر قوتوں کی نوعیت کی وضاحت نہیں کرتے، جیسے کہ برقناطیسی (electromagnetic) تعاملات یا ایٹمی سطح پر حرکت کا مطالعہ جہاں کلاسیکی میکانیات ناکام ہو جاتی ہے اور کوانٹم میکانیات درکار ہوتی ہے۔

مندرجہ ذیل مثالیں نیوٹن کے تیسرے قانونِ حرکت کو واضح کرتی ہیں:

- جیٹ انجن میں ہوا تیز رفتاری سے پشت کی جانب خارج کی جاتی ہے۔ یہ عمل ہوائی جہاز کو آگے کی طرف بڑھاتا ہے۔ راکٹ بھی اسی اصول پر کام کرتا ہے جس کا انجن گرم گیسوں کو تیز رفتاری سے راکٹ کی دُم سے خارج کرتا ہے اور اس سے راکٹ آگے بڑھتا ہے۔
- جب آپ چلتے ہیں تو آپ کا پاؤں زمین کو پیچھے کی طرف دبانے کے لیے قوت استعمال کرتا ہے۔

اس کے ردّعمل کے طور پر زمین آپ کے پاؤں کو دھکا دے کر آگے بڑھا دیتی ہے۔

- گاڑی چلانے کے دوران اس کے ٹائر سڑک پر پیچھے کی طرف زور لگاتے ہیں، جس کی وجہ سے سڑک ٹائروں پر مساوی اور مخالف آگے کی طرف قوت استعمال کر کے گاڑی کو آگے بڑھاتی ہے۔
- جب آپ کودتے ہیں تو آپ کے پاؤں نیچے کی سمت قوت استعمال کر کے زمین کو دباتے ہیں۔ جواباً زمین مخالف سمت میں قوت استعمال کر کے آپ کے پیروں کو اچھال دیتی ہے۔
- جب گیند کو زمین پر مارا جاتا ہے تو گیند نچلی سمت میں قوت لگا کر زمین کو دباتی ہے۔ اس کے ردّعمل میں زمین اوپر کی جانب قوت استعمال کر کے اسے اچھال دیتی ہے۔

واضح ہو کہ حرکت کے ضابطہ کار کے لحاظ سے نظام دو قسم کے ہوتے ہیں، جمودی ڈھانچا (Inertial Frame) یعنی وہ نظام جو یا تو سکون کی حالت میں ہو یا ایک خاص سمتی رفتار سے حرکت کر رہا ہو۔ اس کے برخلاف اگر ایک نظام اپنے گرد گھوم رہا ہو یا اسراع پذیر ہو تو وہ غیر جمودی ڈھانچا (Non-inertial Frame) کہلاتا ہے۔ نیوٹن کے قوانین حرکت کا اطلاق صرف اس نظام پر ہوتا ہے جو جمودی ضابطہ کار کے اندر کام کر رہا ہو۔

6

ایٹم اور سالمے

6.1. ایٹم کی ساخت

1913 میں نیلس بوہر[a] نے ایٹم کا ایک نیا ماڈل پیش کیا جس کے مطابق تمام پروٹان اور نیوٹران آپس میں چپک کر ایک گولا بنا لیتے ہیں جو ایٹم کا مرکزہ یا جوہر (Nucleus) کہلاتا ہے۔ الیکٹران مرکزے کے گرد گول مداروں پر گھومتے ہیں جس طرح نظام شمسی میں سیارے سورج کے گرد گھومتے ہیں۔ مثال کے طور پر ہائیڈروجن ایٹم کو لیں۔ یہ سب سے چھوٹا اور سادہ ایٹم ہے کیوں کہ اس کے مرکزے میں صرف ایک پروٹان ہوتا ہے اور مرکزے کے گرد ایک الیکٹران گول مدار میں گھومتا رہتا ہے۔ اسی طرح ہیلیم (Helium) ایٹم کے مرکزے میں دو پروٹان اور دو نیوٹران ہوتے ہیں اور مرکزے کے باہر دو الیکٹران گھومتے رہتے ہیں۔

بوہر کے ماڈل میں الیکٹران نہ صرف مرکزے کے گرد گھومتے ہیں بلکہ زمین کی طرح اپنے گرد بھی گردش کرتے ہیں۔ اگر کسی مدار میں دو الیکٹران ہوں تو ایک کی گردش یا اسپِن (Spin) گھڑی کی سوئی کی سمت میں ہو گی اور دوسرے کی گردش اس کی مخالف سمت میں۔ ان گردشوں کو ½ + اور ½- کہا جاتا ہے۔ یہ بڑا سیدھا سادا ماڈل ہے۔ آگے چل کر ہم دیکھیں گے کہ یہ صرف آدھا سچ ہے۔ دراصل الیکٹران کی اپنے محور کے گرد گردش ایک اندرونی کوانٹم میکانیکی خاصیت ہے جو متعلقہ ریاضیاتی مساوات کے حل کی صورتوں میں

[a] Niels Bohr, 1885-1962 CE

ہمارے سامنے آتی ہیں ورنہ الیکٹران کا جو سائز ہے اس کے پیش نظر اس کی گردش کا مشاہدہ کرنا اور گردش کی سمت کا تعین کرنا عملی طور پر ناممکن ہے۔

اس سے پہلے کہ ہم بوہر کے ایٹمی ماڈل کا تفصیل سے جائزہ لیں، ایک نظر توانائی پر ڈال لیتے ہیں۔ طبیعیات کے مطابق توانائی کی بہت سی صورتیں ہیں اور ہر شے میں کسی نہ کسی صورت میں توانائی موجود ہوتی ہے۔ توانائی قدرت کا عطیہ ہے جسے نہ پیدا کیا جاسکتا ہے اور نہ تباہ کیا جاسکتا ہے، صرف ایک صورت سے دوسری صورت میں یا ایک شے سے دوسری شے میں منتقل کیا جاسکتا ہے۔ مثلاً اگر آپ زمین پر پڑی ہوئی کتاب کو اٹھا کر میز پر رکھیں تو اس میں مخفی توانائی (Potential Energy) جمع ہو جاتی ہے۔ کسی شے میں مخفی توانائی کی مقدار کا انحصار اس کی بلندی پر ہے۔ جب وہ کتاب میز سے زمین پر گر پڑتی ہے تو جوں جوں وہ زمین کی طرف آ رہی ہوتی ہے، اس کی مخفی توانائی حرکی توانائی (Kinetic Energy) تبدیل ہوتی جاتی ہے۔ اسی طرح اگر کسی شے کو گرم کیا جائے تو جوں جوں اس کا درجہ حرارت بڑھتا ہے، اس کی حرارتی توانائی (Thermal Energy) میں اضافہ ہوتا ہے۔ جوں جوں اسے ٹھنڈا کریں، اس کی حرارتی توانائی نواح میں منتقل ہو جاتی ہے یہاں تک کہ $-273.15^{o}C$ پر قلیل ترین ہوتی ہے۔ اس درجہ حرارت کو مطلق صفر (Absolute Zero) یا $0^{o}K$[a] کہتے ہیں۔

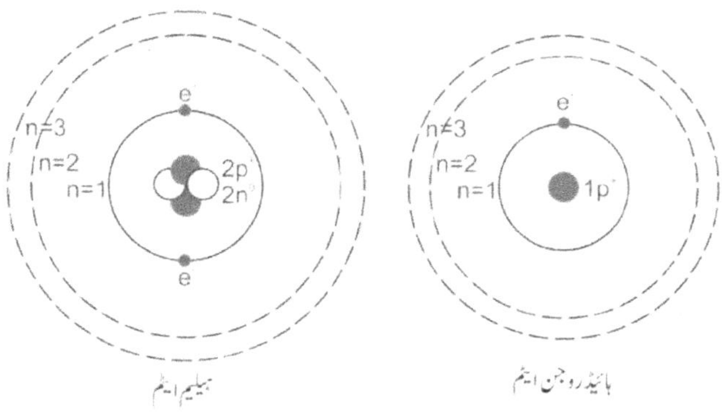

تصویر 42: ہائیڈروجن اور ہیلیم ایٹم

بوہر کے ماڈل میں الیکٹران مرکزے کے گرد صرف ایک مخصوص مدار پر گھوم سکتا ہے۔ ہر مدار کو ایک پرنسپل کوانٹم عدد (Principal Quantum Number) سے ظاہر کرتے ہیں۔ تصویر 42 میں n

[a] K=Kelvin

پرنسپل کوانٹم عدد ہے۔ اگر ہائیڈروجن ایٹم کا درجہ حرارت $0^{o}K$ ہو تو اس کا الیکٹران مرکزے کے نزدیک ترین پہلے مدار پر رہے گا جسے تصویر 42 میں n=1 سے ظاہر کیا گیا ہے۔ جب الیکٹران پہلے مدار پر ہو تو اسے زمینی حالت (Ground State) کہتے ہیں۔ اگر اسے حرارت پہنچا کر درجہ حرارت بڑھایا جائے تو وہ حرارتی توانائی جذب کرتا ہے اور جب توانائی کی ایک خاص مقدار جذب ہو جاتی ہے تو الیکٹران کو دوسرے مدار پر پہنچ جاتا ہے جسے n=2 سے ظاہر کیا گیا ہے۔ مزید حرارتی توانائی جذب کرنے کے بعد الیکٹران تیسرے مدار پر پہنچ جاتا ہے۔ فرض کریں کہ جب الیکٹران پہلے مدار پر ہے تو اس میں توانائی کی مقدار E_1 ہے اور جب وہ دوسرے مدار پر پہنچتا ہے تو توانائی کی مقدار بڑھ کر E_2 ہو جاتی ہے یعنی جذب ہونے والی توانائی کی مقدار (E_2-E_1) ہوگی۔ اس عمل کے برعکس، فرض کریں کہ الیکٹران چوتھے مدار پر ہے اور اس میں توانائی کی مقدار E_4 ہے۔ اگر اسے ٹھنڈا کرکے درجہ حرارت کو کم کیا جائے تو وہ توانائی کو خارج کرے گا اور ایک خاص مقدار خارج کرکے الیکٹران تیسرے مدار پر آجائے گا اور اس کی توانائی E_3 ہوگی یعنی خارج ہونے والی توانائی کی مقدار (E_4-E_3) ہوگی۔ جب الیکٹران پہلے مدار سے اچھل کر اوپر کے مدار میں پہنچ جائے تو وہ اکسائی حالت (Excited State) میں آجاتا ہے۔

جب ایک الیکٹران نچلے مدار سے اونچے مدار میں چھلانگ لگاتا ہے تو اس وقت توانائی جذب ہوتی ہے اور جب الیکٹران اونچے مدار سے نیچے کے مدار میں گرتا ہے تو توانائی خارج ہوتی ہے اور اس کی مقدار دونوں مداروں کی توانائی کے فرق کے برابر ہوتی ہے۔

بوہر کا نظریہ ہے کہ الیکٹران توانائی کی مقدار کے لحاظ سے کسی نہ کسی مدار میں رہے گا اور جب توانائی جذب کرے گا یا خارج کرے گا تو ایک مدار سے دوسرے مدار میں چھلانگ لگائے گا مگر کبھی دو مداروں کے درمیان نہیں ہوسکتا یعنی اس کی توانائی دو مداروں کی توانائی کے درمیان نہیں ہوسکتی بالفاظ دیگر الیکٹران کی توانائی کوانٹائی (Quantized) ہوتی ہے۔ کوانٹم سازی (Quantization) وہ عمل ہے جس کے تحت توانائی کی صرف مخصوص قدریں ہوتی ہیں اور ان کے علاوہ کوئی قدر نہیں ہوسکتی۔

اس سیکشن کو ختم کرنے سے پہلے ہم ایٹم کی کمیت کا جائزہ بھی لیے لیتے ہیں۔ پروٹان اور نیوٹران کا وزن کم و بیش برابر ہی ہوتا ہے جو تقریباً 10^{-27} کلو گرام ہوتا ہے۔ ایٹمی کمیت کی حسابات کے لئے ہم اس

کمیت کو 1 تصور کرتے ہیں۔ اس کے مقابلے میں الیکٹران کی کمیت پروٹان سے 10,000 گُنا کم ہے چناں چہ اس کا حصہ نہ ہونے کے برابر یعنی 0 ہوتا ہے۔ ایٹم کے مرکزے میں تمام پروٹان اور نیوٹران کی مجموعی کمیت کو ایٹمی کمیت (Atomic Mass) کہتے ہیں۔ لہٰذا ہائیڈروجن کی ایٹمی کمیت 1 ہوتی ہے جب کہ ہیلیم کی ایٹمی کمیت 4 ہوتی ہے کیوں کہ اس میں دو پروٹان اور دو نیوٹران ہوتے ہیں۔ ایٹمی کمیت کے علاوہ ایک اور نمبر اہم ہے جسے ایٹمی عدد (Atomic Number) کہتے ہیں۔ یہ ایٹم میں الیکٹران یا پروٹان کی تعداد ہوتی ہے، لہٰذا ہائیڈروجن اور ہیلیم کے ایٹمی اعداد بالترتیب 1 اور 2 ہیں۔ ہر ایٹم کی علامت (Symbol) کے لیے اس کے نام کا پہلا حرف استعمال کرتے ہیں۔ اگر وہ حرف پہلے ہی کسی اور ایٹم کے لیے استعمال ہو چکا ہو تو عموماً پہلے دو حروف استعمال کرتے ہیں اور عموماً مزید معلومات کے لیے اس کا ایٹمی عدد (Z) علامت (X) کے بائیں جانب نیچے اور ایٹمی کمیت (A) اوپر لکھ دیتے ہیں ($^{A}_{Z}X$)، مثلاً ہائیڈروجن کے لیے $_{1}H^{1}$ اور ہیلیم کے لیے $_{2}He^{4}$ لکھیں گے[a]۔

جیسا کہ آپ پڑھ چکے ہیں، یونانیوں کے نزدیک زمین پر ہر شے چار عناصر (Elements) سے مل کر بنی ہے یعنی مٹی، پانی، ہوا اور آگ۔ مختلف اشیا میں ان عناصر کی مقدار مختلف ہوتی ہے۔ ہمارے دور کی کیمیا کے مطابق عناصر کی تعداد بڑھتی رہتی ہے۔ اب تک کی تعداد 118[b] ہے جن میں سے 94 قدرتی ہیں اور باقی مصنوعی ہیں جو لیبارٹری میں مختلف مقاصد کے لیے بنائے جاتے ہیں۔ کیمیائی نقطۂ نظر سے عنصر کے ہر ایٹم میں پروٹان اور الیکٹران کی تعداد برابر ہوتی ہے۔ ہم دو عناصر کا تذکرہ کر چکے ہیں یعنی ہائیڈروجن اور ہیلیم۔ تیسرا عنصر لیتھیم $_{3}Li^{7}$ ہے جس کے مرکزے میں 3 پروٹان اور 4 نیوٹران ہوتے ہیں۔

---

[a] کچھ عناصر کے ایٹموں کے مرکزے میں نیوٹران کی تعداد مختلف ہو سکتی ہے۔ مثلاً کچھ ہائیڈروجن ایٹم ایسے بھی ہوتے ہیں جن کے مرکزے میں ایک پروٹان کے ساتھ ایک نیوٹران بھی ہوتا ہے۔ اسے ڈیوٹیریم (Deuterium) یا بھاری ہائیڈروجن کہتے ہیں اور اس کا ایٹمی عدد 1 ہوتا ہے جب کہ ایٹمی کمیت 2 ہوتی ہے۔ ایسے عناصر جن کے ایٹمی مرکزے میں پروٹان کی تعداد برابر ہو مگر نیوٹران کی تعداد مختلف ہو، ہم جا (Isotopes) کہلاتے ہیں۔ لہٰذا ہائیڈروجن اور ڈیوٹیریم ہم جا ہیں۔ اگر ہائیڈروجن سے بھرے ہوئے غبارے میں ایٹموں کی تعداد گنیں تو ہر دس لاکھ ہائیڈروجن ایٹم کے ساتھ صرف 150 ڈیوٹیریم ایٹم ہوتے ہیں۔ لہٰذا اگر ایک ایٹم کا اوسط وزن نکالا جائے تو 1.008 آتا ہے۔ اگر آپ دوری جدول میں دیکھیں تو زیادہ تر عناصر کی ایٹمی کمیت میں سالم اعداد نہیں ملتے۔

[b] ان میں سے پہلے 92 عناصر قدرتی اور آخری 26 عناصر، نیپچونیم (Neptunium, $_{93}Np$) سے اوگانیسن (Oganesson, $_{118}Og$) تک مصنوعی ہوتے ہیں۔

صفحہ نمبر vii پر تمام عناصر کا ایک چارٹ (جدول) دکھایا گیا ہے جس میں عناصر کو ان کے ایٹمی عدد کی ترتیب سے دکھایا گیا ہے۔ اس چارٹ کو دَوری جَدوَل (Periodic Table) کہتے ہیں۔ اس میں عناصر کو 18 گروپوں میں اس طرح تقسیم کیا گیا ہے کہ ہر گروپ کے عناصر کی کیمیائی خصوصیات بڑی حد تک ملتی جُلتی ہیں۔ چند اہم ترین عناصر جو ہر جان دار کے جسم کا حصہ ہیں، ہائیڈروجن ($_1^1H$)، کاربن ($_6^{12}C$)، نائٹروجن ($_7^{14}N$) اور آکسیجن ($_8^{16}O$) ہیں جو ہمارے جسم کے تمام مرکبات میں موجود ہیں۔ اگر ان عناصر کا وجود نہ ہوتا تو زمین پر نباتات اور حیوانات میں سے کوئی جان دار مخلوق نہ ہوتی۔

کیمیا میں دوری جدول کی کافی اہمیت ہے اور اس کتاب کے مطالعے کے دوران آپ کو کئی بار اس کی طرف رجوع کرنا ہو گا لہٰذا آپ اس کا صفحہ نمبر یاد رکھیں۔

6.2. کیمیائی ردّ عمل

ہائیڈروجن، آکسیجن اور نائٹروجن ان عناصر میں سے ہیں جن کے ایٹم اکیلے نہیں رہ سکتے بلکہ دوسرے ایٹم کے ساتھ مل کر سالمہ بنا لیتے ہیں مثلاً تصویر 43 میں جب ہائیڈروجن کے دو ایٹم (1) ایک دوسرے کے نزدیک آتے ہیں (2) تو ہر ایٹم کا الیکٹران جس کا چارج منفی ہوتا ہے دوسرے ایٹم کا مرکزہ مثبت چارج ہونے کی بنا پر اپنی جانب کھینچتا ہے اور دونوں الیکٹران دونوں مرکزوں کے گرد اپنا مدار بنا لیتے ہیں (3)۔ اس طرح دونوں

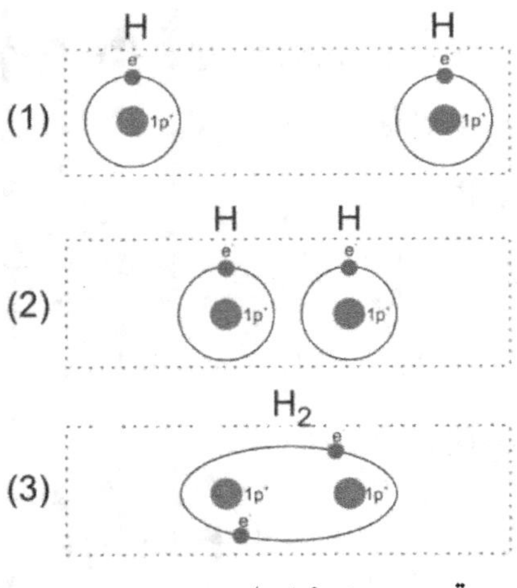

تصویر 43 :ہائیڈروجن کا سالمہ

ہائیڈروجن ایٹم کے درمیان ایک بند (Bond) بن جاتا ہے جسے یوں ظاہر کرتے ہیں: H-H یا H_2 یہ ہائیڈروجن کا سالمہ ہے۔ اسی طرح ہوا میں آکسیجن گیس (O_2) اور نائٹروجن گیس (N_2) سالموں یا دو

ایٹمی (Diatomic) شکل میں موجود ہوتی ہیں۔ پانی کا سالمہ (H_2O) ہائیڈروجن کے دو ایٹموں اور آکسیجن کے ایک ایٹم سے مل کر بنا ہے یعنی ہائیڈروجن کے دو سالمے اور آکسیجن کا ایک سالمہ مل کر پانی کے دو سالمے بناتے ہیں۔

ہائیڈروجن گیس انتہائی آتش گیر ہوتی ہے۔ ہلکی سی چنگاری سے جل اٹھتی ہے اور ہوا میں موجود آکسیجن سے مل کر پانی بناتی ہے۔ یہ کیمیائی ردّ عمل ہے جس میں مختلف اشیا کے سالمے تغیر پذیر ہو کر نئی اشیا پیدا کرتے ہیں جیسے ہائیڈروجن اور آکسیجن مل کر پانی پیدا کرتے ہیں۔ کیمیائی ردّ عمل میں جو عناصر اور مرکبات تغیر پذیر ہوتے ہیں انہیں متعاملات (Reactants) کہتے ہیں اور جو پیدا ہوتے ہیں انہیں حاصلات (Products) کہا جاتا ہے۔ ہماری مثال میں ہائیڈروجن اور آکسیجن متعاملات ہیں اور پانی حاصل ہے۔ کیمیائی ردّ عمل کو عموماً کیمیائی مساوات (Chemical Equation) میں لکھتے ہیں جو کسی کیمیائی ردّ عمل کو کیمیائی علامات اور فارمولوں کے ذریعہ بیان کرنے کا طریقہ ہے۔ اس میں متعاملات کو بائیں جانب اور حاصلات کو دائیں جانب لکھا جاتا ہے۔

$$2H_2 + O_2 \longrightarrow 2H_2O$$

یہاں ہائیڈروجن ایک عنصر ہے کیوں کہ اس کے سالمے میں ایک ہی قسم کے ایٹم ہیں۔ یہی ہم آکسیجن کے متعلق کہہ سکتے ہیں مگر پانی مرکب ہے کیوں کہ اس کے سالمے میں دو قسم کے ایٹم ہیں۔

اب ذیل کی مساوات کو ایک نظر دیکھ لیں:

$$HCl + NaOH \longrightarrow NaCl + H_2O$$

یہاں آپ کو کچھ نئی علامات نظر آئیں گی۔ ہم بائیں جانب یعنی متعاملات کی طرف سے شروع کریں گے۔ سب سے پہلے آپ H یعنی ہائیڈروجن سے تو واقف ہیں۔ Cl علامت ہے کلورین کی جس کا ایٹمی عدد 17 ہے اور یہ دَوری جدوَل میں گروپ نمبر 17 میں دوسرا عنصر ہے۔ ہائیڈروجن کا ایک ایٹم اور کلورین کا ایک ایٹم مل کر ہائیڈروکلورک ایسڈ (HCl) کا ایک سالمہ بناتے ہیں جو ایک مرکب ہے۔

ہائیڈروکلورک ایسڈ ایک تیزاب ہوتا ہے جو انتہائی تیز ہوتا ہے مگر یہی تیزاب ہمارے معدے میں موجود ہوتا ہے جو خامرہ (Enzyme) کو فعال کر کے پروٹین کو ہضم کرنے میں مدد کرتا ہے۔ اسے نمک

کا تیزاب بھی کہتے ہیں۔ دوسرا متعامل سوڈیم ہائیڈرآکسائڈ (NaOH) ہے جس کا ایک سالمہ سوڈیم (Na)، آکسیجن اور ہائیڈوجن کے ایک ایک ایٹم سے مل کر بنا ہے۔ سوڈیم جسے لاطینی میں نیٹریم کہتے ہیں اور اسی لیے سوڈیم کی علامت Na ہے۔ سوڈیم ہائیڈرآکسائڈ کو کاسٹک سوڈا بھی کہتے ہیں اور یہ صابن اور دیگر مُصفّا مصنوعات بنانے میں کام آتا ہے۔

اب ہم اس کیمیائی مساوات کے حاصلات کی طرف آتے ہیں۔ ہائیڈروکلورک ایسڈ کا کلورین ایٹم ہائیڈروجن ایٹم سے بند توڑ کر سوڈیم ہائیڈرآکسائڈ کے سوڈیم ایٹم کے ساتھ بند باندھ کر دائیں جانب سوڈیم کلورائیڈ (NaCl) کا ایک سالمہ بناتا ہے۔ باقی ماندہ بائیں جانب آکسیجن کا ایک ایٹم اور ہائیڈروجن کے دو ایٹم بچتے ہیں جو مل کر پانی کا ایک سالمہ بناتے ہیں۔ سوڈیم کلورائیڈ کھانے کا عام نمک ہوتا ہے۔

ہائیڈروجن (H–H) اور پانی (H–O–H) کے سالموں میں بننے والے بند اور ہائیڈروکلورک ایسڈ (H–Cl) کے سالمے میں میں ہائیڈروجن اور کلورین کے درمیان بننے والے بند میں ایک بنیادی فرق ہے اور وہ یہ کہ اول الذکر میں دو الیکٹران جو بند باندھتے ہیں وہ ایک مرکزے کے گرد جتنا وقت گزارتے ہیں اتنا ہی وقت دوسرے مرکزے کے گرد گزارتے ہیں۔ ایسے بند کو شریک بند (Covalent Bond) کہتے ہیں۔ اس کے برخلاف کلورین کو مستحکم (Stable) ہونے کے لیے ایک الیکٹران کی ضرورت ہوتی ہے اور وہ ہائیڈروجن ایٹم سے شریک ہونے والے الیکٹران پر قبضہ کرلیتا ہے۔ یہ الیکٹران کلورین کے مرکزے کے گرد بہ نسبت ہائیڈروجن کے مرکزے کے زیادہ وقت گزارتا ہے۔ نتیجتاً ہائیڈروجن پر مثبت چارج اور کلورین ایٹم پر منفی چارج آجاتا ہے۔ اس بند کو روانی بند (Ionic Bond) کہتے ہیں اور یوں ظاہر کرتے ہیں: $H^{+}–Cl^{-}$۔ وہ ایٹم جس پر الیکٹران کی کمی یا بیشی سے مثبت یا منفی چارج آجائے، رواں (Ion) کہلاتا ہے۔

ہمارے جسم میں مختلف عناصر کے ایٹموں کی تعداد کے لحاظ سے 63٪ ہائیڈروجن، 25.5٪ آکسیجن، 9.5٪ کاربن اور 1.4٪ نائٹروجن کے ایٹم ہوتے ہیں۔ یہ سارے عناصر آپس میں شریک بند بناتے ہیں۔

کیمیائی ردّعمل وہ پیچیدہ عمل ہیں جن کے ذریعے اشیا اپنی سالماتی ساخت (Molecular Structure) کو دوبارہ ترتیب دے کر مختلف مرکبات میں تبدیل ہو جاتی ہیں۔ کیمیائی ردّعمل کے دوران

ایٹموں یا سالموں کے درمیان کیمیائی بند ٹوٹتے اور نئے بند تشکیل پاتے ہیں۔ یہ بند سالموں میں ایٹموں کو آپس میں جُڑا رکھتے ہیں۔ جب وہ بند ٹوٹ جاتے ہیں یا بنتے ہیں، تو توانائی یا تو جذب ہوتی ہے یا خارج ہوتی ہے۔ توانائی کا یہ تبادلہ کیمیائی ردّ عمل کی ایک خصوصیت ہے۔ اس کی ایک مثال جس میں توانائی خارج ہوتی ہے، باورچی خانے میں سوئی گیس جلانا ہے۔ یہ قدرتی گیس ہوتی ہے جس میں 85-90٪ میتھین (CH_4) ہوتی ہے جس کے ایک سالمے میں کاربن کا ایک ایٹم اور ہائیڈروجن کے چار ایٹم ہوتے ہیں۔ جب گیس جلائی جاتی ہے تو میتھین کا ایک سالمہ ہوا میں شامل آکسیجن کے دو سالموں سے مل کر کاربن ڈائی آکسائڈ کا ایک سالمہ اور پانی کے دو سالمے بنتے ہیں۔ اس ردّ عمل کو کیمیائی مساوات میں یوں لکھا جاسکتا ہے:

$$CH_4 + 2O_2 \longrightarrow CO_2 + 2H_2O + heat$$

حاصلات میں حرارتی توانائی دکھانے سے مراد ہے کہ اس ردّ عمل میں توانائی خارج ہوتی ہے۔ ایسے ردّ عمل کو بروں حراری ردّ عمل (Exothermic Reaction) کہتے ہیں۔ اس کے برخلاف جو ردّ عمل توانائی جذب کریں، دروں حراری ردّ عمل (Endothermic Reaction) کہلاتے ہیں۔ ایسے ردّ عمل کی ایک مثال درختوں میں نوری تالیف (Photosynthesis) کا عمل ہے۔ اگر آپ اس عمل سے واقف نہیں ہیں تو یوں سمجھیں کہ ہم سانس لینے کے دوران آکسیجن جذب کرتے ہیں اور کاربن ڈائی آکسائڈ خارج کرتے ہیں۔ رات میں درخت بھی ہماری طرح سانس لیتے ہیں مگر دن میں یہ عمل الٹا ہوتا ہے جب درخت کاربن ڈائی آکسائڈ جذب کرتے ہیں جو ہوا میں پانی کے بخارات، درخت کی جڑوں میں بھرے ہوئے پانی، اور روشنی سے مل کر شکر اور آکسیجن بن جاتی ہے۔ اس ردّ عمل کو ہم کیمیائی مساوات میں یوں لکھیں گے۔

$$6CO_2 + 6H_2O + Light\ Energy \longrightarrow C_6H_{12}O_6 + 6O_2$$

درخت زندہ رہنے کے لیے شکر کو غذا کے طور پر استعمال کرتا ہے اور آکسیجن کو خارج کرتا ہے۔ یہ آکسیجن ہمارے استعمال میں آتی ہے۔ گاؤں میں دوپہر کو درخت کے نیچے چارپائی بچھا کر قیلولہ کرنے کے دوران آپ کو آکسیجن سے پُر صاف ہوا سانس لینے کے لیے ملتی ہے، مگر رات کے وقت جب درخت کاربن ڈائی آکسائڈ خارج کرتے ہیں، ان کے نیچے سونا صحت کے لیے مضر ہوتا ہے۔ جوں جوں وقت گزرتا ہے

ہمارے جسم میں کاربن ڈائی آکسائڈ جاتے رہنے سے سانس تیز ہو جاتا ہے، سوچنے سمجھنے کی صلاحیت کم ہونے لگتی ہے، بے چینی اور گھبراہٹ بڑھتی جاتی ہے یہاں تک کہ سونے والا ہڑبڑا کر اٹھ جاتا ہے۔ کچھ لوگوں کو وہم ہوتا ہے کہ درختوں پر جن بھوت ہوتے ہیں لہٰذا رات کو درخت کے نیچے نہیں سونا چاہیے۔ ممکن ہے کہ وہ بھوت کاربن ڈائی آکسائڈ ہو۔

کیمیائی ردّ عمل کی یہ چند مثالیں ہیں مگر حرف آخر کے طور پر یہ کہنا مناسب ہو گا کہ ہماری دنیا کی منظر نگاری کیمیائی ردّ عمل کا کھیل ہے جس میں الیکٹران ایٹموں کے درمیان رقص کرتے رہتے ہیں۔ ہمارا سانس لینا، کھانے کا جزو بدن بننا، بیمار ہونا، دواسازوں کا دوائیں بنانا اور انہیں استعمال کر کے صحت یاب ہونا، سب کچھ کیمیائی ردّ عمل کا نتیجہ ہیں۔

واضح ہو کہ کیمیائی ردّ عمل میں الیکٹران ایک ایٹم یا سالمے سے نکل کر دوسرے ایٹم یا سالمے کا حصہ بن جاتے ہیں یا دو ایٹموں میں شریک ہو جاتے ہیں مگر ایٹم کا مرکزہ سلامت رہتا ہے۔ جو ردّ عمل مرکزے پر اثر انداز ہوتے ہیں اور پروٹان کی تعداد کو تبدیل کرتے ہیں وہ عنصر کو ہی تبدیل کر دیتے ہیں، مثلاً آپ پڑھ چکے ہیں کہ ہائیڈروجن ایٹم کے مرکزے میں ایک پروٹان ہوتا ہے، ہیلیم میں دو اور لیتھیم میں تین ہوتے ہیں۔ چناں چہ اگر ہائیڈروجن ایٹم کے مرکزے میں مزید ایک پروٹان آجائے تو وہ ہیلیم بن جائے گا اور اگر ایک اور آجائے تو وہ لیتھیم بن جائے گا۔ اسی طرح اگر لیتھیم ایٹم کے مرکزے سے ایک پروٹان نکال لیں تو وہ ہیلیم بن جائے گا۔ (مرکزے میں نیوٹران کی تعداد کو فی الحال ہم نے شامل نہیں کیا۔)

جو ردّ عمل ایٹم کے مرکزے کو متاثر کرتا ہے اسے جوہری ردّ عمل (Nuclear Reaction) کہا جاتا ہے اور یہ ستاروں میں ہوتا ہے جس سے بھاری عناصر پیدا ہوتے ہیں۔

6.3. پانی کا سالمہ

اگر پانی کے سالمے کو کسی فلسفی کی نظر سے دیکھیں تو وہ زمین و آسمان کے قلابے ملا دے گا۔ وہ مابعد الطبیعیاتی تجزیہ میں پانی کے سالمے کی بنیادی خصوصیات بیان کرنے کے بعد اور اس کے وجودی معنی پر

غور کر سکتا ہے۔ اس کی ہر جگہ موجودگی کو فلسفیانہ رنگ دے گا، انسانی زندگی میں اس کی اہمیت کو اخلاقیات کے تناظر میں دیکھے گا اور پانی کی عالمگیر دستیابی میں انصاف کے مسائل پر بات کرے گا۔ اس کے بعد وہ پانی کے سالمے کی ساخت کو جاننے کے طریقہ کار اور اس کی فطرت کو سمجھنے کے لیے علمی نقطۂ نظر سے بحث کرے گا اور ہمیں بتائے گا کہ اس کا فہم کیسے ہماری فطری دنیا کے بارے میں ہمارے علم کی تشکیل کرتا ہے۔

ہر فلسفی اپنے خیالات اور فلسفیانہ روایات کی روشنی میں مختلف زاویے پیش کرے گا۔ کچھ بعید نہیں کہ وہ پانی کے سالمے کی حرکت کو ایک رقاصہ سے تشبیہ دے جو موسیقی کی لہروں پر ناچ رہی ہو۔ جیسے رقاصہ اپنے قدموں کو موسیقی کے تال پر اٹھاتی ہے، اسی طرح پانی کا سالمہ بھی حرارتی توانائی کی لہروں پر حرکت کرتا ہے۔ فلسفی کے نزدیک پانی کا سالمہ زندگی اور موت کے درمیان ایک پل بھی ہو سکتا ہے جو زندگی کی بنیادی ضروریات کو ممکن بناتا ہے اور تہذیبوں کو جنم دیتا ہے۔

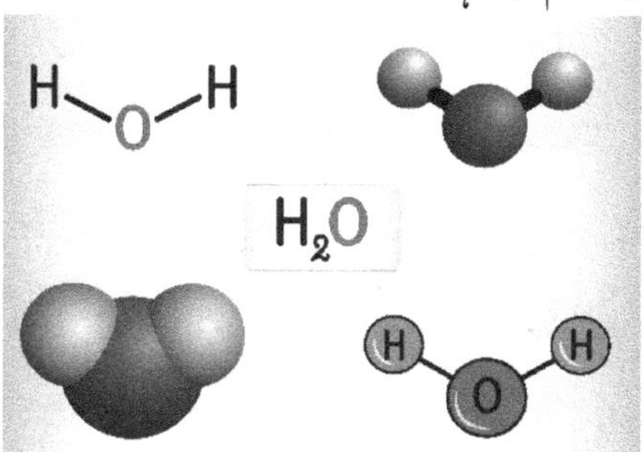

تصویر 44 : پانی کا سالمہ

کیمیا کے طالب علم کی حیثیت سے میرے نزدیک پانی کا سالمہ تین ایٹموں سے مل کر بنا ہے جس میں ایک ایٹم آکسیجن کا اور دو ہائیڈروجن کے ہیں۔ جب یہ ایٹم مل کر پانی کا سالمہ بناتے ہیں تو ہائیڈروجن کا اکلوتا الیکٹران آکسیجن کے مرکزے کے گرد بھی گردش کرنے لگتا ہے اور آکسیجن کا ایک الیکٹران ہائیڈروجن کے مرکزے کے گرد بھی گردش کرنے لگتا ہے۔ یہ دونوں الیکٹران مل کر آکسیجن اور ہائیڈروجن کے درمیان بند باندھ لیتے ہیں۔ تصویر 44 میں ایٹموں کے درمیان جو لائنیں کھینچی گئی ہیں وہ بند کو ظاہر کرتی ہیں اور فرضی ہیں۔ اب یوں سمجھیں کہ ہر بند میں دو الیکٹران شامل ہیں، ایک ہائیڈروجن کی طرف سے اور دوسرا آکسیجن کی طرف سے۔ ہر الیکٹران پر 1- چارج ہے۔ دوسری بات یہ کہ آکسیجن کے مرکزے میں 8 پروٹان ہیں جب کہ ہائیڈروجن کے مرکزے میں صرف ایک پروٹان ہے، لہٰذا آکسیجن کے مرکزے کا چارج 8+ ہے ہائیڈروجن کے مرکزے کا چارج 1+ ہے۔ نتیجتاً بند باندھنے

والے الیکٹرانوں کو آکسیجن کا مرکزہ اپنی جانب زیادہ قوت سے اپنی جانب کھینچتا ہے بہ نسبت ہائیڈروجن کے مرکزے کے۔ چناں چہ یہ الیکٹران آکسیجن کے گرد و نواح میں زیادہ وقت گزارتے ہیں بہ نسبت ہائیڈروجن کی طرف۔ اس کا نتیجہ یہ ہوتا ہے کہ آکسیجن کے مرکزے پر ہلکا سا منفی چارج آجاتا ہے اور ہائیڈروجن کے مرکزے پر ہلکا سا مثبت بار۔ تصویر 45 میں اسے δ^- اور δ^+ سے ظاہر کیا گیا ہے۔ یونانی زبان کا حرف ڈیلٹا (δ) ریاضی میں ایک چھوٹی سی مقدار ظاہر کرنے کے لیے استعمال کیا جاتا ہے۔

سیکشن 6.2 میں ہم نے دو قسم کے بند کے متعلق پڑھا تھا۔ شریک بند جس میں دونوں ایٹموں کا ایک ایک الیکٹران بند میں شریک ہوتے ہیں اور دوسرا روانی بند جس میں الیکٹران ایک مرکزے سے دوسرے مرکزے کی جانب چلا جاتا ہے اور اس کی بنا پر ایک ایٹم پر مثبت چارج اور دوسرے پر منفی چارج آجاتا ہے۔ اس کی مثال ہائیڈروکلورک ایسڈ (H^+Cl^-) ہے۔ اگرچہ پانی کے سالمے میں شریک بند ہوتے ہیں اس کے باوجود وہ ایک جانب ہلکے سے مثبت اور دوسری جانب ہلکے سے منفی ہوتے ہیں۔ اس کی بنا پر پانی میں کچھ منفرد خصوصیات ہوتی ہیں۔ یہ خصوصیات ان بیشتر سالموں میں ہوتی ہیں جن میں ہائیڈروجن کے ساتھ آکسیجن، نائٹروجن یا فلورین بند باندھیں۔

6.4. سالمے کی تھرتھراہٹ

فرض کریں کہ ہم پانی کے سالمے کو ہتھیلی پر رکھ کر اس کا معائنہ کرسکتے ہیں اور اسے الٹ پلٹ کر دیکھ سکتے ہیں۔ آپ اس میں زندگی کے آثار پائیں گے۔ آپ محسوس کریں گے کہ وہ تھرتھرا رہا ہے۔ اسے ارتعاش (Vibration) کہتے ہیں۔

پانی کے سالمے میں تین قسم کے ارتعاش ہوتے ہیں:

1. ہم آہنگ پھیلاؤ:(Symmetric Stretch)

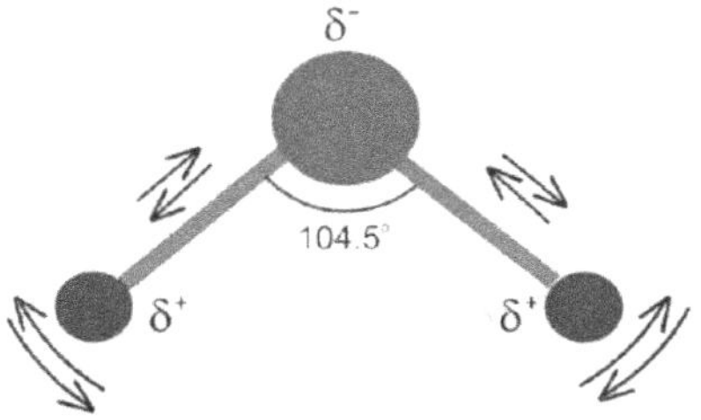

تصویر 45: پانی کے سالمے میں ارتعاش

جیسا کہ تصویر 45 میں دکھایا گیا ہے، اس حرکت میں، پانی کے دونوں ہائیڈروجن ایٹم ایک ساتھ اور ایک ہی سمت میں آکسیجن ایٹم کی طرف حرکت کرتے ہیں یا اس سے دور ہوتے ہیں۔ یہ عمل ایک متوازن انداز میں ہوتا ہے، جہاں دونوں ہائیڈروجن ایٹمز کی حرکت ایک دوسرے کے متوازی ہوتی ہے۔ اس ارتعاش میں دونوں بند ایک سیکنڈ میں 1.096×1014 (10 نیل 96 کھرب) مرتبہ سکڑتے اور پھیلتے ہیں۔

2. غیر ہم آہنگ پھیلاؤ:(Asymmetric Stretch)

اس حرکت میں ایک ہائیڈروجن ایٹم آکسیجن ایٹم کی طرف بڑھتا ہے جبکہ دوسرا ہائیڈروجن ایٹم آکسیجن سے دور ہٹتا ہے۔ اس طرح، ہائیڈروجن ایٹمز آپس میں غیر متوازن حرکت کرتے ہیں۔ اس ارتعاش میں دونوں بند ایک سیکنڈ میں 1.126×1014 (11 نیل 26 کھرب) مرتبہ سکڑتے اور پھیلتے ہیں۔

3. قینچی کی حرکت:(Scissoring Mode)

اس حرکت میں، پانی کے دونوں ہائیڈروجن ایٹم ایک دوسرے کے قریب یا دور ہوتے ہیں، جیسے قینچی چل رہی ہو۔ اسے سمجھنے کے لیے تصور کریں کہ دونوں بند اسپرنگ کے بنے ہوئے ہیں۔ اب آپ ایک ہاتھ سے چٹکی میں آکسیجن کا ایٹم پکڑیں اور دوسرے ہاتھ کے انگوٹھے اور شہادت کی انگلی سے دونوں ہائیڈروجن ایٹم دبا کر چھوڑ دیں۔ آپ دیکھیں گے کہ دونوں ہائیڈروجن ایٹم تھتھرا رہے ہیں۔ تصویر 45 کے مطابق پانی کے سالمے میں آکسیجن پر بندشی زاویہ (Bond Angle) 104.5° ہوتا ہے۔ اس ارتعاش کی بنا پر یہ زاویہ ایک سیکنڈ میں 4.778×10^{13} (4 نیل 77 کھرب 80 ارب) مرتبہ گھٹتا بڑھتا ہے۔

واضح ہو کہ ارتعاش کی مختلف قسموں کی جو فریکوئنسی اوپر دی گئی ہیں وہ 25°C پر ہیں۔ یہ "کمرے کا درجہ

حرارت" (Room Temperature) کہلاتا ہے اور جن سائنسی تجربات کے نتائج تپش سے متاثر ہوتے ہیں وہاں نتیجے کے ساتھ درجہ حرارت ضرور دیا جاتا ہے۔ جیسے جیسے پانی کو گرم کریں اس کے سالموں میں ارتعاش تیز ہوتا جاتا ہے اور جیسے جیسے ٹھنڈا کریں، ارتعاش سست ہوتا جاتا ہے یہاں تک کہ درجہ حرارت $-273^{o}C$ پر پہنچ جاتا ہے۔ یہ کم سے کم ممکنہ درجہ حرارت ہے، نظریاتی طور پر وہ نقطہ جہاں پانی کے سالمے کا ارتعاش تقریباً صفر ہو جاتا ہے۔ اسی لیے اس درجہ حرارت کو مطلق صفر (Absolute Zero) کہتے ہیں۔ مطلق صفر کو $0^{o}K$ (Kelvin) کہتے ہیں جو $-273.15^{o}C$ کے برابر ہوتا ہے۔ مطلق صفر کے قریب کے درجہ حرارت پر کلاسیکی میکانیات نظاموں کو مناسب طریقے سے بیان کرنے سے قاصر ہو جاتی ہے اور وہاں کوانٹم اثرات غالب آ جاتے ہیں، جنہیں کوانٹم میکانیات کا استعمال ناگزیر ہو جاتا ہے۔

پانی کے سالمے کا ارتعاش تو ہم نے دیکھ لیا مگر اس کی ایک اور خصوصیت ہے۔ اگر بالفرض آپ پانی سے بھرے ہوئے گلاس کو گھور کر پانی کے سالموں کو دیکھ سکیں تو آپ کو معلوم ہو گا کہ وہ اپنے گرد گردش کر رہے ہیں۔ کچھ سالموں نے آکسیجن کے ایٹم کو محور بنالیا ہے، کچھ اس کے عمود پر گھوم رہے ہیں۔ غرض وہ آپ کو مختلف محوروں پر گردش کرتے نظر آئیں گے۔ جوں جوں پانی کو گرم کریں گے، ان کی گردش تیز ہوتی جائے گی اور جوں جوں ٹھنڈا کریں گے ان کی گردش سست ہوتی جائے گی یہاں تک کہ مطلق صفر پر ٹھہر جائیں گے۔ (یہاں ہم نے فرض کر لیا کہ پانی مطلق صفر پر بھی مائع رہے گا حالانکہ وہ $0^{o}C$ پر جم کر ٹھوس ہو جاتا ہے اور اسکے سالموں کی گردش تقریباً تھم جاتی ہے مگر ارتعاش مطلق صفر تک جاری رہتا ہے۔)

پانی کا سالمہ تو ہم نے مثال کے طور پر استعمال کیا تھا۔ حقیقت یہ ہے گردش اور ارتعاش مادّے کی عالم گیر خصوصیات ہیں۔ ہم جانتے ہیں کہ مادّے کی تین حالتیں ہوتی ہیں: ٹھوس، مائع اور گیس۔ ٹھوس اجسام میں سالموں کی گردش تقریباً معدوم ہوتی ہے مگر ارتعاش تمام اجسام میں ہوتا ہے خواہ وہ چیونٹی کے جسم میں خلیوں کے سالمے ہوں، درخت، پتھر اور ہوا ہو یا ستارے، سیارے اور کہکشائیں ہر جسم کے سالمے تھرتھرا رہے ہیں۔ کوئی فلسفی یا شاعر یہی کہے گا کہ کائنات زندہ ہے، کائنات سانس لے رہی ہے۔

آئن سٹائن کے خصوصی نظریہ اضافیت (Special Theory of Relativity) کے مطابق کائنات میں مطلق سکون کا وجود نہیں ہے۔ سڑک کے کنارے پڑا ہوا پتھر بھی آپ کے لیے اس وقت تک

ساکن ہے جب تک آپ کھڑے ہوئے اس کا مشاہدہ کر رہے ہیں مگر یاد رکھیں کہ آپ دونوں زمین کے ساتھ حرکت کر رہے ہیں۔ جوں ہی آپ چلنا شروع کر دیں، نہ پتھر آپ کے لیے ساکن ہے اور نہ آپ پتھر کے لیے۔ لہٰذا سکون صرف مشاہدہ کرنے والے اور مشاہدہ کیے جانے والے کے درمیان ہوتا ہے۔

6.5. بنیادی ذرّات

ہم جانتے ہیں کہ کائنات میں مادّہ سالموں سے بنا ہے اور سالمے ایٹموں سے بنے ہیں جب کہ ایٹم الیکٹران، پروٹان اور نیوٹران سے بنے ہیں۔ سوال پیدا ہوتا ہے کہ الیکٹران، پروٹان اور نیوٹران کے اجزا کیا ہیں۔ اس کا جواب یہ ہے کہ یہ تو انہیں توڑ کر ہی معلوم ہو گا۔ جو طبیعیات دان اور انجینئر کائنات کی بنیادی ساخت پر تحقیق کرتے ہیں۔ وہ ان اجزا کو یہ معلوم کرنے کے لیے ایک دوسرے سے ٹکرا کر توڑتے ہیں کہ وہ کون سے بنیادی ذرات (Fundamental Particles) سے مل کر بنے ہیں۔ اس مقصد کے لیے وہ ذرّات کو ایک شعاع کی شکل میں پارٹیکل ایکسیلریٹر (Particle Accelerator) سے گزارتے ہیں۔ یہ ایک ایسا آلہ ہے جس میں ایک بیسیوں کلومیٹر لمبی سرنگ [a] سے ذرّات کی شعاع کو گزارا جاتا ہے۔ جوں جوں ذرّات آگے بڑھتے ہیں ان کی توانائی میں اضافہ کیا جاتا ہے جس سے ان کی رفتار بڑھتی جاتی ہے یہاں تک کہ روشنی کی رفتار کے قریب پہنچ جاتی ہے۔ اس مرحلے پر اس شعاع کو مخالف سمت سے آتی ہوئی شعاع سے ٹکرایا جاتا ہے جس کے نتیجے میں دونوں شعاعوں کے ذرّات ایک دوسرے سے ٹکرا کر ٹوٹ جاتے ہیں اور ان کے اجزا کا مطالعہ کر کے معلوم کیا جاتا ہے کہ وہ کن بنیادی ذرّات سے مل کر بنے ہیں۔

ایٹم کے اجزا پر تجربات سے معلوم ہوا کہ الیکٹران بذات خود ایک بنیادی ذرّہ ہے اور اسے مزید نہیں توڑا جا سکتا۔ 1964 میں مرے جیلمن اور جارج سوائِگ [b] نے دریافت کیا کہ پروٹان اور نیوٹران اُن ذرّات سے مل کر بنے ہیں جنہیں کوارک (Quark) کا نام دیا گیا۔ کوارک چھ قسم کے ہوتے ہیں۔ ان میں سے دو کے نام اپ کوارک اور ڈاؤن کوارک ہیں جن سے پروٹان اور نیوٹران بنتے ہیں۔ پروٹان دو اپ

[a] ضروری نہیں ہے کہ پارٹیکل ایکسلریٹر بیسیوں کلومیٹر پر محیط ہو۔ عموماً سرنگ دائرے کی شکل میں بنائی جاتی ہے تا کہ کم جگہ گھیرے۔

[b] Murray Gell-Mann1929–2019, George Zweif 1937

کوارک اور ایک ڈاؤن کوارک سے مل کر بنا ہے جب کہ نیوٹران میں ایک اپ کوارک اور دو ڈاؤن کوارک ہوتے ہیں۔ اپ کوارک کا برقی چارج 3/2+ اور ڈاؤن کوارک کا برقی چارج 3/1- ہوتا ہے لٰہذا پروٹان کا برقی چارج 1+ اور نیوٹران کا 0 ہوتا ہے جب کہ الیکٹران کا چارج 1- ہوتا ہے۔ ایٹم میں پروٹان اور الیکٹران کی تعداد برابر ہوتی ہے لٰہذا پروٹان کا مثبت چارج الیکٹران کے منفی چارج کے برابر ہوتا ہے اور ایٹم کا چارج صفر ہوتا ہے۔

ایک اور "ذرّہ" جو ایٹم کی تعمیر میں استعمال ہوتا ہے، گلوآن (Gluon) کہلاتا ہے۔ "ذرّہ" کے گرد واوین لگانے کا مقصد یہ ہے کہ گلوآن کو ذرہ کہا جائے تو اس کا مطلب ہے کہ ہم اسے مادّہ قرار دے رہے ہیں حال آنکہ گلوآن کی سطح تک پہنچتے پہنچتے مادّے اور توانائی میں امتیاز کرنا ممکن نہیں۔ کوارک بھی اتنا چھوٹا ہے کہ اسے ذرّہ کہنا درست نہیں بلکہ اسے ایک تیزی سے حرکت کرتا ہوا توانائی کا نقطہ کہنا زیادہ درست ہو گا۔ گلوآن کا کام پروٹان اور نیوٹران بنانے والے تینوں کوارک کو جوڑنے کے لیے گوند کا کام کرنا ہے اور اس کا ضمنی اثر ایٹم میں پروٹان اور نیوٹران کو جُڑا رکھنا ہوتا ہے۔ گلوآن کی دوسری خاصیت یہ ہے کہ وہ مادّے کو کمیّت دیتا ہے لٰہذا مادّے کو تولا جاسکتا ہے مگر توانائی کو نہیں۔ اگر مادّے کی کمیت نہ ہوتی تو قوتِ ثقل کا وجود نہ ہوتا۔ چناں چہ گلوآن کائنات میں اجرام فلکی کو قوتِ ثقل میں جکڑ کر توازن بخشتے ہیں۔

اگرچہ کوارک اور گلوآن جیسے ذرات کا بلاواسطہ مشاہدہ کرنا موجودہ ٹیکنالوجی سے ممکن نہیں ہے مگر پارٹیکل ایکسیلریٹر میں سائنس دان بھاری ایٹموں کو ایک دوسرے سے ٹکرا کر ایٹم کے مرکزے سے پروٹان اور نیوٹران تک کو توڑ سکتے ہیں جس کے نتیجے میں کوارک اور گلوآن علیحدہ ہو کر دوسرے ذرات سے ٹکراتے ہیں۔ اس ٹکراؤ کی بنا پر اس قدر توانائی خارج ہوتی ہے جتنی کائنات کی پیدائش کے دور میں خارج ہوئی تھی۔ اس کے علاوہ جب کوارک آپس میں اور دوسرے ذرات سے ٹکراتے ہیں تو کچھ مزید قسم کے ذرات پیدا ہوتے ہیں جن کا مشاہدہ کیا جاسکتا ہے اور اس سے کوارک اور گلوآن قسم کے ذرات کی خصوصیات معلوم کی جاسکتی ہیں۔ طبیعیات کی یہ شاخ جو بنیادی ذرات کا مطالعہ کرتی ہے، ذرّاتی طبیعیات (Particle Physics) کہلاتی ہے۔

اگرچہ کمیت مادے کی خصوصیت ہے مگر ہم کوارک کی کمیت کو توانائی کی اکائیوں میں ناپتے ہیں اس

کی وجہ یہ ہے کہ پس ایٹمی سطح پر کمیت کے وجود کا ذریعہ ذرّے میں جمع شدہ توانائی ہی ہوتی ہے۔ ویسے بھی آئن سٹائن کی مشہور مساوات $E=mc^2$ کے تحت توانائی کو کمیت اور کمیت کو توانائی میں تبدیل کیا جاسکتا ہے۔ چوں کہ پروٹان تین کوارکس سے مل کر بنا ہے لہٰذا اس کی کمیت تینوں کوارکس کی مجموعی کمیت کے برابر ہونی چاہیے۔ یہی کیفیت نیوٹران کی ہونی چاہیے مگر حقیقت یہ ہے کہ پروٹان کی کمیت ان تینوں کوارکس کی مجموعی کمیت سے زیادہ ہوتی ہے۔ باقی کمیت کا ماخذ اس مضبوط جوہری قوت (Strong Nuclear Force) سے پیدا کردہ توانائی ہے جو گلوآن سے آتی ہے اور کوارکس کے علاوہ پروٹان اور نیوٹران کو مضبوطی سے باندھے رکھتی ہے۔ یہ قوت ان چار بنیادی قوتوں میں سے ایک ہے جو کائنات کو بکھرنے سے روکتی ہیں۔ آگے چل کر ہم ان قوتوں کے متعلق مزید جانیں گے۔ فی الحال اتنا کہنا کافی ہے کہ یہ مضبوط جوہری قوت ہی ہے جو مرکزے کے اجزا کو اتنی مضبوطی سے باندھ کر رکھتی ہے کہ جان داروں کے جسم میں شب و روز جو کیمیائی عوامل ہوتے ہیں ان سب میں الیکٹران دوڑتے پھرتے اور ایک سالمے کو چھوڑ کر دوسرے سالمے کا حصہ بنتے رہتے ہیں جس سے زندگی قائم رہتی ہے مگر اس دوران ایٹموں کے مرکزے میں کوئی تبدیلی نہیں آتی۔

6.6 اسٹرنگ تھیوری

ہم اب تک بنیادی ذرّات کو صفر بُعدی نقطوں کے مانند تصور کرتے رہے ہیں جن کی کمیت ہے، حجم ہے اور "اسپن" ہے (سیکشن 6.1) لیکن اسٹرنگ تھیوری (String Theory)، جو طبیعیات کا ایک نظری ڈھانچا (Theoretical Framework) ہے اُس کے مطابق بنیادی ذرّات دراصل چھوٹے چھوٹے ایک بُعدی دھاگے ہیں جو مستقل لرزتے رہتے ہیں اور ان کی لمبائی تقریباً 1.6×10^{-35} میٹر ہوتی ہے۔ ان دھاگوں کے ارتعاش کی حالتیں مختلف ہو سکتی ہیں جو مختلف قسم کے ذرات کی تشکیل کرتی ہیں۔ اس کا مطلب یہ ہے کہ کوارکس (Quarks)، الیکٹران (Electrons)، بوزون (Bosons) اور دیگر تمام بنیادی ذرات محض ایک ہی دھاگے کی مختلف ارتعاشی حالتیں ہیں۔

اسٹرنگ تھیوری کا مقصد چاروں بنیادی قوتوں اور ذرّات کو ایک جامع ماڈل میں مجتمع کرنا ہے تاکہ

کوانٹم میکانیات اور نظریہ اضافیت کو ایک ہی ڈھانچے میں پیش کیا جاسکے تاکہ کائنات کے تمام بنیادی قوانین یکجا کیے جاسکیں۔ ابھی تک اسٹرنگ تھیوری کے درست ہونے کے تجرباتی شواہد نہیں ملے لیکن یہ درست ثابت ہونے کی صورت میں ہمیں "سب کچھ کا نظریہ" (Theory of Everything) مل جائے گا، جو کہ کائنات کی ہر چیز کو ایک ہی بنیادی اصول کے تحت بیان کرسکے گا۔

ہم زمان و مکاں کو چار بعدی ذاتیہ کے طور پر دیکھتے رہے ہیں۔ اسٹرنگ تھیوری کو زمان و مکاں میں کوئی مکان اور زمان متعین کرنے کے لیے 10 یا 11 ابعاد کی ضرورت ہوتی ہے۔ ہماری موجودہ ٹیکنالوجی ان اضافی ابعاد کے تجرباتی مشاہدے کے لیے ناکافی ہے۔

یہ اضافی ابعاد جنہیں اسٹرنگ تھیوری پیش کرتی ہے متعدد کائناتوں یا عالمین (Multiverse) کے امکان کی نشان دہی کرتی ہے جو تعداد میں نظری اعتبار سے لامتناہی ہیں اور ہر کائنات کے اپنے اپنے فطری قوانین ہیں۔

اسٹرنگ تھیوری کا تجرباتی طور پر ثابت کرنے کے لیے اضافی ابعاد ایک بہت بڑی رکاوٹ ہیں کیوں کہ ہماری موجودہ ٹیکنالوجی ان ابعاد کی متحمل نہیں ہے۔ دوسری رکاوٹ یہ ہے کہ اس کی ریاضی اس قدر پیچیدہ ہے کہ اس کی بنیاد پر ایسے تجربات سیٹ کرنا بے حد مشکل ہے جو ایسی پیش گوئیاں کرسکیں جنہیں بار بار ٹیسٹ کیا جاسکے۔ میرا عاجزانہ خیال ہے کہ اسٹرنگ تھیوری کا مستقبل کچھ زیادہ روشن نہیں لگتا کیوں کہ فطرت کی ایک خصوصیت یہ ہے کہ وہ سیدھی سادی ہوتی ہے۔ فطرت کے قوانین کی ریاضی نیوٹن کے قانونِ ثقل کی طرح آسان ہوتی ہے اور وہ ریاضی جوں جوں پیچیدہ ہوتی جائے تو فطرت کی عکاسی سے دور ہوتی جاتی ہے۔

اسٹرنگ تھیوری کے ساتھ ایک اور مشکل یہ ہے کہ اس کی متعدد قسمیں یا نسخے ہیں۔ 1990 کی دہائی میں ان نسخوں کو یکجا کرکے ایک مجموعی نظریہ مرتب کیا گیا جسے ایم تھیوری (M-Theory) کا نام دیا گیا۔ امید ہے کہ ایم تھیوری آخر کار سب کچھ کا نظریہ بن کر ابھرے گی۔

7

کوانٹم میکانیات

7.1. تعویذ گنڈوں کی دنیا

1950ء کی دہائی میں جب میں ہائی اسکول کا طالب علم تھا، اسکول کے راستے میں فٹ پاتھ پر پرانی کتابیں پھیلائے ہوئے ایک کتب فروش بیٹھا رہتا تھا۔ میں بھی وہاں سے گزرنے والوں کی طرح کتابوں پر نظر ڈالتا ہوا گزر جاتا تھا۔ ایک روز میری نظر ایک کتاب پر پڑی جس کا ٹائیٹل تھا "تعویذ گنڈے، جنتر منتر اور کالا جادو"۔ میں نے جھک کر کتاب اٹھائی اور ورق گردانی شروع کی تو دل چسپ لگی لہٰذا چار آنے میں خرید لی۔ اس کتاب کو پڑھ کر مجھ پر ایک نئی دنیا کا انکشاف ہوا۔ محبوب کو اپنے قدموں میں ڈالنے، دشمن کو نیست و نابود کرنے، جنّوں کو قابو میں کرنے، اور دست غیب سے مدد حاصل کرنے کے آزمودہ تعویذ تھے اور خود کو دوسروں کی نظروں سے غائب کرنے کے لیے پورے چالیس دن کا چِلّہ تھا۔ مشکل یہ تھی کہ ان نسخوں کو آزمانے کے لیے بڑی ہمت کی ضرورت تھی۔ بیشتر چلّے اندھیری راتوں میں مرگھٹ یا قبرستان میں بیٹھ کر کاٹنے پڑتے تھے۔ اس کے لیے جنّوں، بھوتوں اور چڑیلوں سے کون لڑتا پھرتا۔

جب میں نے یونیورسٹی میں پہنچ کر کوانٹم میکانیات (Quantum Mechanics) کا پہلا کورس لیا تو اس کی کتاب بھی مجھے تعویذ گنڈوں کی اُس کتاب کی طرح لگی جو اسکول کے زمانے میں چار آنے کی خریدی تھی۔ اس کورس میں سب سے بڑی دشواری یہ تھی کہ میں ہر فارمولے اور ہر مساوات کی اصل تک پہنچنا چاہتا تھا اور اس کے لیے اس مواد کو تلاش کرتا رہتا تھا جہاں سے ان مساوات کی ابتدا ہوئی۔ میرے

پروفیسر نے سمجھایا کہ اگر میں اتنی گہرائی میں جاتا رہا تو وہ کورس ختم کرنے میں ساری زندگی گزر جائے گی لہٰذا میں ان مساوات کو تعویذ کی طرح استعمال کرکے خود کو مطمئن کرلوں کہ میں صحیح نتیجے پر پہنچا ہوں۔

جوں جوں وقت گزرا اور میں نے کوانٹم میکانیات کو اپنی ریسرچ میں استعمال کرنا شروع کیا، مجھے احساس ہوا کہ کوانٹم میکانیات اس کمپیوٹر پروگرام کی طرح ہے جسے آپ پینٹنگ کے لیے استعمال کرتے ہیں۔ آپ کے اسکرین پر ایک جانب مختلف آلات ہوتے ہیں اور دوسری جانب رنگوں کی طشتریاں ہوتی ہیں۔ پینٹ کرنے کے لیے برش ہوتا ہے، غلطیاں مٹانے کے لیے ربر ہوتی ہے، اور لکیریں، دائرے اور دیگر شکلیں بنانے کے آلات ہوتے ہیں۔ آپ اپنے ماؤس کو آلات اور رنگوں پر کلِک کرکے مختلف شکلیں بناتے ہیں اور ان میں رنگ بھرتے ہیں مگر کبھی یہ نہیں سوچتے کہ کمپیوٹر کے اندر کیا ہورہا ہے، جس نے وہ پروگرام ڈیزائن کیا ہے اس میں کمپیوٹر کے لیے احکام کس زبان میں لکھے ہیں اور کیسی منطق استعمال کی ہے۔ کوانٹم میکانیات کے استعمال کنندہ کی حیثیت بھی ایک پینٹر کی سی ہوتی ہے اور پھر آپ جنہیں تعویز گنڈے سمجھتے تھے وہ آلات کی حیثیت اختیار کرلیتے ہیں۔

بقول مشتاق احمد یوسفی، "دکھ اس بات کا نہیں کہ لوگ خونی پیچش کا علاج تعویذ گنڈے سے کرتے ہیں۔ رونا اس بات کا ہے کہ وہ ٹھیک بھی ہوجاتے ہیں۔" یہی حال کوانٹم میکانیات کا ہے جو نہ صرف حقیقت کی ہمہ گیر عکاسی کرتی ہے بلکہ بذاتِ خود ہمہ جہت حقیقت ہے۔ کوانٹم میکانیکی مساوات کے حل خواہ کتنے ہی غیر متوقع کیوں نہ ہوں مگر تجربہ انہیں سو فی صد درست ثابت کرتا ہے۔ آئن سٹائن [a] نے کوانٹم میکانیات کو ڈراؤنی شے قرار دیا تھا جب کہ بقول شان کیرل [58]، "کوانٹم میکانیات سے ڈرنے کے لیے ضروری نہیں کہ آپ نے طبیعیات میں پی ایچ ڈی کیا ہو۔"

بیشتر طبیعیات دان کوانٹم میکانیات کی گہرائی میں جانے سے گھبراتے ہیں مگر اس کا استعمال آزادی اور کثرت سے کرتے ہیں۔ نظری کیمیا (Theoretical Chemistry) دراصل اطلاقی (Applied) کوانٹم میکانیات ہے۔ برقیات (Electronics)، مائکروچِپ اور کمپیوٹر ٹیکنالوجی کی ترقی کوانٹم میکانیات کی مرہونِ منّت ہے اور اب مارکیٹ میں کوانٹم کمپیوٹر آرہے ہیں جو کلاسیکی کمپیوٹر سے ہزاروں گنا تیزی

[a] Albert Einstein, 1879-1955 CE

سے مسائل کو حل کر سکتے ہیں۔ نہ صرف یہ بلکہ کلاسیکی کمپیوٹر کسی مسئلے کا بیک وقت ایک ہی حل پیش کرتا ہے جب کہ کوانٹم کمپیوٹر بیک وقت تمام ممکنہ حل نکال سکتا ہے۔

کوانٹم میکانیات کو عموماً پر اسرار، حیران کُن، پیچیدہ اور دشوار کہا جاتا ہے مگر حقیقت یہ ہے کہ یہ خردبینی دنیا کا بہترین نظریہ ہے جو ایٹم اور اس کے اجزا پر قدرتی قوتوں کے اثرات کی بڑی خوب صورتی سے عکاسی کرتا ہے۔ تجرباتی طبیعیات کے دائرہ کار کا انحصار ٹیکنالوجی پر ہوتا ہے۔ ہر دور میں کوانٹم میکانیات کے کچھ نتائج کو تجربے سے ثابت کرنا ممکن نہیں ہوتا کیوں کہ اس وقت وہ تجربہ کرنے کے لیے ٹیکنالوجی موجود نہیں ہوتی۔ کچھ عرصہ گزرنے کے بعد جب تجربہ کرنا ممکن ہوتا ہے تو آج تک ایسا نہیں ہوا کہ تجربے نے کوانٹم میکانیات کے نتائج کی نفی کی ہو۔

ہم سیکشن 5.3 میں کلاسیکی میکانیات کا مطالعہ کر چکے ہیں جس کا اطلاق کلاں بینی دنیا کے اجسام کی حرکت پر ہوتا ہے۔ آپ نے پڑھا تھا کہ کسی جسم کی کمیت جتنی کم ہوگی اور سمتی رفتار جتنی زیادہ ہوگی، اس کی حرکت پر کلاسیکی میکانیات کی درستی اتنی ہی کم ہوگی اور کوانٹم میکانیات کی درستی اتنی ہی زیادہ ہوگی حتیٰ کہ جب وہ شے خردبینی دنیا کی حدود میں داخل ہوتی ہے اور اس کی رفتار روشنی کی رفتار کی طرف بڑھتی ہے تو کلاسیکی میکانیات مکمل طور پر فیل ہو جاتی ہے اور کوانٹم میکانیات سے درست نتائج ملتے ہیں۔

اس سیکشن میں ہم کلاسیکی میکانیات اور کوانٹم میکانیات کے بنیادی فرق کا مطالعہ بھی کریں گے۔ جب نیوٹن نے قوانینِ حرکت پیش کیے تو طبیعیات دان اس نتیجے پر پہنچے کہ کائنات میں حرکت کو سمجھنے کے لیے قدرت کے یہ قوانین کافی ہیں، چناں چہ ستاروں اور کہکشاؤں سے لے کر ایٹم میں دوڑتے ہوئے الیکٹران اور آئن سٹائن کے نظریہ اضافیت (Theory of Relativity) سے متعلق تمام حسابات کے لیے کلاسیکی میکانیات کافی ہے مگر پھر کوانٹم میکانیات کی آمد نے ایٹم اور پس ایٹم ذرّات کی ایک نئی شکل پیش کی۔

ہم پانچویں باب میں پڑھ چکے ہیں کہ طبیعیات کی دل چسپی صرف مقام اور وقت میں ہے۔ وقت کا تعین ہم سمتی رفتار سے کر سکتے ہیں۔ لٰہذا اگر ہمیں کسی شے کا مقام اور سمتی رفتار معلوم ہو تو ہم معلوم کر سکتے ہیں کہ وہ شے کس وقت کہاں ہوگی۔ اگر وہ شے ہائیڈروجن ایٹم کا الیکٹران ہے تو کلاسیکی نقطۂ نظر

سے وہ ایٹم کے مرکزے کے گرد بوہر کے مطابق ایک گول مدار میں (یا کیپلر کے مطابق بیضوی مدار میں) گھوم رہا ہے لہٰذا ایک خاص لمحے پر الیکٹران ایک خاص مقام پر ہو گا اور ایک خاص سمتی رفتار ہو گی۔

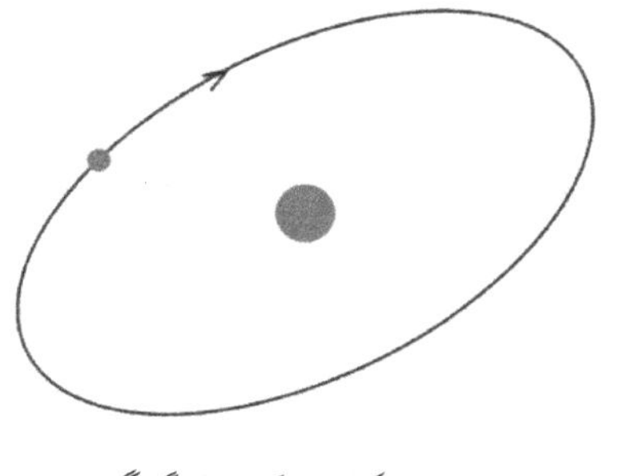

تصویر46: بوہر کے مطابق الیکٹران مرکزے کے گرد گھوم رہا ہے

کوانٹم میکانیات ایک مختلف تصور پیش کرتی ہے۔ اگر آپ ایک ماہر تجرباتی طبیعیات دان ہیں تو آپ کسی لمحے الیکٹران کے مقام کی پیمائش کر سکتے ہیں یا سمتی رفتار کی مگر کوانٹم میکانیات کے مطابق بیک وقت دونوں کی پیمائش نہیں کر سکتے۔ دوسری بات یہ کہ پیمائش کے نتیجے میں ہمیں جو جوابات ملتے ہیں ان کے متعلق نہیں کہا جا سکتا کہ ہمارا جواب کتنا درست ہے۔ البتہ ہم اتنا ضرور بتا سکتے ہیں کہ کسی لمحے پر الیکٹران کے کسی مقام پر ہونے یا اس کی خاص سمتی رفتار ہونے کا کتنا احتمال ہے۔

اس سے پہلے کہ ہم آگے بڑھیں، یہ بتانا ضروری ہے کہ یہاں ہم "احتمال" کو عام معنی میں استعمال نہیں کر رہے بلکہ ایک ریاضیاتی ذاتیہ یا وجود (Mathematical Entity) کے طور پر اس کو متعارف کر رہے ہیں۔ ریاضی میں اگر کسی وقوعے کا ہونا ناممکن ہو تو ریاضیاتی لحاظ سے اس کا احتمال 0 ہو گا اور اگر کسی وقوعے ہونا لازمی ہے تو اس کا احتمال 1 ہو گا مثلاً کل صبح سورج کے مشرق سے نکلنے کا احتمال 1 ہے اور جنوب سے نکلنے کا احتمال 0 ہے۔ اسی طرح اگر ایک سکّے کو اچھالا جائے تو زمین پر گر کر یا اس کا چہرہ اوپر ہو گا یا پشت۔ (زمین پر گر کر سکّے کے کھڑے ہو جانے کا احتمال 0 کے اتنے قریب ہے کہ ہم یہاں اسے نظر انداز کیے دیتے ہیں۔) لہٰذا اس کا احتمال ½ یا 0.5 ہے کہ اس کا چہرہ اوپر ہو گا۔ اس کی پشت اوپر ہونے کا احتمال بھی 0.5 ہے۔ واضح ہو کہ احتمال 0 سے کم اور 1 سے زیادہ نہیں ہو سکتا۔

یہاں ذہنی جمناسٹک کے طور پر بتائیں کہ اگر دو سکے بیک وقت اچھالے جائیں تو اس کا کتنا احتمال ہے کہ زمین پر گر کر دونوں سکّوں کی پشت اوپر ہو گی؟ اس سوال کا جواب دینے کے لیے اگر سکّے کا چہرہ اوپر ہو تو ہم اسے "چ" سے ظاہر کریں گے اور اگر پشت اوپر ہو تو "پ" سے دکھائیں گے۔ دونوں سکّوں کے گرنے کے بعد ان چار صورتوں میں سے ایک صورت ہو گی: چ چ، چ پ، پ چ اور پ پ۔ لہٰذا دونوں

سکّوں کی پشت اوپر ہونا چار میں سے ایک صورت ہو گی۔ بالفاظ دیگر اس کا امکان ¼ یا 0.25 ہو گا۔

اب ہم کوانٹم میکانیات کی طرف واپس آتے ہیں۔ تصویر 47 میں مرکزے کے گرد مقامات پر الیکٹران کی موجودگی کے احتمال کو ایک کُرّے کی شکل میں دکھایا گیا ہے۔ کُرّے کا رنگ جتنا گہرا ہو گا اس مقام پر الیکٹران کی موجودگی کا احتمال اتنا ہی زیادہ ہو گا۔ اس کی مثال بادلوں کی سی ہے۔ گاڑھے گاڑھے بادلوں سے آسمان چھپ جاتا ہے۔ ان بادلوں میں پانی کا ذخیرہ زیادہ ہوتا ہے لہٰذا ان کے برسنے کا احتمال زیادہ ہوتا ہے۔ اس کے برخلاف ہلکے بادلوں میں پانی زیادہ نہیں ہوتا اور ان کے برسنے کا احتمال کم ہوتا ہے۔

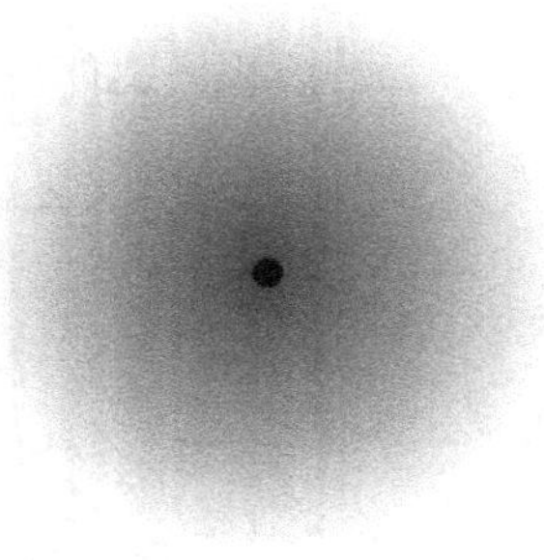

تصویر 47: مرکزے کے گرد الیکٹران کے احتمال کا بادل

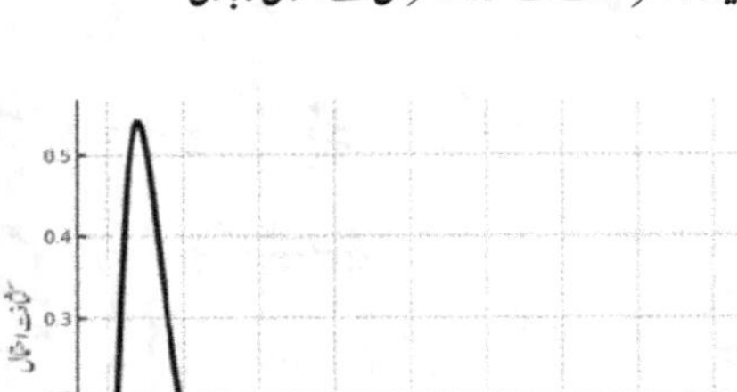

تصویر 48: مرکزے سے فاصلے پر الیکٹران کی کثافت احتمال

اس تصویر میں ہائیڈروجن ایٹم دکھایا گیا ہے جوں جوں ہم مرکزے سے دور ہوتے جاتے ہیں، الیکٹران کی موجودگی کا امکان کم ہوتا جاتا ہے۔ تصویر 47 میں دکھائے گئے اس احتمال کے بادل کو موجی تفاعل (Wave function) کہا جاتا ہے جو ایٹمی مرکزے کے ارد گرد الیکٹران کی موجودگی کے احتمال کو ظاہر کرتا ہے۔ ریاضی میں موجی تفاعل کے لیے یونانی زبان کا حرف Ψ (سائی) استعمال ہوتا ہے۔ اگر مرکزے کے گرد کُرّے پر تمام ان مقامات کو دیکھا جائے جو ایک ہی فاصلے پر ہیں تو وہ ایک دائرہ بنائیں گے۔ ان تمام مقامات پر الیکٹران کی موجودگی کے احتمالات کو جمع کیا جائے تو ہمارا جو جواب آتا ہے اسے کثافت احتمال (Probability Density) کہتے ہیں اور اس کی قدر Ψ^2 کے برابر ہوتی ہے۔

تصویر 48 میں ہائیڈروجن ایٹم کے الیکٹران کی کثافتِ احتمال کا مرکزے سے فاصلے کے تعلق کو دکھایا گیا ہے۔ گراف میں مرکزے سے فاصلے کی اکائی اینگسٹرام (Å) میں ہے۔ اگر 1 میٹر کو دس ارب

حصوں میں تقسیم کیا جائے تو ہر حصہ 1 انگسٹرام ہو گا۔ کثافتِ احتمال کی زیادہ سے زیادہ قدر الیکٹران کے مرکزے سے 0.529177210903Å کے فاصلے پر ہو۔ اس کا مطلب ہے کہ زیادہ احتمال یہ ہے کہ آپ الیکٹران کو مرکزے سے اس فاصلے پر پائیں گے۔

اگر آپ کو ریاضی میں دل چسپی ہے تو یہاں کچھ اور ٹھہرتے ہیں ورنہ اگر آپ چاہیں تو اس پیراگراف کو چھوڑ کر آگے بڑھ جائیں۔ اگر آپ ہائیڈروجن کے مرکزے سے شروع کریں اور اس کے گرد پوری خلا میں، ہر سمت میں، ہر مقام پر، الیکٹران کی کثافت احتمال معلوم کر کے سب کو جمع کر دیں تو آپ کا جواب 1 آئے گا کیوں کہ یہ کُل احتمال ہے۔ نظری طور پر آپ نے پوری خلا کو چھان مارا ہے جس میں الیکٹران کہیں نہ کہیں تو ہے۔ ریاضی کے زبان میں اس حقیقت کو یوں لکھا جاتا ہے:

$$\int_{-\infty}^{+\infty} |\Psi(r)|^2 dV = 1$$

جہاں r مرکزے سے فاصلہ ہے اور $\Psi(r)$ اس فاصلے پر موجی تفاعل کی قدر ہے۔ جب اس کا مربع نکالتے ہیں تو کثافتِ احتمال نکل آتی ہے۔ دوسری بات یہ کہ اس مساوات میں خلا کو چھوٹے چھوٹے خردبینی سائز کے ٹکڑوں میں بانٹ دیا گیا ہے جن میں سے ہر ایک کا حجم dV ہے۔ پوری خلا میں اگر ان تمام ٹکڑوں میں الیکٹران کی کثافتِ احتمال کو جمع کیا جائے تو جواب 1 آئے گا، یعنی الیکٹران کا خلا میں کہیں نہ کہیں موجود ہونا لازمی ہے۔ یہ مساوات کوانٹم میکانیات کا بنیادی مزعومہ (Postulate) ہے۔

یہ تو آپ جانتے ہی ہیں کہ کائنات میں سکون نہیں ہے۔ خواہ ہماری کہکشاں ہو یا ہائیڈروجن ایٹم کا الیکٹران، وقت کے ساتھ حالت (State) کی تبدیلی فطرت کا تقاضہ ہے۔ جس طرح کلاں بینی دنیا میں وقت کے ساتھ مقام تبدیل ہوتا رہتا ہے اسی طرح خردبینی دنیا میں وقت کے ساتھ موجی تفاعل کی قدر تبدیل ہوتی رہتی ہے۔ کوانٹم میکانیات میں دوسری اہم ترین مساوات کے مطابق موجی تفاعل میں تبدیلی کی شرح توانائی کے راست متناسب ہے یعنی جوں جوں کسی نظام کے موجی تفاعل کی قدر بڑھتی ہے، اسی مناسبت سے اس کی توانائی بڑھتی ہے۔ اسے شروڈنگر کی مساوات کہتے ہیں۔

کلاسیکی میکانیات اور کوانٹم میکانیات کا بنیادی فرق یہ ہے کہ کلاسیکی نظام کی حالت کا تعین ایک طے شدہ لمحے پر اس کے مقام اور سمتی رفتار سے کیا جاتا ہے اور پھر اسے نیوٹن کے قوانین حرکت کے سپرد

کر دیا جاتا ہے جن کے تحت مقام اور وقت کے اعتبار سے نظام کی حالت میں تبدیلی آتی ہے۔ اس تبدیلی کے لیے کہا جاتا ہے کہ نظام[a] کی حالت ارتقا پذیر ہو رہی ہے۔ اس کے برخلاف کوانٹم نظام کی حالت کا تعین ایک طے شدہ لمحے پر اس کے موجی تفاعل سے کیا جاتا ہے اور پھر اسے شروڈنگر کی مساوات کے سپرد کر دیا جاتا ہے جس کے تحت نظام کی حالت ارتقا کے عمل سے گزرتی ہے۔

واضح ہو کہ شروڈنگر مساوات کا حل ہمیں توانائی کی ایک خاص قدر نہیں دیتا بلکہ کئی قدریں دیتا ہے۔ یہ کلاسیکی میکانیات اور کوانٹم میکانیات کا دوسرا فرق ہے۔ کلاسیکی میکانیات میں نیوٹن کے قوانین ہمیں ایک طے شدہ حل دیتے ہیں۔ اگر ایک شے اتنی بلندی سے گرائی جائے گی تو اتنا فاصلہ طے کرنے کے بعد اس کی حرکی توانائی اتنی ہو گی۔ اس کے برخلاف ہم کوانٹم نظام کے متعلق وثوق سے نہیں کہہ سکتے کہ اس کی ارتقا کے ایک خاص وقت اس کی توانائی کتنی ہو گی۔ البتہ ہم توانائی کی قدروں کا ایک سیٹ ضرور دے سکتے ہیں جو شروڈنگر کی مساوات کے حل کے نتیجے میں نکلا ہو گا اور کہہ سکتے ہیں کہ اس سیٹ میں سے ہی کوئی قدر ہونی چاہیے۔ اگر ہم تجربہ کر کے توانائی کی پیمائش کریں تو یہ ناممکن ہے کہ ہماری پیمائش سے حاصل شدہ قدر اس سیٹ میں نہ ہو۔ بالفاظ دیگر تمام نتائج صحیح ہیں مگر جب تک پیمائش نہ کریں تب تک نہیں کہا جا سکتا کہ پیمائش کون سا نتیجہ نکالے گی۔

7.2. شروڈنگر کی بِلّی

کوانٹم میکانیات کی نشوونما کے ابتدائی دور میں بیشتر طبیعیات دانوں کو شروڈنگر کی مساوات کے ایک سے زیادہ نتائج کی موجودگی کو تسلیم کرنے میں پس و پیش تھا کیوں کہ یہ کلاسیکی میکانیات کے لیے اچنبھے کا باعث تھا۔ 1927ء میں ڈنمارک کے دارالخلافہ کوپن ہیگن میں ایک کانفرنس ہوئی جس میں چوٹی کے ان طبیعیات دانوں کی جو کوانٹم میکانیات پر تحقیق میں پیش پیش تھے[59]۔ ان میں سرفہرست بوہر تھا جسے کوانٹم

[a] نظام اس شے کو کہتے ہیں جو زیرِ مطالعہ ہے۔ نظام ان اشیا کا مرکب بھی ہو سکتا ہے جو آزادانہ کار کے پہیے، وائپر، انجن میں سلنڈر اور پسٹن وغیرہ۔ اگر کار کو ایک نظام سمجھا جائے تو اس کی حالت (State) اس کے تمام کل پرزوں کی حالت کی فہرست ہو گی۔

میکانیات کا باوا آدم سمجھا جاتا ہے۔ اس کے علاوہ شروڈنگر[a] بھی تھا جس کا نام کوانٹم میکانیات میں کثرت سے آتا ہے اور آئن سٹائن بھی شرکا میں شامل تھا۔ کانفرنس کا مقصد کوانٹم میکانیات کے بظاہر مضحکہ خیز نتائج پر بحث کرنا اور حتمی نتائج پر پہنچنا تھا۔ انہوں نے کوانٹم میکانیکی نتائج کی تشریح کے لیے مندرجہ ذیل چھ اصول وضع کیے۔

1. ذرّہ موج دوئی (Particle-Wave Duality): کوانٹم اجسام (مثلاً الیکٹران) کے خواص موج کی مانند بھی ہوتے ہیں اور ذرّے کی مانند بھی۔ ان اجسام کی فطرت اس وقت تک معلوم نہیں ہوتی جب تک ان کی پیمائش نہ کی جائے۔ اس وقت وہ اجسام یا موج کی حیثیت سے ظاہر ہوتے ہیں یا ذرّے کی حیثیت سے۔
2. کوانٹم انطباق (Quantum Superposition): پیمائش سے قبل کوانٹم اجسام کی تمام حالتوں کا وجود ہوتا ہے اور وہ ایک دوسرے پر منطبق (superpose) ہوتی ہیں، یعنی ایک دوسرے پر خول کی طرح چڑھی ہوتی ہیں۔ پیمائش کے وقت جسم ان میں سے کسی ایک حالت کو منتخب کر لینے کا فیصلہ کرتا ہے۔
3. پیمائش کا عمل اس نظام کی حالت پر اثر انداز ہوتا ہے جس کی پیمائش کی جا رہی ہے۔ پیمائش کا نتیجہ اس وقت تک معلوم نہیں ہوتا جب تک کہ اس کا مشاہدہ نہ کر لیا جائے۔
4. کوانٹم اجسام کے کچھ خواص ایسے جوڑوں میں ہوتے ہیں کہ جوڑے کے دونوں خواص کی درست پیمائش بیک وقت نہیں کی جا سکتی مثلاً اگر ایک ذرّے کے مقام کا تعین درستی کے ساتھ کیا جا سکتا ہے تو اس کی سمتی رفتار (یا تحرّک) میں ابہام ہو گا۔ اس اصول کو ہائزنبرگ کا غیر یقینی اصول[b] کہا جاتا ہے۔
5. کوانٹم میکانیات کسی تجربے کے مخصوص نتائج کی پیش گوئی نہیں کرتی بلکہ تمام ممکنہ نتائج کے احتمالات بتاتی ہے۔ یہ نتائج نظام کے موجی تفاعل کے شروڈنگر مساوات کے ذریعہ ارتقا کے نتیجے میں حاصل ہوتے ہیں یہاں تک کہ پیمائش ان میں سے ایک نتیجہ چُن لے۔
6. پیمائش کے نتیجے میں موجی تفاعل ایک نتیجے پر مرکوز ہو جاتا ہے اور باقی تمام مقامات پر احتمال صفر

[a] Erwin Schrödinger 1887-1961 CE

[b] Werner Heisenberg 1901-1976; Heisenberg's Uncertainty Principle

ہو جاتا ہے۔ اس عمل کو موجی تفاعل کا انہدام (collapse) کہتے ہیں۔

کوانٹم میکانیات کے نتائج خالصتاً ریاضیاتی ہوتے ہیں جنہیں ثابت کرنے کے لیے تجربات کی ضرورت ہوتی ہے مگر ان کے لیے آلات اور ٹیکنالوجی کی ضرورت ہوتی ہے اور ممکن ہے کہ اس وقت اس ٹیکنالوجی کا وجود نہ ہو، لہٰذا کوانٹم میکانیات فکری تجربات کا سہارا لیتی ہے۔ اسی لیے یہ بحث بھی ہوتی ہے کہ کوانٹم میکانیات کو فلسفہ میں جگہ دی جائے یا طبیعیات میں رکھا جائے۔ بہر حال آگے چل کر جب ٹیکنالوجی اور آلات دستیاب ہوتے ہیں تو تجربہ گاہ میں وہ تجربات ترتیب دیے جاتے ہیں تاکہ ان نتائج کی تصدیق یا تردید کی جاسکے۔

کوانٹم میکانیات کے جو نتائج حیرت انگیز اور ناقابل یقین ہیں، اُن میں سب سے مشہور شروڈنگر کی بلّی کا مسئلہ ہے جو ایک فکری تجربہ شروڈنگر نے کوانٹم انطباق (اصول نمبر2) پر پھبتی کسنے کی غرض سے کوپن ہیگن کانفرنس میں پیش کیا۔ اس کے مطابق فرض کریں کہ ایک بلّی کو صندوق میں بند کر دیا جائے اور اس کے ساتھ ایک تاب کار (Radioactive) ایٹم رکھ دیا جائے۔ تاب کار ایٹم غیر مستحکم (Unstable) ہوتا ہے اور ٹوٹ کر ایک مستحکم ایٹم میں تبدیل ہو جاتا ہے، مثلاً یورینیم۔238 ایک تاب کار ایٹم ہے جو ٹوٹ کر تھوریم۔234 بن جاتا ہے اور اس عمل کے نتیجے میں توانائی کا اخراج ہوتا ہے۔ فرض کریں کہ صندوق میں ایک ہتھوڑا ہے جسے خارج ہونے والی توانائی زہریلی گیس کے ایک ٹیوب پر مارتی ہے جس سے ٹیوب ٹوٹ جاتا ہے اور صندوق میں گیس بھر جاتی ہے جس سے بلّی مر جاتی ہے۔ اب مسئلہ یہ ہے کہ صندوق کو کھول کر مشاہدہ کیے بغیر یہ جاننا ناممکن ہے کہ بلّی زندہ ہے یا مر گئی ہے۔ اگر تاب کار ایٹم ابھی نہیں ٹوٹا تو بلّی زندہ ہے اور اگر ٹوٹ چکا ہے تو بلّی مر گئی ہے۔ کوانٹم میکانیات کے مطابق جب تک صندوق نہ کھولا جائے تب تک بلّی زندہ بھی ہے اور مر بھی چکی ہے۔ یہ بلّی کا بیک وقت زندہ اور مردہ ہونا تضاد ہے جو کوانٹم انطباق کے نظریے سے پیدا ہوتا ہے۔

خیر شروڈنگر نے تو یہ مسئلہ مزاحاً پیش کیا تھا اور اس کا جواب ہے کہ کوانٹم میکانیکی منطق کا تعلق خردبینی دنیا سے ہے اور کلابینی دنیا کے اجسام پر اس کا اطلاق نہیں ہوتا مگر اس نے دو بحثوں کو جنم دیا۔ پہلی یہ کہ مشاہدے سے کیا مراد ہے۔ مشاہدہ کرنے والا کوئی انسان ہے یا آلہ؟ کیا تجربے کو دہرایا جاسکتا ہے؟

سائنسی تجربات کی ایک خصوصیت یہ ہے کہ اسے ایک ہی حالت میں بار بار دہرایا جائے اور ہر مرتبہ ایک ہی نتیجہ آئے۔ واضح ہو کہ ایٹم کی ساخت کے بوہر کے ماڈل کے مطابق ہائیڈروجن ایٹم کا الیکٹران مرکزے کے گرد 21لاکھ 80ہزار میٹر فی سیکنڈ کی سمتی رفتار سے گھومتا ہے۔ کیا ہمارے آلات اس رفتار پر الیکٹران کے کسی ایک مقام پر مشاہدہ کرسکتے ہیں؟ یہاں بھی یہی مسئلہ ہے کہ ہم ایک خردبینی دنیا کے نظام کا مشاہدہ کرنے کے لیے کلاں بینی دنیا کے ذرائع استعمال کررہے ہیں۔

7.3. بہت سی دنیائیں

1957ء میں ہیو ایوریٹ a نے اپنے پی ایچ ڈی کے مقالے میں بہت سی دنیاؤں (Many Worlds) کا نظریہ پیش کیا جس نے کوانٹم میکانیات کی دنیا میں ایک انقلاب برپا کردیا۔ یہ ایک سحر انگیز نظریہ ہے جو حقیقت کو ایک نئی روشنی میں پیش کرتا ہے۔ اس نظریے کے مطابق مشاہدہ صرف ایک نتیجے پر مرکوز ہونے اور بقیہ نتائج کے احتمال کو صفر کرنے کے بجائے تمام ممکنہ نتائج کو پیش کرتا ہے مگر ہر نتیجہ ایک علیحدہ دنیا میں ظاہر ہوتا ہے۔ یہ دنیائیں اتنی ہی حقیقی ہیں جتنی ہماری دنیا ہے اور وہ ہمارے ہی زمان و مکاں میں واقع ہیں۔ اس ماڈل میں مشاہدہ کرنے والے کی ضرورت بھی باقی نہیں رہتی جو طبیعیات دانوں کی برادری کے لیے زیادہ قابل قبول تھا۔

اس نظریے کے مخالفین کا سب سے بڑا اعتراض یہ تھا کہ کوپن ہیگن میں پیش کردہ اصولوں کو تجربے سے صحیح ثابت کیا جاسکتا ہے اور مشاہدے کے نتیجے میں موجی تعافل کو منہدم ہوتے ہوئے دیکھا جاسکتا ہے۔ دوسری جانب متفقین کا خیال تھا کہ بہت سی دنیاؤں کا نظریہ آسان اور سیدھا سادا ہے اور اس کے لیے موجی تفاعل کو منہدم کرنے کی ضرورت نہیں ہے۔ بہت سی دنیاؤں کے نظریے کے مطابق مشاہدہ کرنے والے کے کردار کی نوعیت بھی اس طرح بدل جاتی ہے کہ اس کا ادراک بیک وقت اتنی شاخوں میں بٹ جاتا ہے جتنی ممکنہ نتائج کی تعداد ہے خواہ وہ تعداد لامحدود ہی کیوں نہ ہو، اور وہ تمام نتائج کا بیک وقت مشاہدہ کرتا ہے۔

[a] Hugh Everett III, 1930-1982

بہت سی دنیاؤں کے نظریے نے مسئلے کے جتنے جوابات دیے ہیں ان سے زیادہ سوالات کھڑے کردیے ہیں اور حقیقت کو ایک نئے رنگ میں پیش کیا ہے۔ فرض کریں کہ میں مشاہدہ کنندہ ہوں۔ اگر مسئلے کے لامحدود حل موجود ہیں اور تمام حل بیک وقت درست ہیں تو مجھے ہر حل کے لیے ایک نئی دنیا کی تشکیل کرنی پڑ رہی ہے۔ اس کا مطلب یہ ہے کہ حقیقت کے لامحدود روپ ہیں اور مشاہدہ کرنے والے کی حیثیت سے میری لامحدود نقلیں ہیں یعنی ہر دنیا میں ایک نقل ہے جو حقیقت کو صرف اس روپ میں دیکھ رہی ہے جو اس دنیا کے لیے مختص کیا گیا ہے۔ ان میں سے کون سا حل صحیح ہے اور میری کون سی نقل اصلی "میں" ہوں؟ کوانٹم میکانیات کے مطابق ہر حل صحیح ہے اور میں ہر روپ میں اصلی "میں" ہوں۔ یہاں ایک نیا سوال اٹھ کھڑا ہوتا ہے۔ اگر میں ہر دنیا میں حقیقت کا اُسی روپ میں مشاہدہ کرنے پر مجبور ہوں جو میری دنیا کے لیے مختص کیا گیا ہے تو پھر میری خود مختاری کا کیا بنا؟ نہ صرف یہ بلکہ ہماری اخلاقی قدروں پر بھی سوال اٹھتا ہے۔ دوسری دنیاؤں میں اپنے روپ کا ہم سے کیا تعلق ہے؟ کیا ایسا تو نہیں کہ اس دنیا میں ہمارے اعمال دوسری دنیاؤں میں ہم پر اثر انداز ہوتے ہوں۔ اگر ایسا ہے تو یہ سراسر ناانصافی ہے کیوں کہ مکافات عمل کے اصول کے خلاف ہے۔

فلسفیوں اور طبیعیات دانوں میں بہت سی دنیاؤں کا نظریہ بحث کا موضوع ہے۔ فلسفی ہر نظریے کو سوچ کی چوٹی تک لے جاتے ہیں جب کہ طبیعیات کے لحاظ سے نظریہ سیدھا سادا ہونا چاہیے اور اسے تجربے سے ثابت ہونا چاہیے۔ چند طبیعیات دانوں کے نزدیک یہ نظریہ کوانٹم میکانیات کی سہل ترین تشریح پیش کرتا ہے جس میں نہ موجی تفاعل کے انہدام کی ضرورت ہے اور نہ مشاہدہ کرنے والے کی۔ اس کے برخلاف دوسروں کا کہنا ہے کہ یہ نظریہ قیاس آرائی پر مبنی ہے اور اس کائنات کے ساتھ موافقت پیدا کرنا دشوار ہے جس کا ہم شب و روز مشاہدہ کرتے ہیں۔ بہرحال حقیقت جو بھی ہو، اس میں شک نہیں کہ بہت سی دنیاؤں کے نظریے نے سائنس اور فلسفہ میں ہماری سوچ کو نئی بلندیوں تک پہنچایا اور کوانٹم میکانیات کو حقیقت کی ایک نئی روشنی دکھائی۔

7.4. مداریے

اب آپ واپس چند اوراق پلٹ کر تصویر 48 پر ایک نظر ڈالیں۔ اس تصویر میں ہائیڈروجن ایٹم کے مرکزے کے گرد اس کے اکلوتے الیکٹران کے موجی تفاعل یعنی اسکی موجودگی کے احتمال کو دکھایا گیا ہے جو کُرّے کی شکل کا ہوتا ہے۔ اسے مداریہ (Orbital) بھی کہتے ہیں۔ جیسا کہ ہم نے دیکھا، یہ مداریہ کُرّے کی شکل کا ہے اور اسے انگریزی کے حرف s (ایس) سے ظاہر کرتے ہیں۔ ایٹم کی زمینی حالت میں یہ پہلے مدار میں ہوتا ہے لہٰذا یہ الیکٹران 1s مداریے میں ہے اور اس کی توانائی قلیل ترین ہے۔

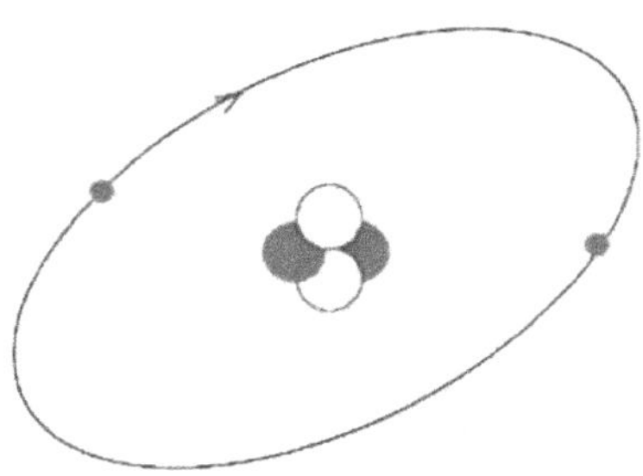

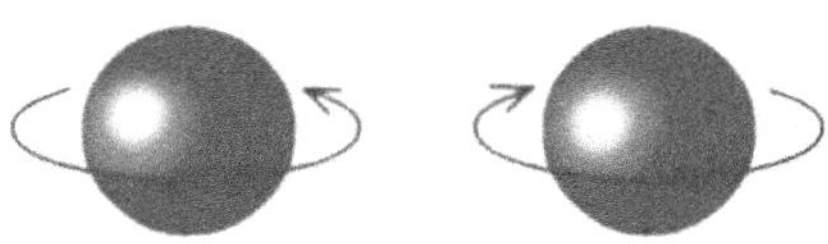

تصویر 49: ہیلیم ایٹم اور اس کے دو الیکٹران 1s مداریے میں

کتاب کی ابتدا میں فہرست مضامین کے بعد عناصر کا جو دوری جدول دیا گیا ہے اس کے مطابق دوسرا عنصر ہیلیم (He) ہے جس کے مرکزے میں دو پروٹان اور دو نیوٹران ہوتے ہیں جن کے گرد بوہر کے ماڈل کے مطابق دو الیکٹرون گھوم رہے ہوتے ہیں۔ یہ دونوں الیکٹران 1s مداریے میں ہوتے ہیں۔ واضح ہو کہ ہر مداریے میں زیادہ سے زیادہ دو الیکٹران ہوتے ہیں۔ ہم یہ بھی دیکھ چکے ہیں کہ ہر الیکٹران اپنے گرد بھی گردش کرتا ہے جو بائیں سے دائیں یا دائیں سے بائیں ہوتی ہے اور اسپن ½ + یا ½- کہلاتی ہے۔ لہٰذا ہر مداریے میں الیکٹران کا جوڑا ہوتا ہے جن میں سے دونوں کی گردش عموماً ایک دوسرے کے مخالف ہوتی ہے۔

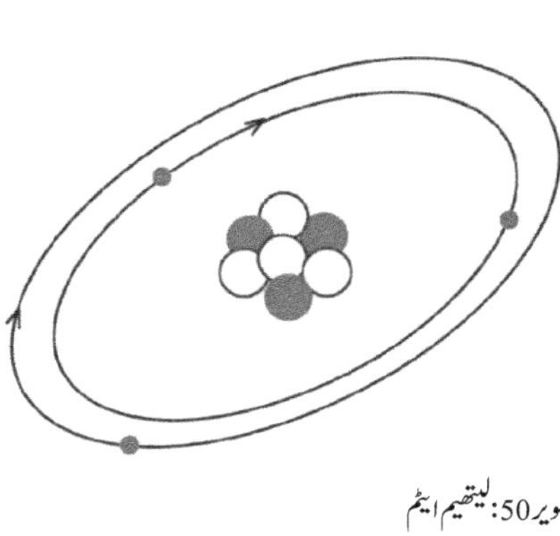

تصویر 50: لیتھیم ایٹم

دوری جدول میں تیسرا عنصر لیتھیَم (Li) ہے۔ جیسا کہ تصویر 50 میں دکھایا گیا ہے، لیتھیم ایٹم کے مرکزے میں تین پروٹان اور چار نیوٹران ہوتے ہیں

جن کے گرد بوہر کے ماڈل کے مطابق تین الیکٹران گھوم رہے ہیں۔ ان میں سے دو الیکٹران 1s مداریے میں ہوتے ہیں جن کی اسپن ½+ اور ½- ہوتی ہے۔ تیسرا الیکٹران مدار نمبر 2 میں چلا جاتا ہے جہاں وہ 2s مداریے میں رہتا ہے۔ واضح ہو کہ مدار نمبر 2 میں ایک مداریہ s ٹائپ کا ہوتا ہے اور تین مداریے p ٹائپ کے ہوتے ہیں جنہیں p_x، p_y اور p_z کہا جاتا ہے۔ اسی طرح مدار نمبر 3 میں ایک مداریہ s ٹائپ کا ہوتا ہے، تین مداریے p ٹائپ کے ہوتے ہیں جنہیں p_x، p_y اور p_z کہا جاتا ہے اور پانچ مداریے d ٹائپ کے ہوتے ہیں جنہیں d_{xy}، d_{yz}، d_{xz}، d_{z^2} اور $d_{x^2-y^2}$ کہا جاتا ہے۔

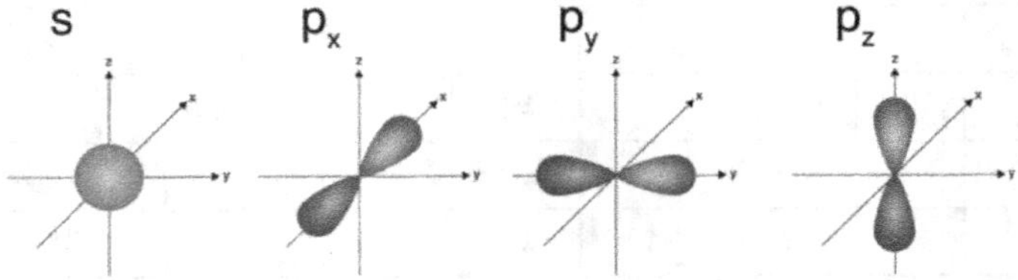

تصویر 51: مدار نمبر 2 کے s اور p مداریے

تصویر 51 میں s اور p شکل کے مداریے دکھائے گئے ہیں۔ ہر مداریے میں زیادہ سے زیادہ دو الیکٹران سما سکتے ہیں۔ کسی مداریے میں اگر ایک الیکٹران کی اسپن ½+ ہے تو دوسرے کی ½- ہو گی۔

جدول 3 میں دوری جدول کے پہلے دس عناصر کے الیکٹران کی ترتیب دکھائی گئی ہے۔ پہلے مدار میں صرف ایک s ٹائپ کا مداریہ ہوتا ہے، دوسرے مدار میں ایک s ٹائپ کا اور تین p ٹائپ کے مداریے ہوتے ہیں اور تیسرے مدار میں ایک s ٹائپ کا، تین p ٹائپ کے اور پانچ d ٹائپ کے مداریے ہوتے ہیں۔ اس طرح ہر مدار میں پچھلے مدار کے مقابلے میں زیادہ الیکٹران سما سکتے ہیں۔ جیسے جیسے ہم دوری جدول میں آگے بڑھتے ہیں، ایک ایک الیکٹران کا اضافہ ہوتا جاتا ہے۔ جب p مداریہ بھرنا شروع ہوتا ہے تو پہلے تین الیکٹران تینوں مداریے بھر لیتے ہیں۔ اس کے بعد چوتھا الیکٹران پہلے p مداریے میں جوڑا بنا لیتا ہے۔

جدول 3 میں الیکٹران کی اسپن تیروں کے نشان سے دکھائی گئی ہے۔ آخری کالم میں مختلف مداریوں میں الیکٹران کی تقسیم دکھائی گئی ہے۔ مثلاً نائٹروجن کے 7 الیکٹران کی تقسیم $1s^2 2s^2 2p^3$ ہے یعنی 2 الیکٹران 1s مداریے میں، 2 الیکٹران 2s مداریے میں اور 3 الیکٹران 2p مداریے میں ہوتے ہیں۔ مداریوں میں الیکٹران کے جوڑے بنا کر رہنے کا یہ فائدہ ہے کہ دونوں کی توانائی ایک دوسرے کی نفی

کر دیتی ہے جس سے ایٹم زیادہ مستحکم (Stable) ہو جاتا ہے مگر اس قاعدے میں ایک استثنا ہے مثلاً یہ کہ جب p مداریوں میں الیکٹران بھرنا شروع ہوتے ہیں تو پہلے تین الیکٹران تینوں p مداریوں میں جاتے ہیں پھر چوتھا الیکٹران پہلے p مداریے میں جوڑا بنالیتا ہے اور مزید دو الیکٹرون کی گنجائش ہوتی ہے۔ چناں چہ جدول 3 کے مطابق نائٹروجن کے تینوں p مداریوں میں ایک ایک بے جوڑ الیکٹران ہے۔

ایٹمی عدد	عنصر	علامت	1s	2s	2px	2py	2pz	مداری تشکیل
1	ہائیڈروجن	H	↑					$1s^1$
2	ہیلیم	He	↓↑					$1s^2$
3	لیتھیم	Li	↓↑	↑				$1s^2 2s^1$
4	بیریلیم	Be	↓↑	↓↑				$1s^2 2s^2$
5	بورون	B	↓↑	↓↑	↑			$1s^2 2s^2 2p^1$
6	کاربن	C	↓↑	↓↑	↑	↑		$1s^2 2s^2 2p^2$
7	نائٹروجن	N	↓↑	↓↑	↑	↑	↑	$1s^2 2s22p^3$
8	آکسیجن	O	↓↑	↓↑	↓↑	↑	↑	$1s^2 2s^2 2p^4$
9	فلورین	F	↓↑	↓↑	↓↑	↓↑	↑	$1s^2 2s^2 2p^5$
10	نیان	Ne	↓↑	↓↑	↓↑	↓↑	↓↑	$1s^2 2s^2 2p^6$

جدول 3: دوری جدول کے پہلے دس عناصر میں الیکٹران کی تقسیم

اب ہم دیکھیں گے کہ یہ اکیلے بے جوڑ الیکٹران کس طرح عناصر کے ایٹموں کو ایک دوسرے سے ملا کر مرکبات کے سالمے بناتے ہیں۔ مثلاً ہائیڈروجن اور آکسیجن مل کر پانی بناتے ہیں جو ایک مرکب ہے۔ یہ ایک کیمیائی ردّ عمل ہے جسے ہم سیکشن 6.2 میں متعارف کر چکے ہیں۔ اس عمل میں دونوں ایٹموں کے سب سے باہر کے مداریوں کے الیکٹران حصہ لیتے ہیں، مثلاً آکسیجن کے ایٹم میں $2p_y$ اور $2p_z$ مداریوں میں ایک ایک اکیلا الیکٹران جوڑا بنانے کے لیے بیٹھا ہے۔ ادھر ہائیڈروجن کے ایٹم میں ایک ہی الیکٹران ہے جو جوڑا بنا کر ایٹم کو زیادہ مستحکم بنادے گا۔ چناں چہ جب ہائیڈروجن کا ایک ایٹم آکسیجن کے ایٹم کے نزدیک آتا ہے۔ تو آکسیجن کا ایک بے جوڑ الیکٹران ہائیڈروجن کے مرکزے کے گرد بھی گردش کرنے لگتا ہے۔ اب آکسیجن کا دوسرا اکیلا الیکٹران بھی اپنے لیے ایک اور ہائیڈروجن ایٹم تلاش کر لیتا ہے اور پانی کا ایک سالمہ بن جاتا ہے جس میں دو ایٹم ہائیڈروجن کے اور ایک ایٹم آکسیجن کا ہوتا ہے، لہٰذا اس سالمے کا فارمولا H_2O یا H-O-H ہے۔ یہاں یہ بھی کہا جاتا ہے کہ ہائیڈروجن اور آکسیجن کے ایٹموں کے درمیان ایک بند

(Bond) بن گیا ہے۔

7,5. کوانٹم الجھاؤ

کوانٹم الجھاؤ (Quantum Entanglement) ایک مظہر فطرت ہے جو کوانٹم کی سطح پر ذرات کے جوڑوں میں نظر آتا ہے۔ اگر جوڑے کے ایک ذرے کی حالت کا مشاہدہ کیا جائے تو دوسرے ذرے کی حالت بلا مشاہدے کے معلوم ہو جاتی ہے خواہ دونوں ذرات کے درمیان کتنا ہی فاصلہ ہو۔

اس مظہر فطرت کو سمجھنے کے لیے ہم ایک فکری تجربہ کرتے ہیں۔ ہم ہیلیم ایٹم کے متعلق پڑھ چکے ہیں کہ اس میں دو الیکٹران ہوتے ہیں اور دونوں 1s مداریے میں ہوتے ہیں۔ ہمیں یہ بھی معلوم ہے کہ ان میں سے ایک کی اسپن اگر ½+ ہو گی تو دوسرے کی لازماً ½- ہو گی۔ اب آپ ان میں سے ایک الیکٹران نکالیں اور ایک چھوٹی سی صندوقچی میں بند کر کے اپنے ایک دوست کو دے دیں جو خلائی سفر کر رہا ہے۔ وہ آپ کی صندوقچی لے کر سفر پر روانہ ہوتا ہے اور کائنات کے دوسرے سرے پر پہنچ جاتا ہے۔ آپ کو معلوم ہے کہ کائنات اتنی وسیع ہے کہ دوسرے سرے کا تصور نہیں کیا جا سکتا مگر یہ ایک فکری تجربہ ہے اور اس میں ہم فرض کیے لیتے ہیں کہ آپ کائنات کے ایک سرے پر ہیں اور آپ کا دوست ہیلیم کا دوسرا الیکٹران لے کر قابل مشاہدہ کائنات کے دوسرے سرے پر پہنچ چکا ہے یعنی آپ سے تقریباً 93 ارب نوری سال دور ہے۔ ویسے اگر آپ کے دوست نے روشنی کی رفتار سے سفر کیا ہو گا اور آپ کے ساتھ اس کی پیغام رسانی کے دوران پیغامات روشنی کی رفتار سے چلے ہوں گے تو ہر پیغام کو ایک طرف سے دوسری طرف پہنچنے میں 93 ارب سال لگے ہوں گے مگر چوں کہ یہ صرف ایک فکری تجربہ ہے لہٰذا ہم فرض کیے لیتے ہیں کہ آپ کے دوست کے ساتھ آپ کا رابطہ اتنی تیز رفتاری سے ہو رہا ہے جیسے آپ ایک دوسرے کے سامنے بیٹھے ہیں۔ اب ہمارا تجربہ شروع ہوتا ہے۔ آپ ہیلیم کے بچے کھچے الیکٹران کی اسپن کا مشاہدہ کرتے ہیں اور اسی لمحے آپ کا دوست صندوقچی کھول کر اپنا الیکٹران دیکھتا ہے تو معلوم ہوتا ہے کہ اگر آپ کے الیکٹران کی سپن ½- ہے تو آپ کے دوست کے الیکٹران کی اسپن ½+ ہو گی۔

1960ء کی دہائی میں جب میں یونیورسٹی آف برٹش کولمبیا میں طالب علم تھا تو میری تحقیق کی

فیلڈ الیکٹران پیرا مقناطیسی گمک (Electron Paramagentic Resonance) تھی جس میں بڑے بڑے مقناطیسوں کی مدد سے زیر تحقیق سالموں میں الیکٹران کی اسپن سے کھیلا جاسکتا تھا۔ فرض کریں کہ آپ کی تجربہ گاہ میں بھی وہ ساز و سامان موجود ہے جس کی مدد سے آپ اپنے ہیلیم کے الیکٹران کی اسپن کو اُلٹ دیتے ہیں۔ کائنات کے دوسرے سرے سے آپ کا دوست آپ کو رپورٹ کرتا ہے کہ اسی لمحے صندوقچی میں رکھے ہوئے اس کے الیکٹران کی اسپن بھی الٹ گئی ہے۔

ہم کہتے ہیں کہ یہ دونوں الیکٹران آپس میں کوانٹم الجھاؤ کے رشتے میں بندھے ہوئے ہیں اور انہیں خواہ کتنا ہی ایک دوسرے سے علیحدہ کر دیا جائے، وہ ایک دوسرے کے ساتھ فاصلے اور رفتار کی قید سے آزاد ہو کر رابطہ قائم رکھتے ہیں۔

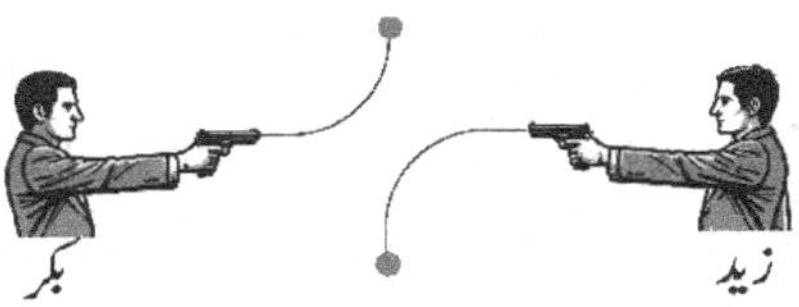

تصویر 52: کوانٹم الجھاؤ

کوانٹم الجھاؤ پر ایک اور فکری تجربہ کرتے ہیں۔ فرض کریں کہ زید اور بکر آمنے سامنے کھڑے ہو کر ایک دوسرے پر پستول تان لیتے ہیں اور بیک وقت ایک دوسرے پر فائر کرتے ہیں۔ یہ اسپیشل قسم کے پستول ہیں جن میں گولیوں کے بجائے الیکٹران بھرے ہوئے ہیں اور فائر کے ساتھ ہی دونوں کے پستولوں سے ایک ایک الیکٹران خارج ہوتا ہے۔ اصولاً آدھے راستے پر پہنچ کر دونوں الیکٹران کو آپس میں ٹکرا جانا چاہیے مگر زید کا الیکٹران راستہ بدل کر نیچے کی طرف چلا جاتا ہے اور بکر کا الیکٹران مخالف سمت میں اوپر کی جانب چلا جاتا ہے۔ اگر اس تجربے کو بار بار دہرایا جائے تو ضروری نہیں کہ ہر بار زید کا الیکٹران نیچے جائے اور بکر کا اوپر ہی جائے۔ وہ دائیں بائیں بھی جاسکتے ہیں، اوپر نیچے کی جانب اور دائیں جانب کے درمیان کسی زاویے پر بھی جاسکتے ہیں۔ وہ لاتعداد سمتیں اختیار کرسکتے ہیں مگر یہ طے ہے کہ دونوں الیکٹران مخالف سمتوں میں مڑیں گے۔

سوال پیدا ہوتا ہے کہ پستول کے فائر ہوتے ہی دونوں الیکٹران کس طرح فیصلہ کرتے ہیں کہ کس کو کس سمت میں مڑنا ہے اور کیسے ایک دوسرے کو مطلع کرتے ہیں۔ اس تجربے کے لاتعداد نتائج نکلتے ہیں اور بہت سی دنیاؤں کے نظریے کے مطابق ہر نتیجہ بیک وقت ایک دنیا میں ظاہر ہوتا ہے مگر ہماری دل چسپی

ہماری اپنی دنیا تک محدود ہوتی ہے۔

کوانٹم الجھاؤ فلسفیوں کے لیے دل چسپ سوالات جنم دیتا ہے۔ فلسفہ کہتا ہے کہ اسباب کے نتائج گرد ونواح میں ہی نکل سکتے ہیں اور اگر سبب اور نتیجے کے درمیان فاصلہ حائل ہے تو ان کے درمیان رابطہ ہونا ضروری ہے۔ ہماری پہلی مثال میں دو الیکٹران کے درمیان بظاہر کوئی رابطہ نظر نہیں آتا۔ دوسری مثال میں دونوں الیکٹران ٹکرانے سے گریزیوں کر رہے ہیں کہ دونوں کا منفی بار (Negative Charge) ہے۔ دونوں کا مخالف سمت میں جانا بھی سمجھ میں آتا ہے کیوں کہ اس طرح ایک دوسرے سے دور ہو جانے سے قوت دفع (Repulsion) زیادہ تیزی سے کم ہو گی مگر اس کا فیصلہ کیسے کیا جاتا ہے کہ کون سا الیکٹران کس طرف جائے گا۔

8

برقناطیسی اِشعاع

8.1. مقناطیسیت

اگر آپ کو بچپن میں مقناطیس سے کھیلنے کا موقع ملا تو آپ کو یاد ہو گا کہ مقناطیس عموماً لوہے کی چپٹی سلاخ ہوتا ہے جس سے لوہے کی اشیا چپک جاتی ہیں۔ مقناطیس کا ایک سرا شمالی قطب (N) کہلاتا ہے اور دوسرا سرا جنوبی قطب (S)۔ اگر ایک مقناطیس کا شمالی قطب اور دوسرے مقناطیس کے جنوبی قطب کو آہستہ آہستہ نزدیک لایا جائے تو دونوں ایک دوسرے کو اپنی جانب کھینچنا شروع کر دیتے ہیں اور جوں جوں ان کا فاصلہ کم ہوتا ہے، ان کی کشش بڑھتی جاتی ہے حتیٰ کہ وہ ایک دوسرے کے ساتھ چپک جاتے ہیں۔

(ج) (ب) (الف)

تصویر 53 (الف) مقناطیسی سلاخیں (ب) قطب نما (ج) مقناطیسی فیلڈ

اس کے برخلاف اگر آپ دو مقناطیسوں کے شمالی قطب (یا جنوبی قطب) کو ایک دوسرے سے نزدیک لائیں تو وہ ایک دوسرے کو دفع کرنا شروع کر دیتے ہیں اور آپ خواہ کتنا ہی زور لگائیں وہ ایک

دوسرے سے چپک کر ہی نہیں دیتے۔ اس سادہ سے تجربے سے یہ ثابت کرنا مقصود تھا کہ مقناطیس کے مخالف قطب میں ایک دوسرے کے لیے کشش ہوتی ہے، اور یکساں قطب میں گُریز ہوتا ہے۔

تصویر 53 (ب) میں مقناطیس ایک سوئی کی شکل میں ہے جو گھوم سکتی ہے۔ اس چھوٹے سے آلے کو قطب نما (Compass) کہتے ہیں۔ سوئی کا ایک سرا ہمیشہ شمال کی جانب رہتا ہے اور دوسرا سرا جنوب کی جانب۔ دراصل زمین خود ایک مقناطیس ہے جس کے سِرے قطب شمالی اور قطب جنوبی کہلاتے ہیں۔ مقناطیس کا وہ قطب جو شمال کی طرف کھنچتا ہے شمالی قطب کہلاتا ہے اور جو جنوب کی طرف کھنچتا ہے وہ جنوبی قطب کہلاتا ہے۔ ہر مقناطیس میں شمالی اور جنوبی، دونوں قطب ہوتے ہیں۔ آپ کو کوئی ایسا مقناطیس نہیں ملے گا جس میں صرف ایک ہی قطب ہو۔

اگر آپ نے ہائی اسکول میں طبیعیات پڑھی ہے اور آپ کے اسکول میں طبیعیات کی لیباریٹری بھی تھی تو آپ کے سائنس ٹیچر نے مقناطیس کا ایک تجربہ بھی کرایا ہو گا جس میں ایک چکنے گتّے پر لوہے کا برادہ ڈال کر پھیلا دیتے ہیں اور پھر ایک مقناطیس گتّے کے نیچے رکھ کر انگلی سے تھپتھپائیں تو برادہ تصویر 53 (ج) کی شکل اختیار کر لے گا۔ جس رقبے میں یہ برادہ پھیلا ہوا ہے اسے مقناطیسی میدان یا مقناطیسی فیلڈ (Magnetic Field)[a] کہتے ہیں۔ یہ مقناطیس کے ارد گرد خلا کا وہ حصہ ہوتا ہے جہاں مقناطیس اثر انداز ہوتا ہے اور مقناطیس کے گرد اُن لکیروں کی شکل کا ہوتا ہے جو مقناطیسی قوت کی سمت اور مقدار کو ظاہر کرتی ہیں۔ جب آپ گتے کو آہستہ آہستہ گھمائیں گے تو لوہے کے برادے کی لکیریں بھی اپنا رُخ تبدیل کریں گی۔

لوہے کے ایک ٹکڑے کو کچھ عرصے تک مقناطیس سے چپکا کر رکھیں تو وہ بھی ایک مقناطیس بن جاتا ہے۔ جو سرا مقناطیس کے شمالی قطب سے چپکا ہوا تھا وہ جنوبی قطب بن جائے گا اور جو سرا جنوبی قطب سے چپکا ہوا تھا وہ شمالی قطب بن جائے گا۔ انسانی تہذیب کی ترقی میں لوہے نے نمایاں کردار ادا کیا ہے۔ خواہ وہ زراعتی اوزار ہوں یا فوجی ہتھیار، صنعتی مشینری ہو یا تعمیراتی شعبہ، اگر انسان نے لوہا دریافت نہ کیا ہوتا تو ہماری تہذیب کا سفر بہت مختلف ہوتا۔ اس سے پہلے کہ ہم لوہے کی اس خاصیت کا جائزہ لیں جس کی بنا پر اس میں مقناطیسیت (Magnetism) پیدا ہوتی ہے، ہم دیکھیں گے کہ مقناطیسیت کیا ہے۔

---

[a] فیلڈ یا میدان مقناطیس کے گرد وہ احاطہ ہے جس میں مقناطیس کا اثر موجود ہوتا ہے۔ اردو میں عموماً میدان ہی استعمال ہوتا ہے مگر میدان سے وسعت کا احساس ہوتا ہے جب کہ فیلڈ محدود ہوتی ہے جیسے کرکٹ کی فیلڈ یا مقناطیسی فیلڈ۔ ویسے فیلڈ بھی اردو میں عام فہم لفظ ہے لہٰذا ہم اس کتاب میں میدان کی جگہ فیلڈ ہی استعمال کریں گے اور ایک سے زیادہ فیلڈ کو فیلڈز لکھیں گے۔

ہماری کہانی ان پس ایٹمی ذرّات سے شروع ہوتی ہے جن میں مثبت یا منفی چارج ہوتا ہے۔ ایٹم کے مرکزے میں نیوٹران اور پروٹان جکڑے ہوئے ہوتے ہیں اور الیکٹران جن کا منفی چارج ہوتا ہے، مرکزے کے گرد آزاد ہوتے ہیں خصوصاً باہر کے مدار میں بے جوڑ الیکٹران، مثلاً پچھلے سیکشن میں جدول 3 کے مطابق نائٹروجن میں 3 اور آکسیجن میں 2 بے جوڑ الیکٹران ہیں جو دوسرے عناصر کے ایٹموں سے مل کر سالمے بناتے ہیں۔ ان کے بر خلاف ہیلیم اور نیان میں کوئی بے جوڑ الیکٹرون نہیں ہیں چناں چہ یہ عام درجہ حرارت میں دوسرے عناصر سے نہیں ملتیں۔

الیکٹران نہ صرف دوسرے عناصر کے ایٹموں سے مل کر مرکبات کے سالمے بناتے ہیں بلکہ اپنے گرد بھی گردش کرتے ہیں جسے ہم اسپن کہتے ہیں۔ سیکشن 7.4 میں آپ نے پڑھا تھا کہ الیکٹران کی اسپن ½+ ہوتی ہے یا ½-، مگر اس کا تذکرہ نہیں کیا کہ ایک اپنے گرد گردش کرتا ہوا پس ایٹمی ذرّہ جس کا مثبت یا منفی چارج ہو ایک مقناطیس کی طرح پیش آتا ہے جیسا کہ تصویر 54 (الف) میں دکھایا گیا ہے۔

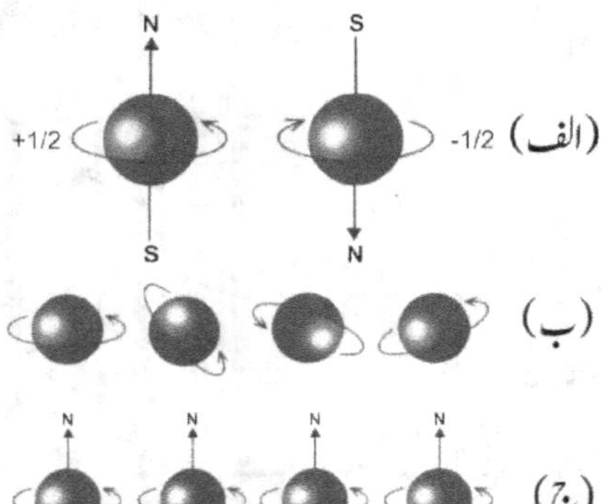

تصویر 54: گردش کرتا ہوا الیکٹران ایک مقناطیس بن جاتا ہے۔

واضح ہو کہ مختلف مداریوں میں الیکٹران کے جوڑے چوں کہ مخالف سمت میں گردش کر رہے ہوتے ہیں لہٰذا ان کے شمالی اور جنوبی قطب مخالف سمت میں ہونے کی بنا پر ایک دوسرے کی مقناطیسیت کو منسوخ کر دیتے ہیں ۔ باقی بے جوڑ الیکٹران کے لیے ضروری نہیں کہ ان کی گردش کے محور متوازی ہوں جیسا کہ تصویر 54 (ب) میں دکھایا گیا ہے البتہ مقناطیس میں یہ الیکٹران متوازی محوروں پر گردش کرتے ہیں جیسا کہ آپ تصویر 54 (ج) میں دیکھ سکتے ہیں۔ اگر آپ لوہے کے ایک ٹکڑے کو مقناطیس سے چپکا دیں تو آہستہ آہستہ اس کے بے جوڑ الیکٹران کے محور بھی متوازی ہو جائیں گے اور لوہے کا وہ ٹکڑا بھی مقناطیس بن جائے گا۔

اب ہم دیکھیں گے کہ آخر لوہے کی کیا خصوصیت ہے جس کی بنا پر وہ مقناطیسی ہو جاتا ہے۔ چھٹے باب کی ابتدا

میں آپ نے دوری جدول کا مطالعہ کیا تھا جس میں عناصر کو ان کے طبیعیاتی اور کیمیائی خواص کے مطابق گروہوں میں بانٹ دیا گیا ہے۔ اس جدول میں گروپ نمبر 8 سے 10 تک کے عناصر کو جمع کیا گیا ہے جن میں لوہا شامل ہے۔ ان عناصر کو لوہ مقناطیسی (Ferrormagnetic) عناصر کہتے ہیں کیوں کہ ان میں مقناطیسی خاصیت ہوتی ہے۔

مداری تشکیل		3d					علامت	عنصر	ا
$1s^2 2s^2 2p^6 3s$	↓↑	↑	↑	↑	↑	↓↑	Fe	لوہا[a]	2
$1s^2 2s^2 2p^6 3s$	↓↑	↑	↑	↑	↓↑	↓↑	Co	کوبالٹ	2
$1s^2 2s^2 2p^6 3s$	↓↑	↑	↑	↓↑	↓↑	↓↑	Ni	نِکِل	2

جدول 4: لوہ مقناطیسی عناصر (Ferromagnetic Elements)

ان عناصر میں آپ کو جو بات مشترک نظر آئے گی وہ یہ ہے کہ 3d مداریوں کے مکمل طور پر بھرنے سے پہلے ہی دو الیکٹران 4s مداریے میں جا بیٹھتے ہیں۔ اس کی ایک وجہ یہ ہے کہ 3d اور 4s مداریوں کی توانائی کی سطح میں زیادہ فرق نہیں ہے۔ دوسری وجہ یہ ہے کہ الیکٹران اپنے اپنے مداریوں میں حتی الامکان اکیلا رہنا پسند کرتے ہیں لہٰذا پانچوں 3d مداریوں میں ایک ایک الیکٹران آجانے کے بعد اگلے الیکٹران کو 4s میں دھکیل دیتے ہیں۔ ہم یہ بھی دیکھ چکے ہیں کہ کسی مداریے میں الیکٹران کے جوڑے کی اسپن مخالف سمت میں ہوتی ہے اور ایک دوسرے کی تنسیخ کر دیتی ہے، لہٰذا مقناطیسیت میں صرف بے جوڑ الیکٹران حصہ لیتے ہیں۔

تینوں لوہ مقناطیسی عناصر میں کوبالٹ سب سے زیادہ طاقتور مقناطیس بناتا ہے اور اس کی مقناطیسیت سب سے زیادہ دیرپا اور مستحکم ہوتی ہے۔ اس لحاظ سے کوبالٹ کے بعد لوہا آتا ہے اور آخر میں نِکِل۔ اگر مقناطیس کو گرم کیا جائے تو ایک خاص درجہ حرارت پر اس کی مقناطیسیت ختم ہو جاتی ہے۔ جن صنعتی تراکیب میں اونچے درجہ حرارت پر مقناطیس کا استعمال کرنا ہو وہاں اس بات کا خیال رکھنا پڑتا ہے کہ مقناطیس کس دھات کا ہو۔ کوبالٹ $1115^{\circ}C$ تک، لوہا $770^{\circ}C$ تک، اور نکل $358^{\circ}C$ تک اپنی مقناطیسیت برقرار رکھتے ہیں۔

[a] لوہا لاطینی زبان میں فیرم (Ferrum) کہلاتا ہے لہٰذا اس کی علامت Fe ہے۔

8.2.برق

برق یا بجلی (Electricity) توانائی کی ایک شکل ہے جو ہماری روزمرہ کی زندگی میں ہر جگہ موجود ہے اور ہمیں باقی دنیا سے منسلک رکھتی ہے۔ اس سیکشن میں ہم دیکھیں گے کہ بجلی دراصل کیا ہے اور کیسے کام کرتی ہے۔ ایک جملے میں یوں کہا جاسکتا ہے کہ برق منفی چارج والے الیکٹران کا کسی واسطے (Medium) مثلاً بجلی کے تار میں بہنے کا نام ہے۔ خواہ بجلی تاروں کے ذریعے ہمارے گھروں میں پہنچ کر روشنی کے بلب جلائے، پنکھے اور ائیر کنڈیشنر چلائے، ریفریجریٹر کو ٹھنڈا رکھے یا بیٹری کے ذریعے ہمارے موبائل فون کو فعال رکھے اور یا پھر فیکٹریوں کو چلائے، اس کے بغیر زندگی ناممکن ہوگئی ہے۔ بجلی مختلف طریقوں سے پیدا کی جاسکتی ہے، مثلاً

- برق آبی طاقت (Hydroelectric Power) : دریاؤں پر ڈیم بنا کر پانی کے بہاؤ سے چرخاب یا ٹربائن کو گھما کر جنریٹرز کے ذریعہ بجلی پیدا کی جاتی ہے۔
- بادی طاقت (Wind Power) : ہوا سے پون چکیوں کو گھما کر چرخاب چلائے جاتے ہیں۔
- حرارتی توانائی (Thermal Energy) : کوئلہ، قدرتی **گیس، یا جوہری طاقت سے پانی کو بھاپ میں تبدیل کر کے چرخاب کو گھمایا جاتا ہے۔**
- شمسی توانائی **(Solar Energy): سولر پینلز کے ذریعے سورج کی روشنی کو براہ راست بجلی میں تبدیل کیا جاتا ہے۔**
- کیمیائی ردّعمل (Chemical Reaction):
ایک عام بیٹری جو بچوں کے کھلونوں اور گھر کے چھوٹے چھوٹے آلات میں استعمال ہوتی ہے، کیمیائی ردّعمل سے بجلی پیدا کرتی ہے۔

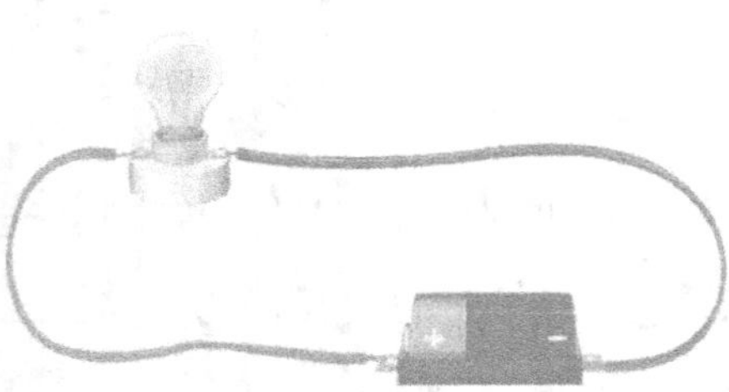

تصویر 55: سادہ قلوی بیٹری

عام AA سائز بیٹری میں دو خانے ہوتے ہیں جن میں آپس میں کوئی اتصال نہیں ہوتا۔ بیٹری کے اس خانے میں جہاں + کا نشان ہے، ایک ایسے کیمیائی ردّعمل کے متعاملات (Reactants) کو ڈال دیا جاتا ہے

جس کے نتیجے میں اس خانے میں الیکٹرانوں کی بہتات ہو جاتی ہے اور اس خانے پر منفی چارج آجاتا ہے۔ دوسرے خانے میں جو متعاملات رکھے جاتے ہیں ان کے کیمیائی ردّ عمل کے نتیجے میں الیکٹرانوں کی کمی ہو جاتی ہے اور اس خانے پر مثبت چارج آجاتا ہے۔ جب ان دونوں خانوں کو بجلی کے تار کے ذریعے ایک دوسرے سے جوڑ دیا جائے تو جس خانے میں الیکٹرانوں کی بہتات ہے اس سے الیکٹران نکل کر دوسرے خانے میں جانے لگتے ہیں جس میں الیکٹرانوں کی کمی ہے۔ اگر تار کو درمیان سے کاٹ کر دو حصوں میں تقسیم کر دیا جائے اور ان کے درمیان ایک بلب لگا دیا جائے تو الیکٹران بلب کے باریک تار سے گزرنے میں دشواری محسوس کرتے ہیں جس کے نتیجے میں بلب کے اندر تار اتنے گرم ہو جاتے ہیں کہ جل اٹھتے ہیں[a]۔ الیکٹرانوں کے اس بہاؤ کو برقی کرنٹ کا نام دیا گیا ہے اور حسابات میں اس کی سمت الیکٹرانوں کے بہاؤ کی سمت کی مخالف ہوتی ہے یعنی الیکٹران منفی سرے سے مثبت سرے کی طرف جاتے ہیں جب کہ ہم کہتے ہیں کہ کرنٹ مثبت سرے سے منفی سرے کی طرف جاتا ہے۔

جب بیٹری کے دونوں خانوں میں کیمیائی ردّ عمل مکمل ہو جاتے ہیں اور دونوں خانوں میں متعاملات حاصلات میں تبدیل ہو جاتے ہیں تو کیمیائی ردّ عمل بند ہو جاتے ہیں اور الیکٹرانوں کا بہاؤ ختم ہو جاتا ہے۔ عام بیٹری اس وقت ناقابل استعمال ہو جاتی ہے مگر کچھ بیٹریوں کو دوبارہ چارج کیا جا سکتا ہے۔ اس کے لیے بیٹری میں مخالف سمت میں کرنٹ دوڑایا جاتا ہے جس کی بنا پر دونوں خانوں میں کیمیائی ردّ عمل مخالف سمت میں ہونے لگتا ہے اور پچھلے ردّ عمل کے حاصلات متعاملات میں تبدیل ہو جاتے ہیں اور بیٹری دوبارہ چارج ہو جاتی ہے۔

مقناطیس کی مانند بجلی کے مثبت اور منفی چارج کے درمیان احاطہ ہوتا ہے جس میں اس کے اثرات ملتے ہیں۔ اس احاطے کو برقی فیلڈ (Electric Field) کہتے ہیں جیسا کہ تصویر 56 (الف) میں دکھایا گیا ہے۔ جس طرح مقناطیس کے مخالف قطب میں ایک دوسرے کے لیے کشش ہوتی ہے، اور یکساں قطب میں گُریز ہوتا ہے، اسی طرح بجلی کے مخالف چارج ایک دوسرے کو اپنی جانب کھینچتے ہیں اور یکساں چارج ایک دوسرے کو دھکیلتے ہیں۔

[a] احتیاطاً اس سرکٹ (Circuit) میں ایک مزاحم (Resistor) لگانے کی ضرورت پڑے گی تاکہ حرارت کی بنا پر سرکٹ جل نہ جائے۔

یہ مختصر تفصیل بجلی کے بنیادی اصولوں کو سمجھنے میں مدد دیتی ہے، جس سے ہم اپنی روزمرہ کی زندگی میں بجلی کی اہمیت کو بہتر طور پر سمجھ سکتے ہیں۔

8.3. برقناطیسیت

برقناطیسیت فطرت کی بنیادی قوتوں میں سے ایک ہے۔ ابتدا میں برق اور مقناطیسیت کو الگ الگ مظاہر کے طور پر شمار کیا جاتا تھا۔ پہلی مرتبہ ہانس کرسچن آرسٹیڈ[a] نے دریافت کیا کہ دونوں کا آپس میں تعلق ہے اور برقی کرنٹ سے مقناطیسیت پیدا ہوتی ہے۔ مائیکل فیراڈے[b] نے اس کا اُلٹ دریافت کیا، یعنی مقناطیسیت برقی کرنٹ پیدا کر سکتی ہے۔ جیمز کلرک میکسویل[c] نے دنوں مظاہر کو یک جا کر کے برقناطیسیت کا ایک مجموعی نظریہ پیش کیا۔

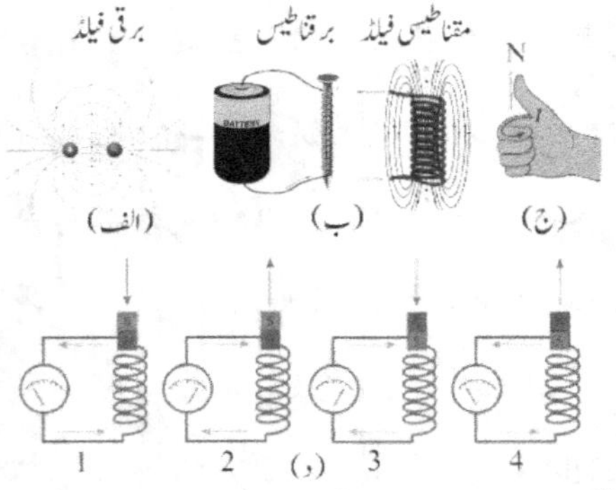

تصویر56: برقناطیسیت

ممکن ہے کہ آپ نے ہائی اسکول کی لیب میں بجلی سے مقناطیس اور مقناطیس سے بجلی بنانے کا تجربہ کیا ہو۔ جیسا کہ تصویر56(ب) میں دکھایا گیا ہے، پہلے تجربے کے لیے تین چیزوں کی ضرورت ہے۔ لوہے کی کیل، بیٹری اور ایک بجلی کا تار جس پر غیر مَوصِل (Non-conductor) پینٹ یا پلاسٹک کا کوَر چڑھا ہوا ہو۔ اب کیل پر تار کو لپیٹ لیں اور دونوں سروں کو بلیڈ سے چھیل کر پینٹ اتار دیں۔ جب آپ تار کے سِروں کو بیٹری کے ساتھ جوڑیں گے تو تار میں بجلی کا کرنٹ دوڑنے لگے گا اور اس کے نتیجے میں کیل ایک مقناطیس بن جائے گی۔ مقناطیس کا کون سا قطب کیل کے کون سے کنارے پر ہو گا، اس کا تعین "دائیں ہاتھ کے اصول" سے کیا جاتا ہے۔ اپنے دائیں ہاتھ کی مٹھی اس طرح بنائیں کہ جس سمت میں تار کے بَل ہوں اسی سمت میں آپ

[a] Hans Christian Ørsted, 1777-1851
[b] Michael Faraday, 1791-1867
[c] James Clerk Maxwell, 1831-1879

کی انگلیاں مڑیں، تو جس سمت میں انگوٹھا ہو گا اسی سمت میں مقناطیس کا شمالی قطب ہو گا جیسا کہ تصویر 56(ج) میں دکھایا گیا ہے۔ عام طور پر کیل میں مقناطیسی خاصیت اس وقت تک رہتی ہے جب تک بجلی کا کرنٹ جاری رہے لیکن اگر فولاد کی کیل ہے یا زیادہ عرصے تک کرنٹ جاری رہے تو کیل کی مقناطیسیت زیادہ عرصہ قائم رہ سکتی ہے یا مستقل بھی ہو سکتی ہے۔

دوسرے تجربے کا مقصد مقناطیس سے بجلی کا کرنٹ پیدا کرنا ہے۔ اس کے لیے بجلی کے تار کو کسی سلنڈر پر لپیٹ کر آہستہ سے سلنڈر کو باہر کھینچ لیں تو آپ کے پاس تار کی ایک کُنڈلی (Coil) بن جائے گی۔ اس کُنڈلی کے دونوں سروں کو ایک برقی روپیما (Galvanometer) سے جوڑ دیں۔ برقی روپیما بجلی کا کرنٹ ناپنے کا آلہ ہوتا ہے۔ اگر تار میں بجلی کا کرنٹ نہ ہو تو اس کی سوئی مرکز میں رہتی ہے جو صفر کو ظاہر کرتا ہے، ورنہ سوئی کرنٹ کی سمت کے مطابق دائیں یا بائیں جانب چلی جاتی ہے۔

جب آپ ایک مقناطیس کے شمالی قطب کو کنڈلی میں داخل کریں گے تو برقی روپیما کی سوئی ایک جانب جائے گی اور جب مقناطیس کو اوپر اٹھائیں گے تو سوئی دوسری جانب جائے گی۔ اسی طرح اگر آپ جنوبی قطب سے تجربے کو دہرائیں گے تو سوئی مخالف سمتوں میں جائے گی۔ چناں چہ جب تار کی کنڈلی میں مقناطیس کو حرکت دیں تو اس سے بجلی کا کرنٹ پیدا ہوتا ہے۔

اس سیدھے سادے مظہر کی دریافت نے ٹیکنالوجی میں ایک انقلاب برپا کر دیا۔ پنکھے، ریڈیو، ٹی وی، جنیریٹر، موٹر، الیکٹرک کاریں، وائرلیس مواصلات غرض ہزاروں اِطلاقات برقناطیسیت کے مرہون منت ہیں۔

8.4. برقناطیسی اِشعاع

سترہویں صدی میں نیوٹن نے ذراتی نظریہ پیش کیا تھا جس کے مطابق روشنی ذرات پر مشتمل ہے جو روشنی کے منبع سے نکل کر سیدھی لکیر پر سفر کرتے ہیں۔ ان ذرات کو خلا سے گزرنے کے لیے کوئی واسطہ (Medium) درکار ہے جو اس زمانے میں ایتھر تھا (سیکشن 3.8)۔ جیمس میکسویل نے 1860 کی دہائی میں برقی اور مقناطیسی فیلڈز کو یکجا کر کے چار ریاضیاتی مساوات پیش کیں جو بیان کرتی ہیں کہ برقی اور مقناطیسی فیلڈز

ایک دوسرے میں کس طرح تبدیل ہوتی ہیں۔ یہ مساوات نہ صرف ان اثرات کی وضاحت کرتی ہیں جو پہلے سے معلوم تھے بلکہ نئے اثرات کی پیشگوئی بھی کرتی ہیں، جن میں سب سے اہم برقناطیسی اِشعاع (Electromagnetic Radiation) ہے، جو خلا میں روشنی کی رفتار سے موجوں کی صورت میں سفر کرتا ہے۔ یہ انکشاف حیران کن تھا، کیوں کہ اس نظریے کے مطابق روشنی خود ایک برقناطیسی اِشعاع ہے جس کے لیے خلا میں سفر کرنے کے لیے کسی واسطے کی ضرورت نہیں۔

جیسا کہ ہم نے سیکشن 2.1 میں پڑھا تھا، برقناطیسی موجوں کو طولِ موج (Wavelength) کے لحاظ سے درجہ بندی کی جاتی ہے۔ جیسا کہ تصویر 3 میں دکھایا گیا تھا، طول موج وہ فاصلہ ہے جو دو ملحق موجوں کی بلندی کے درمیان ہوتا ہے اور یہ میٹر، سینٹی میٹر یا نینو میٹر میں ناپا جاتا ہے اور مساوات میں اسے یونانی زبان کے حرف لیمبڈا یا لیمڈا (λ) سے ظاہر کرتے ہیں۔ ہم یہ بھی جانتے ہیں کہ برقناطیسی موجیں روشنی کی رفتار سے سفر کرتی ہیں۔ فرض کریں کہ ہم ایک نقطے پر بیٹھ کر یہ دیکھیں کہ ایک سیکنڈ میں اس نقطے سے کتنی موجیں گزرتی ہیں تو ہمیں معلوم ہوگا کہ موجیں جتنی چھوٹی ہوں گی ان کی تعداد اتنی ہی زیادہ ہوگی۔ اس تعداد کو فریکوئنسی کہتے ہیں جسے ریاضی میں یونانی زبان کے حرف نیو (ν) سے ظاہر کیا جاتا ہے۔ اگر آپ کو طول موج معلوم ہو تو فریکوئنسی یا اگر فریکوئنسی معلوم ہو تو طول موج اس سیدھی سادی مساوات سے معلوم کرسکتے ہیں:

$$\nu = \frac{c}{\lambda}$$

اس مساوات میں c روشنی کی رفتار ہے۔ ایک اور دل چسپ مساوات فریکوئنسی اور برقناطیسی موج کی توانائی (E) کے رشتے کو ظاہر کرتی ہے:

$$E=h\nu$$

سیکشن 5.4 میں آپ نے پڑھا تھا کہ ریاضیاتی حسابات میں دو قسم کے اعداد استعمال ہوتے ہیں۔ مستقلات (Constants) جن کی قدر میں کوئی تبدیلی نہیں آتی اور متغیرات (Variables) جن کی قدر تبدیل ہوتی رہتی ہے۔ یہاں h عددِ مستقل ہے جسے ثابت پلانک (Planck's Constant) کہتے ہیں۔ اس کی قدر 6.626×10^{-34} ہے۔ کوانٹم میکانیاتی مساوات میں یہ عدد کثرت سے استعمال ہوتا ہے۔ اوپر

دی ہوئی مساوات $E=h\nu$ ظاہر کرتی ہے کہ فریکوئنسی جتنی زیادہ ہوگی یعنی طول موج جتنا کم ہوگا توانائی اتنی ہی زیادہ ہوگی۔ یہ مساوات اتنی ہی مشہور ہے جتنی آئن سٹائن کی مساوات $E=mc^2$ جو مادّے اور توانائی کے تعلق کو ظاہر کرتی ہے۔

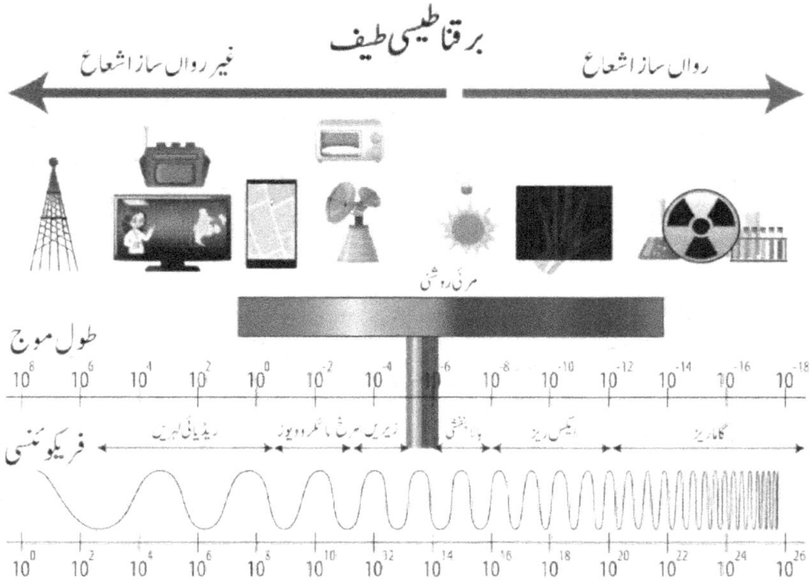

تصویر57: برقناطیسی طیف

برقی مقناطیسی شعاعوں کے مختلف استعمالات کا دارومدار ان کے طول موج پر ہوتا ہے۔ ہمیں جو روشنی نظر آتی ہے اور اس کی موجودگی میں اپنے ارد گرد کی اشیا نظر آتی ہیں اسے مرئی روشنی (Visible Light) کہتے ہیں اور ان کے طولِ موج کی حدود 380 نینو میٹر اور 750 نینو میٹر کے درمیان ہوتی ہیں۔ مرئی روشنی سے زیادہ طویل اشعاع زیریں سرخ روشنی، مائکروویز اور ریڈیائی لہریں ہوتی ہیں جن کی فریکوئنسی کم ہوتی ہے لہٰذا توانائی بھی کم ہوتی ہے۔ دوسری جانب 380 نینو میٹر سے کم طول موج میں بالا بنفشی (Ultraviolet)، ایکس ریز (X-Rays) اور گاما ریز (Gamma Rays) آتی ہیں۔ ان کی فریکوئنسی اور توانائی مرئی روشنی کے مقابلے میں زیادہ ہوتی ہے لہٰذا جب یہ مادّے سے ٹکراتی ہیں تو ان کے ایٹموں سے الیکٹرانوں کو دھکیل دیتی ہیں جس کی بنا پر ان ایٹموں پر مثبت چارج آجاتا ہے۔ ایسے ایٹم کو رواں (Ion) کہتے ہیں اور یہ شعائیں رواں ساز اشعاع (Ionizing Radiation) کہلاتی ہیں۔ ان کے

برخلاف مرئی روشنی کے مقابلے میں کم توانائی کی شعائیں غیر رواں ساز اشعاع (Non-Ionizing Radiation) کہلاتی ہیں۔ تصویر 57 میں برقناطیسی طیف (Electromagnetic Spectrum) دکھایا گیا ہے جس سے برقناطیسی اشعاع کے مختلف درجات اور ان کے طول موج، فریکوئنسی اور توانائی کا مقابلہ کیا جاسکتا ہے۔

8.5. روشنی کے بنیادی ذرّات

فوٹان (Photon) وہ بنیادی "ذرہ" ہے جو برقناطیسی اشعاع کے کوانٹم کو ظاہر کرتا ہے، جس میں روشنی بھی شامل ہے۔ فوٹان برقناطیسی قوت کی اکائی ہے۔ یہاں ہم نے "ذرہ" کے گرد واوین لگائے ہیں کیوں کہ ذرّہ مادّے کا ہوتا ہے اور اس کی کمیت ہوتی ہے۔ اس کے برخلاف فوٹان کا تعلق مادّے کے بجائے برقناطیسی اشعاع سے ہے جو خالصتاً توانائی ہے جس کی کمیت نہیں ہوتی۔ فوٹان خلا میں روشنی کی رفتار سے سفر کرتے ہیں اور وہ موج اور ذرّہ، دونوں کی خصوصیات کا مظاہرہ کرتے ہیں۔ یہ دوہری پہچان کوانٹم میکانیات کا ایک بنیادی نظریہ ہے۔ بطور ذرہ، فوٹان ایک نقطہ کی مانند، بلا کمیت اور برقی چارج کے بغیر ہے جس کی اسپن 1 ہے۔ ان خصوصیات کی بنا پر فوٹان ایک بوزون[a] (Boson) ہے۔ بطور موج، فوٹان اپنی فریکوئنسی کی خصوصیت سے جانے جاتے ہیں، جن سے فوٹان کی توانائی اور برقناطیسی اشعاع کی قسم کا تعین ہوتا ہے (مثلاً فوٹان ریڈیائی لہر ہے یا زیریں سرخ روشنی)۔

پچھلے سیکشن میں آپ پڑھ چکے ہیں کہ فوٹان کی توانائی کا فارمولا $E=h\nu$ ہے، جہاں E توانائی ہے، h ثابت پلانک ہے، اور ν فوٹان کی فریکوئنسی ہے۔ اس تعلق سے واضح ہوتا ہے کہ فوٹان کی توانائی فریکوئنسی کے ساتھ بڑھتی ہے، جیسا کہ گاما ریز میں مرئی روشنی کے مقابلے میں زیادہ توانائی ہوتی ہے۔

سیکشن 5.5 میں آپ نے تحرّک کے متعلق پڑھا تھا جو حرکت کی مقدار کو ظاہر کرتا ہے اور کمیت اور سمتی رفتار کا حاصل ضرب ہوتا ہے، یعنی

$$p = mv$$

---

a بوزون ایک بنیادی ذرہ ہے جو متعدد یکساں ذرات کو ایک ہی کوانٹم حالت میں قبول کرنے کی اجازت دیتا ہے۔ بوزون کی خصوصیات میں سے ایک ان کی اسپن ہے جو ہمیشہ سالم عدد (0، 1، 2، وغیرہ) ہوتی ہے۔ یہ اسپن کوانٹم میکانیات میں اہم ہے اور ان ذرات کی بنیادی خصوصیات کو متعین کرتی ہے۔

جہاں m کمیت ہے، v سمتی رفتار ہے اور p تحرّک ہے۔ فوٹان کی ایک دل چسپ خاصیت یہ ہے کہ اگرچہ ان کی کمیت نہیں ہوتی لیکن پھر بھی تحرّک ہوتا ہے اور اس کا حساب درج ذیل فارمولے سے کیا جاسکتا ہے۔

$$p=h\lambda$$

جہاں h ثابت پلانک ہے، λ طول موج ہے اور p تحرّک ہے۔

فوٹان میں کمیت نہ ہونے کے باوجود ان میں تحرّک ہونے کا فائدہ یہ ہے کہ جب سورج کی روشنی کے فوٹان سولر پینل (Solar Panel) کی سطح پر پڑتے ہیں تو وہ پینل کے سالموں سے ٹکرا کر ان کے الیکٹران کو دھکیل دیتے ہیں چناں چہ یہ الیکٹران مخالف سمت میں جمع ہونے لگتے ہیں، نتیجتاً سورج کی طرف کی سطح پر الیکٹرانوں کی کمی کی وجہ سے مثبت چارج اور مخالف سطح پر منفی چارج آجاتا ہے۔ لہٰذا اگر ان دونوں سطحوں کو تار کے ذریعے جوڑا جائے تو تار میں بجلی کا کرنٹ دوڑنے لگتا ہے۔

8.6. مرئی روشنی

ہماری آنکھیں صرف مرئی روشنی (Visible Light) کو دیکھ سکتی ہیں جس کی موجوں کا طول 380 اور 750 نینو میٹر کے درمیان ہوتا ہے۔ جب طول موج مرئی روشنی کی حدود سے باہر ہو تو ہمیں نظر نہیں آتی۔ ذیل میں دھنک کے سات رنگوں کے طول موج (نینو میٹر) دیے گئے ہیں:

بنفشی 380 سے 425

اُودا 425 سے 450

نیلا 450 سے 495

سبز 495 سے 570

پیلا 570 سے 590

نارنجی 590 سے 620

سرخ 620 سے 750

8.7. زیریں سرخ روشنی

جب طول موج 750 نینو میٹر اور 1 ملی میٹر کے درمیان ہو تو زیریں سرخ روشنی (Infrared Light) کی حدود میں ہوتی ہے۔ اس روشنی کے سلسلے میں ایک دل چسپ بات یہ ہے کہ جب ہم آنکھیں بند کر لیتے ہیں اور ہمارے سامنے اندھیرا ہوتا ہے تو ہم سمجھتے ہیں کہ اب ہماری آنکھوں پر روشنی نہیں پڑ رہی۔ حقیقت یہ ہے کہ سورج کی روشنی میں زیریں سرخ روشنی بھی شامل ہوتی ہے بلکہ ہر گرم شے سے جس میں ہمارا جسم بھی شامل ہے زیریں سرخ روشنی خارج ہوتی رہتی ہے۔ ہمارا جسم ایک فیکٹری کی مانند ہے جس میں مستقل کیمیائی ردّعمل جاری رہتے ہیں جن کے نتیجے میں حرارت پیدا ہوتی ہے جو بذات خود برقناطیسی اشعاع ہے اور زیریں سرخ روشنی کی صورت میں جسم سے خارج ہوتی رہتی ہے۔ ہماری آنکھوں کے ڈھیلوں سے بھی زیریں سرخ روشنی نکلتی رہتی ہے۔ یہ قدرت کا احسان ہے کہ ہماری آنکھیں زیریں سرخ روشنی کو نہیں دیکھ سکتیں ورنہ ہم پر ہر طرف سے اس کی یلغار ہوتی اور ہم روشنی کی زیادتی کی بنا پر اندھے ہو جاتے۔ کائنات کی گہرائیوں میں دور دراز ستارے بھی زیریں سرخ روشنی خارج کرتے رہتے ہیں۔ اگرچہ ہم انہیں دیکھ نہیں سکتے مگر ہمارے آلات اس روشنی کا سراغ لگا لیتے ہیں اور ان کی مدد سے ہمیں ان ستاروں کے وجود کا احساس ہوتا ہے۔

زیریں سرخ روشنی کے مندرجہ ذیل عملی استعمالات ہیں جو مختلف شعبوں میں اس کی منفرد خصوصیات کی بنا پر انتہائی مفید ہیں:

- تھرمل امیجنگ کیمرے، جو زیریں سرخ روشنی کو دیکھ سکتے ہیں، تعمیرات میں حرارت کے اخراج کی جگہوں کی نشاندہی، مشینری میں اوورہیٹنگ حصوں کی مرمت، اور رات کے وقت نگرانی کے لئے استعمال ہوتے ہیں۔
- موسمی پیشین گوئی کرنے والے سیٹلائٹ زیریں سرخ روشنی کے زمین کے موسمی نمونوں کی نگرانی کرتے ہیں۔
- گھریلو الیکٹرانکس کے زیادہ تر ریموٹ کنٹرول زیریں سرخ روشنی کا استعمال کرتے ہیں تاکہ آلات کو کنٹرول کر سکیں۔

- نائٹ ویژن چشمہ جو لوگوں اور جانوروں کے جسم سے زیریں سرخ روشنی کی صورت میں خارج ہونے والی حرارت کو اندھیرے میں دیکھنے کی سہولت فراہم کرتا ہے۔
- طبی علاج میں درد کو کم کرنے اور خون کی گردش کو بہتر بنانے کے لیے زیریں سرخ روشنی کا استعمال ہوتا ہے۔
- کیمیا اور حیاتیات میں زیریں سرخ طیف بینی (Infrared Spectroscopy) کا استعمال مادوں کا تجزیہ کرنے کے لئے ہوتا ہے۔
- فلکیات دان زیریں سرخ روشنی کے ذریعے دور کے ان کائناتی اجسام کا مطالعہ کر سکیں جو عام طور پر نظر نہیں آتے۔
- اسمارٹ موبائل فون اور لیپ ٹاپ کمپیوٹر کے درمیان ڈیٹا کی منتقلی اور دیگر مختصر فاصلے کی مواصلات کے لیے زیریں سرخ روشنی استعمال ہوتی ہے۔
- پرانے فن پاروں کی بحالی اور اصلیت کی تصدیق کے لیے زیریں سرخ روشنی استعمال کی جاتی ہے۔

8.8. مائکروویوز

مائکروویوز (Microwaves) کا طول موج 1 ملی میٹر اور 1 میٹر کے درمیان ہوتا ہے۔ اتنی وسیع حدود کی بنا پر مختلف شعبہ جات میں وسیع پیمانے پر مائکروویوز کا استعمال ہوتا ہے، مثلاً

- زمین اور سیٹلائٹ کے درمیان مواصلات کے لیے مائکروویوز کا استعمال کیا جاتا ہے جہاں یہ زمین کی فضا کو آسانی سے عبور کر سکتی ہیں۔
- ریڈار مائکروویوز کے ذریعہ موسم کی پیش گوئی، فوجی نگرانی، اور ہوائی جہاز میں سمت شناسی کے لیے استعمال کیے جاتے ہیں۔
- جی پی ایس سسٹمز بھی مائیکروویو سگنل پر کام کرتے ہیں جو کہ مقام کے درست محدّدین فراہم کرتے ہیں۔
- مائکروویوز کا استعمال جسم کے کسی حصے میں رسولی کو جلانے اور دیگر طبی علاجوں میں کیا جاتا ہے۔
- وائی فائی ٹیکنالوجی میں مائکروویو فریکوئنسی کا استعمال ہوتا ہے، جو کہ ڈیٹا کی ترسیل میں مدد دیتا ہے۔

○ مائکروویوز کا سب سے معروف استعمال مائکروویو اوون (Microwave Oven) ہے جو کھانا گرم کرنے یا پکانے کے لیے استعمال کیا جاتا ہے۔ سیکشن 6.3 میں آپ نے پڑھا تھا کہ اگرچہ پانی کے سالمے میں آکسیجن اور ہائیڈروجن شریک بند باندھتے ہیں لیکن آکسیجن ایٹم پر ہلکا سا منفی چارج اور ہائیڈروجن ایٹم پر ہلکا سا مثبت چارج ہوتا ہے۔ مائکروویو اشعاع اسی کا فائدہ اٹھاتی ہے اور پانی کے سالموں میں شدید حرکت پیدا کرتی ہے جس کے نتیجے میں وہ ایک دوسرے سے ٹکرا کر حرارت پیدا کرتے ہیں جو کھانے کو گرم کرتی ہے۔

8.9. ریڈیائی لہریں

جن موجوں کا طول 1 میٹر سے زیادہ ہو وہ ریڈیائی لہروں (Radio Waves) کے زمرے میں آتی ہیں۔ یہ برقناطیسی طیف کی سب سے طویل اور سب سے کم توانائی رکھتی ہیں۔ ان کے اہم ترین استعمالات درج ذیل ہیں:

○ مواصلاتی آلات مثلاً ریڈیو، ٹیلی ویژن براڈکاسٹنگ، اور موبائل فون میں ریڈیائی لہریں سگنل بھیجنے کے کام آتی ہیں۔

○ سمت شناسی کے نظام مثلاً جی پی ایس (Global Positioning System) میں ریڈیائی لہریں جہازوں، گاڑیوں، اور یہاں تک کہ موبائل آلات میں مقام کا تعین کرنے میں مدد دیتی ہیں۔

○ ریڈیائی لہریں ریڈار ٹیکنالوجی میں بھی استعمال ہوتی ہیں، جو ہوابازی میں جہازوں کی خلا میں موجودگی، رفتار اور دوری کا تعین کرنے کے لیے اہم ہے۔ ریڈار موسمیاتی نگرانی میں بھی استعمال ہوتا ہے۔

○ سیٹلائٹ کے ذریعے ڈیٹا اور ٹیلی ویژن سگنل کی منتقلی ریڈیائی لہروں کے ذریعے کی جاتی ہے، جو کہ زمین اور سیٹلائٹ کے درمیان رابطے کو ممکن بناتی ہیں۔

غیر رواں ساز اشعاع عموماً رواں ساز اشعاع سے کم نقصان دہ سمجھی جاتی ہے، کیوں کہ یہ براہ راست ڈی این اے یا خلیات کو نقصان نہیں پہنچاتی۔ تاہم، یہ اب بھی حیاتیاتی اثرات پیدا کر سکتی ہے جس کی بنا پر

اس کے استعمال میں احتیاط کی ضرورت ہوتی ہے۔

اس کے برخلاف رواں ساز اشعاع میں اتنی توانائی ہوتی ہے کہ وہ ایٹموں اور سالموں سے الیکٹرانوں کو نکال کر انہیں رواں زدہ کر سکتی ہے۔ اس عمل سے رواں پیدا ہوتے ہیں، جو کہ چارج شدہ ایٹم یا سالمے ہیں۔ رواں ساز اشعاع کی اقسام حسب ذیل ہیں:

8.10. بالا بنفشی شعائیں

بالا بنفشی شعاؤں (Ultraviolet Rays) کو طول موج کے لحاظ سے تین قسموں میں بانٹا گیا ہے: طویل UV-A طول موج 315 سے 400 نینو میٹر، درمیانی UV-B طول موج 280 سے 315 نینو میٹر اور چھوٹی UV-C طول موج 100 سے 280 نینو میٹر۔ جوں جوں طول موج کم ہوتا ہے، توانائی بڑھتی جاتی ہے۔

بالا بنفشی شعائیں ہماری صحت کے لیے بے حد مضر ہیں۔ جِلد کے کینسر اور آنکھوں کی مختلف بیماریوں کی ایک وجہ ہمارے جسم پر ان شعاؤں کا پڑنا ہے۔ اس کے علاوہ یہ شعائیں سمندری زندگی کو متاثر کرتی ہیں اور مچھلیوں، جھینگوں، کیکڑوں اور دیگر سمندری جانوروں کی متوقع زندگی کو کم کرتی ہیں اور جنگلات کی افزائش پر بھی اثر انداز ہوتی ہیں۔

سورج سے خارج ہونے والی روشنی میں بالا بنفشی شعائیں بھی شامل ہوتی ہیں مگر ان میں 95٪ شعائیں UV-A ہوتی ہیں جو کم توانائی کی بنا پر کم نقصان دہ ہوتی ہیں۔ UV-B شعائیں زیادہ نقصان دہ ہوتی ہیں مگر قدرت نے ہماری فضا میں زمین سے 10 اور 30 کلو میٹر کے درمیان اوزون (Ozone) کی ایک تہہ جمادی ہے جو UV-B اور UV-C کو جذب کر لیتا ہے۔ اوزون آکسیجن کی ایک زیادہ فعال شکل ہے جس کے ہر سالمے میں دو کے بجائے تین ایٹم ہوتے ہیں۔ 1985 میں انٹارکٹیکا[a] میں کام کرنے والی ایک ریسرچ ٹیم نے دریافت کیا کہ انٹارکٹیکا پر فضا میں اوزون کی تہہ میں ایک بڑا سا سوراخ ہو گیا تھا جس سے بالا بنفشی شعائیں زمین پر پہنچ رہی تھیں[60]۔ ہر سال پیمائش سے پتہ چلا کہ وقت کے ساتھ ساتھ یہ سوراخ بڑا ہو رہا تھا۔ یہ زمین پر زندگی کے لیے سب سے بڑا خطرہ بن کر سامنے آیا۔ اگر اوزون کی یہ چھتری تباہ ہو جاتی تو حیوانی

---

[a] انٹارکٹیکا رقبے کے لحاظ سے پانچواں بڑا براعظم ہے جو قطب جنوبی پر واقع ہے۔ یہ واحد براعظم ہے جس میں نہ ممالک ہیں اور نہ انسانی آبادی۔

(بشمول انسانی) اور نباتاتی زندگی زمین پر ختم ہو جاتی۔ مزید تحقیق سے معلوم ہوا کہ یہ سی ایف سی (CFC) کے استعمال کا نتیجہ تھا۔ سی ایف سی کلورو فلورو کاربن کا مخفف ہے جو ایک جس کے سالمے بڑے سیدھے سادے ہوتے ہیں مگر اوزون کے سالموں کو توڑ دیتے ہیں۔ سیکشن 3.8 میں تصویر 22 میں ہائیڈرو کاربن کے سالمے دکھائے گئے ہیں جن میں کاربن ایٹم کے ساتھ ہائیڈروجن ایٹم منسلک ہیں، مثلاً میتھین کا فارمولا CH_4 ہے۔ یہ ایک بدبودار گیس ہوتی ہے۔ اگر ان چاروں ہائیڈروجن ایٹموں کو نکال کر کاربن ایٹم کے ساتھ تین ایٹم کلورین کے اور ایک ایٹم فلورین کا منسلک کر دیئے جائیں تو وہ ٹرائی کلورو فلورو میتھین (CCl_3F) کا سالمہ بن جاتا ہے جس کا تعلق سی ایف سی کے گروپ سے ہے۔ یہ اک زمانے میں فریان (Freon) کے نام سے ریفریجریٹروں میں استعمال کیا جاتا تھا۔ اس کے علاوہ فریان کا استعمال کثرت سے مختلف قسم کے اسپرے میں کیا جاتا تھا۔ یہ تمام فریان فضا میں جاکر اوزون کی تہہ میں سوراخ کر رہی تھی۔

فریان 1930 سے مختلف مقاصد کے لیے بڑے پیمانے پر استعمال ہو رہی تھی مگر اس کے نقصانات کا علم ہونے کے بعد 16 ستمبر 1987 کو کینیڈا کے شہر مانٹریال میں ایک بین الاقوامی کانفرنس میں 46 ممالک نے ایک معاہدے پر دستخط کیے جس کے تحت فریان کے استعمال پر پابندی لگادی گئی۔

موجودہ صورت حال یہ ہے کہ اوزون کی تہہ میں بتدریج بہتری آ رہی ہے، جس کا بڑا سبب دنیا بھر میں اوزون کو ختم کرنے والے مادوں کے استعمال کو ختم کرنے کی کوششیں ہیں۔ اگر موجودہ پالیسیاں جاری رہیں تو عالمی سطح پر اوزون کی تہہ کی بحالی 2040 تک 1980 کی سطحوں تک پہنچ جانے کی توقع ہے، جب کہ انٹارکٹیکا میں مکمل بحالی 2066 تک متوقع ہے۔

8.11. ایکس ریز

ان کا طول موج 0.01 سے 10 نینو میٹر کے درمیان ہوتا ہے۔ ایکس رے (X-Rays) کے طبی تصویر کشی میں استعمال کو تو ہم سب جانتے ہیں۔ یہ جسم کے اندرونی اعضاء کو دیکھنے میں مدد دیتی ہیں جس سے ہڈیوں کی ٹوٹ پھوٹ، دانتوں کی بیماریوں، اور انفیکشن کی تشخیص ہوسکتی ہے۔ سی ٹی اسکین (Computed Tomography Scan) میں بھی ایکس ریز کا استعمال کیا جاتا ہے مگر سی ٹی اسکین سے

حاصل ہونے والی تصاویر روایتی ایکس رے تصاویر سے زیادہ تفصیلی معلومات مہیا کرتی ہیں۔

صنعتی شعبوں بالخصوص ہوابازی اور کاروں کے شعبوں میں ایکس ریز کا استعمال مختلف حصوں کی اندرونی ساخت کی جانچ بلاکسی ٹوٹ پھوٹ کے کرنے کے لیے کیا جاتا ہے۔ ماہرین آثار قدیمہ زمین سے نکلے ہوئے نوادرات اور آرٹ کے ماہرین پرانی پینٹنگ پر تحقیق کرنے کے لیے ایکس رے تصاویر لیتے ہیں۔ علاوہ ازیں، ایکس رے کرسٹلوگرافی کیمیائی مرکبات مثلاً پروٹین اور ڈی این اے کے سالموں کی ساختوں کا تعین کرنے میں اہم کردار ادا کرتی ہے۔

ایکس ریز میں تاب کاری ہوتی ہے جو صحت کے لیے بے حد مضر ہے، لہٰذا کینسر کے خطرے کے پیش نظر ایکس رے لیتے وقت مختلف حفاظتی تدابیر اپنائی جاتی ہیں تاکہ جسم پر اشعاع کی عکاسی کو کم سے کم کیا جا سکے۔ ٹیکنالوجی میں ترقی کے ساتھ، ایسی تکنیکوں کی ترقی بھی ہوئی ہے جن میں ایکس ریز کی کم مقدار استعمال کرتے ہیں۔

8.12. گاما ریز

گاما ریز (Gamma Rays) سب سے زیادہ توانائی والی برقناطیسی اشعاع ہوتی ہیں جن کی بہت چھوٹی طول موج (0.01 نینومیٹر سے بھی کم) ہوتی ہے، لہٰذا ان کی جگہ برقناطیسی طیف کے انتہائی اختتام پر ہے۔ یہ قدرتی طور پر کائنات میں کہکشاؤں اور ستاروں کے دھماکوں اور اُن کائناتی مظاہر سے خارج ہوتی ہیں جن کا تذکرہ اگلے باب میں آئے گا۔ اس کے علاوہ، یہ زمینی ماحول میں تاب کار زوال (Radioactive decay) کے نتیجے میں بھی پیدا ہو سکتی ہیں، جیسے یورینیم (U-238) کے مرکزے میں 92 پروٹان اور 146 نیوٹران ہوتے ہیں۔ یہ ایٹم غیر مستحکم (Unstable) ہوتا ہے اور آہستہ آہستہ سیسے (Lead, Pb) میں تحلیل ہو جاتا ہے جس کے مرکزے میں 82 پروٹان اور 126 نیوٹران ہوتے ہیں۔ یہ ایٹم مستحکم (Stable) ہوتا ہے۔ یورینیم کی سیسے میں تبدیلی کئی مراحل سے گزرتی ہے اور اس دوران گاما ریز بھی نکلتی ہیں۔

گاما ریز بہت سی سائنسی تحقیقات اور طبی علاجوں میں استعمال ہوتی ہیں۔ طب میں، گاما ریز کا استعمال

کینسر کے علاج کے لئے کیا جاتا ہے، جہاں یہ شعائیں ٹیومر کے خلیات کو ختم کر سکتی ہیں۔

8.13. ریڈیو کاربن ڈیٹنگ

ریڈیو کاربن ڈیٹنگ (Radiocarbon Dating) یا کاربن-14 ڈیٹنگ ایک ایسی تکنیک ہے جو حیوانی اور نباتاتی دنیا کے قدیمی مواد کی عمر کا تعین کرنے کے لئے استعمال ہوتی ہے۔ اس طریقے سے ارضیات اور آثار قدیمہ کے ماہرین 50,000 سال تک کے قدیم نمونوں کی عمر معلوم کر سکتے ہیں۔ اس سے پہلے کہ ہم اس موضوع پر مزید بات کریں، بہتر ہو گا کہ تاب کاری کے متعلق اب تک جو کچھ پڑھ چکے ہیں اسے یہاں یک جا کر لیں کیوں کہ ہم اُن معلومات کو یہاں استعمال کریں گے۔

یونانیوں کا کام صرف چار عناصر سے چل جاتا تھا جب کہ دوری جدول میں ان کی تعداد 118 ہے۔ ان میں سے آخری 35 عناصر (ایٹمی عدد 84 سے 118 تک) تاب کار ہوتے ہیں یعنی ان کے مرکزے غیر مستحکم ہوتے ہیں اور وقت کے ساتھ ساتھ ان میں ٹوٹ پھوٹ ہوتی ہے یہاں تک کہ وہ مستحکم ہو جاتے ہیں۔ باقی عناصر کے کچھ ہم جا[a] (Isotopes) تاب کار ہوتے ہیں، مثلاً کاربن (^{12}C) کے مرکزے میں 6 پروٹان اور 6 نیوٹران ہوتے ہیں اور نائٹروجن (^{14}N) کے مرکزے میں 7 پروٹان اور 7 نیوٹران ہوتے ہیں۔ ان دونوں ایٹموں کے مرکزے مستحکم ہوتے ہیں۔ جب بالائی فضا میں کائناتی شعائیں (Cosmic rays) نائٹروجن سے ٹکراتی ہیں تو ان میں موجود نیوٹران (n) نائٹروجن کے مرکزے سے ٹکرا کر اس میں جذب ہو جاتے ہیں اور اس کے نتیجے میں ایک پروٹان (p) نائٹروجن کے مرکزے سے نکل جاتا ہے۔ چناں چہ اب اس مرکزے میں 6 پروٹان اور 8 نیوٹران ہیں۔ بالفاظ دیگر یہ کاربن-14 (^{14}C) کا مرکزہ بن گیا ہے جو کاربن-12 (^{12}C) کا ہم جا ہے۔ اس جوہری رد عمل (Nuclear Reaction) کی مساوات اس طرح لکھی جا سکتی ہے:

$$n + {}^{14}N \rightarrow {}^{14}C + p$$

کاربن-14 تاب کار ہوتا ہے یعنی اس کا مرکزہ غیر مستحکم ہوتا ہے اور وہ آہستہ آہستہ ٹوٹ کر

[a] دیکھیے سیکشن 7.1

نائٹروجن-14 میں تبدیل ہو جاتا ہے۔اس رد عمل کو درج ذیل مساوات کے ذریعے ظاہر کیا جاتا ہے:

$$^{14}C \rightarrow {}^{14}N + e^{-} + \bar{\nu}_e$$

اس مساوات میں e^- الیکٹران ہے جو مرکزے سے خارج ہوتا ہے۔یہ بیٹا ذرّہ (β particle) کہلاتا ہے اور اس کے اخراج کی بنا پر ^{14}C کا ایک نیوٹران کم اور ایک پروٹان بڑھ جاتا ہے، لٰہذا یہ نائٹروجن کا مرکزہ بن جاتا ہے۔$\bar{\nu}_e$ الیکٹران مخالف نیوٹرینو (Electron Antineutrino) ہے جس کی کمیت تقریباً صفر ہوتی ہے اور برقی بار بھی صفر ہوتا ہے۔اس کا کام رد عمل کے نتیجے میں پیدا ہونے والی توانائی میں سے کچھ حصہ اپنے ساتھ لے جانا ہوتا ہے۔

مختصراً یوں سمجھیں کہ تاب کار عناصر کے مرکزے غیر مستحکم ہوتے ہیں اور وہ استحکام حاصل کرنے کے لیے جوہری رد عمل کے ذریعہ دوسرے عناصر میں تبدیل ہو جاتے ہیں۔ اس قسم کے تعاملات میں نظام کی توانائی کی سطح کم ہو جاتی ہے لٰہذا باقی ماندہ توانائی برقناطیسی اشعاع کی صورت میں خارج ہو جاتی ہے۔

کاربن کا یہ حلقہ (Cycle) قدرتی ہے۔ ہمارے جسم کا 18٪ کاربن ہوتا ہے۔اسی طرح خشک درخت کا تقریباً 50٪ وزن کاربن ہوتا ہے۔ یہ تقریباً سارا کاربن-12 ہوتا ہے۔ بالائی فضا میں کائناتی شعاؤں سے جو کاربن-14 پیدا ہوتا ہے، وہ سانس کے ذریعے حیوانی اور نباتاتی جسم میں داخل ہوتا ہے جہاں وہ وقت کے ساتھ ساتھ اوپر دی ہوئی مساوات کے مطابق نائٹروجن میں تبدیل ہو جاتا ہے اور اس کمی کو پوری کرنے کے لیے مزید کاربن-14 داخل ہوتا ہے۔قدرت جسم میں کاربن کے دونوں ہم جا کا ایک تناسب برقرار رکھتی ہے۔ہر دس کھرب ($1X10^{12}$) کاربن-12 کے حصوں کے مقابلے میں 1 حصہ کاربن-14 ہوتا ہے۔ جسم خواہ حیوانی ہو یا نباتاتی، اس کی موت واقع ہونے کے بعد اس میں کاربن-14 کا داخلہ بند ہو جاتا ہے، لٰہذا جوں جوں وقت گزرتا ہے، کاربن-14 کا تناسب کم ہوتا جاتا ہے۔

تاب کاری کے مطالعے میں ایک اہم مقدار نصف عمر (Half life) ہے۔نصف عمر وہ عرصہ ہے جس میں کسی تاب کار عنصر کی نصف مقدار مستحکم حالت میں تبدیل ہو جائے۔ کچھ تاب کار عناصر کی نصف عمر اتنی کم ہوتی ہے کہ وہ چند لمحات سے زیادہ نہیں رہتے، مثلاً لِور موریم (Lv) جس کا ایٹمی عدد 116 اور ایٹمی کمیت 293 ہے، اُن عناصر میں سے ہے جن کی نصف عمر کم سے کم ہوتی ہے۔^{293}Lv کی نصف عمر

صرف 61 ملی سیکنڈ ہوتی ہے۔ اس کے بر خلاف کاربن-14 کی نصف عمر تقریباً 5,730 سال ہوتی ہے اور یہ عرصہ گزرنے کے بعد ایک قدیم جسم میں کاربن کے دونوں ہم جا کا تناسب آدھا رہ جاتا ہے، یعنی ہر بیس کھرب ($2X10^{12}$) کاربن-12 کے حصوں کے مقابلے میں 1 حصہ کاربن-14 ہوتا ہے۔

فراعین مصر کی ممیوں اور اہرام سے بر آمد ہونے والی جڑی بوٹیوں پر کیے گئے ریڈیو کاربن ڈیٹنگ ٹیسٹوں نے اس دور کے بارے میں درست تخمینے فراہم کیے ہیں اور اس دور کی درست تاریخ مرتب کی گئی ہے۔

9

عصرِ حاضر کے نظریات

9.1. حالتِ عدم

ہمارے دور میں نظری طبیعیات نے سوچ کی ان بلندیوں کو چھولیا ہے جہاں یقین نہیں آتا کہ ہم اُسی کائنات سے تعلق رکھتے ہیں جس میں ارسطو سانس لیتا تھا۔

یہاں ہم اُس وقت اور اُس مقام کا تذکرہ کریں گے جب نہ وقت کا وجود تھا اور نہ مقام کا، نہ علّت کا وجود تھا اور نہ معلول کا، بلکہ وجود کا وجود بھی نہیں تھا۔ ایک اتھاہ اندھیرا تھا جسے دیکھنے والا کوئی نہیں تھا اور ایک اتھاہ خاموشی تھی جسے سننے والا کوئی نہیں تھا۔ اس حالت کو جو ازل سے تھی اور جس میں اچانک کائنات نمودار ہوئی، ہم "عدم" (Void) کہتے ہیں۔

عدم کا تصور ہمارے وجود، وقت اور اسباب و نتائج کے نظریات کو چیلنج کرتا ہے۔ اس لیے اس میں کونیات اور طبیعیات سے زیادہ فلسفہ اور مابعد الطبیعیات کی دل چسپی ہے۔ فلسفی کے لیے ضروری ہے کہ وہ وجود کی اصلیت کو کھنگالے اور کائنات کی حقیقی تخلیق اور اسے قائم رکھنے والے قوانین تک پہنچے۔ فلسفہ حالتِ عدم سے کئی سوالات اٹھاتا ہے، مثلاً عدم کی ماہیت کیا ہے؟ کیا یہ ممکن ہے کہ خلا، وقت، مادّے اور توانائی کا وجود نہ ہو اور پھر اچانک ہو جائے؟ یہ کیوں کر ممکن ہے کہ عدم اچانک وجود میں تبدیل ہو جائے؟ حقیقت کی نوعیت کیا ہے؟[61]

مابعد الطبیعیاتی نقطۂ نظر سے حالت عدم قانونِ علّت و معلول (سیکشن 4.5) کی نفی کرتا ہے کیوں کہ وقت کی غیر موجودگی میں واقعات کے یکے بعد دیگرے رونما ہونے کی شرط، جو قانونِ علّت و معلول کا حصہ ہے، پوری نہیں ہوتی۔ مزید بر آں، حالتِ عدم متعدد کائناتوں یا اعلیٰ جہتی حقیقتوں کے امکان کے بارے میں قیاس آرائیوں کو دعوت دیتی ہے۔ اب کونیات دان بھی متعدد اور متوازی کائناتوں کے نظریات پر بات کرنے لگے ہیں۔

مجموعی طور پر عدم ایک فلسفیانہ اور مابعد الطبیعیاتی معمہ ہے، جو وجود کی بنیادی نوعیت اور تخلیق کائنات میں تحقیق کی دعوت دیتا ہے۔ یہ وقت، وجہ اور حقیقت کے بارے میں ہمارے تصورات کو چیلنج کرتا ہے، جو کائنات کے قلب میں موجود اسرار پر گہرے غور و فکر کا باعث بنتا ہے۔ یہ کتاب اسی چیلنج کو آپ تک پہنچانے کے لیے پہلا قدم ہے۔

9.2. خصوصی نظریہ اضافیت

تصویر58: البرٹ آئن سٹائن

البرٹ آئن سٹائن [a] نے 1905 میں خصوصی نظریہ اضافیت (Special Theory of Relativity) وضع کیا۔ اس نظریے نے خلا، وقت اور حرکت کے بارے میں ہماری سمجھ میں انقلاب برپا کر دیا۔ ایک زمانہ تھا جب کلاسیکی میکانیات اور نیوٹن کے قوانینِ حرکت (سیکشن 5.5) کے متعلق یہ نظریہ تھا کہ یہ قوانین پوری کائنات کو چلاتے ہیں۔ جب 1860 میں میکسویل نے برقیات اور مقناطیسیت کو یکجا کر کے برقناطیسی اِشعاع سے منسلک چار مساوات وضع کیں (سیکشن 8.4) تو وہ نیوٹن کے قوانینِ حرکت سے ہم آہنگ نہ ہو سکیں۔ خصوصی نظریہ اضافیت کی محرک یہی غیر آہنگی تھی۔ خصوصی نظریہ اضافیت دو بنیادی موضوعات پر مبنی ہے:

[a] Albert Einstein, 1879-1955

1. طبیعیات کے قوانین تمام "جمودی ڈھانچوں" میں یکساں ہیں، خواہ وہ سکون کی حالت میں ہوں یا یکساں سمتی رفتار سے حرکت کر رہے ہوں۔ یہاں جمودی ڈھانچے سے مراد وہ جسم ہے جس کے مختلف حصے اکھٹے ہوں اور ایک دوسرے کے مقابلے میں حرکت نہ کریں، مثلاً اینٹ، گلاس اور پتھر جمودی ڈھانچے ہیں جب کہ کار کا انجن نہیں ہے۔
2. خلا میں روشنی کی رفتار تمام مشاہدین کے لیے یکساں ہے خواہ ان کی نسبتی حرکت (Relative Motion) کچھ بھی ہو۔

پہلا موضوع نیوٹن کے پہلے قانونِ حرکت کا اعادہ کرتا ہے جس کے مطابق کوئی جسم جو ساکن ہو، ساکن ہی رہتا ہے اور متحرّک ہو وہ ایک ہی سمتی رفتار سے حرکت کرتا رہتا ہے جب تک کہ کوئی قوت اس کی حالت میں تبدیلی پیدا نہ کرے۔ دوسرا موضوعہ سمجھنے کے لیے فرض کریں کہ آپ ٹرین میں سفر کر رہے ہیں جس کی رفتار 80 کلومیٹر فی گھنٹہ ہے۔ برابر سے دوسری ٹرین گزرتی ہے جس کی رفتار 90 کلومیٹر فی گھنٹہ ہے۔ اگر آپ اس کی رفتار کی پیمائش کریں تو اگر اس ٹرین کی سمت وہی ہے جو آپ کی ٹرین کی ہے تو آپ کا جواب 10 کلومیٹر فی گھنٹہ آئے گا اور اگر وہ ٹرین آپ کی مخالف سمت میں جا رہی ہے تو آپ کا جواب 170 کلومیٹر فی گھنٹہ آئے گا۔ اگر دوسری ٹرین کی جگہ روشنی کی ایک لہر آپ کے برابر سے گزرے تو اس کی رفتار پر کوئی فرق نہیں پڑے گا خواہ وہ آپ کی سمت کی نسبت سے کسی سمت میں جا رہی ہو۔

خصوصی نظریہ اضافیت کے مطابق مشاہدے کے دو اجزا ہیں: مشاہد جو مشاہدہ کرتا ہے اور مشہود جس کا مشاہدہ کیا جاتا ہے۔ مشاہدے کے نتائج کا انحصار مشاہد اور مشہود کی باہمی حالت پر ہے۔ اگر مشاہد ساکن ہے اور مشہود متحرّک، تو نتائج مختلف ہوں گے بہ نسبت اس کے کہ دونوں متحرّک ہوں اور اس صورت میں دونوں کی سمتی رفتار نتائج پر اثر انداز ہو گی۔ خصوصی نظریہ اضافیت سے منسلک ریاضی کے نتائج حیرت انگیز ہیں، مثلاً

1. وقت کا پھیلاؤ

خصوصی نظریہ اضافیت سے ایک نتیجہ یہ نکلتا ہے کہ وقت کے گزرنے کی رفتار اس جسم کی رفتار پر منحصر ہے جس کی نسبت سے وقت ناپا جا رہا ہے۔ اگر جسم سکون کی حالت میں ہے تو وقت تیزی سے

گزرتا ہے بمقابلہ اس جسم کے جو حرکت میں ہے۔ فرض کریں کہ زید اور بکر دو جڑواں بھائی ہیں جن کی پیدائش بیک وقت ہوئی ہے۔ (دونوں کی پیدائش کے درمیان جو وقت گزرا ہے اسے ہم نظر انداز کیے دیتے ہیں۔) دونوں بھائیوں کے پاس گھڑیاں ہیں جن میں ایک ہی وقت ہوا ہے۔ زید خلائی جہاز میں سفر کرتا ہے اور دس سال کے بعد واپس آتا ہے جب کہ بکر وہ دس سال ایک جگہ بیٹھ کر گزار دیتا ہے۔ جب وہ واپس آتا ہے اور دونوں بھائی اپنی گھڑیاں دیکھتے ہیں تو پتا چلتا ہے کہ زید کی گھڑی پیچھے ہے۔ اس کی وجہ یہ ہے کہ خصوصی نظریہ اضافیت کے مطابق حرکت کی بنا پر زید کا وقت پھیل کر آہستہ ہو گیا ہے اور زید کی عمر بکر سے کم ہو گئی ہے۔

اس مثال سے یہ نہ سمجھیں کہ سدا جوان رہنے کے لیے خلائی سفر پر روانہ ہو جائیں اور پوری زندگی سفر میں گزار دیں کیوں کہ وقت کے پھیلاؤ (Time Dilation) کی مقدار کا انحصار آپ کی رفتار پر ہے۔ آپ کی رفتار روشنی کی رفتار کے جتنے قریب ہو گی وقت اتنی ہی آہستگی سے گزرے گا، مگر روشنی کی رفتار تک پہنچنا اور اس سے بھی زیادہ رفتار پانا ناممکن ہے کیوں کہ جیسے جیسے ہماری رفتار بڑھتی ہے، ہماری کمیت بھی بڑھتی جاتی ہے یہاں تک کہ روشنی کی رفتار تک پہنچنے تک ہماری کمیت لامتناہی ہو جاتی ہے اور اسے حرکت میں رکھنے کے لیے لامتناہی توانائی کی ضرورت پڑتی ہے جس کو بہم پہنچانا ممکن نہیں ہے۔ روشنی کا فوٹان روشنی کی رفتار سے صرف اس لیے حرکت کر سکتا ہے کہ اس کی کمیت صفر ہے۔

اب ہم زید اور بکر کی جانب واپس آتے ہیں۔ فرض کریں کہ زید بکر کو فون کر کے پوچھتا ہے، ”اِس وقت تم کیا کر رہے ہو؟“ اگر زید نے اپنی زندگی بیٹھے بیٹھے گزاری ہے جب کہ بکر زندگی بھر فٹ بال کھیلتا رہا ہے تو زید کو پوچھنا چاہیے، ”اِس وقت تم کیا کر رہے ہو گے؟“ بکر جواب دے گا، ”جب اِس وقت آئے گا تو بتاؤں گا؟“ اس کے برخلاف اگر سوال بکر کی طرف سے آتا تو وہ زید سے پوچھتا، ”اِس وقت تم کیا کر رہے تھے؟“

اس گفتگو کا مقصد یہ بتانا ہے کہ ہر ایک کا ”اِس وقت“ مختلف ہے۔ اگر ”اِس وقت“ ایک خاص لمحہ ہے تو کچھ کا ”اِس وقت“ گزر چکا ہے اور کچھ کا ابھی نہیں گزرا۔ کچھ کا ”اِس وقت“ ماضی میں ہے

اور کچھ کا مستقبل میں۔ ہر ایک کا اپنا اپنا "اِس وقت" ہے۔

عام رفتار پر وقت کا پھیلاؤ اتنا کم ہوتا ہے کہ عام آلات سے اسے ناپنا ممکن نہیں ہے۔ اوپر دی ہوئی مثال میں زید کی عمر میں ایک آدھ سیکنڈ سے زیادہ کمی نہیں ہوئی ہوگی۔ زیادہ درست قدر معلوم کرنے کے لیے مساوات موجود ہیں۔ ہوائی جہازوں کی پرواز کے دوران وقت کا پھیلاؤ اتنا کم ہوتا ہے کہ اسے صرف خاص قسم کے آلات سے ناپا جاسکتا ہے۔ جی پی ایس کے سیٹلائٹ البتہ 14,000 کلو میٹر فی گھنٹہ کی رفتار سے زمین کے گرد گھومتے ہیں اور ایک دن میں دو گردشیں مکمل کر لیتے ہیں۔ اس تیز رفتاری کی وجہ سے ان پر وقت کا پھیلاؤ زیادہ ہوتا ہے اور ان کی گھڑیوں کو مسلسل ملاتے رہنا پڑتا ہے۔

2. لمبائی کی سکیڑ

خصوصی نظریہ اضافیت کے مطابق حرکت کرنے والے جسم کی لمبائی حرکت کی سمت میں کم ہو جاتی ہے۔ کمی کی مقدار کا انحصار رفتار پر ہے۔ رفتار جتنی روشنی کی رفتار کے قریب پہنچے گی اتنی ہی زیادہ کمی ہوگی۔

3. ہم وقتی کی اضافیت

ہم وقتی کی اضافیت (Relativity of Simultaneity) ان واقعات کا احاطہ کرتی ہے جو "بیک وقت" ظہور پذیر ہوتے ہیں۔ ہر واقعے سے منسلک چار خلائی و زمانی محدّدین (x,y,z,t) ہوتے ہیں (سیکشن 5.2) جو ہمیں بتاتے ہیں کہ واقعہ کہاں اور کب ہوا۔ فرض کریں کہ دو ہم وقتی واقعات کے محدّدین کی قدریں ایک ہی ہیں یعنی کہ وہ واقعات ایک ہی مقام پر اور ایک ہی وقت پر ظہور پذیر ہوئے۔ اگر ایک متحرّک مشاہد ان واقعات کا مشاہدہ کر رہا ہے تو خصوصی نظریہ اضافیت کے مطابق یہ ضروری نہیں کہ اس مشاہد کے نزدیک دونوں واقعات کے (x,y,z,t) محدّدین کی قدریں برابر ہوں۔ اس کا انحصار مشاہد کی رفتار اور سمت سے ہوگا۔ وہ دونوں واقعات کو ایک دوسرے کے بعد اور دو مختلف مقامات پر ہوتا ہوا دیکھے گا۔ واضح رہے کہ خصوصی نظریہ اضافیت کے دیگر نتائج کی طرح اس نتیجے کی خاطر خواہ پیمائش بھی اس حالت میں ممکن ہے جب مشاہد کی سمتی رفتار روشنی کی سمتی

رفتار کے قریب ہو۔

4. کمیت۔توانائی مساوات

آئن سٹائن کی سب سے مشہور مساوات $E = mc^2$ ہے جس میں مادّے کے توانائی میں اور توانائی کے مادّے میں تبدیل ہونے کا فارمولا دیا گیا ہے جس میں m مادّے کی کمیت ہے، c روشنی کی سمتی رفتار ہے اور E توانائی ہے۔

اگر آپ کو ریاضی سے کچھ شغف ہے تو ذیل میں دیے ہوئے حساب سے معلوم ہو گا کہ ایک گرام مادّے سے اتنی توانائی پیدا ہوتی ہے جتنی ایک چھوٹے ایٹم بم میں ہوتی ہے۔ اگر ریاضی آپ کا شوق نہیں ہے تو آگے بڑھ جائیں۔

m = 1 g = 0.001 kg

c = 299,792,458 m/s

$E=mc^2=0.001\times299{,}792{,}458\times299{,}792{,}458$

=89,875,517,873,681.764 joules

- ٹی این ٹی (TNT) ایک انتہائی دھماکہ خیز مواد ہوتا ہے جو پہاڑوں میں پتھروں کو توڑنے اور سرنگیں بنانے کے لیے استعمال کیا جاتا ہے۔ ایک ٹن ٹی این ٹی پھٹنے سے $4.184X10^9$ جولز توانائی خارج ہوتی ہے، لہٰذا

$$E = \frac{89{,}875{,}517{,}873{,}681.764}{4.184X10^9}$$

=21,470 tonnes of TNT

چناں چہ ایک گرام مادّے کو توانائی میں تبدیل کیا جائے تو توانائی کی مقدار اتنی ہوتی ہے جتنی تقریباً 21,470 ٹن ٹی این ٹی پھٹنے سے خارج ہوتی ہے اور یہ ایک چھوٹے سے ایٹم بم سے خارج ہونے والی توانائی کے برابر ہے۔

البرٹ آئن سٹائن کا خصوصی نظریہ اضافیت جدید طبیعیات کا سنگ بنیاد ہے۔ یہ وقت اور جگہ کے ہمارے فطری تصورات کو چیلنج کرتا ہے اور ایک ایسا ڈھانچا (Framework) فراہم کرتا ہے جو کائناتی

اور کوانٹم دونوں سطحوں پر کائنات کی مسلسل تحقیق کے لیے ضروری ہے۔ اس کے متضاد پہلوؤں کے باوجود، اس نظریے کی پیشین گوئیوں کی بار بار توثیق کی گئی ہے، جس کی بنا پر یہ نظریہ سائنس کی تاریخ میں سب سے زیادہ کامیاب نظریات میں سے ایک کے طور پر اس کی حیثیت کو تقویت ملی ہے۔

9.3. عمومی نظریہ اضافیت

1915 میں آئن سٹائن نے عمومی نظریہ اضافیت (General Theory of Relativity) وضع کیا۔ اس کا نظری ڈھانچا خصوصی نظریہ اضافیت میں کشش ثقل کو شامل کر کے اسے مکمل کر دیتا ہے۔ اس نظریے نے خلا، وقت اور کشش ثقل کے بارے میں ہماری سمجھ میں انقلاب برپا کر دیا۔ نظریے کے دو موضوع تھے: زمان و مکاں کی خمیدگی اور مساوات کا اصول۔

1. زمان و مکاں کی خمیدگی

جس چیز کو ہم کشش ثقل کی قوت کے طور پر سمجھتے ہیں وہ دراصل کمیت اور توانائی کی وجہ سے زمان و مکاں کی خمیدگی (Spacetime Curvature) ہے۔ کشش ثقل کے زیر اثر حرکت کرنے والی اشیاء صرف اس جیومیٹری کے ذریعے طے شدہ خمیدہ راستوں پر چل رہی ہیں۔

زمان و مکاں کی خمیدگی عمومی نظریہ اضافیت میں ایک بنیادی تصور ہے جو کہ کائناتی پیمانے پر کشش ثقل کی وضاحت کرتا ہے۔ سیکشن 5.4 میں آپ روایتی کشش ثقل کے نظریہ کے بارے میں پڑھ چکے ہیں جو نیوٹن نے وضع کیا تھا۔ اس کے مطابق کشش ثقل کو کمیتوں کے درمیان ایک قوت کے طور پر دیکھا جاتا ہے۔ اس کے بجائے عمومی اضافیت میں کشش ثقل کو زمان و مکاں کی اس خمیدگی کے اثر کے طور پر سمجھا جاتا ہے جو کمیت اور توانائی کی بنا پر ہو۔ اس سے پہلے کہ ہم زمان و مکاں کی خمیدگی کے تصور کو مزید تفصیل سے دیکھیں، یہ سمجھنا ضروری ہے کہ نیوٹن اور آئن سٹائن کے نظریات میں فرق ہونے کا مطلب یہ نہیں ہے کہ نیوٹن کا نظریہ غلط تھا۔ دراصل روزمرّہ کی زندگی میں نیوٹن کا نظریہ درست اور کائناتی سطح پر جہاں ہمارا سابقہ قوی ہیکل کمیتوں کے ساتھ ہے، آئن سٹائن کا نظریہ زیادہ درست جوابات دیتا ہے۔

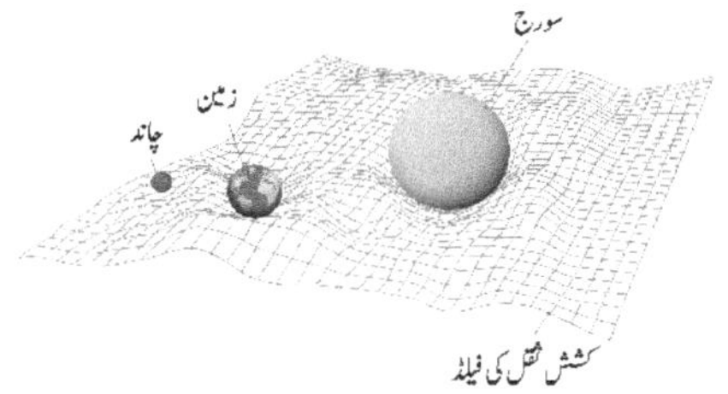

تصویر59: زمان و مکاں کی خمیدگی

زمان و مکاں کی خمیدگی کو سمجھنے کے لیے، آپ کو پہلے زمان و مکاں کے تصور کو سمجھنا ہوگا۔ سیکشن 5.2 میں آپ نے پڑھا تھا کہ زمان و مکاں ایک چار بُعدی ڈھانچا ہے جو خلا کے تین ابعاد اور وقت کے ایک بُعد کو ملا کر بنتا ہے۔ اس ماڈل کے مطابق ہر بُعد کو ایک محدّد سے ناپا جاتا ہے چناں چہ، کائنات میں تین مکانی یا خلائی محدّدین اور ایک زمانی یا وقت کا محدّد ہوتا ہے لہٰذا ہم زمان و مکاں میں کسی جسم کو اس کے چار محدّدین (x,y,z,t) سے ظاہر کرتے ہیں۔

عمومی اضافیت کے مطابق، کمیت اور توانائی زمان و مکاں کو موڑ کر اپنے ارد گرد جھکا دیتی ہیں۔ یہ خمیدگی کشش ثقل کے اثر کو ظاہر کرتی ہے جس پر کائنات میں موجود اجسام رد عمل ظاہر کرتے ہیں، مثلاً زمین سورج کے گرد اس وجہ سے گھوم رہی ہے کہ سورج کی بڑی کمیت نے زمان و مکاں کو اپنے ارد گرد جھکا دیا ہے اور زمین اس جھکاؤ کی بنا پر ایک نپے تلے راستے پر گھوم رہی ہے۔ تصویر 59 میں زمان و مکاں کی خمیدگی کو مصور کی آنکھ سے دکھایا گیا ہے۔ کیپلر کے بیضوی مداروں کے ماڈل (سیکشن 4.4) میں آپ نے پڑھا تھا کہ زمین جب اپنے مدار پر گھومتی ہوئی سورج کے نزدیک آتی ہے تو اس کی رفتار تیز ہونے لگتی ہے اور جب دوسری طرف نکل کر دور جاتی ہے تو رفتار کم ہونے لگتی ہے۔ اگر آپ زمان و مکاں کو خمیدہ کر کے کشش ثقل کی فیلڈ (Gravitational Field) کو ایک چادر تصور کریں جس پر زمین لڑھک رہی ہے تو چوں کہ سورج "نشیب" میں ہے لہٰذا زمین کی رفتار میں تیزی آنا قدرتی امر ہے اور دوسری جانب "چڑھائی" ہونے کی بنا پر زمین لازمی طور پر سست رفتاری کا مظاہرہ کرے گی۔ اگر زمان و مکاں میں یہ خمیدگی نہ ہوتی تو جب زمین سورج کے نزدیک آتی تو ایک مرغولے کی شکل کا مدار بنا کر سورج کے نزدیک آتے آتے اس میں ضم ہو جاتی۔ یہی حال دوسرے سیاروں کا ہوتا اور بالآخر سورج کا خاتمہ سیاہ غار (Black Hole) کی صورت میں ہوتا۔

یہ زمان و مکاں کی خمیدگی ہی ہے جو پوری کائنات میں سیاروں کو ستاروں کے گرد اور ستاروں کو کہکشاؤں کے مراکز کے گرد گھمار ہی ہے۔ نہ صرف یہ بلکہ روشنی کی شعائیں بھی زمان و مکاں کی خمیدگی کے زیر اثر جب کسی بڑی شے مثلاً کسی کہکشاں کے جھرمٹ کے قریب سے گزرتی ہیں تو اس کی کشش ثقل کی بنا پر اس کی طرف جُھک جاتی ہیں۔ سیاہ غار کی کشش ثقل اتنی زیادہ ہوتی ہے کہ وہ نہ صرف مادّہ خور ہوتا ہے بلکہ روشنی خور بھی ہوتا ہے۔ وقت بھی بڑے جسموں کے قریب، آہستہ چلتا ہے۔

2. مساوات کا اصول

کشش ثقل اور اسراع (Acceleration) کے اثرات میں کوئی فرق نہیں ہے۔ بالفاظ دیگر اگر نیچے جاتی ہوئی لفٹ کا وہ تار ٹوٹ جائے جس سے وہ لٹک رہی ہے اور وہ بلا کسی رکاوٹ کے نیچے گرنا شروع ہو جائے تو کشش ثقل کی غیر موجودگی میں اس لفٹ میں ہونا خلا میں تیرنے کی طرح ہے۔ اس کے برعکس، زمین پر ایک ساکن لفٹ میں رہنا (جہاں کشش ثقل کام کر رہی ہے) ایسا ہی ہے جیسے خلا میں تیزی سے چلنے والے خلائی جہاز میں ہونا۔

مساوات کا اصول نیوٹن کی کشش ثقل کی تعریف اور زمان و مکاں کی خمیدگی کے نتیجے میں پیدا ہونے والی کشش ثقل میں ایک پُل کا کام کرتا ہے۔ اس اصول کے دو اجزا ہیں:

(الف) کمزور اصول جس کے مطابق کشش ثقل کی فیلڈ میں آزادی سے گرنے والی چیز کی رفتار صرف اس کی ابتدائی پوزیشن اور رفتار پر منحصر ہے، نہ کہ اس کی ساخت یا شکل پر۔ اس کا مطلب یہ ہے کہ تمام اشیاء ایک ہی شرح سے کشش ثقل کی فیلڈ میں گرتی ہیں، یہ فرض کرتے ہوئے کہ ان پر کوئی دوسری قوت، جیسے ہوا کی مزاحمت، عمل نہیں کرتی۔

(ب) مضبوط اصول جس کے تحت نہ صرف کشش ثقل بلکہ طبیعیات کے تمام قوانین کو ملحوظ خاطر رکھا جاتا ہے۔ فرض کریں کہ ہم ایک لیبارٹری میں ہیں جو کشش ثقل کے زیر اثر گر رہی ہے اور ہم اس میں ایک ایسا تجربہ کر رہے ہیں جس پر کشش ثقل کا کوئی اثر نہیں ہوتا۔ اس اصول کے تحت اس تجربے کا وہی نتیجہ نکلے گا جو اس حالت میں نکلتا جب لیبارٹری

ساکن ہوتی یا خلا میں سفر کر رہی ہوتی۔

3. عمومی اضافیت کی پیش گوئیاں

1. روشنی کی خمیدگی: عمومی نظریہ اضافیت کے مطابق اگر روشنی کسی کشش ثقل کی فیلڈ کی طرف سے گزرے گی تو اس فیلڈ کی جانب جھک جائے گی۔ اس کی تصدیق 1919 کے سورج گرہن کے دوران ہوئی جب وہ ستارے جو سورج کے نزدیک نظر آتے تھے اپنی متوقع پوزیشن سے سرک کر کچھ اور نزدیک نظر آرہے تھے کیوں کہ سورج کی کشش ثقل ان کی روشنی کو اپنی جانب کھینچ رہی تھی۔
2. کشش ثقل کی فیلڈ میں وقت کا پھیلاؤ: عمومی نظریہ اضافیت کا ایک نتیجہ یہ ہے کہ طاقتور کشش ثقل کی فیلڈ کی موجودگی میں وقت آہستگی سے گزرتا ہے۔ تجربات سے ثابت ہوگیا ہے کہ سطح سمندر پر گھڑیاں پہاڑوں کے مقابلے میں آہستہ چلتی ہیں لیکن یہ فرق بہت کم ہوتا ہے، مثلاً اگر پہلی گھڑی ماؤنٹ ایورسٹ پر ہو اور دوسری سطح سمندر پر تو 100 سال میں دوسری گھڑی 0.003 سیکنڈ پیچھے رہ جائے گی۔
3. سیاہ غار: عمومی اضافیت کا ایک نتیجہ سیاہ غاروں (Black Holes) کی پیش گوئی ہے۔ سیاہ غار خلا کے وہ علاقے ہیں جہاں کشش ثقل اتنی مضبوط ہوتی ہے کہ کوئی بھی چیز، حتیٰ کہ روشنی بھی، ان سے نہیں بچ سکتی اور وہ اپنے قریب سے گزرنے والے مادّے اور روشنی کو اپنے اندر جذب کرلیتے ہیں۔ آگے چل کر ہم سیاہ غاروں کے متعلق تفصیل سے پڑھیں گے۔ ان کے وجود کی تصدیق 2019 میں فلکیاتی مشاہدات کے ذریعے کی گئی۔
4. کشش ثقل کی تبدیلی: عمومی اضافیت کی رو سے کشش ثقل میں تبدیلیاں روشنی کی رفتار سے آگے بڑھتی ہیں، مثلاً اگر چاند یکایک غائب ہو جائے تو زمین پر اس کا اثر 1.28 سیکنڈ کے بعد محسوس ہوگا۔ ستارے، سیارے اور دیگر گردش کرنے والے اجسام میں کشش ثقل کی تبدیلی ان اجسام کے مدار اور ان کی کمیت کے مرکز کو آپس میں جوڑ دیتی ہے جس کی بنا پر کیپلر کے مداروں میں تبدیلیاں ہوتی ہیں جس کی بنا پر وہ اجسام مدار سے باہر کھنچنے لگتے ہیں[62]۔

9.4. نقطۂ واحد

اس نظریے کے مطابق کائنات کی تخلیق عدم میں ایک نقطۂ واحد (Singularity) سے ہوئی۔ کونیات کے مطابق اور عمومی اضافیت کے لحاظ سے نقطۂ واحد اس نقطے کو کہتے ہیں جہاں کچھ طبیعی قدریں مثلاً قوتِ ثقل (سیکشن 5.4)، کثافت (سیکشن 3.14)، زمان و مکاں کی خمیدگی (سیکشن 9.3) اور تپش لامتناہی یا غیر معیّن ہو جاتی ہیں۔ طبیعیات دانوں کے لیے نقطۂ واحد ایک زمان و مکاں کے خول میں لپٹی ہوئی گولی ہے جس کا حجم تقریباً صفر، جب کہ کثافت اور درجہ حرارت لامتناہی (Infinite) ہیں[a]۔

نقطۂ واحد کا تصور کرنے کے لیے بیر بہوٹی کی مثال دی جاسکتی ہے۔ بیر بہوٹی وہ سرخ رنگ کا کیڑا ہوتی ہے جو بارش کے بعد نظر آتی ہے۔ اگر بیر بہوٹی کو چھوئیں تو وہ فوراً پاؤں سکیڑ کر چھوٹی سی گیند بن جاتی ہے اور کچھ دیر بعد جب وہ سمجھتی ہے کہ خطرہ ٹل گیا ہے تو پاؤں باہر نکال کر چلنا شروع کر دیتی ہے۔ نقطۂ واحد بھی اس خوف زدہ بیر بہوٹی کے مانند ہے جو زمان و مکاں کی گیند میں بند ہے اور جس کا حجم تقریباً صفر ہے۔ اس حالت میں زمان و مکاں کی خمیدگی اپنے عروج پر ہوتی ہے جس کی بنا پر طبیعیات کے قوانین کا اطلاق ختم ہو جاتا ہے۔

نقطۂ واحد کا تصور ایک نظری نتیجہ ہے جو آئن سٹائن کی عمومی اضافیت سے اخذ کیا گیا ہے۔ اس کے مطابق کائنات کی تخلیق کے عمل کی ابتدا نقطۂ واحد کے ایک "دھماکے کے ساتھ پھٹنے" سے ہوئی جسے عظیم پھیلاؤ، عظیم دھماکا، یا بِگ بینگ (Big Bang) کہتے ہیں۔ اس واقعہ کو پھٹنے کے بجائے غبارے کے پھولنے سے تشبیہ دینا بہتر ہے کیوں کہ اس عمل کے دوران کائنات کے مادّے اور توانائی کا ذخیرہ پھیلنے لگا اور اس کے نتیجے میں زمان و مکاں کا غبارہ جس میں کائنات محدود تھی، پھولنے لگا اور اب بھی پھول رہا ہے۔ یوں زمان و مکاں کی ابتدا ہوئی۔

طبیعیات دان نقطۂ واحد اور عظیم پھیلاؤ کے تصور سے مکمل طور پر مطمئن نہیں ہیں کیوں کہ ان کے نزدیک موجودہ نظریات نامکمل ہیں۔ مثال کے طور پر، اگر کائنات کا آغاز نقطۂ واحد سے ہوا تو آئن سٹائن کی عمومی اضافیت جو کائناتی پیمانے پر کشش ثقل کے مظاہر کو بیان کرتی ہے، کائنات کی تخلیق کے دور میں ناکام

[a] کثافت = کمیت / حجم۔ اگر حجم صفر ہو تو کثافت لامتناہی ہو گی۔ اگر کمیت بھی صفر ہو تو کثافت غیر معیّن (Indeterminate) ہوتی ہے۔

ہو جاتی ہے اور کوانٹم میکانیات اس دور کو بڑی کامیابی سے بیان کرتی ہے۔ اس کے برخلاف جب کائناتی اجسام اپنی کمیت اور حجم پر پہنچ جاتے ہیں تو کوانٹم میکانیات کام کرنا بند کر دیتی ہے اور عمومی اضافیت کنٹرول سنبھال لیتی ہے۔ طبیعیات دانوں کو ایک مکمل نظریے کی تلاش ہے جو کائنات کی پیدائش سے لے کر اس کی موت تک کا احاطہ کرے۔ اس سلسلے میں تحقیق جاری ہے جس کے نتیجے میں کوانٹم گریویٹی (Quantum Gravity) اور اسٹرنگ تھیوری (String Theory) جیسے نام سامنے آرہے ہیں جو صرف نظری ڈھانچے ہیں اور ابھی ان کے کوئی تجرباتی ثبوت نہیں ہیں۔

9.5 کوانٹم فیلڈ تھیوری

کوانٹم میکانیات پر اعتراض ہے کہ وہ کوانٹم کی سطح پر تو کام کرتی ہے مگر روز مرّہ کی زندگی میں اور کائناتی سطح پر کار آمد نہیں ہے۔ اس کے برخلاف آئن سٹائن کا نظریہ اضافیت کائناتی سطح پر کام کرتا ہے مگر کوانٹم سطح پر بے کار ہو جاتا ہے۔ کوانٹم فیلڈ تھیوری (Quantum Field Theory) یا QFT نظری طبیعیات کا ایک بنیادی ڈھانچا ہے جو کوانٹم میکانیات اور آئن سٹائن کے خصوصی نظریہ اضافیت (Special Theory of Relativity) کو ملا کر بنیادی ذرّات (مادّہ) اور قوتوں (توانائی) کے درمیان تعاملات کو بیان کرتا ہے۔ اس نظریہ کا اطلاق ہر چیز پر ہوتا ہے، خواہ وہ ذراتی سطح پر ایک الیکٹران ہو یا کائناتی سطح پر ایک ستارہ۔

پچھلے باب میں آپ نے برقی اور برقناطیسی فیلڈ کے متعلق پڑھا تھا۔ بنیادی بات یہ ہے کہ کائنات میں ہر جگہ مختلف فیلڈز لہروں کی شکل میں موجود ہیں اور جب ان میں ارتعاش پیدا ہوتا ہے تو یہ ذرّات یا توانائی کی خصوصیات ظاہر کرتی ہیں۔ مثال کے طور پر ہم نے دیکھا کہ الیکٹران کی اپنے محور کے گرد گردش یا اسپن کے نتیجے میں ایک فیلڈ پیدا ہوتی ہے جسے الیکٹران فیلڈ (Electron Field) کہتے ہیں۔ اس نظریے کے مطابق الیکٹران حقیقت نہیں ہے بلکہ اصل حقیقت الیکٹران فیلڈ ہے۔ جب اس فیلڈ میں ارتعاش ہوتا ہے تو یہ الیکٹران ذرّہ بن کر داستان امیر حمزہ کے عمرو عیار کی طرح بھیس بدل بدل کر ہمارے سامنے آتا ہے، کبھی ذرّہ ہے تو کبھی موج۔ اسی طرح برقناطیسی فیلڈ کی تحریک کا نتیجہ فوٹان ہوتا ہے جو اپنی

توانائی سے پہچانا جاتا ہے۔

جب تک ایٹم کی ساخت کا سفر یونانیوں تک پہنچا تو وہ اس بات پر متفق ہو چکے تھے کہ مادّہ ایٹموں سے بنا ہے جنہیں مزید توڑا نہیں جا سکتا۔ 1897 میں تھامسن[a] نے تجویز کیا کہ ایٹم ایک شریفے کی مانند ہے جس کی مثبت چارج والے گودے میں منفی چارج والے الیکٹران بیجوں کی طرح جڑے ہوئے ہیں۔ 1919 میں روتھرفورڈ اور نیلس بوہر[b] نے تجویز کیا کہ مثبت چارج ایٹم کے مرکز میں ہوتا ہے جہاں پروٹان ایک دوسرے سے چپکے ہوئے ہوتے ہیں اور مرکز کے گرد الیکٹران اسی طرح گردش کرتے ہیں جیسے سیارے سورج کے گرد گھوم رہے ہیں۔ ان کی تجویز کے مطابق باقی ایٹم کھوکھلا ہوتا ہے۔

1932 میں چیڈوِک[c] نے مرکزے میں پروٹان کے علاوہ نیوٹران کو شامل کیا جن کا چارج صفر ہوتا ہے۔ جیسا کہ سیکشن 6.5 میں بیان کیا گیا تھا، 1964 میں یہ دریافت سامنے آئی کہ بنیادی ذرّات میں پروٹان اور نیوٹران بھی الیکٹران کی طرح اٹوٹ نہیں ہیں بلکہ کوارکس (Quarks) سے مل کر بنے ہیں۔ ایک اور بنیادی ذرّہ جسے نہیں بھولنا چاہیے وہ گلوآن ہے جس کا تذکرہ کوارکس کے ساتھ کیا جا چکا ہے اور جو مرکز میں موجود ذرّات کو ایک دوسرے کے ساتھ جُڑا رکھنے کے لیے گوند کا کام کرتا ہے۔

یہاں تک پہنچنے کے بعد سب کچھ بھلا کر یہ یاد رکھنا ضروری ہے کہ موجودہ نظری طبیعیات میں ذرّات کا کوئی علیحدہ وجود نہیں ہے۔ کائنات کی بناوٹ صرف مختلف فیلڈز سے ہوئی ہے جن میں لہریں اٹھتی ہیں اور اس حالت میں وہ ذرّات کی طرح پیش آتی ہیں۔ علاوہ ازیں زمان و مکاں بھی ایک فیلڈ ہے جس میں اجسام کی موجودگی میں خمیدگی پیدا ہوتی ہے اور اس کا نتیجہ کشش ثقل کی شکل میں ظاہر ہوتا ہے۔

جیسا کہ آپ نے سیکشن 6.1 میں پڑھا تھا، بوہر کے ایٹمی ماڈل کے مطابق ایٹم میں الیکٹران کی توانائی کا انحصار اس بات پر ہے کہ وہ کون سے مدار میں ہے۔ ہر مدار کی توانائی مختلف ہے اور جب الیکٹران کو گرمی پہنچا کر توانائی دی جائے تو وہ صرف اتنی توانائی جذب کرے گا کہ اگلے مدار پر پہنچ جائے (نہ کم نہ زیادہ)۔ اس کی وجہ یہ ہے کہ توانائی چھوٹے چھوٹے پیکٹوں کی شکل میں آتی ہے جو ناقابل تقسیم ہوتے ہیں۔ بالفاظ

---

[a] J. J. Thomson, 1856-1940

[b] Ernest Rutherford, 1871-1937, Niels Bohr, 1885-1062.

[c] James Chadwick, 1891-1974,

دیگر توانائی کوانٹائی (Quantized) ہوتی ہے۔ روشنی بھی چھوٹے چھوٹے ناقابل تقسیم پیکٹوں میں آتی ہے جنہیں فوٹان کہتے ہیں۔

قصہ مختصر یہ کہ روئے زمین پر پہاڑ، درخت، سمندر، جانور اور کیڑے مکوڑے، اور فلک پر چاند، ستارے، سیارے، سیاہ غار اور تمام دوسرے اجسام، عناصر اور مرکبات سے بنے ہیں، جو سالموں سے بنے ہیں۔ سالمے ایٹموں سے اور ایٹم الیکٹران، پروٹان اور نیوٹران سے بنے ہیں، نیوٹران اور پروٹان کوارکس سے بنے ہیں جو خود کانپتی ہوئی لہریں ہیں جن سے پوری کائنات بھری ہوئی ہے۔

9.6. کوانٹم ویکیوم

سیکشن 2.2 میں آپ نے پڑھا تھا کہ ویکیوم خلا کی اس حالت کو کہتے ہیں جس میں کسی مادّے کا وجود نہ ہو یعنی وہ عدم کی حالت میں ہو۔ یہ ویکیوم کی کلاسیکی تعریف ہے۔ کوانٹم فیلڈ تھیوری کے مطابق عدم کا کوئی وجود نہیں ہے اور ویکیوم مختلف فیلڈز سے بھرا ہوتا ہے۔ اس حالت کو کوانٹم ویکیوم (Quantum Vacuum) کا نام دیا گیا ہے۔ کوانٹم ویکیوم میں فیلڈز اپنی زمینی حالت میں ہوتی ہیں یعنی ان کی توانائی قلیل ترین ہوتی ہے جس طرح جب الیکٹران 1s مداریے میں ہو تو وہ زمینی حالت میں ہوتا ہے اور اس کی توانائی قلیل ترین ہوتی ہے۔ (سیکشن 7.4)۔ کوانٹم ویکیوم میں جو فیلڈز ہوتی ہیں ان کی توانائی میں عارضی طور پر اتار چڑھاؤ ہوتا رہتا ہے جسے کوانٹم اُتار چڑھاؤ (Quantum Fluctuation) کہتے ہیں۔ اگر آپ ان فیلڈز کو دیکھنا چاہیں تو انہیں سُنڈیاں تصور کریں جو ایک بوتل میں بند ہیں اور مستقل بِلبِلا رہی ہیں۔ یہ بلبلاہٹ ہائزنبرگ کے غیر یقینی اصول (Heisenberg's Uncertainty Principle) کے مطابق ہوتی ہے اور اس کے نتیجے میں کوانٹم ویکیوم میں ذرّات پیدا ہوتے ہیں۔

کوانٹم فیلڈ تھیوری کے مطابق ہر ذرّے کا ایک مخالف ذرّہ (Antiparticle) ہوتا ہے، مثلاً الیکٹران کے مخالف ذرے کو مخالف الیکٹران یا پوزیٹران (Positron) کہتے ہیں۔ اس کی کمیت الیکٹران کی کمیت کے برابر ہوتی ہے مگر برقی چارج بجائے منفی کے مثبت ہوتا ہے۔ اسی طرح ہر کوارک کا ایک مخالف کوارک ہوتا ہے، یہاں تک کہ ہائیڈروجن ایٹم کا بھی مخالف ایٹم ہوتا ہے جس میں منفی مرکزے

کے گرد مثبت ذرّہ گردش کررہا ہوتا ہے۔

کوانٹم اتار چڑھاؤ کے نتیجے میں ذرّات کے جوڑے پیدا ہوتے ہیں جن میں ایک ذرّہ دوسرے ذرّے کا مخالف ہوتا ہے۔ یہ فرضی ذرّات (Virtual Particles) ہوتے ہیں اور ان کی زندگی اتنی کم ہوتی ہے کہ دونوں حقیقی ذرّات (Real Particles) بننے سے پہلے ہی ایک دوسرے سے مل کر فنا ہو جاتے ہیں۔

9.7. ابدی کائنات

کیا کائنات ہمیشہ سے ہے اور ہمیشہ رہے گی؟ ابتدائے آفرینش سے ہی یہ سوال انسانی ذہن میں کلبلا رہا ہے۔ قدیم ثقافتوں میں کائنات کو ابدی تصور کیا گیا تھا، مثلاً ارسطو کا خیال تھا کہ کائنات ہمیشہ سے موجود ہے کیوں کہ ابتدا کا تصور اس کی فطرت کے فلسفہ میں ناقابل فہم تھا۔ ہندو اور بدھ مذاہب کے بعض اسکولوں نے کائنات کو چکّری قرار دیا جو مسلسل تخلیق اور تباہی کے چکروں میں گھوم رہی ہے۔ بہت سے قدیم فلسفوں کے برعکس ابراہیمی مذاہب یعنی یہودی، مسیحی اور اسلامی روایات عموماً ایک محدود کائنات کو فروغ دیتی ہیں جس کی ابتدا بائبل اور قرآن کے مطابق ایک مخصوص تخلیقی واقعہ سے ہوئی۔

وسطی مصر میں جب مسلم اسپین میں یونانی فلسفہ کے تراجم ہو رہے تھے تینوں مذاہب کے علما ارسطو کے ابدی کائنات کے نظریہ کو تخلیق کے مذہبی عقیدے سے منسلک کرنے کی کوشش کرنے لگے۔ ان کی فلسفیانہ بحث عموماً خدا کی فطرت، لامتناہیت کے تصور، اور وجود و اسبابیت کے مابعد الطبیعیاتی استدلال پر مرکوز تھی[63]۔

جب جدید فلسفہ کے دور کا آغاز ہوا تو کانٹ[a] اور ہیگل[b] جیسے مفکرین نے سائنس اور مابعد الطبیعیات کی روشنی میں کائنات کی نوعیت پر زیادہ گہرائی سے غور کیا۔ مثلاً کانٹ انسانی سوچ میں اُن متضادات پر روشنی ڈالتا ہے جو ابدی کائنات کے حق میں اور اس کے خلاف دلائل پیش کیے جاتے ہیں، مثلاً

فرضیہ (Thesis): دنیا کا آغاز ایک وقت پر ہو اور یہ مکان کے لحاظ سے محدود ہے۔

ضد (Antithesis): دنیا وقت اور مکان دونوں میں لامتناہی ہے۔

---

[a] Immanuel Kant,1724–1804

[b] Georg Wilhelm Friedrich Hegel, 1770–1831.

کانٹ کے مطابق فرضیہ اور ضد، دونوں کی منطقی دلائل کے ساتھ معقول طور پر حمایت کی جاسکتی ہے، جو ایک ایسی متضاد صورت حال کی طرف لے جاتی ہے جہاں دنیا کا آغاز اور ابدیت دونوں کا جواز نظر آتا ہے۔ وہ ان متضادات کا حل اس طرح پیش کرتا ہے کہ زمان و مکان تجرباتی حقیقتیں نہیں بلکہ صرف انسانی وجدان (Intuition) کی پیداوار ہیں۔ بالفاظ دیگر خلا اور وقت صرف وہ ضروری شرائط ہیں جن کے تحت اشیا ادراک میں آسکتی ہیں اور تجربات نتائج تک پہنچ سکتے ہیں۔ لہٰذا وقت کی ابتدا اور خلا کی لامحدودیت کے متعلق سوالات ہمارے تجربے کی دنیا سے نہیں بلکہ قیاس آرائی پر مبنی مابعد الطبیعیات کے زمرے میں آتے ہیں جو انسان کی استدلالی قوت سے بعید ہیں[64]۔

کائنات کے ابدی ہونے کا مسئلہ فلسفہ سے تجرباتی سائنس کی طرف باقاعدہ طور پر نیوٹن نے منتقل کیا۔ اس کے قوانین حرکت اور قوتِ ثقل کے قواعد نے حتمی طور پر ایک مستحکم، ابدی کائنات کو فروغ دیا۔ تاہم، نیوٹن کا وہی مسئلہ تھا جو گیلیلیو کا تھا یعنی وہ بذات خود مذہبی شخص تھا اور کائنات کو خدا کی تخلیق کی حیثیت سے دیکھتا تھا۔

طبیعیات کا ایک شعبہ ہے جسے حرحرکیات (Thermodynamics) کہتے ہیں۔ اس شعبے کا تعلق توانائی کی ایک شکل کی دوسری شکل میں تبدیلی اور مادّے کے طبیعیاتی اور کیمیائی خواص پر اُس تبدیلی کے اثرات سے ہے۔ حرحرکیات میں اگر آپ ایک جسم کو قوت صرف کر کے ایک مقام سے دوسرے مقام پر منتقل کریں تو آپ نے "کام" کیا ہے جس کی مقدار قوت کو دونوں مقامات کے درمیان فاصلے سے ضرب دے کر مل جاتی ہے۔ ایک اور تصور جس کا تذکرہ آگے چل کر ہوگا، ناکارگی (Entropy) ہے جو کائنات میں بے ترتیبی کا پیمانہ ہے۔

حرحرکیات کے قانون نمبر 2 کے مطابق کائنات کی ناکارگی مستقل بڑھ رہی ہے کیوں کہ اس کی بے ترتیبی میں اضافہ ہو رہا ہے۔ مثال کے طور پر جب بیج زمین میں ڈالا جاتا ہے تو اس کی ناکارگی قلیل ترین ہوتی ہے۔ پھر زمین میں پانی ڈالا جاتا ہے اور بیج کی خشک رگیں سیراب ہو کر پھیلتی ہیں جس سے ان کی قدرتی ترتیب متاثر ہوتی ہے اور بیج کی ناکارگی میں اضافہ ہوتا ہے۔ پانی جذب ہونے کی بنا پر بیج سوجنے لگتا ہے اور اس کا خول تناؤ کی بنا پر پھٹنے لگتا ہے۔ اسی دوران بیج میں موجود کیمیائی خمیر (Enzyme) جو اب تک غیر فعال تھے، پانی جذب کرنے کے بعد فعال ہونے لگتے ہیں اور تحوّل (Metabolism) کا عمل

شروع ہو جاتا ہے۔ غرض جوں جوں بیج پودا بنتا ہے اس کی قدرتی ترتیب ختم ہو کر بے ترتیبی بڑھتی جاتی ہے اور حرحرکیاتی زبان میں اس کی ناکارگی میں اضافہ ہوتا جاتا ہے۔ جب عدم میں کائنات کا بیج جو نقطۂ واحد کی شکل میں نمودار ہوا، پھیل کر کائنات بنا تو اس کی ناکارگی بڑھنے لگی اور مستقل جوں جوں کائنات میں تخریب و تعمیر ہوتی رہے گی، ناکارگی بڑھتی رہے گی۔

حرحرکیات میں ناکارگی کا تصور ابدی کائنات کے نظریے پر کئی زاویوں سے اثر انداز ہوا ہے جس کا یہاں مختصر احوال پیش کیا جا رہا ہے:

1. حرارت کی موت

جیسے جیسے ناکارگی بڑھ رہی ہے، ممکن ہے کہ کائنات ناکارگی کی اپنی انتہائی قدر پر پہنچ جائے اور تمام طبیعی عمل رُک جائیں کیوں کہ اس لمحے پر تمام توانائی تمام کائنات میں یکساں طور پر تقسیم ہو چکی ہو گی۔ اس حالت کو حرارت کی موت بھی کہتے ہیں جب کائنات ممکنہ طور پر تا ابد موجود رہے مگر مُردہ حالت میں رہے گی جس میں کوئی طبیعی یا کیمیائی تبدیلی نہیں آئے گی۔

2. وقت کا تیر

بِگ بینگ کے نظریے کے مطابق جو کائنات کی ابتدا کو ایک نقطۂ واحد کے پھیلنے سے منسلک قرار دیتا ہے، نقطۂ واحد ایک انتہائی کثیف، گرم اور منظّم حالت تھی جس کی ناکارگی قلیل ترین تھی۔ جوں ہی کائنات کی پیدائش کی ابتدا ہوئی، وہ پھیلنا اور ٹھنڈی ہونا شروع ہو گئی اور اس کے ساتھ ہی ناکارگی بڑھنا شروع ہو گئی جو مستقل بڑھ رہی ہے۔ کائنات کے اس پھیلاؤ اور ناکارگی کے مسلسل بڑھنے نے ہمیں گزرتے ہوئے وقت کا تصور دیا جو تیر کی مانند آگے بڑھ رہا ہے۔ اسی لیے اس حالت کو وقت کا تیر کہتے ہیں۔ جب ناکارگی اپنی انتہائی قدر پر پہنچ جائے گی اور حرارت کی موت واقع ہو جائے گی تو وقت کا تیر بھی تھم جائے گا۔ ممکن ہے کہ یہ تیر واپس پلٹے اور کائنات کا الٹا سفر اس کی پیدائش کی جانب شروع ہو جائے۔

3. چکّری کائنات

کچھ نظریات کے مطابق جب کائنات پھیلتے پھیلتے اپنی حدود تک پہنچتی ہے تو دوبارہ سکڑنا شروع ہوتی

ہے اور یہ سلسلہ تا ابد جاری رہتا ہے۔ سوال پیدا ہوتا ہے کہ جب وقت کا تیر پلٹتا ہے تو کیا ناکارگی گھٹنا شروع ہو جاتی ہے یا مسلسل بڑھتی رہتی ہے۔ اگر گھٹنا شروع ہو جاتی ہے تو کائنات کا یہ آواگون تا ابد جاری رہے گا ورنہ کچھ چکروں کے بعد ناکارگی اپنی حتمی بلندی پر پہنچ جائے گی اور کائنات کو نِروان مل جائے گا۔ بہر حال بقول کانٹ یہ مابعد الطبیعیاتی قیاس آرائیاں ہیں۔

4. ابدی پھیلاؤ

چند کونیاتی نظریات کے مطابق لاتعداد کائناتیں موجود ہیں جن کا ہمیں ادراک نہیں ہے۔ یہ تمام کائناتیں اپنے ارتقائی سفر کے مختلف مدارج میں ہیں اور ان کے پھیلاؤ اور ناکارگی مختلف سطحوں پر ہیں۔ یہ پھیلتے پھیلتے دوسری کائناتوں میں مل جاتی ہیں اور ان کی مجموعی ناکارگی کی سطح کم ہو جاتی ہے۔ چناں چہ اکیلی اور بند کائنات پر جو ناکارگی کی پابندی تھی اس کا اطلاق یہاں نہیں ہوتا کیوں کہ کہیں نہ کہیں کم ناکارگی کے خطّے مل جاتے ہیں۔

5. کوانٹم کونیات

حالیہ دور میں کوانٹم گریویٹی (Quantum Gravity) اور متعدد کائناتوں یا عالمین (Multiverse) جیسے نظریات نے نئے ممکنات کی راہیں کھول دی ہیں، جن میں ایسے منظر نامے شامل ہیں جہاں ہمارا بِگ بینگ ممکنہ طور پر ان لامتناہی دھماکوں میں سے ایک ہے جس نے ہماری ابدی کائنات کی تخلیق کر کے اسے ملٹی ورس میں شامل کر دیا۔ یہ نظریات قدیم ابدی کائنات کے تصور کو جدید طبیعیات میں نئے سرے سے پیش کرتے ہیں[65]۔

ابدی کائنات کے نظریات اور ان میں ناکارگی کا کردار کونیاتی بحث میں ایک مرکزی حیثیت رکھتا ہے اور وہ وقت کی ماہیت اور کائنات کی حتمی موت کے متعلق بنیادی سوالات اٹھاتا ہے۔

9.8. زندگی کی ابتدا

حیاتیات دانوں کے مطابق زمین پر زندگی کی ابتدا غالباً سمندروں میں ہوئی۔ جب 4.5 ارب سال پہلے زمین وجود میں آئی تو اس پر آکسیجن نہیں تھی۔ فضا میں کاربن ڈائی آکسائڈ، امونیا، میتھین اور آبی بخارات

تھے۔ ان ہی سے مل کر چھوٹے چھوٹے سالموں کے خلیے وجود میں آئے جو سورج کی روشنی کی مدد سے کاربن ڈائی آکسائڈ اور پانی کے سالموں سے آکسیجن اور شکر کے سالمے پیدا کرنے لگے۔ اس عمل کو نوری تالیف (Photosynthesis) کہتے ہیں۔ اس تبدیلی کو جو 2.9 ارب سال پہلے واقع ہوئی، زمین کی تاریخ میں ایک انقلاب سمجھا جاتا ہے جس نے ان اجسام کی تخلیق کی ابتدا کی جو زندہ رہنے کے لیے آکسیجن استعمال کرتے ہیں۔

اینڈریو سویٹمن [a] اور اس کی ٹیم نے 2013 میں بحر اوقیانوس پر تحقیق کرتے ہوئی دریافت کیا کہ سمندر کی تہہ سے جہاں روشنی کی موجودگی کا کوئی امکان نہیں تھا اور نوری تالیف ناممکن تھی، وہاں سے آکسیجن خارج ہو رہی تھی [66]۔ مزید تحقیق کے سے معلوم ہوا کہ یہ آکسیجن سمندر کی تہہ میں مینگنیز (Manganese, Mn-25) سے نکل رہی تھی اور اس کے لیے نوری تالیف کی ضرورت نہیں ہے۔ اس دریافت سے اس خیال کو تقویت ملتی ہے کہ زندگی کی ابتدا سمندر سے ہوئی۔

زندگی کی ابتدا کی کڑیاں ان سادہ اجسام تک پہنچتی ہیں جو اساسی (Primordial) دور میں پیدا ہوئے۔ (اساسی دور اس زمانے کو کہا جاتا ہے جب کائنات کی تشکیل ہو رہی تھی۔) ممکنہ طور پر زندگی کی ابتدا کے بنیادی مفروضات مندرجہ ذیل ہیں [67]۔

1. اساسی سوپ: چارلس ڈارون [b] کے مطابق زندگی کی ابتدا غالباً ایک "چھوٹے سے نیم گرم تالاب" میں ہوئی جس میں پانی، معدنیات اور چند سادہ نامیاتی (Organic) مرکبات کا آمیزہ تھا۔ اس میں سورج کی روشنی یا آسمانی بجلی کی کڑک سے سادہ نامیاتی سالمے پیدا ہو گئے جیسا کہ اوپر بیان کیا گیا ہے۔
2. کیمیائی ردّ عمل: جوں جوں وقت گزرا، ان سادہ سالموں نے کیمیائی ردّ عمل کے نتیجے میں آپس میں مل کر چھوٹے چھوٹے مگر پیچیدہ نامیاتی سالمے بنا لیے، مثلاً سادہ نامیاتی سالمے امینو ایسڈ اور نیوکلیوٹائڈ میں تبدیل ہو گئے۔ یہ سالمے زندہ اجسام کی تعمیر کے لیے اینٹوں کا کام دیتے ہیں۔
3. پولیمر سازی: کیمیائی رد عمل کے نتیجے میں چھوٹے چھوٹے نامیاتی سالموں نے آپس میں جڑ کر پروٹین،

---

[a] Andrew Sweetman
[b] Charles Darwin (1809-1882)

RNA اور DNA[a] کے بڑے بڑے سالموں کی زنجیریں بنالیں۔ یہ بڑے بڑے سالمے زندہ خلیوں کی ساخت کا حصہ ہوتے ہیں۔

4. اوّلین خلیہ سازی: یہ بڑے بڑے سالمے مل کر پیچیدہ ڈھانچے بن گئے جنہیں اوّلین خلیے (Protocells) کہا جاتا ہے۔ ان خلیوں میں زندہ خلیوں کے چند خواص تھے مثلاً ان کے گرد ایک جھلّی سی چڑھ گئی جس میں یہ بیرونی ماحول میں اپنی اندرونی ساخت کو برقرار رکھ سکتے تھے۔

5. خود نقل سازی: زندگی کو قائم کرنے اور قائم رکھنے کے لیے ضروری ہے کہ زندہ جسم خود اپنی نقل بنا سکے۔ RNA کے سالمے میں یہ قوت ہے۔ یہ نہ صرف خود نقل ساز (Self-replicating) ہے بلکہ اپنے اندر موجود جینیاتی (Genetic) معلومات کو اپنی نقل میں منتقل کر سکتا ہے۔

6. استحالی راستوں کا ارتقا: ابتدائی جانداروں نے ماحول سے توانائی حاصل کرنے کے استحالی راستے (Metabolic Pathways) تیار کیے، جس سے اولین خلیوں کو بڑھنے، تولید کرنے اور ارتقا کرنے کا موقع ملا۔

7. حقیقی خلیات کی تشکیل: اس مرحلے پر اولین خلیات حقیقی زندہ خلیات میں منتقل ہوئے جس کے دوران ایک ترقی یافتہ جینیاتی کوڈ اور زیادہ پیچیدہ استحالی (Metabolic) عملیات قائم ہوئے جس کے نتیجے میں پہلے غیر نواتی خلیات (Prokaryotic Cells) پیدا ہوئے جن میں نہ مرکزہ تھا اور نہ جھلّی سے جڑے ہوئے اعضا۔

یہ مراحل ڈارون کے ابتدائی خیالات اور زمین پر زندگی کی ابتدائی ارتقا پر جدید سائنسی تحقیق کی نمائندگی کرتے ہیں۔

بیسویں صدی کے آخری پانچ سال میں ہمیں معلوم ہوا کہ صرف ہمارا سورج ہی ایسا ستارہ نہیں ہے جس کے گرد سیّاروں کا ایک نظام ہے اور اس میں کم از کم ایک سیارہ ہے جسے زمین کہتے ہیں اور جہاں زندگی پائی جاتی ہے۔ 1995 میں پہلی بار ہمیں علم ہوا کہ سورج کے علاوہ اور بھی ستارے ہیں جن کے گرد سیارے گردش کر رہے ہیں مگر ہمیں معلوم نہیں کہ زمین کے علاوہ کتنی اور دنیاؤں میں زندگی موجود ہے۔

[a] RNA (Ribonucleic acid); DNA (Deoxyribonucleic acid)

زندگی زمین کے ایسے ایسے کونوں کھدروں میں موجود ہے جن کے متعلق ہم سوچ بھی نہیں سکتے، مثلاً سمندر کی گہرائیوں میں جہاں گندھک کا تیزابی ماحول ہے اور روشنی کی پہنچ نہیں ہے، ہمیں وہاں بھی ماحولیاتی نظام (Ecosytems) ملتے ہیں۔ سوال پیدا ہوتا ہے کہ وہاں زندگی کی ابتدا کیسے ہوئی۔ اب ڈارون کے "چھوٹے سے نیم گرم تالاب" کے بجائے سمندر کی گہرائیوں میں پھٹتے ہوئے آتش فشاں کو زندگی کے مقامِ پیدائش کے طور پر سنجیدگی سے لیا جاتا ہے، یا پھر ممکن ہے کہ زندگی کی ابتدا خلا میں ان بادلوں کے اندر ہوئی ہو جن میں ان مرکبات کے سالمے موجود ہیں جو زندگی کے لیے بیج کا کام کرتے ہیں۔ اگر ایسا ہے تو ہو سکتا ہے کہ زندگی زمین پر خلا سے برسی ہو[68]۔

یہاں ایک اور مسئلہ درپیش ہے، وہ یہ کہ آیا زندگی اتفاقیہ اور حادثاتی طور پر وجود میں آئی یا یہ ایک باقاعدہ ارتقائی عمل تھا جو قوانینِ فطرت کے تحت طے شدہ امر تھا اور مرحلہ وار منطقی مدارج طے کر کے یہاں تک پہنچا ہے۔ اس سلسلے میں دونوں جانب منطقی اور سائنسی دلائل موجود ہیں جس کا مطلب ہے کہ ہمارے پاس کوئی حتمی ثبوت موجود نہیں ہے۔ دوسری دنیاؤں میں زندگی کی تلاش اسی گتھی کو سلجھانے کے لیے ہے اور اس سلسلے میں مریخ میں خاص دلچسپی ہے۔ اس کی ایک وجہ یہ ہے کہ زندگی کے لیے پانی ضروری ہے اور اگرچہ اب مریخ کی سطح پر پانی کے ذخائر نہیں ملتے مگر اس کے شواہد ہیں کہ ایک دور میں جب مریخ کی فضا میں مناسب کثافت موجود تھی اور آب و ہوا معتدل تھی تو اس کی سطح پر بہتے ہوئے دریا تھے۔ مریخ پر معدنیات کے ذخائر بھی موجود ہیں اور وہ مرکبات بھی موجود ہیں جن سے زمین پر زندگی کی ابتدا ہوئی۔

اگر ہمیں مریخ یا نظامِ شمسی پر کہیں اور زندگی کے آثار مل بھی جائیں تو ہمارا سوال برقرار رہتا ہے۔ سوال یہ ہے کہ زمین پر زندگی حادثاتی طور پر وجود میں آئی یا باقاعدہ قوانینِ قدرت کے تحت طے شدہ تھی۔ فرض کریں کہ مریخ پر زندگی کے آثار مل جاتے ہیں۔ کیا یہ ممکن ہے کہ کائنات میں توڑ پھوڑ کے عمل کے نتیجے میں مریخ سے کوئی شہاب ثاقب ٹکرایا ہو اور مریخ سے کچھ ٹکڑے ٹوٹ کر زمین تک پہنچے ہوں اور زندگی اس ملبے کے ساتھ زمین پر آئی ہو۔ کیا یہ ممکن ہے کہ ہم کبھی مریخی باشندے رہے ہوں۔ یہ بھی ممکن ہے کہ زندگی نظامِ شمسی کے دوسرے سیاروں یا ان کے مہتابوں پر زمین سے گئی ہو، مثلاً

مشتری کے دو مہتاب، یوروپا (Europa) اور کیلَسٹو (Callisto) کے متعلق نظریہ ہے کہ ان کی برف سے ڈھکی ہوئی سطح کے نیچے پانی سے بھرے سمندر رہیں۔ ناسا کا پلان ہے کہ وہاں ایسے تحقیقی آلات پہنچائے جائیں جو برف کو کھود کر پانی تک پہنچیں اور سمندر میں زندگی کو تلاش کریں۔

ایک اندازے کے مطابق کائنات میں ستاروں کی تعداد بیس ہزار اور ساٹھ ہزار مہاسنکھ ($2X10^{23}$ and $6X10^{23}$) کے درمیان ہے۔ ہمیں اپنے سوال کا جواب حاصل کرنے کے لیے ایسی دور دراز کہکشاؤں کے دور دراز ستاروں کے سیاروں میں زندگی تلاش کرنی پڑے گی جن سے زمین کے رابطے کا احتمال تقریباً صفر رہا ہو۔ اگر وہاں کہیں زندگی مل گئی تو یہ طے ہو جائے گا کہ قدرت کا یہ فیصلہ تخلیق کائنات کے وقت ہی ہو گیا تھا کہ زمین پر زندگی قائم کی جائے گی اور ان ہی ارتقائی مراحل سے گزار کر یہاں تک لائی جائے گی جن سے وہ گزری ہے۔

9.9. ڈارون کا نظریہ ارتقا

روئے زمین پر جان دار اجسام کی 20 لاکھ سے زیادہ انواع دریافت ہو چکی ہیں اور باقاعدگی سے نئی نئی اقسام دریافت ہو رہی ہیں۔ ایک اندازے کے مطابق اس وقت زمین پر ایک کروڑ سے تین کروڑ مزید اقسام موجود ہیں جو حیاتیات دانوں نے ابھی دریافت نہیں کیں۔ یہ بھی کہا جاتا ہے کہ زمین کی تخلیق کے بعد سے اب تک جتنی بھی مخلوقات روئے زمین پر آئیں ان میں سے 99٪ اب ناپید ہو گئی ہیں۔ کیا زمین پر رہنے والی کوئی مخلوق کبھی اپنی تحقیق سے یہ جانے گی کہ یہاں کبھی انسان نام کی ایک مخلوق بھی بستی تھی؟

چارلس ڈارون نے 1831 میں سمندری جہاز ایچ ایم ایس بیگل (HMS Beagle) سے ایک سفر کیا جس کا دورانیہ پانچ سال تھا۔ وہ اس جہاز پر بطور فطرتیت دان (Naturalist) سفر کر رہا تھا اور اس کو جنوبی افریقہ کی ساحلی پٹّی کا نقشہ مرتب کرنے اور ساحلی جزائر کی نشان دہی کرنے کا کام دیا گیا تھا مگر اس دوران اس نے مختلف جزائر پر آباد جانوروں، خصوصاً پرندوں، کیڑے مکوڑوں اور مچھلیوں کے نمونے جمع کیے اور زمین کھود کھود کر رکاز (Fossils) برآمد کیے۔ ان نمونوں کا مشاہدہ کر کے اس نے ایک کتاب لکھی جس نے نظریہ ارتقا کی بنیاد ڈالی۔ اس کے مشاہدات میں مختلف جانوروں کے اعضا کی بناوٹ ان کے

ماحول کے مطابق تبدیل ہو گئی تھی، مثلاً ایک سنہری چڑیا ان جزائر پر پائی جاتی ہے۔ اس کی چونچ کی شکل میں جو تبدیلی آئی تھی وہ اس غذا کی مناسبت سے تھی جو اس جزیرے پر پائی جاتی تھی۔ ظاہر ہے کہ وقت کے ساتھ ساتھ اس کی چونچ کی شکل میں ماحول کے مطابق تبدیلی آئی۔ ڈارون کا نظریہ ارتقا (Theory of Evolution) یا فطری انتخاب (Natural Selection) حیاتیات میں ایک بنیادی نظریہ ہے جو جان دار یا نامیاتی اجسام (Organisms) کے تنوع اور وقت کے ساتھ ساتھ ان میں تبدیلی کی سائنسی توجیہ پیش کرتا ہے۔ اس کے مطابق بیرونی ماحول میں جوں جوں تبدیلی آتی ہے ان اجسام میں اندرونی تبدیلی نئے ماحول میں ڈھلنے کے لیے آتی ہے۔ ڈارون کے نظریہ ارتقا کے چار بنیادی مزعومات (Postulates) مندرجہ ذیل ہیں[70,69]۔

1. تنوع: ہر آبادی میں افراد ایک دوسرے سے مختلف ہوتے ہیں۔

یہ اختلاف ان کی جینیاتی تشکیل میں فرق ہونے کی وجہ سے ہوتا ہے اور یا ماحول کی بنا پر ہوتا ہے مثلاً اگر آپ اپنے ارد گرد دیکھیں تو ہر شخص دوسرے سے مختلف ہے۔ کچھ لمبے ہیں کچھ ٹھگنے، کچھ گورے ہیں کچھ گندمی، کچھ سانولے ہیں کچھ کالے، کچھ لوگوں کے بال گھونگھریالے ہیں اور کچھ کے سیدھے۔ غرض یہ کہ ہم لوگوں کو انفرادی حیثیت سے پہچان سکتے ہیں۔

لوگوں میں یہ فرق ان کے ماحول سے زیادہ ان کے والدین کی جینز (Genes) کے ذریعے آتا ہے۔ جینز کا نظام اتنا جامع ہے کہ ہمارے آباواجداد کا تمام جینیاتی (Genetic) ریکارڈ ہماری جینز میں محفوظ ہے جن سے ہم معلوم کرسکتے ہیں کہ ہمارے بزرگ کن کن علاقوں سے ہجرت کر کے وہاں تک پہنچے جہاں سے ہم ہیں۔ جینیاتی تحقیق سے معلوم ہوتا ہے کہ تمام بنی نوع انسان ایک ہی ماں کی اولاد ہے جو تقریباً دولاکھ سال پہلے افریقی براعظم میں آباد تھی اور وہاں سے انسانی آبادی پوری دنیا میں پھیلی۔ اگرچہ انسانوں میں نسل، جلد کے رنگ اور علاقے کے لحاظ سے فرق نظر آتا ہے مگر جینیاتی اعتبار سے کوئی فرق نہیں ہے۔ البتہ ماحول کے ساتھ تعاملات مثلاً بیماریوں، الرجی اور صحت کے اعتبار سے واضح فرق نظر آتے ہیں۔

2. وراثت: ہر آبادی میں افراد کی کچھ خصوصیات انہیں ورثے میں ملتی ہیں۔

اس کا مطلب ہے کہ یہ خصوصیات (خدوخال، رنگ، عادات، بیماریاں وغیرہ) جینز سے وابستہ ہوتی ہیں اور والدین کی طرف سے اولاد میں جینیاتی میکانیہ (Mechanism) کے توسط سے منتقل ہوتی ہیں۔ جینز کا آدھا سیٹ ماں سے آتا ہے ور آدھا سیٹ باپ سے۔ دونوں کے مجموعے سے اولاد کی خصوصیات کا تعین ہوتا ہے اور اس طرح آبادی میں تنوع قائم رہتا ہے۔ ان جینیاتی خصوصیات کا ذخیرہ ہماری جینز میں محفوظ ہے اور نسل در نسل اس میں اضافہ ہوتا جاتا ہے۔

جینز کے مختلف قالب ہوتے ہیں، مثلاً ایک خاص جین ہوتی ہے جو OCA2 کہلاتی ہے۔ یہ جین آنکھوں کے رنگ کا تعین کرتی ہے۔ اس جین کا قالب نیلا، کتھئی، سیاہ، سبز وغیرہ ہوتا ہے۔ اس کے علاوہ ایک اور جین ہوتی ہے جو HERC2 کہلاتی ہے۔ یہ جین OCA2 کے کردار کو بڑھاتی ہے یا گھٹاتی ہے، یعنی اس کا قالب غالب (Dominant) یا پسپا (Recessive) ہوتا ہے۔ سیدھے سادے الفاظ میں یوں سمجھ لیں کہ والدین میں سے ایک کی آنکھیں نیلی ہیں اور ان کا قالب پسپا ہے اور دوسرے کی آنکھیں کتھئی ہیں اور ان کا قالب غالب ہے تو بچے کی آنکھیں کتھئی ہونے کا احتمال زیادہ ہے [71]۔ جینیاتی حسابات سے پیدائش سے پہلے ہی بچے کی خصوصیات اور مختلف بیماریوں کے امکانات کے متعلق درست پیش گوئیاں کی جا سکتی ہیں۔

3. فاضل پیداوار: ہر آبادی میں شرح پیدائش کا رجحان نفوس کی کھپت سے زیادہ ہوتا ہے۔

سادہ الفاظ میں یوں کہہ لیں کہ محدود وسائل مثلاً غذا، پانی اور رہائش گاہ کے پیش نظر معاشرہ ان فاضل افراد کا بوجھ نہیں سنبھال سکتا۔ حیاتیاتی اعتبار سے کام یاب زندگی کی تعریف یہ ہے کہ ایک فرد کم از کم اس وقت تک زندہ رہے جب تک عمل تولید میں اپنا حصہ ڈال سکے تا کہ بنی نوع انسان روئے زمین پر قائم رہے۔

ناکافی وسائل کی بنا پر زندہ رہنے کے لیے افراد ایک دوسرے سے مقابلہ کرتے ہیں اور جو ماحول کی ضرورت کو پورا نہیں کر سکتے اور اس مقابلے میں کام یاب نہیں ہوتے اور تولیدی عمر پر پہنچنے سے پہلے ہی ختم ہو جاتے ہیں۔ جس معاشرے میں وسائل کی کمی ہو اس میں بچوں کی شرح اموات بھی زیادہ ہوتی ہے۔ یہ آبادی کو قابو میں رکھنے کے لیے قدرت کا ایک طریقہ ہے۔

4. تفریقی بقااور تولید: ہر آبادی میں معاشرے کو درکار خصوصیات کے حامل افراد بقاپاتے ہیں۔

اس اصول کو "قوی ترین کی بقا" (Survival of The Fittest) کہا جاتا ہے۔ یہاں "قوی ترین" سے مراد وہ فرد ہے جو کم از کم اس وقت تک زندہ رہے جب تک وہ معاشرے کی ضرورت کے لحاظ سے بچے پیدا کر سکے۔ معاشرے کی ضرورت اور اس کے مطابق افراد کی بقا اور عمل تولید میں اپنا کردار ادا کرنے کی اہلیت کوئی اتفاقی امر نہیں بلکہ حیاتیاتی نقطۂ نظر سے صرف وہی افراد "قوی ترین" ہوتے ہیں جو ماحول کی توقعات پر پورے ہوتے ہوئے عمل تولید کے لیے رفیق حاصل کر لیتے ہیں۔ اس کا نتیجہ یہ ہوتا ہے کہ آگے آنے والی نسلوں میں "قوی ترین" افراد کا تناسب بڑھتا جاتا ہے۔

مثال کے طور پر ہم جانتے ہیں کہ اسقاط حمل کی بہت سی وجوہات ہو سکتی ہیں جن میں سے سب سے عام وجہ یہ ہوتی ہے کہ جنین (Embryo) میں کوئی جینیاتی نقص ہوتا ہے۔ اگر حمل کا دورانیہ مکمل بھی ہو جائے تو پیدائش کے فوراً بعد بھی بچے کی موت واقع ہو سکتی ہے یا پھر بچہ معذور پیدا ہو سکتا ہے۔ اسی لیے بزرگوں کو قول ہے کہ اسقاط حمل کی صورت میں رنجیدہ ہونے کے بجائے شُکر کرنا چاہیے۔

نظریہ ارتقا کے چاروں مزعومات بظاہر بے ضرر ہیں اور شاید ہی کوئی ان سے اختلاف کر سکے مگر ان سے اخذ کیے جانے والے نتائج بڑے دور رس اور مذہب کے تعلق سے متنازع ہیں۔

حصہ سوم

پوشیدہ کائنات

10

بنیادی قوتیں

10.1. پس منظر

تخلیق کائنات کے عظیم پھیلاؤ یا بِگ بینگ کے نظریے (Big Bang Theory) کی بنیاد تو 1915 میں آئن سٹائن کے عمومی نظریہ اضافیت سے پڑی مگر نظری اور تجرباتی چھلنی سے گزر کر یہ نظریہ موجودہ شکل میں 1990 کی دہائی میں پہنچا۔ اس نظریے کے مطابق کائنات کی تشکیل کی ابتدا ایک "دھماکے" سے ہوئی۔ دراصل دھماکے کا لفظ اس لیے استعمال کیا گیا ہے کہ کوئی اور مناسب لفظ اس لمحے کو بیان کرنے کے لیے نہیں ملا ورنہ اگر دھماکا ہوا بھی تھا تو نہ کوئی اسے دیکھنے والا موجود تھا اور نہ سننے والا۔ انگریزی کی ایک کہاوت ہے کہ اگر کوئی سننے والا موجود نہ ہو تو جنگل میں درخت گرنے کی آواز آتی ہے یا نہیں؟

پچھلے باب میں ہم نے جن تصورات کا جائزہ لیا ہے ان میں حالت عدم بھی شامل ہے جس میں ایک نقطۂ واحد ظاہر ہوتا ہے۔ کیا یہ نقطۂ واحد ہمیشہ سے تھا یا اچانک ظاہر ہوا؟ یہ "ہمیشہ" والی بات بھی بے معنی ہے کیوں کہ عدم میں وقت کا وجود نہیں ہے۔ یہ بھی کہا جاتا ہے کہ اس نقطۂ واحد کا حجم صفر کے قریب تھا یعنی یہ ایک نقطے کے برابر تھی، مگر یہ خیال بھی اس حالت کو درست طرح بیان نہیں کر سکتا کیوں کہ کسی شے کا حجم خلا کا وہ ٹکڑا ہے جس کا احاطہ وہ شے کرتی ہے مگر حالت عدم میں خلا کا وجود ہی نہیں تھا۔

بہر حال نقطۂ واحد خلا اور وقت کے غلاف میں لپٹی ہوا تھا اور اس میں جتنا مادّہ اور توانائی اب ہے وہ اس حالت میں موجود تھی۔ اس کا تصور کرنا دشوار ہے کہ اتنی بڑی کائنات ایک نقطے میں کیوں کر سما سکتی ہے۔

یہ دشواری اس وقت تک رہتی ہے جب تک ہم مادّے کو موجودہ شکل میں دیکھتے رہیں۔ فرانسیسی کیمیادان آں توان لَوُوزے[a] نے 1789 میں قانونِ بقائے کمیت (Law of Conservation of Mass) وضع کیا تھا جس کے مطابق مادّے کو نہ پیدا کیا جاسکتا ہے اور نہ فنا کیا جاسکتا ہے۔ مادّہ اپنی ہیئت تبدیل کر سکتا ہے مگر کائنات میں مادّے کی کُل مقدار کو نہ گھٹایا جاسکتا ہے اور نہ بڑھایا جاسکتا ہے۔ ایک عرصے تک اس قانون کو چیلنج نہیں کیا گیا بلکہ ایک حد تک کیمیا میں ابھی تک یہ قانون ایک مسلّمہ حقیقت کے طور پر استعمال کیا جاتا ہے اور کیمیائی ردّ عمل کی مساوات میں متعاملات کی کُل کمیت اور حاصلات کی کُل کمیت کو ہم وزن تصور کیا جاتا ہے۔ عمومی نظریہ اضافیت سے اخذ کردہ مساوات $E = mc^2$ کے مطابق مادّے کو توانائی اور توانائی کو مادّے میں تبدیل ہونے کی نشان دہی کی گئی اور جوہری رد عمل (Nuclear Reactions) میں متعاملات اور حاصلات میں توانائی کو شامل کیا گیا تو قانونِ بقائے کمیت و توانائی (Law of Conservation of Mass and Energy) وضع کیا گیا جس کے مطابق کائنات میں مادّے اور توانائی کی کُل مقدار میں کمی بیشی نہیں ہوتی۔

اگر ہم کچھ اور آگے بڑھیں تو دیکھیں گے کہ کوانٹم فیلڈ تھیوری نے تو مادے کے روائتی تصور کو ہی ختم کر دیا۔ اگر ہم مادے کو فیلڈز کے روپ میں دیکھیں تو وہاں کمیت کا تصور ختم ہو جاتا ہے اور ہم مادے کی مقدار کو توانائی کی اکائیوں میں ہی ظاہر کرسکتے ہیں۔ یہ بھی کہا جاتا ہے کہ دھماکے سے قبل نقطہ ٔ واحد کی کثافت لامتناہی تھی۔ کمیت کو حجم سے تقسیم کرکے جو حاصل قسمت (Quotient) آتا ہے اسے کثافت کہتے ہیں۔

نقطہ ٔ واحد میں کتنی کمیت تھی، اس کے متعلق کچھ نہیں کہا جاسکتا لہٰذا احتیاطاً یہ کہنا بہتر ہو گا کہ کثافت غیر متعین تھی جو ریاضی میں صفر کو صفر سے تقسیم کرنے سے آتی ہے۔ اس کے ساتھ ہی ساتھ درجہ حرارت غالباً دس کھرب (10^{12}) ڈگری کَیلوِن[b] تھا۔

اس موقع پر نظری طبعیات کے ایک اور اصول کا تذکرہ کرنا دلچسپی سے خالی نہیں ہو گا اور وہ ہے قانونِ ارتقا (Law of Evolution)۔ یہاں ارتقا کا ڈارون سے کوئی تعلق نہیں ہے بلکہ اس کا مطلب

[a] Antoine Lavoisier 1743-1794
[b] 1°K (Kelvin) = -273.15°C

ہے تبدیلی۔ نہ صرف ہم اور جانور بلکہ کائنات کی ہر شے مسلسل ارتقا کے عمل سے گزر رہی ہے۔ ہر لمحہ تبدیلی ہوتی رہتی ہے۔ اگرچہ وقت صرف ایک ہی سمت میں تبدیل ہوتا ہے مگر نظری طبعیات کی مساوات میں ہم اسے آگے پیچھے لے جاسکتے ہیں جیسے فلم کو سیدھا یا الٹا چلایا جاسکتا ہے۔ ہم مستقبل میں کسی خاص وقت پر ٹھہر کر دیکھ سکتے ہیں کہ اس وقت کائنات کی صورت کیا ہوگی اور ماضی میں بھی جاکر دیکھ سکتے ہیں کہ کسی خاص وقت کیا صورت تھی۔ کونیات کی مساوات کو اگر ہم ماضی میں اس لمحے پر لے جائیں جب وقت کی ابتدا ہوئی یعنی $t=0$ تو یہ وہ لمحہ تھا جب نقطۂ واحد پھیل رہا تھا اور قوانینِ فطرت پیدا ہو رہے تھے۔ جوں جوں ہماری مساوات اس لمحے کی جانب بڑھتی ہیں ان کی درستی کم ہوتی جاتی ہے حتیٰ کہ ہم $t=10^{-43}$ سیکنڈ پر پہنچتے ہیں جو ایک سیکنڈ کا ایک سنکھ سنکھ ارب واں حصہ ہے۔ اس وقت کو پلینک ٹائم (Planck Time) کہتے ہیں۔ یہ طبعیات میں کم سے کم وقت سمجھا جاتا ہے اور اس کی تعریف یہ ہے کہ اگر پلینک ٹائم کے اندر اندر دو واقعات ظہور پزیر ہوں تو ہم یہ نہیں بتاسکتے کہ کون سا واقعہ پہلے ہوا۔

10.2. عظیم پھیلاؤ یا بِگ بینگ

اس نظریے کے مطابق کائنات میں موجود تمام توانائی اور مادہ ایک بے انتہا کثیف اور گرم نقطے میں مرکوز تھا۔ یہ نقطہ جسے ہم نے نقطۂ واحد (Singularity) کا نام دیا ہے، تقریباً 13.8 ارب سال پہلے ایک دھماکے سے پھٹ پڑا۔ ایک مفروضے کے مطابق اس دھماکے کی وجہ کوانٹم اتار چڑھاؤ (سیکشن 9.6) تھا۔ یہ اتار چڑھاؤ کوانٹم ویکیوم میں موجود فیلڈز کی توانائی کی سطحوں میں عارضی تبدیلیوں کا نام ہے اور اس کے نتیجے میں بنیادی ذرّات اور مخالف ذرّات (سیکشن 6.5) پیدا ہوتے ہیں۔

بِگ بینگ کے نتیجے میں جو بنیادی ذرّات خارج ہوئے انہوں نے مادّے کی تعمیر کی اور روشنی پھیلائی۔ یہ ذرات تین اقسام کے تھے:

1. کوارکس (Quarks)

مادّہ دراصل کوارکس کا ہی مجموعہ ہے اور باقی ذرات کی حیثیت ثانوی ہے۔ کوارک تین جوڑوں میں آتے ہیں اور ہر جوڑے میں دو قسم کے ذرات ہوتے ہیں جن میں ایک کا برقی چارج $+2/3$ اور

دوسرے کا 3 / 1- ہوتا ہے۔ اگلے ابواب میں آپ کوارک کے متعلق تفصیل سے پڑھیں گے۔

2. لیپٹان (Leptons)

لیپٹان بھی تین جوڑوں میں آتے ہیں اور ہر جوڑے میں دو قسم کے ذرات ہوتے ہیں جن میں ایک پر منفی برقی چارج ہوتا ہے اور دوسرا نیوٹران کی طرح تعدیلی (Neutral) ہوتا ہے یعنی اس کا کوئی چارج نہیں ہوتا۔ یہاں ہمارے لیے صرف دو قسم کے لیپٹان قابل ذکر ہیں، الیکٹران جس پر منفی چارج ہوتا ہے اور نیوٹرینو (Neutrino) جو تعدیلی ہوتا ہے۔

3. بوزان (Bosons)

"بوزان" بنیادی ذرّاتی طبیعیات (Particle Physics) کی ایک اصطلاح ہے جو ان ذرّات کو بیان کرتی ہے جن کا کام بنیادی قوتوں کے ساتھ نمٹنا ہے۔ ان قوتوں کا تذکرہ ہم آگے چل کر کریں گے۔ فی الحال ہمارے لیے تین بوزان اہم ہیں: گلوآن (Gluons) جو گوند کی طرح کوارک کو جوڑ کر پروٹان اور نیوٹران بناتے ہیں اور فوٹان (Photons) جو روشنی کے ذرّات ہیں۔ ان دونوں کی کمیت صفر ہوتی ہے۔ تیسرا قابل ذکر بوزان ہِگز بوزان (Higgs Boson) ہے جو مادّے کو کمیت فراہم کرتا ہے۔

10.3. چار بنیادی قوتیں

نظری طبیعیات کے مطابق بِگ بینگ کی ذمہ دار ایک "سپر فورس" یا متحد قوت (Unified Force) تھی جس نے دھماکے کے فوراً بعد انتہائی گرم اور کثیف ماحول کے تمام متعاملات کو کنٹرول کر کے ابتدائی کائنات میں بنیادی کردار ادا کیا۔ اس قوت کی نوعیت ہنوز نظری طبیعیات میں تحقیق کا موضوع ہے اور امید ہے کہ جدید ابھرتے ہوئے نظریات اس گتھی کو سلجھا سکیں گے۔ موجودہ نظریے کے مطابق دھماکا ہوتے ہی جوں جوں کائنات پھیلی اور ٹھنڈی ہوئی، اس متحد قوت نے جو دھماکے کی ذمہ دار تھی، ان چار مختلف بنیادی قوتوں میں الگ ہونا شروع کر دیا:

1. قوتِ ثقل (Gravitational Force)

قوتِ ثقل کے تحت کائنات کے تمام اجسام ایک دوسرے کی جانب کھنچتے ہیں۔ اس کشش کو کشش

ثقل کہا جاتا ہے۔ یہ سب سے زیادہ جانی پہچانی قوت ہے (سیکشن 5.4) مگر چاروں قوتوں میں سے کم زور قوت ہے اور خرد بینی سطح پر اس کا کوئی قابلِ ذکر کردار نہیں ہے مگر جوں جوں ہم کلاں بینی کی سطح پر پہنچتے ہیں، اس کی اہمیت میں اضافہ ہوتا جاتا ہے یہاں تک اجرام فلکی میں یہ سب سے زیادہ طاقتور قوت بن کر ابھرتی ہے۔

قوتِ ثقل چاروں بنیادی قوتوں میں سب سے زیادہ پُراسرار ہے۔ اس کی اصلیت کا ابھی تک علم نہیں البتہ نظری طبیعیات ایک بوزان کی طرف اشارہ کرتی ہے جسے گریویٹان (Graviton) کا نام دیا گیا ہے مگر ابھی تک گریویٹان کے وجود کا کوئی عملی ثبوت نہیں ملا۔ آئن سٹائن کشش ثقل کو قوتِ ثقل کی حیثیت سے قبول نہیں کرتا بلکہ عمومی نظریہ اضافیت (سیکشن 9.3) کے مطابق یہ زمان و مکاں کی خمیدگی کا نتیجہ ہے۔ قوتِ ثقل سیاروں کو ان کے مداروں میں رکھتی ہے، کہکشاؤں کی حرکت کو قابو میں رکھتی ہے اور کائنات کے تمام اجسام کی حرکت کے راستے متعین کرتی ہے۔

2. برقناطیسی قوت (Electromagnetic Force)

برقناطیسی قوت خردبینی سطح پر پس ایٹمی ذرّات سے لے کر کلاں بینی سطح پر کہکشاؤں کی ساخت تک پوری کائنات میں کارفرما ہے (سیکشن 8.3)۔ اس قوت کا ذریعہ فوٹان ہوتے ہیں جو برقی چارج والے ایٹمی ذرّات پر اثرانداز ہوتے ہیں۔ جیسے کہ ہم نے دیکھا، قوتِ ثقل صرف اجسام کے درمیان کشش پیدا کرتی ہے۔ اس کے برخلاف برقناطیسی قوت مخالف برقی چارج والے ذرّات میں کشش پیدا کرتی ہے اور ایک ہی چارج والے ذرات کو دفع کرتی ہے۔ بوہر کے ایٹمی ساخت کے ماڈل (سیکشن 6.1) کے مطابق ایٹم کے مرکزے میں پروٹانوں کی بنا پر مثبت برقی چارج ہوتا ہے جب کہ مرکزے کے باہر موجود الیکٹرانوں میں منفی برقی چارج ہوتا ہے۔ اس بنا پر الیکٹران مرکزے کی جانب کھنچتے ہیں اور مرکزے میں موجود پروٹان ایک دوسرے کو دھکیلنے کی کوشش کرتے ہیں۔ اس دشواری پر قابو پانے کے لیے الیکٹران مرکزے کے گرد گردش کرتے ہیں جس کے نتیجے میں مرکز گریز قوت (سیکشن 2.6) پیدا ہوتی ہے جو الیکٹرانوں کو مرکزے سے دور کھینچ کر برقناطیسی قوت کا مقابلہ کرتی ہے۔ یہ اصول پوری کائنات میں کارفرما ہے۔

3. مضبوط جوہری قوت(Strong Nuclear Force)

اگر مادّہ اینٹوں کی عمارت ہے تو مضبوط جوہری قوت وہ سیمنٹ ہے جو ان اینٹوں کو جوڑ کر رکھتی ہے۔ جس بوزان کے ذریعے یہ قوت کام کرتی ہے اسے گلوآن (Gluon) کہتے ہیں جس کے متعلق آپ اگلے سیکشن میں مزید پڑھیں گے۔ فی الحال یوں سمجھ لیں کہ گلوآن کوارک کے گرد لپٹ کر ایٹم کے مرکزے کے اجزا یعنی پروٹان اور نیوٹران بناتے ہیں اور ان کو جوڑ کر ایٹم کے مرکزے بناتے ہیں۔ اگر گلوآن موجود نہ ہوتے تو پروٹان ایک دوسرے سے جدا ہو جاتے اور ایٹم کے مرکزے پھٹ جاتے۔ جیسا کہ آپ آگے چل کر پڑھیں گے کہ اگر گلوآن نہ ہوتے تو مادّہ بھی نہ ہوتا اور کائنات صرف کوارک کا سوپ ہوتی۔ بقول جوش ملیح آبادی

یہ عالم کیا ہے؟ اِک مجموعہ ہے ناچیز ذرّوں کا
یہ دنیا کیا ہے؟ اِک ترکیب اجزائے پریشاں کی

اگر جوشؔ طبیعیات دان ہوتے تو ناچیز ذرّوں سے ان کی مراد گلوآن ہوتے اور اجزائے پریشاں کوارک ہوتے۔

مضبوط جوہری قوت چاروں بنیادی قوتوں میں سب سے زیادہ طاقت ور ہوتی ہے یعنی برقناطیسی قوت سے 137 گنا، کمزور جوہری قوت سے دس لاکھ گنا اور قوتِ ثقل سے 10^{38} گنا قوی ہوتی ہے مگر اس کا دائرہ کار سب سے زیادہ محدود ہوتا ہے اور یہ تقریباً 1 فیمٹو میٹر (یعنی 10^{-15} میٹر) جو تقریباً ایک پروٹان یا نیوٹران کا قطر ہوتا ہے۔

ستاروں میں مضبوط جوہری قوت ہائیڈروجن کے مرکزے آپس میں جوڑ جوڑ کر ہیلیم اور مزید بھاری عناصر کے مرکزے بناتی ہے۔ اس عمل کو مرکزائی یا جوہری اختلاط (Nuclear fusion) کہتے ہیں۔ اس کے نتیجے میں جو توانائی خارج ہوتی ہے وہی حرارت اور روشنی کی صورت میں ہم تک پہنچتی ہے۔ یہ عمل سورج کے مرکز (Core) میں ہوتا ہے جہاں درجہ حرارت زیادہ سے زیادہ ہوتا ہے۔ ستارہ جتنا بڑا اور جتنا پرانا ہوتا ہے، اس کے مرکز میں درجہ حرارت اتنا ہی زیادہ ہوتا ہے۔ چھوٹے ستاروں میں یہ عمل ہائیڈروجن سے ہیلیم تک محدود ہوتا ہے۔ بڑے ستاروں میں

جہاں زیادہ گرمی ملتی ہے، کاربن اور آکسیجن تک بن جاتی ہیں یہاں تک کہ کچھ ستارے لوہا تک بنا لیتے ہیں۔ آگے چل کر ہم اس موضوع کے مزید پہلو دیکھیں گے مگر یہاں یہ بات دل چسپی سے خالی نہیں ہوگی کہ لوہا($^{56}_{26}Fe$) جس کے مرکزے میں 26 پروٹان اور 30 نیوٹران ہوتے ہیں، آخری عنصر ہے جس کی تشکیل کے دوران توانائی خارج ہوتی ہے۔ لوہے سے بھاری عناصر کی تشکیل کے لیے توانائی خارج ہونے کی بجائے جذب ہوتی ہے اور اتنے اونچے درجۂ حرارت کی ضرورت ہوتی ہے جو بڑے سے بڑے ستاروں کی زندگی میں بھی نہیں ملتا اور اسی وقت ملتا ہے جب ستارے کا مرکز اپنی زندگی کے آخری دور میں اس قدر گرم ہو جائے کہ ستارہ پھٹ کر عظیم نوتارہ (Supernova) بن جاتا ہے۔ زمین میں بھاری عناصر ان ہی پھٹے ہوئے ستاروں سے آئے ہیں جن کے ملبے سے ہمارے نظام شمسی کی تشکیل ہوئی۔ مطلب یہ کہ ستارے مرتے مرتے بھی اپنے بعد آنے والوں کے لیے معدنیات کی دولت چھوڑ جاتے ہیں۔

4. کم زور جوہری قوت(Weak Nuclear Force)

اگرچہ برقناطیسی قوت اور مضبوط جوہری قوت کے مقابلے میں کم زور جوہری قوت کافی کم زور ہوتی ہے مگر کائنات میں اہم کردار ادا کرتی ہے، خصوصاً تاب کار زوال(Radioactive decay)اور جوہری اختلاط میں جو ستاروں کو ایندھن فراہم کرتے ہیں۔ اس قوت کی ایک خصوصیت یہ ہے کہ یہ ایک قسم کے بنیادی ذرّات کو دوسرے قسم کے ذرّات میں تبدیل کرتی ہے، مثلاً ہم نے سیکشن 8.13 میں دیکھا کہ کاربن-14 کے تاب کار زوال کے دوران ایک نیوٹران ٹوٹ کر پروٹان، الیکٹران اور مخالف نیوٹرینو میں تبدیل ہو جاتا ہے۔ دوسری خصوصیت یہ ہے کہ اس کا دائرہ کار صرف 10^{-18} میٹر تک محدود ہوتا ہے جو ایک ایٹمی مرکزے کے قطر کا ایک ہزارواں حصہ ہوتا ہے۔

ہم پہلے مختلف قسم کے بوزان کا تذکرہ کر چکے ہیں جو ڈاکیہ کا کام کرتے ہیں اور مختلف بنیادی قوتوں کو لے کر نظام تک پہنچاتے ہیں، مثلاً گریویٹان اجسام میں قوتِ ثقل پیدا کرتا ہے، فوٹان برقناطیسی قوت کا ذمہ دار ہے اور گلوآن مضبوط جوہری قوت کو کوارک تک پہنچاتا ہے۔ اسی طرح

W^+، W^- اور Z^0 بوزان کم زور جوہری قوت کو سنبھالتے ہیں۔ یہ بوزان دیگر بوزان سے اس لحاظ سے مختلف ہوتے ہیں کہ یہ بہت بڑے ہوتے ہیں اور ان کی کمیت بھی زیادہ ہوتی ہے۔ ان کے مقابلے میں فوٹان کی کمیت صفر ہوتی ہے۔

کم زور جوہری قوت کا نظری ڈھانچا الیکٹرو ویک نظریہ (Electroweak Theory) سے آتا ہے۔ یہ نظریہ شیلڈن گلاشو، عبد السلام اور اسٹیفن وائن برگ[a] نے 1960 میں پیش کیا تھا جس پر انہیں 1979 میں نوبل انعام ملا تھا۔ 1980 کی دہائی میں CERN ہیڈرون کولائیڈر میں تجربات نے اس نظریے کی تصدیق کر دی۔ کمزور ایٹمی قوت، اپنی نسبتاً معمولی طاقت اور مختصر دائرہ کار کے باوجود، ایک بنیادی تعامل ہے جو مادے کو چھوٹے سے چھوٹے پیمانے پر تشکیل دیتی ہے۔ اس کی منفرد خصوصیات اسے دیگر بنیادی قوتوں سے ممتاز کرتی ہیں۔

یہ چاروں بنیادی قوتیں مختلف اوقات میں متحد قوت سے علیحدہ ہوئیں مثلاً، سب سے پہلے قوتِ ثقل علیحدہ ہوئی، اس کے بعد مضبوط جوہری قوت اور آخر میں کمزور فورس اور برقناطیسی قوتیں الگ الگ ہو گئیں۔ ان واقعات نے نہ صرف کائنات کے ارتقا میں مدد کی بلکہ بنیادی ذرات کی تشکیل کی اور ہماری موجودہ کائنات کی ساخت کی نوک پلک درست کرنے میں رہنمائی کی۔

کائنات میں متحد قوت کے حوالے سے یہ سمجھنا ضروری ہے کہ اگرچہ برقناطیسی قوت، مضبوط جوہری قوت اور کمزور جوہری قوت ایک ہی نظریے میں یکجا ہو چکی ہیں، مگر قوتِ ثقل کو ان قوتوں کے ساتھ جوڑنا ابھی تک ایک حل طلب مسئلہ ہے۔ موجودہ طبیعیات میں قوتِ ثقل کو عمومی اضافیت کے نظریے کے تحت سمجھا جاتا ہے، جبکہ دیگر تین قوتوں کو کوانٹم میکانیات کے ذریعے بیان کیا جاتا ہے۔ ان دونوں نظری ڈھانچوں میں اصولی اور بنیادی فرق ہے جو کہ قوتِ ثقل کو ایک کوانٹم نظریے میں یکجا کرنے کی راہ میں رکاوٹ بنتا ہے۔ اس مقصد کے حصول کے لیے سائنسدان مختلف نظریات مثلاً کوانٹم گریویٹی اور اسٹرنگ تھیوری (سیکشن 6.6) پر تحقیق کر رہے ہیں، مگر ان میں سے کوئی بھی نظریہ اب تک مکمل طور پر

[a] Sheldon Glashow (1932–), Abdus Salam (1926–1996), and Steven Weinberg (1933–2021).

قبول نہیں کیا گیا۔ لہٰذا، چار بنیادی قوتوں کا مکمل اور جامع انضمام ابھی سائنسی دنیا میں زیرِ تحقیق ہے اور ایک بڑا معمہ ہے۔

10.4. تخلیق کائنات کے ادوار

کائنات اپنی 13.8 ارب سالہ تاریخ میں بہت سی تبدیلیوں سے گزری ہے۔ چوں کہ تخلیق کائنات ایک انتہائی پُر تشدد، غضب ناک اور تیز رفتار عمل تھا، لہٰذا جتنی تبدیلیاں پہلے سیکنڈ کے دوران آئیں اُتنی اس کی پوری زندگی میں نہیں آئیں۔ ان تبدیلیوں کو کونیات دانوں نے حسب ذیل ادوار میں تقسیم کیا ہے[72]:

1. پلینک کا دَور (Planck Epoch) 0 سے 10^{-43} سیکنڈ تک

آپ سیکشن 10.1 میں پڑھ چکے ہیں کہ کسی واقعے کے بعد 10^{-43} سیکنڈ تک آپ وثوق سے نہیں کہہ سکتے کہ کیا ہوا ہو گا۔ اسے پلینک ٹائم کہا جاتا ہے اور یہ وقت کا قلیل ترین وقفہ ہے۔ اس دور کے متعلق ہم صرف اتنا کہہ سکتے ہیں کہ کائنات انتہائی گرم اور کثیف تھی اور چاروں بنیادی قوتیں ایک متحد قوت کی صورت میں اس طرح موجود تھیں جیسے کسی پنسل کو بڑی باریکی سے تراش کر اس کے تراشیدہ سرے پر بغیر کسی سہارے کے کھڑا کر دیا گیا ہو، بالفاظ دیگر وہ متحد قوت کسی بھی لمحے گر کر چار بنیادی قوتوں میں بکھر سکتی تھی۔ طبیعیات کے قوانین میں اس دور میں ابہام ہے اور ریاضی بھی اس دور کو بیان کرنے سے معذور رہے۔

2. عظیم اتحاد کا دَور (Grand Unification Epoch) 10^{-43} سے 10^{-36} سیکنڈ تک

اس دور میں قوتِ ثقل متحد قوت سے علیحدہ ہو گئی اور کوانٹم اتار چڑھاؤ کے نتیجے میں ابتدائی بنیادی ذرّات اور مخالف ذرّات پیدا ہونا شروع ہو گئے جن میں کوارک شامل تھے۔ جو کوارک اپنے مخالف کوارک کی زد میں آئے وہ ان سے مل کر فنا ہو گئے اور ان کے ٹکراؤ کے نتیجے میں گلوآن پیدا ہوئے۔ بچے کھچے کوارک اور گلوآن نے دہکتی ہوئی گیس یا پلازما (Plasma) کی شکل اختیار کر لی جسے کوارک سُوپ کا نام دے دیا گیا ہے۔

3. نفخ کا دَور (Inflationary Epoch) 10^{-36} سے 10^{-32} سیکنڈ تک

اس دور میں کوانٹم اتار چڑھاؤ اس قدر تیزی سے پھیلا کہ کائنات پس ایٹمی سائز سے بڑھ کر کلاں بینی دنیا میں داخل ہوگئی۔ اس وقت کائنات ایک چکوترے کے برابر تھی اور کوارک سوپ کا پلازما پوری کائنات میں دھند کی طرح پھیل گیا تھا۔ اس نفخ نے کائنات میں کسی بھی بے ضابطگی کو ہموار کر دیا جس کے نتیجے میں کائنات کی تعمیر کے اگلے مراحل میں کہکشاؤں، سیاہ غاروں اور دیگر اجسام کے ڈھانچوں کی تشکیل ممکن ہوئی۔ اگر یہ ابتدائی نفخ نہ ہوتا تو آج کائنات صرف ہائیڈروجن کی دُھند ہوتی جس میں اجرام فلکی کا وجود نہ ہوتا۔

4. کمزور برقیاتی دَور (Electroweak Epoch) 10^{-36} سے 10^{-12} سیکنڈ تک

اس مرحلے پر مضبوط جوہری قوت متحد قوت سے نکل گئی جس کے نتیجے میں بڑی تعداد میں مختلف قسم کے بوزان پیدا ہونا شروع ہوگئے۔ ان میں ہِگز بوزان بھی شامل تھا جس کا کام مادے کو کمیت دینا ہے۔ کوانٹم فیلڈ تھیوری کی رو سے تمام بنیادی ذرّات مختلف فیلڈ ہیں جو اشعاع (Radiation) ہونے کی بنا پر کمیت نہیں رکھتے۔ ہِگز بوزان کا کام ذرّات کے متعاملات کو دھیما کر کے انہیں کمیت دینا ہے جس کی بنا پر وہ مادّے کے زمرے میں آجاتے ہیں۔ اگر ہِگز بوزان نہ ہوتا تو کائنات مختلف طول موج کی اشعاع سے بھری ہوتی اور اس میں مادّے کا وجود نہ ہوتا۔

5. کوارک کا دَور (Quark Epoch) 10^{-12} سے 10^{-6} سیکنڈ تک

یہ دور غالباً سب سے دل چسپ دور تھا جب کائنات ٹھنڈی ہونے لگی اور اس کا درجہ حرارت 1 مہا سنکھ (10^{19}) ڈگری کیلون تک گر گیا اور چاروں بنیادی قوتیں علیحدہ ہو کر اپنا اپنا کام کرنے لگیں۔ یہ وہ دور تھا جب کوارک اور لیپٹان (الیکٹران اور نیوٹرینو) کثرت سے پیدا ہو رہے تھے۔ ہر کوارک کے ساتھ ایک مخالف کوارک پیدا ہو رہا تھا اور دونوں مل کر ایک دوسرے کو فنا کر رہے تھے۔

اب سوال پیدا ہوتا ہے کہ اگر مادّے اور مخالف مادّے (Antimatter) نے ایک دوسرے کو فنا کر دیا تو کائنات میں اس وقت جو مادّہ ہے وہ کہاں سے آیا۔ اس کے لیے ہم جس عمل کے مرہون منت ہیں اسے باریون کی پیدائش (Baryogenesis) کہتے ہیں۔ یہ نظری طبیعات کا ایک نظریہ

ہے جس کے مطابق جب کوانٹم اتار چڑھاؤ کے نتیجے میں کوارک اور مخالف کوارک کے جوڑے پیدا ہو رہے ہوتے ہیں تو ہر ایک ارب جوڑوں میں ایک کوارک زیادہ ہوتا ہے جو آگے چل کر مادّہ بناتا ہے۔ اسے باریون (Baryon) کہتے ہیں۔

ممکن ہے کہ آپ سوچیں کہ آخر اس مار دھاڑ اور قتل وغارت گری کی کیا ضرورت تھی کہ ایک کوارک کو بچانے کے لیے ایک ارب کوارک اور مخالف کوارک کے جوڑے فنا کرنے پڑے۔ اس کا جواب یہ ہے کہ اس عمل کے نتیجے میں فوٹان اور گلوآن پیدا ہو رہے تھے۔ اگر یہ قتل وغارت گری نہ ہوتی تو روشنی کا وجود نہ ہوتا اور کائنات ابھی تک کوارک سُوپ ہوتی۔

دوسری بات جو یاد رکھنے والی ہے وہ یہ ہے کہ سارا مخالف مادّہ فنا نہیں ہوا تھا۔ جو مادّے سے دور رہا وہ بچ گیا۔ چناں چہ کائنات میں اب بھی کچھ مخالف مادّہ موجود ہے گو کہ مادّے کے مقابلے میں کم ہے۔

6. ہیڈران کا دَور (Hadron Epoch) 10^{-6} سے 1 سیکنڈ تک

پروٹان اور نیوٹران ذرّات کے جس طبقے میں آتے ہیں اسے ہیڈران کہتے ہیں۔ جب اس دور کی ابتدا ہوئی تو کائنات کوارک اور گلوآن کے پلازما سے بھری ہوئی تھی اور تیزی سے ٹھنڈی ہو رہی تھی۔ اس وقت اس کا درجہ حرارت دس کھرب (10^{12}) ڈگری کیلوِن تک گر چکا تھا۔ اس حالت میں کوارک کے لیے اکیلا رہنا ناممکن ہو گیا۔ آپ نے سیکشن 6.5 میں پڑھا تھا کہ کوارک کی چھ قسمیں ہوتی ہیں جن میں سے دو کے نام اپ کوارک اور ڈاؤن کوارک ہیں۔ اپ کوارک کا برقی چارج 2/3+ اور ڈاؤن کوارک کا برقی چارج 1/3- ہوتا ہے۔ اس دور میں دو اپ کوارک اور ایک ڈاؤن کوارک نے مل کر پروٹان بنایا جس کا برقی چارج 1+ تھا:

$$+2/3+2/3-1/3=+3/3=+1$$

اسی طرح ایک اپ کوارک اور دو ڈاؤن کوارک ملے تو ان سے نیوٹران بنا جس کا برقی چارج صفر تھا:

$$+2/3-1/3-1/3=+0/3=0$$

کوارکوں کو جوڑ کر پروٹان اور نیوٹران بنانے کا کام گلوآن نے کیا جنہوں نے انہیں ایک مضبوط گوند کی طرح آپس میں جوڑ کر رکھا۔ اس دور کے اختتام تک درجہ حرارت گرنے کی بنا پر اتنی حرارتی

توانائی دستیاب نہیں تھی جو مزید پروٹان اور نیوٹران بنا سکے۔ چوں کہ مخالف ذرّات بھی ساتھ ساتھ پیدا ہو رہے تھے لہٰذا بیشتر نے ایک دوسرے کو فنا کر دیا اور بچا کھچا ذخیرہ اگلے مرحلے کے لیے تیار تھا۔

7. لیپٹان کا دَور (Lepton Epoch) 1 سے 10 سیکنڈ تک

اس عہد کی ابتدا اس وقت ہوئی جب کوارک آپس میں جڑ کر ایٹمی مرکزے کے اجزا یعنی پروٹان اور نیوٹران بنا چکے تھے۔ اب ایٹم کے دوسرے جز کا انتظار تھا۔ جب درجہ حرارت کم ہوتے ہوتے 10 ارب ڈگری کیلون پہنچا تو توانائی کی سطح لیپٹان کی پیدائش کے لیے موزوں تھی۔ چناں چہ مختلف لیپٹان، مثلاً الیکٹران، پوزیٹران اور نیوٹرینو کی پیدائش میں بڑی تیزی آگئی۔ واضح ہو کہ چوں کہ پوزیٹران الیکٹران کا مخالف ذرّہ ہے لہٰذا دونوں ایک دوسرے سے ٹکرا کر فنا ہوتے رہے اور اس کے نتیجے میں فوٹان پیدا ہوتے رہے۔ اس عمل کو مساوات کی شکل میں یوں بیان کیا جاتا ہے:

$$e^- + e^+ \longrightarrow \gamma + \gamma$$

جہاں e^- الیکٹران، e^+ پوزیٹران اور γ فوٹان ہے۔

واضح رہے کہ ایک مخالف رد عمل بھی ہوتا ہے جب دو ایسے فوٹان ٹکراتے ہیں جن کی توانائی کی سطح بلند ہو۔ اس کے نتیجے میں وہ ٹکرا کر فنا ہو جاتے ہیں اور ان سے الیکٹران۔ پوزیٹران کا جوڑا پیدا ہوتا ہے۔

$$\gamma + \gamma \longrightarrow e^- + e^+$$

لہٰذا یہ رد عمل دونوں سمتوں میں جاری رہا۔

جوں جوں درجہ حرارت کم ہوا اور توانائی کی سطح گری، الیکٹران پوزیٹران کے جوڑوں کی پیدائش کی رفتار میں ان کی فنا کی رفتار کے مقابلے میں کمی آتی گئی۔ وہ تو بھلا ہو لیپٹو جینیسس (Leptogenesis) کا جس کی بنا پر ہر ایک ارب الیکٹران پوزیٹران جوڑوں کی پیدائش کے دوران ایک الیکٹران تنہا پیدا ہوا جو سلامت رہنے والوں میں سے ایک تھا۔ یہ عمل بالکل ویسا ہی تھا جس کا تذکرہ ہم اوپر کوارک کے دور میں کر چکے ہیں۔

بہر حال جب درجہ حرارت کم ہوتے ہوتے 1 ارب ڈگری کیلون پہنچا تو توانائی کی سطح اتنی گر چکی تھی کہ الیکٹران کی پیدائش برائے نام رہ گئی۔ ایک اور قابل ذکر واقعہ جو لیپٹان کے دور میں ہوا

اس کے نتیجے میں نیوٹرینو مادّے کے دوسرے اجزا سے الگ ہو کر پوری کائنات میں بکھر گئے۔ کونیات دان اب بھی ان نیوٹرینو کا مشاہدہ کر سکتے ہیں جو اس وقت کو ظاہر کرتے ہیں جب کائنات کی عمر صرف دس سیکنڈ تھی۔

8. فوٹان کا دَور (Photon Epoch) 10 سیکنڈ سے 3 لاکھ 80 ہزار سال تک

اس دور میں الیکٹران اور پوزیٹران کے جوڑے ایک دوسرے کو فنا کر کے فوٹان بناتے رہے لہٰذا یہ دور اشعاع (Radiation) کا دور تھا۔ اس کے علاوہ پچھلے ادوار سے بچے کھچے کوارک پروٹان اور نیوٹران بناتے رہے۔ اس دور کی ابتدا کے تقریباً تین منٹ بعد درجہ حرارت اتنا گر چکا تھا کہ نیوٹران اور پروٹان مل کر ایٹمی مرکزے بنا سکتے تھے۔ چوں کہ پروٹان کا چارج 1+ ہوتا ہے لہٰذا مرکزے میں ایک سے زیادہ پروٹان ہونا ممکن نہیں کیوں کہ وہ ایک ہی چارج ہونے کی بنا پر ایک دوسرے کو دھکیل کر علیحدہ کر دیں گے، مگر گلوآن نے گوندبن پر مضبوط جوہری قوت سے ان پروٹان اور نیوٹران کو مرکزے میں جکڑ لیا۔ اس عمل کو تالیفِ مرکزہ (Nucleosynthesis) کہتے ہیں جس کے نتیجے میں دوری جدول کے ابتدائی عناصر کے مرکزے وجود میں آئے، مثلاً زیادہ تر ہائیڈروجن ($^{1}_{1}H$) اور ہیلیم ($^{4}_{2}He$)، اور کچھ لیتھیم ($^{7}_{3}Li$) اور بیریلیم ($^{9}_{4}Be$)۔

بہر حال حسابات کے اس لمحے کے پہلے 10 مائکروسیکنڈ[a] جب کوارک اور گلوآن اور الیکٹران جیسے ذرات آزاد ہوئے اور چند منٹ میں پچکے ہوئے خلا کے دباؤ اور بلند درجہ حرارت کی بنا پر کوارک آپس میں پچک کر پروٹان میں تبدیل ہو گئے۔ ہم جانتے ہیں کہ مادّے کی تین حالتیں ہوتی ہیں: ٹھوس، مائع اور گیس۔ ان کے علاوہ ایک اور حالت ہوتی ہے جسے پلازما کہتے ہیں۔ اس حالت میں آزاد پروٹان اور الیکٹران دہکتی ہوئی گیس جیسی حالت میں موجود ہوتے ہیں۔ کئی لاکھ سال تک کائنات ٹھنڈی ہوتی رہی اور جب درجہ حرارت 3000 ڈگری کیلون کے قریب پہنچا تو الیکٹران پروٹان کے نزدیک آئے اور ہائیڈروجن ایٹم بننا شروع ہوئے۔ 10 سے 20 کروڑ سال میں ہائیڈروجن کے بادلوں نے جمع ہو کر ستارے بنانا شروع کر دیے۔ اس طرح کئی کروڑ سے ایک ارب سال گزر گئے جب

---

[a] اگر ایک سیکنڈ کو دس لاکھ حصوں میں بانٹا جائے تو ہر حصہ ایک مائکروسیکنڈ یعنی 10^{-6} سیکنڈ ہوتا ہے۔

کائنات میں ٹھوس اور پتھریلے اجسام بننا شروع ہوئے۔ تشکیل کائنات کے ابتدائی دور میں کوانٹم میکانیات کا راج تھا۔ جوں جوں کائنات میں ستارے، سیارے اور کہکشاؤں کے جُھرمٹ نمودار ہوئے، ان کی حرکت اور توازن پر کلاسیکی میکینکس کا اطلاق ہونے لگا۔

ہائیڈروجن سے ہیلیم بننے کا عمل ایسا ہی تھا جیسے ہائیڈروجن کے مرکزے میں ایک پروٹان اور دو نیوٹران ملا کر اوپر سے گلوآن کا لیپ مل کر لوہار کی بھٹی میں سرخ کر کے ٹھوکا جائے۔ اس عمل کو مرکزائی یا جوہری اختلاط (Nuclear Fusion) کہتے ہیں۔ جب فوٹان کا دور شروع ہوا تو درجہ حرارت 10 ارب ڈگری کیلون تھا۔ اس ٹمپریچر پر یہ عمل ناممکن تھا کیوں کہ فوٹان کی توانائی اتنی زیادہ تھی کہ وہ نوزائیدہ ذرّات کو پھاڑ دیتے لہٰذا جب کائنات ٹھنڈی ہوتے ہوتے ڈیڑھ کروڑ ڈگری کیلون پر پہنچی تو جوہری اختلاط کا عمل شروع ہو گیا۔ اس وقت کائنات میں جتنی ہیلیم ہے اس کی زیادہ تر مقدار اسی دور میں پیدا ہو گئی تھی۔

ایک اور قابل ذکر واقعہ جو اس دور میں پیش آیا وہ یہ تھا کہ اس عہد کی ابتدا میں مادّہ رواں شدہ (Ionized) حالت میں تھا یعنی مثبت چارج والے مرکزے اور منفی چارج والے الیکٹران علیحدہ علیحدہ تھے مگر اس دور کے اختتام تک جب کائنات کی عمر 3 لاکھ 80 ہزار سال تھی اور درجہ حرارت 3000 ڈگری کیلون تھا تو الیکٹران کی توانائی اتنی کم ہو چکی تھی کہ وہ ہلکے ہلکے عناصر کے مرکزاؤں سے آملے اور یوں تعدیلی (Neutral) ایٹم کی تکمیل ہوئی۔ اس عمل کے نتیجے میں فوٹان جو اب تک مادے کے ساتھ جڑے ہوئے تھے، آزاد ہو کر مائکروویو اشعاع کی صورت میں کائنات میں پھیل گئے۔ ان اشعاع کو اب بھی ناپا جا سکتا ہے اور کائناتی مائکروویو پس منظر (Cosmic Microwave Background) کے نام سے جانا جاتا ہے۔ اسے CMB بھی کہا جاتا ہے اور بِگ بینگ کے نظریے کے ثبوت پر پیش کیا جاتا ہے۔

9. تاریکی کا دور (Dark Ages) 3 لاکھ 80 ہزار سال سے 15 کروڑ سال تک

کائنات کی پیدائش کا عمل بچے کی پیدائش سے کافی مشابہت رکھتا ہے۔ کہتے ہیں کہ انسانی زندگی میں سب سے مشکل عمل اس کی پیدائش ہے۔ ماں کے دردِ زہ کی ابتدا سے لے کر پیدائش تک بچہ ان

تھک محنت سے گزرتا ہے اور رحم مادر کے پھیلتے اور سکڑتے عضلات کے مروڑ، تناؤ اور دباؤ کو محسوس کرتا ہے۔ یہ عمل بچے کے لیے بے حد تکلیف دہ بھی ہو سکتا ہے۔ پیدائش کے دوران جوں جوں اس کی بے چینی میں اضافہ ہوتا ہے، اس کے دل کی دھڑکن تیز ہوتی ہے۔ ممکن ہے کہ ماں کے عضلات کے دباؤ سے بچے کا سر اور جسم کے کچھ حصے پیدائش کی نالی سے گزرتے وقت راستہ بنانے کے لیے پچک جائیں جو پیدائش کے بعد اپنی اصلی حالت میں واپس آجاتے ہیں۔

آپ کو اندازہ ہو گیا ہو گا کہ کائنات کی تخلیق کا عمل بچے کی پیدائش کے عمل سے کم متشدد نہیں تھا۔ کائنات کی ابتدا ایک نقطۂ واحد سے شروع ہوئی تھی جس کی کثافت اور تپش غیر متعین تھی اور اچانک اس میں ایک خون خوار جنگ شروع ہوئی جس کے نتیجے میں مادہ اور اشعاع وجود میں آئے۔

پیدائش کے بعد ماں اور بچہ صبر آزما تجربے سے گزرنے کے بعد اپنی طاقت کو مجتمع کرنے کے لیے سو جاتے ہیں۔ کائنات کے لیے بھی تاریکی کا دور آرام کا دور تھا جس میں کائنات اگلے دور کی تیاری کر رہی تھی۔ پوری کائنات ہائیڈروجن گیس سے بھری ہوئی تھی جس میں کچھ مقدار ہیلیم اور بیریلیم کی بھی شامل تھی۔ درجہ حرارت 3,000 اور 4,000 ڈگری کیلون تک گر گیا تھا اور مادّے نے جو اب اب تک پلازما کی صورت میں تھا گیس کی صورت اختیار کر لی تھی۔

اس دور میں کائنات میں مکمل تاریکی تھی کیوں کہ ابھی ستاروں کا وجود نہیں تھا جو روشنی پیدا کرتے ہیں۔ اب تک کائنات شفاف تھی جس میں سے برقناطیسی اشعاع جو پچھلے ادوار میں آزاد ہوئے تھے پلازما سے گزر سکتے تھے مگر جوں جوں درجہ حرارت میں کمی ہوئی اور ہائیڈروجن گیس کی مقدار بڑھتی گئی تو کائنات غیر شفاف ہو کر مکمل طور پر تاریک ہو گئی۔ اس کے باوجود ان ادوار میں پوری کائنات میں مادّے کی کثافت میں چھوٹے چھوٹے تغیرات اور اتار چڑھاؤ ہوتے رہے جنہوں نے ستاروں اور کہکشاؤں کی تخلیق کی بنیاد ڈالی۔ اگرچہ ہمیں ان ادوار میں اجرام فلکی کی موجودگی کا بلاواسطہ ثبوت نہیں ملتا لیکن اگر ان کی بنیاد پڑ چکی تھی تو ان کی حیثیت جَنِین (Embryo) کی تھی اور وہ ابھی روشن نہیں ہوئے تھے۔

تاریکی کے دور نے کائنات کی تاریخ میں ایک کلیدی کردار ادا کیا۔ کائنات کی تپش میں کمی آچکی

تھی، مادّہ روانی (Ionic) حالت سے تعدیلی (Neutral) حالت میں آچکا تھا اور کائنات میں موجود اجسام کی بنیاد پڑ چکی تھی۔ بالفاظ دیگر بچے کی پیدائش ہو چکی تھی اور اگلا مرحلہ اس کے اعضا کی نشوونما کا تھا۔

10. دوسری رواں سازی کا دور (Reionization Epoch) 15 کروڑ سال سے 1 ارب سال تک

یہ دور اس لحاظ سے اہم ہے کہ اندھیری رات ختم ہوئی اور کائناتی سحر طلوع ہونا شروع ہوئی۔ جوں جوں کائنات پھیل رہی تھی اور درجہ حرارت گر رہا تھا، ہائیڈروجن اور ہیلیم گیس کے بادلوں نے کشش ثقل کے زیر اثر جمع ہو کر اوّلین ستاروں اور کہکشاؤں کی تعمیر کرنا شروع کر دی۔ ابتدا میں یہ اجسام بے حد جسیم تھے اور شدید گرمی کی بنا پر ان سے بالا بنفشی اشعاع کا شدید اخراج ہوا جس نے ہائیڈروجن ایٹم کو دوبارہ رواں سازی کر کے الیکٹران کو پروٹان سے جدا کر دیا۔

اس رواں ساز اشعاع نے ہائیڈروجن کے روانوں (Ions) کے بلبلے پیدا کیے جو پھیلتے اور پھولتے گئے یہاں تک کہ انہوں نے نوزائیدہ ستاروں کو اپنی لپیٹ میں لے لیا اور اس کائنات میں موجود تمام ہائیڈروجن گیس روانوں میں تبدیل ہوگئی۔ اس کے نتیجے میں کائنات جو پہلے اشعاع کے لیے غیر شفاف تھی اب دوبارہ شفاف ہونے لگی اور بالا نفشی اشعاع سے پوری کائنات بھر گئی۔

رواں سازی کے نتیجے میں جو اشعاع کائناتی مائکروویو پس منظر کی صورت میں اب تک موجود ہے وہ بِگ بینگ کی بچی کھچی حرارت ہے اور ہم اس کی پیمائش کر کے اُس دور کے رواں سازی کے عمل کے متعلق بہتیری معلومات حاصل کر سکتے ہیں۔

11. کہکشاں سازی کا دور (Formation of Galaxies) 1 ارب سال سے آج تک

کہکشاؤں اور عظیم ڈھانچوں کی تشکیل کا یہ دور جس کی ابتدا بِگ بینگ کے ایک ارب سال کے بعد ہوئی اور ہنوز جاری ہے، کائنات کے ارتقا میں ایک کلیدی حیثیت رکھتا ہے۔ جب اس دور کی ابتدا ہوئی تو کائنات میں دو تبدیلیاں ہو چکی تھیں، اول یہ کہ فوٹان مادے سے جدا ہو کر پوری کائنات میں پھیل چکے تھے جنہیں ہم کائناتی مائکروویو پس منظر (CMB) کی صورت میں اب بھی دیکھ سکتے ہیں۔ دوسرے یہ کہ ستارے اور سیارے اپنی ابتدائی حالت میں وجود میں آچکے تھے جس کے نتیجے میں پوری کائنات میں رواں (Ions) پھیل گئے تھے اور انہوں نے کائنات کو شفاف کر دیا تھا جس

کے نتیجے میں تاریک دور ختم ہو گیا تھا اور مندرجہ ذیل تبدیلیاں ہوئیں:

(1) . پروٹو کہکشاؤں کی تشکیل

پروٹو کہکشاں (Protogalaxy) ستاروں کا وہ مجموعہ ہے جو تشکیل کے عمل سے گزر رہا ہے اور ابھی بلوغت تک نہیں پہنچا۔ نوخیز کائنات میں ابھی قوتِ ثقل ناپائیدار تھی جس کے نتیجے میں کثافت کے اتار چڑھاؤ کی بنا پر ایسے علاقے قائم ہو گئے جن میں کثافت نسبتاً زیادہ تھی۔ ایسے علاقے کو تاریک مادّے کا ہالہ (Dark Matter Halo) کہتے ہیں۔ یہ علاقہ کہکشاں یا کہکشاؤں کے جُھرمٹوں (Clusters) کا وہ حصہ ہوتا ہے جو نہ روشنی کو جذب کر سکتا ہے، نہ خارج کر سکتا ہے اور نہ منعطف (Reflect) کر سکتا ہے لہٰذا ہم اس کا بلاواسطہ مشاہدہ نہیں کر سکتے۔ دراصل تاریک مادّہ کہکشاں کا نظری حصہ ہے جسے قوتِ ثقل کو متوازن کرنے کے لیے استعمال کیا جاتا ہے۔ اگر ہم کائنات میں تمام مادّے کی قوتِ ثقل کا حساب کریں تو وہ اس قوت کی صرف 16٪ ہے جو کائنات کا توازن قائم رکھنے کے لیے چاہیے۔ باقی 84٪ تاریک مادّے سے آتی ہے جس کا ہمیں ابھی تک کوئی ادراک نہیں ہے۔

جب ہائیڈروجن گیس سے بھرے تاریک مادّے کے ہالوں میں گیس ٹھنڈی ہو کر سکڑتی ہے تو قوتِ ثقل کے زیر اثر پچک کر اوّلین پروٹو کہکشاں بناتے ہیں جن کے ڈھانچے ابتدا میں اتنے چھوٹے ہوتے ہیں کہ انہیں بونی کہکشائیں (Dwarf galaxies) بھی کہتے ہیں۔

(2) . کہکشاؤں کا انضمام

وقت کے ساتھ ساتھ پروٹو کہکشائیں قوتِ ثقل کے زیر اثر ایک دوسرے میں ضم ہو کر بڑی کہکشائیں بنالیتی ہیں اور اسی قوت کے زیر اثر ان کہکشاؤں میں گیس کے بادل ضم ہو کر ستارے بناتے ہیں۔ جوں جوں وقت گزرتا ہے یہ عمل جاری رہتا ہے، ستارے بڑے ہوتے رہتے ہیں اور کہکشائیں ضم ہوتی رہتی ہیں۔

(3) . کہکشانی ڈھانچوں کی تشکیل

جوں جوں کہکشائیں ارتقا کے عمل سے گزرتی ہیں وہ مختلف ڈھانچوں کی شکل اختیار کر لیتی ہیں

مثلاً کچھ کہکشائیں ایک گھومتے ہوئے چکر دار پہیے کے مانند ہوتی ہیں جیسا آتش باز کا "گھن چکّر" جو ایک بانس کے اوپر چپکا دیا جاتا ہے اور جب اسے آگ لگا کر گھمایا جاتا ہے تو چنگاریوں کا ایک چکر دار پہیہ بن جاتا ہے۔ ہماری کہکشاں بھی ایک پیچ دار (Spiral) مرغولہ ہے جو ایک گھومتے ہوئے پہیے کی مانند ہے (تصویر 1)۔ ہم اسے پیار سے راہ شیری (Milky Way) کہتے ہیں۔ اس کے مرکز میں ستاروں کے جمگھٹے ہیں جس کی بنا پر مرکز میں کہکشاں پھولی ہوئی ہے اور جوں جوں ہم کہکشاں سے باہر کی طرف نکلتے ہیں ستاروں کی کثافت کم ہوتی جاتی ہے۔ کہکشاں کے گرد تاریک مادّے کا ہالہ ہے جو کشش ثقل میں توازن پیدا کرتا ہے۔

ہماری کہکشاں سے نزدیک ترین کہکشاں اینڈرومیڈا (Andromeda) ہے جو راہ شیری سے $2.537X10^9$ (2 ارب 53 کروڑ 70 لاکھ) نوری سال دور ہے اور یہ بھی پیچ دار کہکشاں ہے۔ کچھ کہکشائیں، خصوصاً وہ جو بڑی بڑی کہکشاؤں کے انضمام سے مل کر بنی ہیں، بیضوی شکل اختیار کر لیتی ہیں۔ یہ کہکشائیں عموماً پرانی ہیں اور ان میں نئے ستارے بننے کا عمل تقریباً مفقود ہے۔

یہاں دو قابل ذکر واقعات کا تذکرہ کرتے چلیں جو پانچ ارب سال کے بعد ظہور پذیر ہوں گے[a]۔ پہلا واقعہ سورج کی موت ہے۔ اس وقت تک سورج کا ایندھن ختم ہو جائے گا اور وہ بجھ کر یا تو پھٹ جائے گا یا پچک جائے گا۔ پہلی صورت میں اس کا ملبہ سیاروں سے ٹکرا کر انہیں توڑ پھوڑ دے گا اور ان کا ملبہ بھی سورج کے ملبے میں شامل ہو کر کہکشاں میں تیرتا رہے گا اور ممکن ہے کہ چند ارب سالوں میں اس ملبے سے ایک نیا سورج اور اس کے سیاروں کا نظام تعمیر ہو۔ دوسری صورت میں سورج پچک کر سیاہ غار بن جائے گا اور سیاروں کو کھینچ کر اپنے آپ میں ضم کر لے گا۔ دوسری بات یہ ہے کہ اینڈرومیڈا 110 کلومیٹر فی سیکنڈ کی رفتار سے ہماری کہکشاں کی جانب بڑھ رہی ہے اور اگر یہ رفتار قائم رہی تو کونیات دانوں کے حسابات کے مطابق اسے ہماری کہکشاں تک پہنچنے میں پانچ ارب سال لگیں گے جب سورج بجھ رہا ہو گا۔ اس ٹکراؤ کے نتیجے میں ہماری کہکشاں بھی ختم ہو جائے گی، لہٰذا ایک نہ شد دو شد (مگر

[a] پانچ ارب سال میں چند کروڑ سال اِدھر اُدھر کر لیں۔

گھبرانے کی کوئی بات نہیں ہے۔)

کہکشائیں مل کر گروپ اور جُھرمٹ (Clusters) بناتی ہیں۔ جس گروپ میں راہِ شیری اور اینڈرومیڈا ہیں وہ لوکل گروپ کہلاتا ہے اور اس میں اِن دو کے علاوہ مزید 54 کہکشائیں ہیں۔

کہکشائیں، ان کے جھرمٹ اور تاریک مادّہ مل کر وسیع باہم جڑے ہوئے نیٹ ورک بناتے ہیں جسے کائناتی جال (Cosmic Web) کہتے ہیں۔ یہ ایک پیچیدہ، ویب نما پیٹرن سے مشابہت رکھتا ہے اور کائنات کی ساخت کی سب سے نمایاں خصوصیات میں سے ایک ہے۔

(4). کہکشاؤں کا ارتقا

کہکشاؤں کے ارتقا میں نئے ستاروں کی تشکیل اور پرانے ستاروں کا خاتمہ شامل ہیں۔ تشکیل کی رفتار کا دارومدار کہکشاں کی عمر پر ہے۔ بِگ بینگ کے چند ارب سال بعد یہ رفتار تیز ترین ہوتی ہے اور پھر وقت کے ساتھ ساتھ کم ہو جاتی ہے۔ کہکشاؤں میں شکلیاتی (Morphological) تبدیلیاں بھی ہوتی ہیں، مثلاً کچھ پیچ دار کہکشائیں مستقل انضمام، نئے ستاروں کی تشکیل اور پرانے ستاروں کے خاتمے کی بنا پر بیضوی شکل اختیار کر لیتی ہیں۔ کہکشاں کے ارتقا میں ایک عنصر ستاروں کی آبادی بھی ہے۔ گھنی کہکشاؤں میں تبدیلی کا عمل زیادہ تیز ہوتا ہے۔

کہکشاں سازی کا دور کائنات کی تاریخ میں ایک زندہ اور پیچیدہ مرحلہ ہے۔ یہ دور کشش ثقل کی قوتوں، ستاروں کی پیدائش کے عمل، اور کائناتی جال کی تشکیل کو نمایاں کرتا ہے، جو ابتدائی مراحل سے لے کر اس بھرپور اور منظم کائنات تک، جس کا ہم آج مشاہدہ کرتے ہیں، کائنات کی عظمت اور پیچیدگی کو اجاگر کرتا ہے۔

12. موجودہ دور 13.6 ارب سال کے بعد

ستارہ سازی کے جس عمل کی ابتدا بِگ بینگ کے ایک ارب سال کے بعد ہوئی تھی وہ اب بھی جاری ہے۔ کائنات متحرّک اور تغیر پذیر ہے۔ پرانے ستارے اپنی زندگی کے اختتام پر پہنچ کر پھٹ جاتے ہیں اور ان کے ملبے سے نئے ستارے اور نئی کہکشائیں جنم لیتی ہیں۔ اس دوران کائنات مستقل پھیل

رہی ہے (سیکشن 2.2) اور جوں جوں پھیلتی ہے اس کی رفتار میں اضافہ ہوتا جاتا ہے۔ کیا کائنات پھیلتی رہے گی یہاں تک کہ کہکشائیں بکھر جائیں گی، ستاروں کا ایک دوسرے سے ثقلی رشتہ ختم ہو جائے گا اور وہ پھٹ کر بجھ جائیں گے۔ یا پھر کائنات کے پھیلنے کی رفتار کم ہونا شروع ہو جائے گی یہاں تک کہ اس کا پھیلاؤ بند ہو جائے گا اور یہ سکڑنا شروع ہو جائے گی اور سکڑتے سکڑتے اس کا خاتمہ اُسی نقطۂ واحد پر ہو گا جس سے اس کی ابتدا ہوئی تھی؟ کُلُّ شَيٍْ یَرْجِعُ اِلٰی اَصْلِہٖ (ہر چیز اپنی اصل کی طرف لوٹتی ہے)۔ اس سلسلے میں کچھ کہنا دشوار ہے کیوں کہ نظری طبعیات میں دونوں ماڈل زیر بحث آتے ہیں۔

تخلیق کائنات کے یہ ادوار کھانا پکانے کے عمل کی طرح معلوم ہوتے ہیں جس کے دوران اجزا کو جمع کرنے کے بعد انہیں پیسا جاتا ہے، ملایا جاتا ہے، بھونا جاتا ہے، چھانا جاتا ہے، پتلا کیا جاتا ہے اور گاڑھا کیا جاتا ہے۔ ہر جز کو ایک خاص مرحلے پر شامل کیا جاتا ہے اور ہر عمل کو ایک خاص مدّت تک جاری رکھا جاتا ہے۔

11

کائناتی اجسام

11.1. ستارے

ستارے (Stars) ہائیڈروجن کے چمکدار گولے ہیں جو بنیادی طور پر جوہری اختلاط کے عمل سے گزر رہے ہیں۔ اپنی زندگی کے اختتام پر ستارے جن مراحل سے گزرتے ہیں اس کا انحصار ان کی کمیت پر ہے۔ اس لحاظ سے ہم انہیں تین درجات میں تقسیم کرسکتے ہیں: بڑے ستارے، درمیانی ستارے، اور چھوٹے ستارے۔ جدول 5 میں تینوں درجات کا موازنہ پیش کیا گیا ہے۔ (جدول میں درجہ حرارت ڈگری کیلون[a] میں دکھایا گیا ہے):

درجہ	بڑے ستارے	درمیانی ستارے	چھوٹے ستارے
سورج کے مقابلے میں کمیت	8 گنا سے زیادہ	0.5 سے زیادہ 8 گنا سے کم	0.5 سے کم
مرکز میں دباؤ (پاسکل)	10^{17} سے 10^{18}	10^{16}	10^{14} سے 10^{15}
مرکز میں درجہ حرارت	1.5 کروڑ سے 10 کروڑ یا زیادہ	ایک سے ڈیڑھ کروڑ	40 لاکھ سے 1 کروڑ
سطح پر درجہ حرارت	20,000-50,000	5,000-6,000	2,500-4,000

جدول 5: کمیت کے لحاظ سے ستاروں کی درجہ بندی

[a] $0^oK=-273.15^oC$

عام ستارے مثلاً سورج، جو اپنی بلوغت کے دور سے گزر رہے ہیں مقدم سلسلے کے ستارے (Main Sequence Stars) کہلاتے ہیں۔ دراصل ستارہ دباؤ سے پچکی ہوئی ہائیڈروجن گیس کا گولا ہوتا ہے جس میں ان ستاروں کے ملبے کی خاک بھی شامل ہوتی ہے جو پھٹ کر اس کا حصہ بن گئے [73]۔ سورج بھی دوسرے ستاروں کی طرح دھکتا ہوا ہائیڈروجن گیس کا گولا ہے جس کے مرکز میں درجہ حرارت 1,50,00,000°C (ڈیڑھ کروڑ ڈگری سینٹی گریڈ) ہے۔ اس انتہائی گرمی کے باعث دو ہائیڈروجن ایٹم مل کر ایک ہیلیم ایٹم بناتے ہیں۔ اس جوہری اختلاط کے دوران جو توانائی پیدا ہوتی ہے اس کے نتیجے میں سورج دہکنے لگتا ہے۔ اور وہ توانائی ہم تک حرارت اور روشنی کی صورت میں پہنچتی ہے۔ ساخت کے لحاظ سے ستاروں میں کئی پرتیں ہوتی ہیں۔ ایک سورج جیسے عام ستارے کی ساخت کی تفصیل حسب ذیل ہے:

1. مرکز (Core) ستارے کا سب سے اندرونی حصہ ہے جس میں درجہ حرارت اور دباؤ انتہائی زیادہ ہوتا ہے اور اس کی بنا پر جوہری اختلاط ہوتا ہے، جو ہائیڈروجن کو ہیلیم میں تبدیل کرتا ہے اور اس کے نتیجے میں بہت زیادہ توانائی خارج ہوتی ہے جو ستارے کو طاقت فراہم کرتی ہے۔

2. تابکاری خطہ (Radiative Zone) مرکز کے ارد گرد ہوتا ہے۔ مرکز میں پیدا ہونے والی توانائی شعاع ریزی (Radiation) کے عمل کے ذریعے باہر کی طرف منتقل ہوتی ہے۔ فوٹان بار بار ذرات کے ذریعے جذب اور دوبارہ جاری ہوتے ہیں۔ جوں جوں ہم مرکز سے باہر آتے ہیں درجہ حرارت کم ہوتا جاتا ہے۔

3. حملی خطہ (Convective Zone) تابکاری زون کے ارد گرد ہوتا ہے اور ستارے کی سطح تک پھیلا ہوا ہوتا ہے۔ اس خطے میں توانائی حملی رو (Convection Currents) کے ذریعے منتقل ہوتی ہے، جہاں گرم پلازما اُبلتے ہوئے پانی کی طرح اوپر اٹھتا ہے، سطح کے قریب پہنچ کر ٹھنڈا ہوتا ہے، اور پھر نیچے واپس آتا ہے۔ اس طرح توانائی ستارے کی سطح تک پہنچتی ہے۔

4. ضیائی کُرّہ (Photosphere) ستارے کی سطح ہے جو نظر آتی ہے۔ وہ پرت جس سے ستارے کی روشنی خارج ہوتی ہے۔ یہ مرئی روشنی میں ستارے کی "سطح" کے طور پر نظر آتی ہے۔ سورج کے

لیے درجہ حرارت تقریباً 5,500 ڈگری کیلون ہوتا ہے۔

5. کُرّہ لون (Chromosphere) ضیائی کُرّے کے اوپر ایک پتلی سی ہے جو بنیادی طور پر بالائے بنفشی اور مرئی طیف میں روشنی خارج کرتی ہے۔ یہ سورج گرہن کے دوران سرخی مائل چمک کے طور پر نظر آتی ہے۔ درجہ حرارت بلندی کے ساتھ بڑھتا ہے، جو تقریباً 20,000 ڈگری کیلون تک پہنچتا ہے۔

6. کورونا (Corona) ستارے کی سب سے بیرونی پرت ہے جس سے **ایک** انتہائی گرم اور پتلا پلازما خارج ہوتا ہے جو خلا میں لاکھوں کلومیٹر تک پھیلتا ہے۔ درجہ حرارت دس لاکھ ڈگری کیلون سے زیادہ ہو سکتا ہے۔ کورونا شمسی ہوا کا ذریعہ ہے۔ یہ چارج شدہ ذرات کا ایک بہاؤ ہے جو ستارے سے خارج ہوتا ہے۔

جوں جوں ستارے کی عمر بڑھتی ہے اس میں اختلاط کی بنا پر ہائیڈروجن کی مقدار کم ہوتی جاتی ہے اور ہیلیم کی مقدار بڑھتی جاتی ہے یہاں تک کہ ہائیڈروجن کی مقدار اتنی کم ہو جاتی ہے کہ مزید اختلاط ممکن نہیں ہوتا اور ستارہ مرنے لگتا ہے۔ اس کی زندگی کے آخری دور میں اختلاط کا عمل تیز ہونے لگتا ہے، درجہ حرارت مزید بڑھنے لگتا ہے اور ہیلیم کے علاوہ دوسرے عناصر مثلاً کاربن، نائٹروجن، آکسیجن اور بھاری عناصر بننا شروع ہو جاتے ہیں۔ یہ ستارے کی نزع کا عالم ہوتا ہے اور اس کا اختتام ستارے کی موت پر ہوتا ہے۔

ہم جس ستارے کا مطالعہ کر رہے ہوں، اس کی روشنی کا تجزیہ کر کے اس میں ہائیڈروجن اور ہیلیم کا تناسب اور دیگر عناصر کی مقدار کا حساب کر کے ستارے کی عمر کا تخمینہ لگا سکتے ہیں۔ سورج کی روشنی کے تجزیے سے معلوم ہوا کہ اس میں ایندھن کی کل مقدار تقریباً دس ارب سال کے لیے تھی اور اب یہ اپنی آدھی زندگی گزار کر ادھیڑ ہو چکا ہے۔ اگلے پانچ ارب سال میں اس کا ایندھن ختم ہو جائے گا اور یہ مر جائے گا۔

11.2. ستاروں کے باقیات

- سرخ دیو (Red Giants)

وہ ستارے جو اپنی زندگی کے آخری مراحل میں ہیں۔ ستارے کے مرکزی حصے میں جو ہائیڈروجن تھی وہ ختم ہو چکی ہے۔ مرکز میں درجہ حرارت بڑھ رہا ہے جس کی بنا پر ہیلیم بھاری عناصر مثلاً کاربن، نائٹروجن اور آکسیجن بنا رہی ہے۔ مرکز سکڑ کر چھوٹا سا رہ گیا ہے اور سطحی پرتوں میں بچی کھچی ہائیڈروجن ابھی جل رہی ہے۔ اگر ستارہ سورج کے برابر تھا تو بیرونی طبقات نے پھیل کر ستارے کا قطر سورج کے مقابلے میں کئی سو گنا بڑھا دیا ہے اور سطحی درجہ حرارت کم ہو کر 2,500 سے 5,000 ڈگری کیلون رہ گیا ہے جو سورج کی سطح کے درجہ حرارت سے بھی کم ہے۔ (سورج کی سطح پر درجہ حرارت تقریباً 5,800 ڈگری کیلون ہوتا ہے۔) سورج کے مقابلے میں کم درجہ حرارت ہونے کے باوجود سرخ دیو سورج سے سیکڑوں بلکہ ہزاروں گنا روشن ہو سکتے ہیں اور اس کی وجہ یہ ہے کہ وہ سورج سے بہت بڑے ہو جاتے ہیں۔

ہم جانتے ہیں کہ ستارے اربوں سال زندہ رہتے ہیں جب کہ ان کے سرخ جنّ کے مرحلے کی زندگی صرف چند کروڑ سال ہوتی ہے جو ستارے کی پوری زندگی کا ایک چھوٹا سا عرصہ ہوتا ہے۔ جو ستارے کمیت کے لحاظ سے سورج سے آٹھ گنا یا اس سے کم ہیں ان کے سرخ جنّ کے مرحلے کا اختتام یوں ہوتا ہے کہ ان کی بیرونی پرتیں جھڑ کر عظیم نوتارہ (Supernova) بن جاتی ہیں اور مرکز ننگا ہو کر سفید بونا (White Dwarf) بن جاتا ہے۔

○ عظیم نوتارے (Supernovae)

جب بڑے ستارے سرخ دیو کے دور سے گزر چکتے ہیں تو سطحی پرتوں کے جل کر جھڑ جانے کے بعد اس کے گرد ایک چمک دار، رنگین ہالا بن جاتا ہے جسے عظیم نوتارہ کہتے ہیں۔ اس دوران مرکز سکڑتا اور جلتا رہتا ہے اور اس میں بھاری عناصر بنتے رہتے ہیں یہاں تک کہ لوہا بن جاتا ہے جو اس لحاظ سے ایک یکتا عنصر ہے کہ دوری جدول میں یہ آخری عنصر ہے جس کے جوہری اختلاط سے بننے کے دوران توانائی پیدا ہوتی ہے جب کہ اس کے بعد تمام عناصر کے بنانے میں توانائی کی ضرورت ہوتی ہے لہٰذا جب سرخ جنّ کا مرکز مکمل طور پر لوہے کا ہو جاتا ہے تو یہ اگلے عناصر پیدا کرنے کے لیے توانائی کو جذب کرنے لگتا ہے اور اس کے نتیجے میں درجہ حرارت بڑھتا رہتا ہے اور اس کے نتیجے میں دباؤ اور کثافت میں اضافہ ہوتا رہتا ہے یہاں تک مرکز اس کو برداشت نہیں کر سکتا اور اس میں ایک تشنج کی

لہر پیدا ہوتی ہے جس سے سطحی پرت عظیم نوتارہ بن جاتی ہے جو پھٹ کر خلا میں بکھر جاتا ہے اور مرکز جس میں جوہری اختلاط کا عمل ختم ہو چکا ہے، اب اپنی قوتِ ثقل کی تاب نہیں لا سکتا اور پچک کر سیاہ غار (Black Hole) یا نیوٹران ستارہ (Neutron Star) بن جاتا ہے۔

○ سفید بونے (White Dwarfs)

درمیانی اور چھوٹے ستاروں کی باقیات جو اپنی بیرونی پرتوں کو کھو چکے ہیں۔ یہ ستاروں کی موت کا اگلا مرحلہ ہے جب مرکز کے بعد سرخ جن" کی سطحی پرتیں ختم ہو رہی ہیں۔

○ نیوٹران ستارے (Neutron Stars)

بہت زیادہ کثیف باقیات جو بڑے ستاروں کے عظیم نوتارہ ہونے کے بعد بنتے ہیں۔ تیزی سے گھومنے والے نیوٹران ستارے جن سے برقناطیسی شعاعیں خارج ہوتی ہیں، پلسار (Pulsars) کہلاتے ہیں۔

○ بھورے بونے (Brown Dwarfs)

یہ مرتے ہوئے ستارے کا وہ مرحلہ ہے جب ہائیڈروجن کی وہ مقدار جو جوہری اختلاط کے لیے دستیاب تھی وہ ختم ہو چکی ہے اور اختلاط کا عمل رُک گیا ہے۔ سطحی پرتیں بھی ختم ہو چکی ہیں اور مرکز کاربن اور آکسیجن پر مشتمل ہے۔ اس کا حجم گھٹ کر تقریباً زمین کے برابر رہ گیا ہے مگر کمیت تقریباً سورج کے برابر ہے لہٰذا بھورے بونے کا مادّہ بے حد کثیف ہوتا ہے۔ اس کی کثافت کا اندازہ اس سے لگا سکتے ہیں کہ اس کے ایک چائے کی چمچی بھر مادّے کی کمیت کئی ٹن ہو گی۔ بھورے بونے ابتدا میں بے حد گرم ہوتے ہیں اور ان کا درجہ حرارت ایک لاکھ ڈگری کیلون تک ہو سکتا ہے مگر آہستہ آہستہ یہ ٹھنڈا ہوتا ہے جس میں اربوں سال لگ سکتے ہیں۔

○ سیاہ غار (Black Holes)

سیاہ غار کائنات کے سب سے دل چسپ اور حیرت انگیز اجسام ہیں اور سائنس فکشن کا محبوب ترین موضوع ہیں خواہ کتابی شکل میں ہوں یا فلم کے پردے پر۔ یہ خلا کے وہ علاقے ہیں جن میں مادّے کی زیادہ سے زیادہ مقدار کم سے کم حجم میں مقیّد ہے جس کی بنا پر کشش ثقل اتنی زیادہ ہے کہ کوئی بھی چیز

بچ کر نہیں نکل سکتی یہاں تک کہ روشنی بھی اس میں جذب ہو جاتی ہے۔

سیاہ غار عام طور پر بڑے ستاروں کی زندگی کے اختتام پر بنتے ہیں۔ جب ایسا ستارہ اپنا جوہری ایندھن ختم کر دیتا ہے، تو یہ کشش ثقل کے خلاف خود کو مزید سہارا نہیں دے سکتا اور اندر کی طرف پچک جاتا ہے۔ جیسا کہ ہم اوپر پڑھ چکے ہیں، یہ عمل ستارے کے مرکز میں ایک ایسی تشنج کی لہر پیدا کر دیتا ہے جس سے بیرونی پرتیں دھماکے سے پھٹ جاتی ہیں جب کہ مرکز پچک کر سیاہ غار بن جاتا ہے۔ سیاہ غار اپنے نزدیک کے اجسام کو اپنی کشش ثقل سے کھینچ کر جذب کر لیتے ہیں خواہ وہ گیس ہو، دھول ہو، گزرتا ہوا پتھریلا مواد ہو یا کوئی ستارہ ہو۔ جوں جوں مزید مادّہ ان میں جذب ہوتا ہے وہ بڑے ہوتے جاتے ہیں اور ان کی قوتِ ثقل بھی بڑھتی جاتی ہے چناں چہ ان کی پہنچ میں بھی اضافہ ہوتا جاتا ہے۔ نیوٹران ستارے اور چھوٹے چھوٹے سیاہ غار بھی ان میں جذب ہو جاتے ہیں۔

بڑے ستاروں کے انہدام سے جو سیاہ غار بنتے ہیں انہیں ستاروں کے سیاہ غار (Stellar Black Holes) کہتے ہیں، درمیانی سیاہ غار (Intermediate Black Holes) ممکنہ طور پر چھوٹے سیاہ غاروں کے انضمام سے بنتے ہیں جب کہ عظیم سیاہ غار (Supermassive Black Holes) کہکشاؤں کے مراکز میں پائے جاتے ہیں اور سورج کی کمیت سے لاکھوں سے اربوں گنا بڑے ہوتے ہیں۔ ہماری کہکشاں کے مرکز میں بھی ایک سیاہ غار ہے۔

سیاہ غار کا واقعاتی اُفق (Event Horizon) وہ فرضی سطح ہے جو سیاہ غار کے گرد ایک خاص فاصلے پر ہوتی ہے۔ اگر کوئی مادّہ یا اشعاع واقعاتی افق کے اندر سے گزرے تو وہ سیاہ غار کی طرف خمیدہ ہو کر اس میں جذب ہو جاتی ہے اور اگر واقعاتی افق کے باہر سے گزرے تو وہ سیاہ غار کی جانب جھکے بغیر گزر جاتی ہے۔ اسٹیفن ہاکنگ کے مطابق نظریاتی طبیعیات کی رو سے سیاہ غار آہستہ آہستہ گھٹتے گھٹتے ختم ہو جاتا ہے، کیوں کہ واقعاتی افق پر مسلسل کوانٹم اتار چڑھاؤ کی بنا پر ذرّات اور مخالف ذرّات کے جوڑوں کی تخلیق ہوتی ہے۔ یہ جوڑے زیادہ تر ایک دوسرے ذرّات سے ٹکرا کر فنا ہو جاتے ہیں، لیکن کبھی کبھار دونوں میں سے ایک ذرہ سیاہ غار میں گر جاتا ہے جبکہ دوسرا اشعاع کی صورت میں باہر نکل جاتا ہے۔ اس اشعاع کو ہاکنگ ریڈی ایشن کہتے ہیں۔ اس عمل کے نتیجے میں وقت کے ساتھ ساتھ سیاہ

غار کی کمیت اور توانائی کم ہوتی رہتی ہے۔ اس عمل کو ہم سیاہ غار کے ”بخارات“ میں تبدیل ہونے کے طور پر دیکھ سکتے ہیں[74]۔

تاہم، سیاہ غار کی بخارات میں تبدیل ہونے کی شرح اتنی سست ہے کہ اس کے مکمل طور پر غائب ہونے کے لیے کائنات کی عمر سے بھی زیادہ وقت درکار ہے۔ موجودہ وقت میں یہ امکان ہے کہ چند چھوٹے چھوٹے سیاہ غار کائنات کے ابتدائی دور میں پیدا ہوئے ہوں اور اب تک بخارات میں تبدیل ہو کر ختم ہو چکے ہوں، لیکن بڑے سیاہ غاروں کے لیے یہ عمل مکمل ہونے سے پہلے کائنات ختم ہو جائے گی۔

11.3. سیارے

سیارے (Planets) بڑے فلکیاتی اجسام ہیں جو ستاروں کے گرد گھومتے ہیں اور خود روشنی نہیں پیدا کرتے۔ ہمارے نظام شمسی کے باہر کے ستاروں کے گرد جو سیارے گھومتے ہیں انہیں بیرونی سیارے (Exoplanets) کہا جاتا ہے۔ ان سیاروں کا مطالعہ فلکیات اور سیاروں کی سائنس کے سب سے دلچسپ شعبوں میں سے ایک بن گیا ہے، جو سیاروں کی تشکیل، تنوع، اور ہمارے نظام شمسی سے باہر زندگی کے امکانات کے بارے میں بصیرت فراہم کرتا ہے۔ واضح ہو کہ کائنات میں آوارہ سیارے بھی ہیں جو کسی ستارے کے گرد نہیں گھومتے بلکہ خلا میں بھٹکتے رہتے ہیں۔

ہم سیکشن 4.3 میں نظام شمسی پر ایک طائرانہ نظر ڈال چکے ہیں۔ یہاں ہم اُن آٹھوں سیاروں کا مختصر جائزہ لیں گے جو ہمارے نظام شمسی کا حصہ ہیں۔ کونیات میں سیارے کی تعریف کے تین اجزا ہیں:

(1). سیارہ کسی ستارے کے گرد گھومتا ہے۔

(2). اپنی قوتِ ثقل کی بنا پر یہ کُرّے کی شکل اختیار کر لیتا ہے۔

(3). سیارہ اپنے راستے میں آنے والے ملبے کو صاف کرتا ہے۔ یہ ملبہ پرانے ستاروں کا ہے جس سے ہمارے نظام شمسی کی تعمیر ہوئی۔ اپنی تشکیل کے دوران سیارے کچھ ملبہ جذب کر لیتے تھے اور کچھ ان سے ٹکرا کر چھوٹے چھوٹے ٹکڑوں میں بٹ جاتا تھا جو سیارے کے راستے سے ہٹ جاتے تھے۔

نظام شمسی کے سیارے تین طرح کے ہوتے ہیں۔ زمینی سیارے(Terresterial Planets) جن کی سطح زمین کی طرح پتھریلی اور ٹھوس ہوتی ہے، جیسے عطارد، زہرہ، زمین اور مریخ، گیس دیو(Gas Giants) جن کی گہری فضائیں ہائیڈروجن اور ہیلیم سے بنی ہوتی ہیں، جیسے مشتری اور زحل، اور برف کے دیو(Ice Giants) جن کے مرکز برفانی مادوں سے گھرے ہوتے ہیں، جیسے یورینس اور نیپچون۔

تصویر60: نظام شمسی کے سیارے

- عطارد(Mercury)

عطارد نظام شمسی کا سب سے چھوٹا اور سورج سے نزدیک ترین سیارہ ہے۔ اس کا قطر4,880 کلومیٹر ہے اور کمیت زمین کی 5.5٪ ہوتی ہے۔ یہ 88 زمینی دنوں میں سورج کے گرد اپنا چکر مکمل کرلیتا ہے جب کہ اپنے محور کے گرد گردش مکمل کرنے میں 59 زمینی دن لگتے ہیں۔ عطارد کی سطح پہاڑیوں، گڑھوں، آتش فشاں کے دہانوں اور میدانوں سے بھری ہوئی ہے۔ اس کا دن بے حد گرم ہوتا ہے اور درجہ حرارت 430°C تک پہنچ جاتا ہے اور رات بے حد سرد ہوتی ہے جب درجہ حرارت 180°C- تک گر جاتا ہے۔ عطارد کی سطح زیادہ تر مٹی اور پتھر کی ہے جب کہ مرکز میں لوہا ہے جو اس سیارے کا 85٪ حصہ ہے۔ اس کی فضا بے حد لطیف ہوتی ہے جس میں آکسیجن، سوڈیم، ہائیڈروجن، ہیلیم اور پوٹاسیم ہوتے ہیں۔ حال آنکہ عطارد سائز کے لحاظ سے بہت چھوٹا ہے اور گردش کے لحاظ سے سست ہے، اس کے باوجود اس کی مقناطیسی فیلڈ ہے جو زمین کے مقابلے میں 1٪ ہے۔

- زہرہ(Venus)

زہرہ نظام شمسی کا سیارہ نمبر2 ہے جس کا مختصر تذکرہ سیکشن 4.7 میں کیا جاچکا ہے۔ اس کا قطر12,104

کلومیٹر ہے جس کا مطلب یہ ہے کہ زہرہ زمین سے کچھ چھوٹا ہے۔ اس کی کمیت بھی زمین کی کمیت کی 81٪ ہے۔ سورج کے گرد زہرہ کا ایک چکر 225 زمینی دن میں مکمل ہوتا ہے جب کہ اپنے محور کے گرد اس کی گردش اتنی آہستہ ہے کہ یہ ایک گردش کے لیے 243 زمینی دن لیتا ہے۔

زہرہ کی سطح پتھریلی ہے اور پہاڑوں، میدانوں اور آتش فشاں کے دہانوں سے بھری ہے۔ نظام شمسی میں کسی سیارے پر اتنے آتش فشاں نہیں ہیں جتنے زہرہ پر ہیں اور یہ نظام شمسی کا گرم ترین سیارہ ہے جس پر درجہ حرارت 465°C ہوتا ہے۔ حال آنکہ زہرہ عطارد کے مقابلے میں سورج سے زیادہ فاصلے پر ہے مگر یہ عطارد سے زیادہ گرم ہے اور اس کی وجہ زہرہ کی کثیف فضا ہے جو 95٪ کاربن ڈائی آکسائڈ ہے۔ زہرہ بادلوں سے ڈھکا ہوا ہے جن میں گندھک کا تیزاب ہوتا ہے۔ کثیف فضا اور اوپر یہ بادل گرمی کو خارج ہونے سے روکتے ہیں اور نتیجتاً زہرہ گرم ترین سیارہ ہے۔

دل چسپ بات یہ ہے کہ زہرہ کی گردش اپنے محور کے گرد الٹی سمت میں ہے یعنی سورج مغرب میں طلوع ہوتا ہے اور مشرق میں غروب ہوتا ہے۔ کونیات دان زہرہ کی اس بے ضابطگی پر حیران ہیں اور اس سلسلے میں کئی نظریات پیش کیے گئے ہیں، مثلاً ممکن ہے کہ زہرہ کی تاریخ کے کسی دور میں کوئی دیو ہیکل جسم زہرہ سے ٹکرایا ہو جس کے نتیجے میں زہرہ کی گردش الٹی ہو گئی یا پھر اتنی دھیمی ہو گئی کہ وقت کے ساتھ ساتھ آہستہ ہوتی گئی یہاں تک کہ الٹی ہو گئی۔ دوسرا نظریہ یہ ہے کہ چوں کہ زہرہ کی فضا انتہائی کثیف ہے لہٰذا وہ سطح سے رگڑنے کی بنا پر سیارے کی گردش میں رکاوٹ بنتی ہے اور اربوں سال گزرنے کے بعد اس رگڑ کا یہ اثر ہوا کہ گردش دھیمی ہوتے ہوتے رک گئی اور پھر الٹ گئی۔ کچھ کونیات دانوں کا خیال ہے کہ چوں کہ زہرہ سورج کے نزدیک ہے لہٰذا سورج کی قوتِ ثقل زہرہ کی گردش پر اثر انداز ہو سکتی ہے اور ممکن ہے کہ وقت کے ساتھ ساتھ یہ گردش آہستہ ہوتے ہوتے رک گئی اور پھر الٹی ہو گئی۔ بہر حال تحقیق جاری ہے۔

○ زمین (Earth)

ہم سیکشن 2.6 میں زمین کا تفصیل سے مطالعہ کر چکے ہیں لہٰذا یہاں مختصراً صرف ان باتوں کا تذکرہ

کریں گے جو وہاں بیان نہیں کی گئی تھیں۔ زمین کی فضا میں 78٪ نائٹروجن، 21٪ آکسیجن اور 1٪ دیگر اجزا شامل ہیں جن میں کاربن ڈائی آکسائڈ (CO_2)، ہیلیم (He)، نیون (Ne) اور آرگان (Ar) شامل ہیں۔ زمینی فضا کو پانچ طبقات میں تقسیم کیا جاسکتا ہے[75]۔

- ✓ کُرۂ متغیرہ (Troposphere): یہ فضا کا سب سے نچلا طبق ہے جس میں ہم سانس لیتے ہیں۔ ہمارے موسم کے بیشتر اجزا، مثلاً بادل اور بارش اسی طبق میں ہوتے ہیں۔ جوں جوں ہم سطح سمندر سے بلندی کی جانب جاتے ہیں، درجہ حرارت تقریباً 6.5°C فی کلومیٹر کے حساب سے کم ہوتا ہے۔ کسی مقام پر ایک خاص بلندی پر درجہ حرارت کتنا ہو گا؟ اس کا دارومدار موسم پر ہوتا ہے۔ زمین پر ہوا کی مجموعی مقدار کا تقریباً 75٪ اور تمام نمی اسی طبق میں ہوتی ہے۔ قطبین پر کرہ متغیرہ سطح سمندر سے 10 کلومیٹر کی بلندی تک ہوتا ہے جب کہ خط استوا پر یہ بلندی 18 کلومیٹر تک ہوتی ہے۔
- ✓ کُرۂ قائمہ (Stratosphere): یہ طبق کرہ متغیرہ کے اوپر 50 کلومیٹر تک جاتا ہے اور اوزون (O_3) سے بھرا ہوا ہے۔ اوزون سورج سے خارج ہونے والی بالا بنفشی شعاؤں کو جذب کرتی ہے۔ یہ شعائیں ہمارے لیے مضر ہیں مگر اوزون انہیں ہم تک نہیں پہنچنے دیتی۔ تفصیلات کے لیے سیکشن 8.10 دیکھیے۔ جب بالا بنفشی شعائیں اوزون سے ٹکراتی ہیں تو حرارت پیدا ہوتی ہے لہٰذا کرہ قائمہ گرم ہوتا ہے۔
- ✓ کُرۂ میانی (Mesosphere): یہ طبق کرہ قائمہ کے اوپر 85 کلومیٹر تک جاتا ہے۔ اس کی ابتدا درجہ حرارت کم ہونے سے شروع ہوتی ہے اور اپنی آخری بلندی تک پہنچتے پہنچتے درجہ حرارت -90°C تک گر جاتا ہے اور اس طرح یہ فضا کا سرد ترین طبق ہے۔ ہوا کا دباؤ بھی برائے نام رہ جاتا ہے کیوں کہ اس طبق میں مجموعی فضا کا صرف 0.1٪ رہ جاتا ہے۔ کرہ میانی کا کردار زمین کو کائناتی ملبے سے محفوظ رکھنا ہے۔ چناں چہ زمین کی فضا میں داخل ہونے والے بیشتر شہاب ثاقب اس طبق میں جل کر ختم ہو جاتے ہیں۔
- ✓ کُرۂ حراری (Thermosphere): یہ طبق کرہ میانی کے اوپر تقریباً 600 کلومیٹر کی بلندی تک

جاتا ہے۔ اس طبق کے شروع ہوتے ہی درجہ حرارت پھر بڑھنا شروع ہوتا ہے اور اختتام تک 2,500°C تک پہنچ جاتا ہے۔ کرہ حراری کے ایک حصے کو کُرّہ روانیہ (Ionsphere) بھی کہتے ہیں کیوں کہ اس درجہ حرارت پر ہوا کے ایٹم الیکٹران سے آزاد ہو کر رواں (Ions) کی حالت میں آجاتے ہیں (سیکشن 6.2) اور ہوا میں ہائیڈروجن، ہیلیم اور دیگر ہلکے عناصر کے ایٹم اور سالمے اتنی کم مقدار میں رہ جاتے ہیں کہ ذرّات ایک دوسرے سے ٹکرائے بغیر سیکڑوں کلومیٹر کا سفر کرسکتے ہیں۔ اس طبق کا سب سے بڑا فائدہ یہ ہے کہ ریڈیائی لہریں اس طبق سے منعکس ہو کر زمین کی جانب پلٹتی ہیں اور اس سے دور دراز فاصلوں تک ریڈیائی رابطہ ممکن ہے۔

✓ کُرّہ ہوائی (Exosphere): یہ زمینی فضائی کا بالاترین طبق ہے جو 10,000 کلومیٹر تک جاتا ہے اور اس کے اوپر بیرونی خلا (Outer space) شروع ہو جاتا ہے۔ اس طبق میں صرف ہائیڈروجن اور آکسیجن ایٹم رہ جاتے ہیں جن کی کثافت اتنی کم ہوتی ہے کہ یہ ذرات آپس میں شاذونادر ہی ٹکراتے ہیں۔

○ مریخ (Mars)

مریخ کا قطر 6,779 کلومیٹر ہے جو زمین سے آدھا ہے۔ یہ سورج کے گرد ایک چکر 687 زمینی دنوں میں اور اپنے محور کے گرد ایک گردش 24.6 زمینی گھنٹوں میں مکمل کرلیتا ہے۔ اس کی شکل زمین کی طرح بیضوی کُرّہ نما (Oblate Spheroid) ہے، یعنی قطبین پر پچکی ہوئی اور خط استوا پر پھولی ہوئی ہے۔ مریخ پر نظام شمسی کا سب سے بڑا آتش فشاں ہے جس کی بلندی 22 کلومیٹر ہے اور درّوں اور کھائیوں کا ایک وسیع نظام ہے جو 4,000 کلومیٹر سے زیادہ لمبا اور 7 کلومیٹر سے زیادہ گہرا ہے۔ اربوں سال شہاب ثاقب گرنے سے مریخ کی سطح میں کثرت سے گہرے گڑھے پڑ گئے ہیں جن میں سب سے بڑے گڑھے کا قطر 2,300 کلومیٹر ہے۔

مریخ کی سطح لوہے کے آکسائڈ[a] سے ڈھکی ہوئی ہے جسے عرف عام میں زنگ کہتے ہیں۔ اسی لیے مریخ کا رنگ سرخ ہے۔ مریخ پر پانی کی موجودگی کی بنا پر اس میں زندگی کے آثار کی تلاش شدّومد سے

[a] زنگ کے ایک سالمے میں لوہے کے آکسائڈ کا ایک سالمہ اور پانی کے کئی سالمے ہوتے ہیں۔ اس کا کیمیائی فارمولا $Fe_2O_3.nH_2O$ ہے۔

جاری ہے۔ ایک زمانے میں مریخ پر باقاعدہ ندیاں اور دریا تھے جن میں پانی بہتا تھا۔ ممکن ہے کہ اب بھی سطح کے نیچے پانی ہو۔ فضا میں 95.3٪ کاربن ڈائی آکسائڈ، 2.7٪ نائٹروجن اور 1.6٪ آرگان اور باقی دیگر اجزا ہیں مگر فضا اتنی لطیف ہے کہ ہوا کا دباؤ زمین کے مقابلے میں صرف 0.6٪ ہے۔ عموماً مریخ پر مٹی کے طوفان آتے رہتے ہیں جو پورے سیارے کو گھیر لیتے ہیں۔ موسم کے لحاظ سے سردیوں میں قطبین پر درجہ حرارت -125°C تک گر جاتا ہے جب کہ گرمیوں میں خط استوا پر 20°C ہوتا ہے۔ قطبین پر پورے سال برف جمی رہتی ہے۔

○ مشتری (Jupiter)

مشتری نظام شمسی کا سب سے بڑا سیارہ ہے جو ہائیڈروجن اور ہیلیم گیس سے بنا ہے۔ اس کا قطر 1,42,984 کلومیٹر ہے اور کمیت کے لحاظ سے یہ زمین سے 318 گنا بڑا ہے۔ اس کی فضا میں 90٪ ہائیڈروجن اور 10٪ ہیلیم ہوتی ہے۔ مشتری کی کوئی باقاعدہ ٹھوس سطح نہیں ہے اور اس کے مرکز میں غالباً پتھر اور دھاتیں ہیں اور ان پر ایک تہہ فِلزی ہائیڈروجن (Metallic Hydrogen) کی چڑھی ہوئی ہے۔ یہ ہائیڈروجن کی ایک خاص حالت ہے جو بہت زیادہ دباؤ کے تحت بنتی ہے، جہاں ہائیڈروجن کے ایٹم اس قدر قریب آ جاتے ہیں کہ وہ دھات کی خصوصیات اختیار کر لیتے ہیں۔ اس حالت میں ہائیڈروجن برقی مَوصِل (Conductor) بن جاتی ہے اور چمکدار دھاتی سطح کی طرح نظر آتی ہے۔ فِلزی ہائیڈروجن کی پرت پر ایک اور پرت مالیکیولر ہائیڈروجن (Molecular Hydrogen) کی ہوتی ہے جو ہائیڈروجن کے سالموں پر مشتمل ہوتی ہے۔ یہ دو ہائیڈروجن ایٹموں پر مشتمل ایک سالمہ ہوتا ہے جو کہ کیمیائی طور پر ایک دوسرے سے جڑے ہوتے ہیں۔ مالیکیولر ہائیڈروجن کائنات میں سب سے زیادہ پائے جانے والے عناصر میں سے ایک ہے۔

مشتری کی فضا میں زیادہ تر امونیا اور پانی ہیں اور اس میں جو دھاریاں نظر آتی ہیں وہ بادل ہیں۔ اس کے علاوہ ایک بڑا سا سرخ دھبہ دکھائی دیتا ہے جو زمین سے بھی بڑا ہے۔ وہ تیز ہواؤں کا ایک طوفان ہے جو پچھلے 400 سال سے نظر آرہا ہے۔ موسم بے انتہا طوفانی ہے اور ہواؤں کے جھکڑ چلتے رہتے ہیں جن کی رفتار 620 کلومیٹر فی گھنٹہ تک پہنچ جاتی ہے۔ قطبین پر عموماً گرج چمک ہوتی رہتی ہے۔

مشتری کی مقناطیسی فیلڈ زمین کے مقابلے میں 14 گنا ہے جس کی بنا پر وہ سورج سے خارج ہونے والی اشعاع کو اپنی جانب کھینچتا ہے لہٰذا خلائی مشن کے دوران مشتری کی تاب کاری پٹّی (Radiation Belt) سے گزرنا ایک چیلنج ہوتا ہے.

○ زحل (Saturn)

زحل نظام شمسی کا چھٹا اور سب سے دل چسپ سیارہ ہے۔ اس کا قطر 1,20,536 کلومیٹر ہے اور کمیت کے لحاظ سے یہ زمین سے 95 گنا بڑا ہے۔ اس کی فضا میں 96% ہائیڈروجن، 3% ہیلیم اور باقی اجزا میں میتھین اور امونیا ہوتی ہیں۔ زحل کی ساخت مشتری کے مانند ہے۔ چناں چہ اس کا مرکز پتھریلا ہے جس کے اوپر ایک پرت فِلزی ہائیڈروجن اور دوسری پرت مالیکیولر ہائیڈروجن کی ہے۔ زحل کی فضا کو درجہ حرارت کے لحاظ سے مختلف طبقات میں تقسیم کیا جاسکتا ہے۔ بالائی طبقات میں امونیا (NH_3) اور زیریں طبقات میں پانی اور ایمونیم ہائیڈروسلفائڈ (NH_4HS) کے بادل ہوتے ہیں۔ فضا کے بالائی طبقات میں درجہ حرارت $-178°C$ ہوتا ہے۔ زحل پر تیز آندھیاں چلتی ہیں جن کی رفتار 1,800 کلومیٹر فی گھنٹہ تک پہنچ جاتی ہے۔

زحل کی سب سے دل چسپ خصوصیت اس کے گرد 9 حلقے ہیں جن میں زیادہ تر برف کے ذرّات ہیں مگر کچھ دُھول اور پتھریلا مواد بھی ہے۔ یہ حلقے زحل کے گرد 2,82,000 کلومیٹر تک پھیلے ہوئے ہیں۔ ایسے حلقے مشتری کے گرد بھی ہیں مگر زیادہ نمایاں نہیں ہیں۔ ایک سوال جو سائنس دانوں کی دل چسپی کا باعث رہا ہے وہ یہ ہے کہ یہ حلقے کہاں سے آئے۔ اس سلسلے میں تحقیق جاری ہے مگر اب تک کئی نظریات سامنے آئے ہیں جن میں سب سے مقبول نظریہ یہ ہے کہ زحل کے حلقے ایک سیّارچے یا دُم دار ستارے کی باقیات ہیں جو زحل کی مضبوط کشش ثقل کی وجہ سے ٹکڑے ٹکڑے ہو گیا تھا۔ یہ اس وقت ہوا ہو گا جب یہ جسم زحل کے بہت قریب آگیا اور "مدوجزر کی خلل انگیزی" (Tidal Disruption) کا شکار ہو گیا۔ یہ وہ عمل ہے جس کے مطابق اگر ایک چھوٹا فلکی جسم کسی بڑے جسم کے قریب آجائے جس کی قوتِ ثقل بہت زیادہ ہو تو چھوٹے جسم کے مختلف حصوں پر اس قوت کا اثر مختلف ہوتا ہے جس کے نتیجے میں چھوٹا جسم ٹکرانے سے پہلے ہی پاش پاش ہو جاتا ہے۔

زحل کی مقناطیسی فیلڈ زمین کے مقابلے میں کم ہے مگر اس کی پہنچ زیادہ فاصلے تک ہے۔ یہ فیلڈ زحل کے مرکز میں فلزی ہائیڈروجن کی نقل و حرکت سے پیدا ہوتی ہے۔

○ یورینس(Uranus)

یورینس نظام شمسی کا ساتواں سیارہ ہے۔ اس کا قطر 50,724 کلومیٹر ہے اور کمیت کے لحاظ سے یہ زمین سے 14.5 گنا بڑا ہے۔ اس کی فضا میں 83٪ ہائیڈروجن، 15٪ ہیلیم اور 2٪ میتھین ہے۔ یورینس کا مرکز جو پتھر اور برف کا بنا ہوا ہے چھوٹا سا اور کثیف ہے۔ اس کے اوپر جمے ہوئے پانی، امونیا اور میتھین کا چھلکا ہے۔ اپنے محور کے گرد زہرہ کی طرح یورینس بھی الٹی سمت میں گردش کرتا ہے اور اس کا دن زمین کے 17 گھنٹے اور 14 منٹ کا ہوتا ہے جب کہ سورج کے گرد ایک چکر اور سال 84 زمینی سالوں کے برابر ہوتا ہے۔ دل چسپ بات یہ ہے کہ یورینس کا محور دوسرے سیاروں کی طرح سورج سے عموداً نہیں ہے بلکہ ایک طرف کو °98 جھکا ہوا ہے لہٰذا ہر قطب پر 42 زمینی سالوں تک روشنی رہتی ہے اور 42 زمینی سالوں تک اندھیرا رہتا ہے۔ اس جھکاؤ کے متعلق ایک نظریہ یہ ہے کہ جب نظام شمسی تشکیل پا رہا تھا تو ایک زمین کے سائز کا نوزائیدہ سیارہ یورینس سے ٹکرایا تھا جس کے نتیجے میں اس کا محور ایک جانب جھک گیا۔

یورینس پر تیز آندھیاں چلتی ہیں جن کی رفتار 900 کلومیٹر فی گھنٹہ تک پہنچ جاتی ہے۔ اس کے گرد بھی زحل کی طرح حلقے ہیں جن کی تعداد اب تک 13 گنی جا چکی ہے مگر مشتری کے مانند یہ حلقے اتنے واضح نہیں ہیں جتنے زحل کے ہیں۔

○ نیپچون(Neptune)

نیپچون ہمارے نظام شمسی کا آٹھواں اور سب سے دور سیارہ ہے۔ یورینس کی طرح اپنے خوبصورت نیلے رنگ کی وجہ سے جانا جاتا ہے، جو اس کے ماحول میں میتھین کی موجودگی کی وجہ سے ہے۔ اس کا قطر خط استوا پر 49,244 کلومیٹر ہے اور کمیت کے لحاظ سے نیپچون زمین سے 17 گنا بڑا ہے۔ اس کے مرکز میں پتھر اور دھاتیں ہیں اور اس پر ایک غلاف چڑھا ہوا ہے جس کی ساخت میں پانی، امونیا اور میتھین جمی ہوئی حالت میں ہیں جسے "گرم برف" کہا جاتا ہے کیوں کہ اس کا اندرونی درجہ حرارت

6,700°C تک پہنچتا ہے مگر انتہائی دباؤ کی بنا پر یہ ٹھوس حالت میں ہوتا ہے۔

نیپچون کا ایک سال 165 زمینی سالوں کے برابر ہوتا ہے اور اپنے محور کے گرد گردش مکمل کرنے کے لیے 16 زمینی گھنٹے لیتا ہے۔ اس کی فضا میں بادلوں کے کئی طبقات ہوتے ہیں۔ بالائی طبق میں میتھین کے برف کے ذرّات ہوتے ہیں جو نیپچون کو نیلا رنگ دیتے ہیں اور زیریں بادلوں میں امونیا اور ہائیڈروجن سلفائڈ[a] ہوتی ہے۔ بالائی فضا کا درجہ حرارت 214°C- تک گر سکتا ہے۔ نیپچون کا موسم طوفانی ہوتا ہے اور آندھیوں کی رفتار 2,100 کلو میٹر فی گھنٹہ تک ہو سکتی ہے۔

11.4. بونے سیارے

جب 2005 میں ایرس کی دریافت ہوئی جس کا مدار پلوٹو کے مدار کے باہر ایک ایسے خطے میں ہے جہاں چھوٹے چھوٹے برف اور پتھر کے ٹکڑوں کے سوا کچھ نہیں ہے تو سوال پیدا ہوا کہ کیا ایرس بھی نظام شمسی کے دیگر سیاروں کی طرح ایک سیارہ ہے۔ ہم پڑھ چکے ہیں کہ کسی فلکیاتی جسم کے سیارہ ہونے کی تین شرائط ہیں۔ ایرس پہلی دو شرائط پوری کرتا ہے یعنی سورج کے گرد گردش کرتا ہے اور کُرّے کی شکل کا ہے، مگر اپنے راستے میں آئے ہوئے ملبے کو صاف نہیں کرتا، چناں چہ اس کے لیے بونے سیارے (Dwarf Planets) کے نام سے ایک نئی قسم وضع کی گئی۔ اُس وقت تک پلوٹو کو نظام شمسی کا نواں سیارہ تصور کیا جاتا تھا مگر 2006 میں اس کی تنزلی کر دی گئی کیوں کہ وہ بھی ایرس کی مانند اپنے راستے میں آئے ہوئے ملبے کو صاف نہیں کرتا تھا۔ اب نظام شمسی میں آٹھ سیارے اور پانچ بونے سیارے ہیں جن کی تفصیل ذیل میں دی گئی ہے:

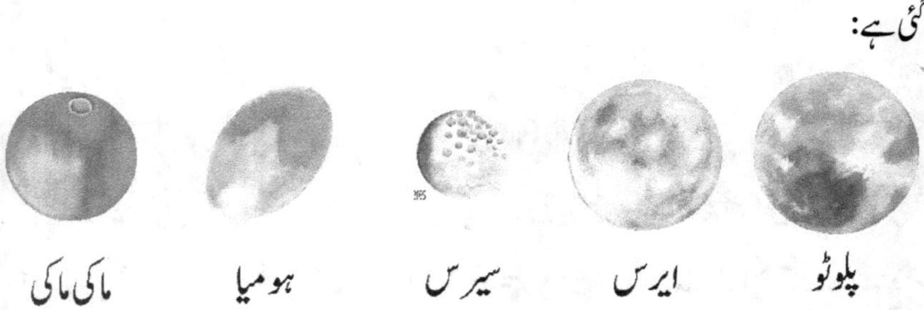

تصویر 61: بونے سیارے

[a] ایک بدبو دار گیس جس کا کیمیائی فارمولا H_2S ہے۔

○ پلوٹو(Pluto)

پلوٹو نیپچون کے مدار کے باہر ایک بیلٹ میں واقع ہے جسے کائپر پٹّی(Kuiper Belt) کہتے ہیں۔ یہ ڈونٹ کی شکل کا خلا کا حصہ ہے جس میں برفانی اجسام کی بھرمار ہے۔ یہ اجسام پانی، امونیا، میتھین اور پتھروں سے مل کر بنے ہیں۔ پلوٹو ایک چھوٹا سا سیارہ ہے جس کا قطر صرف 2,377 کلو میٹر ہے اور اس کی سطح برف اور پتھر کی ہے۔

○ ایرس(Eris)

یہ پلوٹو سے کچھ چھوٹا ہے اور اس کا قطر 2,326 کلو میٹر ہے۔ اس کی سطح انتہائی سرد ہے اور درجہ حرارت 231°C- تک جاتا ہے۔ اس کی فضا میتھین (CH_4) سے بھری ہے جو جم کر سطح پر گر جاتی ہے۔ چناں چہ ایرس کی سطح میتھین سے ڈھکی ہوئی ہے۔ ایرس کا مدار بیضوی ہے اور سورج سے اس کا فاصلہ AU 37.9 اور AU 97.6 کے درمیان ہوتا ہے[a]۔

○ سیرس(Ceres)

سیرس جتنا چھوٹا ہے اتنا ہی اہم ہے کیوں کہ یہ نظام شمسی کے اندر مریخ اور مشتری کے درمیان شہاب ثاقب کی پٹّی (Asteroid Belt) میں واقع ہے۔ اس کا قطر صرف 940 کلو میٹر ہے اور شہاب ثاقب کی پٹّی میں سب سے بڑا جسم ہے۔ ابتدا میں اسے شہاب ثاقب کا ہی درجہ دیا جاتا تھا، پھر اس کا شمار سیاروں میں ہونے لگا مگر اب اسے بونے سیاروں کے درجے میں رکھا جاتا ہے۔ اس کی سطح برف اور چکنی مٹی سے بنی ہے۔

○ ہومیا(Haumea)

ہومیا ایک منفرد اور انتہائی دل چسپ سیارہ ہے جو پلوٹو کی طرح کائپر بیلٹ میں واقع ہے۔ یہ اپنے گرد تیزی سے گردش کرتا ہے اور 3.9 گھنٹے میں ایک گردش مکمل کرلیتا ہے جس کی بنا پر اس کی شکل بیضوی ہوگئی ہے۔ اس کا قطر لمبائی میں 2,322 کلو میٹر اور چوڑائی میں 1,138 کلو میٹر ہے۔ ہومیا کی

---

[a] AU (Astronomial Unit) کائناتی اکائی؛ زمین سے سورج کا اوسط فاصلہ 1 AU = 150,000,000 km.

سطح برف سے ڈھکی ہوئی ہے جو جما ہوا پانی ہے۔ اس سے ظاہر ہوتا ہے کہ ہومیا پر کبھی برفانی آتش فشانی (Cryovolcanic Eruption) کے عمل سے گزرا تھا۔ برفانی آتش فشانی کے دوران سرد سیاروں پر پگھلے ہوئے پتھروں کے بجائے پانی، امونیا یا میتھین گیس کی صورت میں خارج ہوتے ہیں اور سطح پر پہنچ کر جم جاتے ہیں۔ ہومیا اپنی بیضوی شکل اور تیز گردش کی بنا پر سائنس دانوں کے لیے خصوصی دل چسپی رکھتا ہے۔

- ماکی ماکی (Makemake)

ماکی ماکی بھی پلوٹو اور ہومیا کی طرح کائپر پٹی میں ہے۔ اس کا قطر 1,430 کلومیٹر ہے، لہٰذا یہ پلوٹو سے کچھ چھوٹا اور ہومیا سے کچھ بڑا ہے۔ اس کی سطح جمی ہوئی میتھین، ایتھین اور غالباً کچھ نائٹروجن سے ڈھکی ہے۔ یہ 7.77 گھنٹے میں اپنے گرد گردش مکمل کرلیتا ہے مگر سورج کے گرد چکر پورا کرنے میں 305 سال لگتے ہیں۔

11.5. سیّارچے

آپ پڑھ چکے ہیں کہ کائنات میں مستقل توڑ پھوڑ کا عمل جاری رہتا ہے۔ ستارے اپنی زندگی کے خاتمے پر پھٹ کر بکھرتے رہتے ہیں اور ان کا ملبہ خلا میں سفر کرتا رہتا ہے اور مزید ستاروں کے ملبے سے مل جاتا ہے۔ خلا میں پھیلی ہوئی ہائیڈروجن کے ساتھ مل کر یہ ملبہ ایک نئے نظام شمسی کی بنیاد بنتا ہے۔ یہاں قوتِ ثقل اس ملبے اور ہائیڈروجن کو پچکا کر اس کی کثافت میں اضافہ کرتی ہے اور وہ نوزائیدہ سیاروں کی شکل اختیار کرنے لگتے ہیں۔ ان کے آس پاس کا ملبہ بھی چھوٹے چھوٹے سیارچے (Satellites or Moons) بناتا ہے۔ سیاروں اور سیارچوں کو اپنی قوتِ ثقل کی بنا پر ایک دوسرے سے ٹکرا کر ختم ہوجانا چاہیے مگر قدرت کے قانون کے مطابق چھوٹے اجسام بڑے اجسام کے گرد گھومنا شروع کردیتے ہیں جس کی بنا پر مرکز گریز قوت (سیکشن 2.6) پیدا ہوتی ہے جو قوتِ ثقل سے متوازن ہوتی ہے اور اجسام کو ان کے مداروں میں مستحکم کرتی ہے اور سیارچے سیاروں کے گرد اپنا مدار بنالیتے ہیں۔ سیارچوں کی پیدائش کے متعلق تین نظریات ہیں:

1. جب نیا سیارہ تشکیل پا رہا ہوتا ہے اور اس میں نیا مادّہ شامل ہو رہا ہوتا ہے تو کچھ مادّہ اس میں شامل ہونے کے بجائے اس سے علیحدہ اپنی جگہ بنا کر اس کے گرد گردش کرنے لگتا ہے۔
2. سیارے کے قریب سے گزرنے والے کسی جسم کو سیارے کی کشش ثقل اپنی جانب کھینچ لیتی ہے اور وہ اس سیارے کے گرد گردش کرنا شروع کر دیتا ہے۔
3. سیارے سے ٹکرانے والا کوئی جسم ٹکڑے ٹکڑے ہو کر بکھر جاتا ہے اور ٹکراؤ کے نتیجے میں سیارے سے خارج ہونے والے مادے سے مل کر سیارے کے گرد گردش کرنے لگتا ہے اور وقت کے ساتھ ساتھ اندرونی قوتِ ثقل کی بنا پر کُرّے کی شکل اختیار کر لیتا ہے۔

سیارچوں کی ساخت میں عموماً پتھر، دھاتیں اور برف ہوتا ہے اور ان کے سائز اور جغرافیائی سرگرمی کا دارومدار اس پر بھی ہے کہ جن سیاروں سے ان کا تعلق ہے وہ سورج سے کتنے فاصلے پر ہیں۔ سیارچوں کے مدار مستحکم ہوتے ہیں اور کچھ گول ہوتے ہیں اور کچھ بیضوی۔ نظام شمسی کے سیاروں میں عطارد اور زہرہ کو چھوڑ کر دیگر سیاروں کے ایک یا ایک سے زیادہ سیارچے ہیں۔ ذیل کے جدول میں مختلف سیاروں کے سیارچوں کی تعداد دی ہوئی ہے۔

عطارد	زہرہ	زمین	مریخ	مشتری	زحل	یورینس	نیپچون	پلوٹو
0	0	1	2	79	83	27	14	5

جدول 6: نظام شمسی کے سیارچے

قدرتی سیارچوں کے علاوہ زمین کے گرد مصنوعی سیارچوں کی بھرمار ہے جو مواصلات، موسم، سمت شناسی (Navigation)، سائنسی تحقیق اور دفاعی استعمال کے لیے مختص ہیں۔

11.6. شہاب ثاقب

مریخ اور مشتری کے درمیان ایک پٹّی ہے جسے شہاب ثاقب کی پٹّی (Asteroid Belt) کہتے ہیں۔ جس وقت سیارے تشکیل پا رہے تھے تو بچا کھچا مادہ جو کسی سیارے میں ضم ہونے سے رہ گیا، چھوٹے چھوٹے

پتھریلے اجسام کی شکل میں اس پٹی میں بہنے لگا۔ ان اجسام کو شہاب ثاقب (Asteroids) کہتے ہیں۔

شہاب ثاقب کا ایک خاص گروپ ہے جو کسی بڑے سیارے مثلاً مشتری کے ساتھ مدار بنا لیتے ہیں اور اس کے آگے آگے چلتے ہیں یا پیچھے رہتے ہیں۔ انہیں ٹروجن شہاب ثاقب (Trojan Asteroids) کہتے ہیں۔

نزدیک زمین کے شہاب ثاقب (Near-Earth Asteroids) ان پتھریلے اجسام کو کہتے ہیں جن کے مدار زمین کے قریب سے گزرتے ہیں۔ سائز کے لحاظ سے ان کے قطر چند میٹر سے لے کر کئی کلو میٹر تک ہو سکتے ہیں اور ان کی ساخت میں دھاتیں یا پتھر یا دونوں شامل ہوتے ہیں۔ ان میں سائنس دانوں کی دل چسپی کی کئی وجوہات ہیں۔ اوّل یہ کہ یہ اتنے نزدیک سے گزرتے ہیں کہ ان کا گہرائی سے مطالعہ کیا جاسکتا ہے۔ دوسرے یہ کہ اگر ان کے مدار میں معمولی تبدیلی بھی ہو تو ان کے زمین سے ٹکرانے کے امکانات بڑھ جاتے ہیں اور یہ صورت حال تشویش ناک ہو سکتی ہے۔ ان میں دل چسپی کی تیسری وجہ یہ ہے کہ ان میں کان کنی کر کے معدنیات حاصل کرنے کے مواقع تلاش کرنے پر تحقیق ہوتی ہے۔

11.7. دُم دار ستارے

دُم دار ستارے (Comets) چھوٹے چھوٹے برفانی اجسام ہوتے ہیں جو سورج کے گرد گردش کرتے رہتے ہیں۔ ان کی ساخت میں پانی، مٹی، کاربن کے مرکبات اور دھاتیں شامل ہوتی ہیں۔ یہ مواد اس دور کا ہے جب نظام شمسی کی تشکیل ہو رہی تھی اور یہ سیاروں میں جذب ہونے سے رہ گیا تھا۔ عموماً ان کا درجہ حرارت $-200^{o}C$ کے قریب ہوتا ہے مگر جب یہ اپنے بیضوی مداروں پر گردش کے دوران سورج کے قریب پہنچتے ہیں تو ان کے بعض حصوں کا درجہ حرارت $50^{o}C$ تک بڑھ جاتا ہے جس کے نتیجے میں برف بھاپ بن جاتا ہے جو گیس اور دھول (Dust) سے مل کر چمک دار دُم کی شکل میں خارج ہو کر اس کی پشت پر چلتا ہے۔ مختصر مدتی دم دار ستارے سورج کے گرد 200 سال سے کم وقت میں ایک چکر مکمل کرتے ہیں جب کہ طویل مدتی دم دار ستارے 200 سال سے زیادہ وقت لیتے ہیں۔

غالباً سب سے مشہور دُم دار ستارہ ہیلے کا دُم دار ستارہ (Halley's Comet) ہے جو ہر 75 سال کے

بعد زمین سے نظر آتا ہے، پچھلی مرتبہ یہ 1986 میں ظاہر ہوا تھا اور اب 2061 میں نظر آئے گا۔ ایک اور دُم دار ستارہ بڑا مشہور ہوا تھا جو 1994 میں مشتری سے ٹکرایا تھا۔

11.8. نیبولا

خلا میں گیس اور دھول کا بادل نیبولا (Nebula) کہلاتا ہے۔ اس علاقے کو نئے ستاروں کی نرسری بھی کہا جاتا ہے کیوں کہ اگر قوتِ ثقل انہیں کسی مرکز کی جانب کھینچنے کے لیے بیج کا کام دے تو یہاں ستارہ سازی کا عمل شروع ہو جاتا ہے۔ نیبولے (Nebulae) ان جگہوں پر بھی بن جاتے ہیں جہاں کوئی ستارہ مر چکا ہو یا اس پر موت کا عمل شروع ہو چکا ہو۔ نیبولے اپنی ساخت، تاریخ اور مستقبل کے لحاظ سے کئی قسم کے ہوتے ہیں۔ ذیل میں کچھ مثالیں دی جا رہی ہیں[76]:

- اخراجی نیبولا (Emission Nebula) : یہ رواں شدہ (Ionized) گیس، خصوصاً ہائیڈروجن کا چمکتا ہوا بادل ہوتا ہے، جس سے رنگ برنگی روشنی خارج ہوتی ہے۔ یہ اکثر نوزائیدہ ستاروں کی تشکیل کے علاقوں میں پایا جاتا ہے، جہاں نوجوان، گرم ستارے شدید بالا بنفشی (Ultraviolet) تاب کاری خارج کرتے ہیں جو ارد گرد کی گیس کو رواں کر دیتی ہے۔
- انعکاسی نیبولا (Reflection Nebula) : چوں کہ اس میں ستارہ سازی کا عمل شروع نہیں ہوا لہٰذا اس کی اپنی روشنی نہیں ہوتی البتہ یہ قریبی ستاروں کی روشنی کو منعکس کر کے نیلی روشنی کی صورت میں ہم تک پہنچاتا ہے۔
- سیاہ نیبولا (Dark Nebula) : یہ گیس اور دھول کا کثیف بادل ہوتا ہے جو اپنی پشت کے اجسام کی روشنی کو روک دیتا ہے لہٰذا یہ روشن پس منظر کے سامنے سیاہ دھبے کی صورت میں نظر آتا ہے۔
- سیّاروی نیبولا (Planetary Nebula) : یہ اس وقت بنتا ہے جب مرتے ہوئے ستاروں سے خارج ہونے والی گیس کی پرتیں ان سے علیحدہ ہوتی ہیں اور ان کے دہکتے ہوئے مرکز (Core) سے خارج ہونے والی حرارت اُس گیس کو رواں کر دیتی ہے اور اس کی روشنی ہم تک پہنچتی ہے۔

11.9. کہکشائیں

کہکشائیں (Galaxies): کہکشاں ستاروں، ستاروں کے باقیات، گیس، دھول، اور تاریک مادے کا نظام ہے جس کے اجزا کشش ثقل سے بندھے ہوتے ہیں۔ کہکشاؤں میں تاریک مادّے کی کثیر مقدار ہوتی ہے جو نہ روشنی خارج کرتا ہے اور نہ جذب کرتا ہے مگر قوتِ ثقل کثیر مقدار میں بہم پہنچاتا ہے۔ کہکشائیں اپنی ساخت اور وضع کے لحاظ سے کئی قسم کی ہوتی ہیں[77]:

- ✓ پیچ دار کہکشائیں (Spiral Galaxies): یہ کہکشائیں گھومتے ہوئے پیچ دار مرغولے کی مانند ہوتی ہیں جن میں ہم جوں جوں مرکز کی جانب بڑھتے ہیں، ستاروں کی تعداد گھنی ہوتی جاتی ہے اور بازوؤں میں گیس اور دھول کی کثافت زیادہ ہوتی ہے۔ ہماری کہکشاں کا تعلق اسی قسم سے ہے۔
- ✓ بیضوی کہکشائیں (Elliptical Galaxies): یہ کہکشائیں گول یا بیضوی شکل کی ہوتی ہیں اور ان میں گیس اور دھول بھی زیادہ نہیں ہوتی جس کا مطلب ہے کہ ان میں نئے ستارے بننے کا مواد نہیں ہے۔ ان کہکشاؤں میں پرانے ستارے ہوتے ہیں جو اپنی زندگی کا زیادہ تر حصہ گزار چکے ہوتے ہیں۔
- ✓ بے قاعدہ کہکشائیں (Irregular Galaxies): ان کہکشاؤں کی کوئی واضح شکل نہیں ہوتی۔ ان میں زیادہ مقدار گیس اور دھول کی ہوتی ہے جس کا مطلب ہے کہ ان میں ستارہ سازی کا عمل ہو رہا ہے یا ہونے والا ہے۔
- ✓ عدسہ نما کہکشائیں (Lenticular Galaxies): ان کی شکل پیچ دار اور بیضوی کہکشاؤں کے درمیان ہوتی ہے۔ چکر دار پہیہ کے مانند ہوتی ہیں اور مرکز میں موٹائی بھی ہوتی ہے مگر ان میں بازو نہیں ہوتے اور ستارہ سازی کا عمل بھی بہت کم ہوتا ہے۔
- ✓ کہکشانی جھرمٹ (Galaxy Clusters): کہکشاؤں کے بڑے گروپ جو کشش ثقل سے بندھے ہوتے ہیں، اکثر سیکڑوں سے ہزاروں کہکشائیں شامل ہوتی ہیں۔

11.10. تاریک مادّہ

ہم مرکز گریز قوت کے متعلق پڑھ چکے ہیں (سیکشن 2.6) جو گردش کرتے ہوئے جسم کو باہر کی جانب

کھینچتی ہے۔ اس کے برخلاف ان اجسام میں مادّے کی قوتِ ثقل اسے مرکز کی جانب کھینچتی ہے۔ ان دونوں قوتوں میں توازن کی بناپر وہ جسم اپنے مدار پر گردش جاری رکھتا ہے۔ گردش کرتے ہوئے جسم میں جتنا زیادہ مادّہ ہوگا اتنی ہی اس کی قوتِ ثقل ہوگی اور اسے اتنی ہی تیز رفتاری سے گردش کرنا پڑے گی تاکہ قوتِ ثقل کے برابر مرکز گریز قوت پیدا ہو سکے۔

کہکشائیں جس تیز رفتاری سے اپنے گرد گردش کر رہی ہیں وہ ناممکنات میں سے ہے کیوں کہ ان میں مادّے کی مقدار اتنی نہیں ہوتی کہ قوتِ ثقل کی وہ مقدار پیدا کر سکے جو اس تیز رفتاری سے پیدا ہونے والی مرکز گریز قوت کے برابر ہو۔ کونیات دانوں کے لیے یہ معمہ رہا ہے کہ اضافی قوتِ ثقل کہاں سے آرہی ہے۔ ان کے نزدیک کوئی نہ کوئی ایسا مادّہ ہے جو کہکشاؤں کو اضافی قوتِ ثقل فراہم کر رہا ہے۔ ہم بلاواسطہ اس مادّے کو نہیں دیکھ سکتے کیوں کہ یہ برقناطیسی اشعاع پر اثر انداز نہیں ہوتا یعنی یہ نہ روشنی خارج کرتا ہے، نہ جذب کرتا ہے اور نہ منعکس کرتا ہے۔ اسی لیے اسے تاریک مادّہ (Dark Matter) کہا جاتا ہے اور یہ صرف اس قوتِ ثقل سے پہچانا جاتا ہے جس کا کوئی اور ماخذ نہ ہو[78]۔

ہمارے موجودہ علم کے مطابق کائنات کے اجزا میں صرف 5٪ مادّہ ہے حال آنکہ حسابات کے مطابق مادّے کی مقدار 6 گنا ہونی چاہیے۔ اب ہمیں معلوم ہے کہ کائنات کے اجزا میں 27٪ تاریک مادّہ ہے جس کا ادراک ہم صرف اس کی قوتِ ثقل سے کر سکتے ہیں مثلاً ہم سیکشن 10.4 میں پڑھ چکے ہیں کہ راہ شیری ایک پیچ دار (Spiral) کہکشاں ہے جو ایک گھومتے ہوئے پہیے کی مانند ہے۔ کہکشاں کے اندرونی کونے یا مرکز کے قریب ستاروں کو زیادہ قوتِ ثقل محسوس کرنی چاہیے بہ نسبت بیرونی کناروں کے۔ لہٰذا مرکز کے قریب ستاروں کو تیزی سے گردش کرنا چاہیے بہ نسبت ان ستاروں کے جو مرکز سے دور ہیں۔ مشاہدات سے ظاہر ہوتا ہے کہ پوری کہکشاں ایک ہی رفتار سے گھوم رہی ہے جس کا مطلب ہے کہ راہ شیری کے بیرونی سروں پر تاریک مادّہ موجود ہے جو اضافی قوتِ ثقل مہیا کر رہا ہے۔ دراصل ہم ریاضی کی مدد سے راہ شیری کے مختلف حصوں میں تاریک مادّے کی بالکل درست مقدار معلوم کر سکتے ہیں[79]۔

تاریک مادّے کی ماہیت کے متعلق کچھ معلوم نہیں۔ کیا اس میں بھی پروٹان اور نیوٹران ہوتے ہیں؟ کیا اس پر بھی قوانینِ فطرت کا اطلاق اسی طرح ہوتا ہے جس طرح عام مادّے پر ہوتا ہے؟ ایسے سوالات

کے جواب ابھی نہیں مل پائے البتہ تاریک مادّے کی ایک خاصیت یہ ہے کہ یہ "ٹھنڈا" مادّہ ہوتا ہے۔ بالفاظ دیگر یہ آہستگی سے حرکت کرتا ہے اور کبھی روشنی کی رفتار تک نہیں پہنچ سکتا۔ کہکشاؤں کی تخلیق اور ان کے جھرمٹ بننے کا عمل تاریک مادّے کی اسی خاصیت کا مرہون منت ہے۔

فی الحال تاریک مادہ ایک ایسا مفروضہ ہے جسے کائنات میں کہکشاؤں اور اجسام کی کششِ ثقل کے تحت حرکت کو سمجھنے کے لیے پیش کیا گیا ہے۔ یہ مادہ نہ روشنی کو جذب کرتا ہے اور نہ منعکس کرتا ہے، اور اسی لیے براہِ راست نظر نہیں آتا۔ تاہم، کششِ ثقل کے اثرات کی بنیاد پر اس کا وجود تجویز کیا گیا ہے۔ سائنس دانوں کا خیال ہے کہ کائنات میں موجود مادّے کا ایک بڑا حصہ اسی تاریک مادّے پر مشتمل ہے، لیکن ابھی تک اس کی حقیقی نوعیت معلوم نہیں ہو سکی۔ مختلف تجرباتی اور مشاہداتی کوششیں جاری ہیں تاکہ اس کے ممکنہ ذرات کی شناخت اور اس کی ماہیت کو بہتر طور پر سمجھا جا سکے۔

11.11. تاریک توانائی

سیکشن 2.2 میں آپ نے پڑھا تھا کہ کائنات پھیل رہی ہے۔ سوال پیدا ہوتا ہے کہ کیوں پھیل رہی ہے۔ کون سی قوت ہے جو اجرام فلکی کو ایک دوسرے سے دور کر رہی ہے۔ آئن سٹائن نے عمومی نظریہ اضافیت کی مساوات میں اس مسئلے کو حل کرنے کے لیے ایک پُراسرار اور نامعلوم توانائی کا تصور متعارف کیا ہے اور اسے تاریک توانائی (Dark Energy) کا نام دیا۔ اگر کائنات یکساں رفتار سے پھیل رہی ہوتی تو کوئی مسئلہ نہیں تھا مگر چوں کہ کائنات کے پھیلنے کی رفتار بڑھ رہی ہے لہٰذا اس کا کوئی موجب ہونا چاہیے اور تاریک توانائی وہ کردار ادا کرتی ہے۔ یہ ویکیوم کی توانائی کا کردار ادا کرتی ہے اور پوری کائنات میں یکساں کثافت سے پھیلی ہوئی ہے۔

واضح ہو کہ جب ہم کائنات کے اجزا کی بات کرتے ہیں تو مادّے اور توانائی کو ایک ہی جز تصور کرتے ہیں کیوں کہ دونوں کو آئن سٹائن کی مساوات کے مطابق ایک دوسرے میں تبدیل کیا جا سکتا ہے۔ اس لحاظ سے کائنات کے اجزا حسب ذیل ہیں[80]:

مادّہ 5٪

تاریک مادّہ 27%

تاریک توانائی 68%

جس سے ظاہر ہے کہ ہم کائنات کے متعلق کتنا کم جانتے ہیں۔ پوری کائنات میں مادّے کی مقدار کا اندازہ لگانے کے لیے یوں سمجھ لیں کہ اگر کائنات کو خالی کر کے اس میں فرضی صندوق ایک دوسرے سے چپکا کر لگا دئے جائیں جو 1 میٹر لمبے، 1 میٹر چوڑے اور 3.636 میٹر اونچے ہوں تو ہر صندوق میں 1 ایٹم ہو گا، مگر یاد رکھیں کہ پوری کائنات میں مادّے کی کثافت برابر نہیں بلکہ کائنات کے تھوڑے سے حصے میں مادّہ اجرام فلکی اور ہائیڈروجن گیس کی صورت میں موجود ہے اور باقی کائنات خالی ہے۔

مادّے کے برخلاف تاریک توانائی کی کثافت پوری کائنات میں ایک ہی ہے، مطلب یہ کہ کائنات میں ہر مقام پر اس کی مقدار فی مکعب میٹر برابر ہو گی۔ دوسری بات یہ کہ مادّے اور تاریک مادّے کا دباؤ مثبت ہوتا ہے یعنی وہ ایک دوسرے کو قوتِ ثقل کی بنا پر اپنی جانب کھینچتے ہیں مگر تاریک توانائی کا دباؤ منفی ہوتا ہے اور اس کی بنا پر اجسام ایک دوسرے کو دھکیلتے ہیں اور یہی وجہ ہے کہ کائنات کے پھیلنے کی رفتار بڑھ رہی ہے۔

کائنات کے مستقبل کے لحاظ سے کونیات دانوں کا نظریہ ہے کہ اگر تاریک توانائی کی مقدار میں کوئی تبدیلی نہیں ہوئی یا اس کی مقدار میں اضافہ ہوا تو کائنات اسی طرح پھیلتی رہے گی، کہکشاؤں کا ایک دوسرے سے ثقلی تعلق کم ہوتا جائے گا اور ستاروں کا ایندھن جوں جوں ختم ہو گا وہ پھٹ کر ختم ہوتے رہیں گے۔ اس کے برخلاف اگر تاریک توانائی کی مقدار کم ہوتی گئی تو پھر کہکشاؤں میں موجود اجسام کی قوتِ ثقل کے زیر اثر کائنات سکڑنا شروع ہو جائے گی اور وہ سکڑتے سکڑتے واپس نقطۂ واحد کی طرف جائے گی[81]۔

جب تاریک توانائی کا ذکر ہو رہا ہو تو یہ وضاحت ضروری ہے کہ ہماری موجودہ سمجھ کے مطابق، تاریک توانائی کی وجہ سے کائنات کے پھیلاؤ میں اضافہ ہو رہا ہے، جس کی بنا پر کہکشائیں ایک دوسرے سے دور ہوتی جا رہی ہیں۔ تاہم، تاریک توانائی کی نوعیت کے بارے میں ابھی مکمل سائنسی اتفاقِ رائے نہیں ہے۔ اگر وقت کے ساتھ اس میں تبدیلی ہوتی ہے تو اس کے نتیجے میں کائنات کے مستقبل کی تصویر بھی

مختلف ہو سکتی ہے۔ مثلاً کچھ مفروضات کے مطابق اگر تاریک توانائی وقت کے ساتھ کم ہو جائے یا اس کی نوعیت تبدیل ہو جائے تو یہ ممکن ہے کہ کائنات کے پھیلاؤ کی رفتار کم ہو جائے یا کائنات سکڑنا شروع کر دے۔ فی الحال تاریک توانائی کو اکثر کونیاتی عدد مستقل(Cosmological Constant) تصور کیا جاتا ہے، جو کہ ایک سادہ مفروضہ ہے، لیکن یہ بھی ممکن ہے کہ مستقبل میں تحقیق کی روشنی میں تاریک توانائی کے مزید پیچیدہ پہلو سامنے آئیں جو کائنات کے حتمی انجام پر اثر انداز ہو سکتے ہیں۔

تاریک توانائی پر گفتگو کرتے وقت ہمیں یہ نہیں بھولنا چاہیے کہ فی الحال یہ ایک مفروضہ ہے جو کائنات کے پھیلاؤ میں اضافہ کی وضاحت کے لیے پیش کیا گیا ہے۔ یہ توانائی کائنات میں مخالف کشش کے طور پر عمل کرتی ہے جس کی وجہ سے کہکشائیں ایک دوسرے سے دور ہوتی جا رہی ہیں۔ موجودہ ماڈلز میں تاریک توانائی کو کونیاتی عدد مستقل کے طور پر دیکھا جاتا ہے، لیکن اس کی نوعیت کے بارے میں ابھی بہت کچھ معلوم نہیں ہے۔ تاریک توانائی کی نوعیت اور اس کے طویل مدتی اثرات کو سمجھنے کے لیے مزید تحقیق اور تجربات کی ضرورت ہے۔

12

کائنات میں توازن

12.1. توازن کیا ہے؟

کائنات میں توازن کو سمجھنے کے لیے ہم ایک فیکٹری کا دورہ کرتے ہیں جس میں کھانسی کا شربت بنایا جاتا ہے۔ اس شربت کے تین فعال اجزا ہیں۔ ایک کھانسی کو دباتا ہے، دوسرا بلغم کو صاف کرتا ہے اور تیسرا سینے پر سے جکڑن کو دور کرتا ہے۔ ان کے علاوہ مزید چھ غیر فعال اجزا ہوتے ہیں جن میں سے پانچ اجزا شربت میں مٹھاس پیدا کرتے ہیں، اسے گاڑھا کرتے ہیں، خاص ذائقہ دیتے ہیں، رنگ دیتے ہیں اور بغیر خراب ہوئے لمبے عرصے تک رکھنے میں مدد کرتے ہیں۔ چھٹا جز پانی ہوتا ہے جو خاص مقدار میں ڈالا جاتا ہے۔ یہ بے حد ضروری ہے کہ شربت کی ایک خاص مقدار بنانے کے لیے ہر جز مقررہ مقدار میں ڈالا جائے۔ فرض کریں ہمارا ہدف کھانسی کے شربت کی 1,000 شیشیاں بنانا ہے۔ اس تعداد کو کھیپ (Lot) کہتے ہیں۔ ہر شیشی میں 100 ملی لیٹر شربت آتا ہے۔ لہٰذا ہمیں مجموعی طور پر 100 لیٹر شربت بنانا ہے۔ اس فیکٹری کے عمل کو ہم چھ مختلف مراحل میں بانٹ سکتے ہیں جن میں ہر مرحلے کا ایک خاص کردار ہے اور یہ ضروری ہے کہ ہر مرحلہ پچھلے مرحلے کے مکمل ہونے کے بعد شروع کیا جائے۔ پہلے ہم ان مراحل کو دیکھ لیتے ہیں۔

1. لدائی کا عمل: پہلا مرحلہ تمام اجزا کو اپنی اپنی ٹنکیوں سے نکال کر مرکزی ٹنکی میں لے آتا ہے جہاں شربت بنتا ہے۔ اس عمل کو کامیابی سے مکمل کرنے کے لیے ضروری ہے کہ ہر جز مقررہ مقدار میں اپنی اپنی ٹنکی سے نکلے اور ایک خاص رفتار سے مرکزی ٹنکی میں آنے والے اجزا کو ملایا جائے۔ اس

عمل کے دوران یہ بھی ضروری ہے کہ مرکزی ٹنکی میں ایک خاص درجہ حرارت رکھا جائے اور اجزا کو ایک خاص مدت تک ملایا جائے۔

2. یکساں کرنے کا عمل: اس عمل کے دوران مرکزی ٹنکی میں بلونی کو ایک خاص رفتار اور درجہ حرارت تک بڑھا دیا جاتا ہے اور اجزا کو ایک خاص مدت تک ملایا جاتا ہے۔ یہ بھی خیال رکھا جاتا ہے کہ ٹنکی میں پریشر کو ایک خاص سطح پر رکھا جائے تا کہ تمام ذرّات کا ایک ہی سائز ہو۔

3. تطہیر کا عمل: اس دوران آمیزے کو مزید گرم کر کے اسے ایک خاص مدت کے لیے چھوڑ دیا جاتا ہے تا کہ اگر اس میں کچھ جراثیم ہوں تو مر جائیں۔

4. ٹھنڈا کرنے کا عمل: تطہیر کے عمل سے گزرنے کے بعد ہم شیشیاں بھرنے کے لیے تیار ہیں۔ اس کے لیے ضروری ہے کہ آمیزے کو ٹھنڈا کیا جائے۔ اس مرحلے میں آمیزے کو ایک خاص رفتار سے ٹھنڈا کیا جاتا ہے کیوں کہ اگر تیزی سے یا آہستہ ٹھنڈا کیا جائے تو اس سے شربت کی ساخت متاثر ہوتی ہے۔ ایک خاص درجہ حرارت پر لا کر آمیزے کو ایک خاص مدت تک اسی درجہ حرارت پر رکھا جاتا ہے تا کہ شربت کہیں سے گاڑھا اور کہیں سے پتلا نہ ہو۔

5. بھراؤ کا عمل: اس مرحلے پر شیشیاں بھری جاتی ہیں، انہیں سیل کیا جاتا ہے، لیبل چپکائے جاتے ہیں اور ڈبّوں میں بند کیا جاتا ہے،

6. معائنہ اور ضبط معیار: اس مرحلے پر تیار شدہ مال کا معائنہ کیا جاتا ہے۔ اس سلسلے میں پہلے سے طے کیا جاتا ہے کہ کیا کیا چیک کرنا ہے، مثلاً کیا شیشیاں پوری بھری ہیں؟ کیا شیشیوں کے ڈھکن بند ہیں؟ کیا ڈھکنوں پر لگی ہوئی سیل لگی ہوئی ہے؟ کیا لیبل سیدھے چپکے ہوئے ہیں؟ اس معائنے کے لیے ایک خاص تعداد میں شیشیاں چن کر علیحدہ رکھی جاتی ہیں اور ان پر مزید ٹیسٹ کئے جاتے ہیں، مثلاً کیا ان کی کیمیائی کی ساخت وہی ہے جو ہونی چاہیے؟ ان میں کوئی نقصان دہ اجزا یا جراثیم تو داخل نہیں ہو گئے، وغیرہ۔

فیکٹری مکمل طور پر آٹومیٹک ہے سوائے اس کے کہ پہلے پلانٹ کو اچھی طرح صاف کیا جاتا ہے۔ اس کے بعد تمام اجزا کی مطلوبہ مقدار کو ان کی ٹنکیوں میں ڈالا جاتا ہے۔ دیوار پر چھ کلاک لگے ہوئے ہیں جن کا کام

وقت بتانا نہیں بلکہ چھ مراحل کو کنڑول کرنا ہے۔ ہر گھڑی کمپیوٹر سے جڑی ہوئی ہے جس کا کام اجزا کی مطلوبہ مقدار کو ان ٹنکیوں سے نکال کر مرکزی ٹنکی میں لانا، بلونیوں کی رفتار کو سیٹ کرنا، درجہ حرارت اور دباؤ کو درست رکھنا اور ہر مرحلے کی میعاد کا تعین کرنا شامل ہیں۔

تصویر 62: فیکٹری کے مرکزی کنٹرول

تصویر 62 میں چھ کلاک دکھائے گئے ہیں جو شربت کی تیاری کے چھ مراحل کو کنٹرول کرتے ہیں، مثلاً 1,000 شیشیوں کی کھیپ بنانے کے لیے مرحلہ نمبر 1 کے کلاک پر وقت 9:59:08 سیٹ کیا جائے گا۔ بقیہ کلاک پر بھی وہی وقت سیٹ کیے جائیں گے جو تصویر میں دکھائے گئے ہیں۔ اگر ان میں کوئی کوتاہی ہوگی تو شربت کے معیار پر اثر پڑے گا۔ اب آپریٹر کا کام ہے کہ کھیپ کی مقدار کے مطابق تمام مراحل پیرامیٹر سیٹ کرکے بٹن دبادے تو کمپیوٹر پروگرام کنڑول سنبھال لیتا ہے۔

12.2. چھ اعداد

ہم جانتے ہیں کہ کائنات کا ڈھانچا ریاضی پر کھڑا ہے۔ پچھلے ابواب میں آپ پڑھ چکے ہیں کہ ہمارے ارد گرد کی تمام اشیا جن میں ہم خود شامل ہیں، مختلف مرکبات سے مل کر بنی ہیں جو سالموں کا مجموعہ ہیں، سالمے ایٹموں سے بنے ہیں، ایٹموں میں الیکٹران ہیں اور مرکزے یا جوہر ہیں اور جوہروں میں پروٹان اور نیوٹران ہیں جو گلوآن کے گوند سے چپکے ہوئے کوارکس سے بنے ہیں۔ ایٹم اور پس ایٹمی ذرّات سے لے کر سیاروں، ستاروں اور کہکشاؤں تک تمام اجسام کو چار بنیادی قوتیں یعنی برقناطیسی قوت، قوتِ ثقل، مضبوط جوہری قوت اور کم زور قوت بناتی، چلاتی اور ختم کرتی ہیں۔ ہم ان قوتوں کے متعلق بھی پڑھ چکے ہیں۔

کائنات میں ہر مقدار جو مادّے یا توانائی سے تعلق رکھتی ہو نپی تلی ہے۔ برطانوی کونیات دان اور فلکی

طبیعیات دان مارٹن رِیس[a] کے مطابق چھ ایسے اعداد ہیں جن پر کائنات میں موجود اجسام، ان کی ساخت اور ان کے خواص کا دارومدار ہے یعنی کائنات کی تخلیق جس طرح ہوئی، اس کی جو ساخت ہے اور اس میں جو تبدیلیاں آتی ہیں، اُن سب کا تعلق اِن چھ اعداد سے ہے جنہیں کونیاتی مستقلات (Cosmological Constants) کہتے ہیں۔ یہ چھ اعداد پوری کائنات کو چلاتے ہیں[82] اور ان کی قدریں تخلیق کائنات کے موقع پر ہی متعین ہوگئی تھیں۔

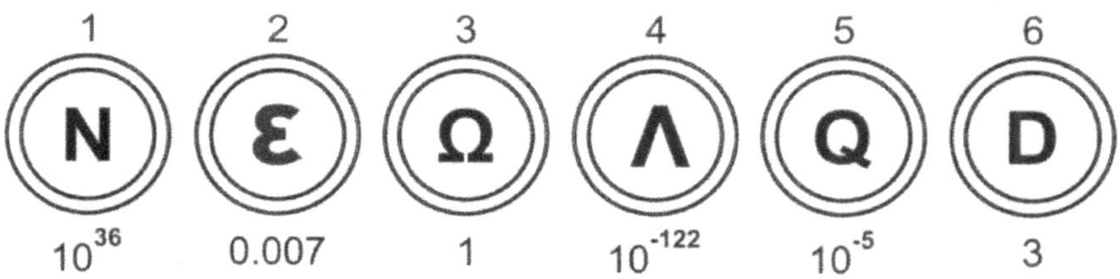

تصویر 63: چھ اعداد جن پر کائنات قائم ہے۔

رِیس کے مطابق اگر ان اعداد میں سے کوئی بھی تھوڑا سا مختلف ہوتا تو کائنات اُس حالت میں نہ ہو سکتی تھی جیسی ہم جانتے ہیں۔ ان میں سے تین اعداد کو انگریزی کے حروف این (N)، کیو (Q) اور ڈی (D) سے اور باقی تین کو یونانی کے حروف ایپسیلون (ε)، اومیگا (Ω) اور لیمڈا (Λ) سے ظاہر کرتے ہیں۔ ذیل میں ہم ان اعداد کو ایک ایک کر کے دیکھیں گے۔

12.3. پہلا عدد، این (N)

ایٹم کے مرکزے میں موجود پروٹانوں پر مثبت برقی چارج ہوتا ہے۔ چناں چہ پروٹان ایک دوسرے کو یکساں چارج کی بنا پر دفع کرتے ہیں[b]۔ اس کے برخلاف چوں کہ پروٹان ذرّات ہیں اور ان کی کمیت ہے لہٰذا ان کے درمیان قوتِ ثقل یا کشش ثقل بھی ہے جو انہیں ایک دوسرے کے قریب کھینچتی ہے۔ اگر آپ دو

[a] Martin Rees (1942-)

[b] یہ اور بات ہے کہ مضبوط جوہری قوت انہیں ایک دوسرے سے علیحدہ نہ ہونے دے۔

پروٹانوں کے درمیان برقناطیسی قوت کو قوتِ ثقل سے تقسیم کریں تو جواب ایک سنکھ مہا سنکھ (10^{36}) آئے گا، یعنی برقناطیسی قوت قوتِ ثقل سے 10^{36} گنا طاقت ور ہوتی ہے۔ اس سے آپ کو اندازہ ہو گا کہ قوتِ ثقل کتنی کم زور ہوتی ہے۔ دراصل دو پروٹانوں کے درمیان جو ایک دوسرے سے چپکے ہوئے ہیں، قوتِ ثقل اتنی کم زور ہوتی ہے کہ اسے نظر انداز کیا جاسکتا ہے۔ اسی لیے کوانٹم میکانیات کی مساوات میں قوتِ ثقل کوئی کردار ادا نہیں کرتی، مگر فلکیاتی اجسام کی کمیت اتنی ہوتی ہے کہ اس سطح پر قوتِ ثقل کا اہم کردار ہے۔

ستاروں کے استحکام اور ان کی متوقع زندگی کا انحصار N کی قدر پر ہے۔ ہم جانتے ہیں کہ ستارے پلازما کے گولے ہیں۔ ان کی اپنی قوتِ ثقل ہے جو ان میں موجود مادّے کو اپنے مرکز کی جانب کھینچتی ہے۔ اس کے ساتھ ہی ساتھ ستارے میں جوہری اختلاط کا عمل جاری رہتا ہے جس کے دوران ہائیڈروجن کے مرکزے آپس میں جڑ کر ہیلیم بناتے ہیں۔ اس عمل کے دوران جب ہائیڈروجن کے پروٹان مضبوط جوہری قوت سے ایک دوسرے سے چپکنے لگتے ہیں تو برقناطیسی قوت انہیں ایک دوسرے سے دور دھکیلنے کی کوشش کرتی ہے۔ اس کے نتیجے میں باہر کی جانب ایک دباؤ پیدا ہوتا ہے جس کا مقابلہ مخالف سمت میں موجود قوتِ ثقل کرتی ہے اور ستارے میں استحکام پیدا ہوتا ہے۔ اس استحکام کے لیے ضروری ہے کہ دونوں قوتوں میں توازن ہو۔ کارخانۂ قدرت میں مخالف قوتوں کا وجود اور ان کے درمیان توازن کائنات کو قائم رکھتا ہے۔

اگر N کی قدر 10^{36} سے زیادہ ہوتی یعنی قوتِ ثقل کم ہوتی تو ستارے دور دور ہوتے اور جوہری اختلاط کا عمل سست ہوتا جس کی بنا پر ستاروں سے خارج ہونے والی توانائی کم زور ہوتی اور ممکن تھا کہ زمین پر زندگی نہ ہوتی۔ اس کے برخلاف اگر N کی قدر 10^{36} سے کم ہوتی یعنی قوتِ ثقل زیادہ ہوتی تو ہائیڈروجن ایٹم زیادہ قوتِ ثقل کی بنا پر اندر کی طرف زیادہ دباؤ محسوس کرتے جس کے نتیجے میں درجہ حرارت بڑھتا اور جوہری اختلاط کا عمل تیز ہو جاتا اور ہائیڈروجن تیزی سے جل کر ختم ہو جاتی لہٰذا ستارے کی زندگی کا دورانیہ کم ہو جاتا۔ ممکن ہے کہ سورج جس کی متوقع عمر 10 ارب سال ہے اور تقریباً آدھی زندگی گزار چکا ہے، چند لاکھ سال میں ہی زمین پر زندگی کی ابتدا ہونے سے پہلے ختم ہو جاتا۔

ستاروں کا استحکام اور ان کی لمبی متوقع زندگی ان کے گرد سیاروں کے نظام کے قیام اور نشو و نما کا موقع فراہم کرتی ہے، مثلاً زمین کی نشو ونما میں ساڑھے چار ارب سال لگے ہیں۔ اگر N کی قدر مختلف ہوتی تو زمین پر زندگی نہ ہوتی اور اگر ہوتی بھی تو خردبینی سطح سے اوپر نہ پہنچ پاتی۔

ستاروں کے گرد سیاروں کے نظام پر بھی N کی قدر اثر انداز ہوتی ہے۔ اس کی ایک مثال سورج اور ہمارا نظام شمسی ہے۔ اگر N کی قدر کم ہوتی تو سیاروں کے مدار چھوٹے ہوتے لہٰذا سیارے سورج سے نزدیک ہوتے اور ان کا درجہ حرارت زیادہ ہوتا اور زمین عطارد کی مانند تپتی ہوتی۔ اس کے برخلاف اگر N کی قدر زیادہ ہوتی تو سیاروں کے مدار کشادہ ہوتے لہٰذا سیارے سورج سے دور رہتے اور ان کا درجہ حرارت کم ہوتا۔ ممکن ہے کہ زمین یورینس اور نیپچون کی مانند یخ بستہ ہوتی اور اس پر مستقل طوفانی ہوائیں چلتیں۔ دونوں صورتوں میں زمین پر زندگی کا وجود نہ ہوتا۔

زمین پر موجود قدرت کے پیدا کردہ اجسام کی ساخت اور ہیئت پر بھی N کی قدر اثر انداز ہوتی ہے۔ اگر قوتِ ثقل زیادہ ہونے کی بنا پر N کی قدر کم ہوتی تو کیڑے مکوڑوں کے پاؤں موٹے موٹے ہوتے ورنہ وہ اپنے وزن کی بنا پر اٹھ نہ سکتے۔ ممکن تھا کہ ہمارا قد ایک یا دو فٹ ہوتا اور کے ٹو بھی چھوٹی سی پہاڑی ہوتی۔ اس کے برخلاف اگر N کی قدر زیادہ ہوتی تو ہم سب باون گزے ہوتے۔

12.4. دوسرا عدد، ایپسیلون (ε)

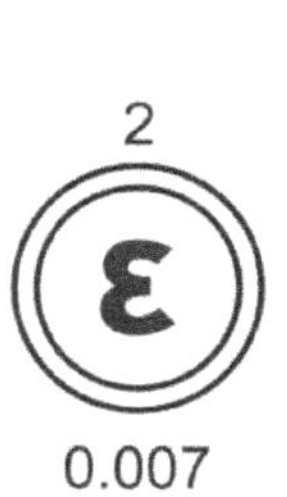

آپ جانتے ہیں کہ قدرت نے چار بنیادی قوتیں پیدا کی ہیں (سیکشن 10.3)، جو کائنات کی تخلیق اور اسے قائم رکھنے کی ذمہ دار ہیں۔ ان میں سے ایک قوت مضبوط جوہری قوت ہے جسے دوسرا عدد ε ظاہر کرتا ہے اور اس کی قدر 0.007 ہے۔ یہ قوت ایٹم کے مرکزے میں پروٹان اور نیوٹران کو گلوآن کے ذریعہ جوڑ کر رکھتی ہے۔ باقی تین قوتیں برقناطیسی قوت، قوتِ ثقل اور کم زور جوہری قوت ہیں۔

آئن سٹائن کی مشہور مساوات $E=mc^2$ مادّے اور توانائی کے تعلق کو ظاہر کرتی ہے۔ یہاں m مادّے کی کمیت ہے، c روشنی کی رفتار ہے جو تقریباً 3×10^8 میٹر فی سیکنڈ ہے اور E توانائی کی مقدار ہے، لہٰذا

حساب لگائے لیتے ہیں کہ 1 کلوگرام مادّے سے کتنی توانائی پیدا ہوگی۔

$$E = 1 \times (3\times10^8)^2 = 9 \times 10^{16} \text{ joules}$$

توانائی کی یہ مقدار ایک بڑے بجلی گھر کو دس سال تک چلا سکتی ہے۔ شومیٔ قسمت سے 1 کلوگرام مادّے کو مکمل طور پر توانائی میں صرف اس صورت میں تبدیل کیا جاسکتا ہے جب اسے 1 کلوگرام مخالف مادّے (Antimatter) سے ملایا جائے مگر ہماری کہکشاں میں مخالف مادّہ عنقا ہے۔ ہم مادّے کو 100٪ توانائی میں تبدیل نہیں کرسکتے۔ صرف اس کے 0.007 حصے یا 0.7٪ کو استعمال کرسکتے ہیں۔ ہیلیم کے مرکزے کی کمیت دو پروٹان اور دو نیوٹران کی مجموعی کمیت کے برابر ہونی چاہیے مگر 99.3٪ ہوتی ہے۔ باقی 0.7٪ حرارت بن کر خارج ہوجاتی ہے۔ اس میں بھی قدرت کی دانائی کو دخل ہے کیوں کہ یہ 0.7٪ ہمیں حرارت اور روشنی کی صورت میں ملتی ہے۔ دوسری بات یہ کہ اگر ستاروں میں جوہری اختلاط کا عمل 100٪ ہائیڈروجن استعمال کرتا تو ستاروں کی زندگی اربوں سال کے بجائے صرف لاکھوں سال ہوتی۔

جیسا کہ ہم پچھلے سیکشن میں پڑھ چکے ہیں، پروٹان پر مثبت برقی چارج ہونے کی بنا پر وہ ایک دوسرے کو دھکیلتے ہیں۔ چناں چہ انہیں اکٹھا رکھنے کے لیے مضبوط قوت کی ضرورت ہے۔ اگر ε کی قدر کم ہوتی تو وہ پروٹان کو آپس میں جوڑ کر ایٹم کا مرکزہ نہ بناسکتی لہٰذا ایٹم کا وجود نہ ہوتا یعنی مادّے کا وجود نہ ہوتا اور کائنات کوارک سوپ سے زیادہ آگے نہ بڑھتی۔ اس کے برخلاف اگر ε کی قدر زیادہ ہوتی تو وہ نہ صرف ایٹمی مرکزے میں پروٹان اور نیوٹران کو زیادہ قوت سے باندھ سکتی بلکہ زیادہ تعداد میں بھی برداشت کرسکتی۔ موجودہ دوری جدول میں ایٹمی عدد 104 (روتھرفورڈیم Rf) کے بعد عناصر غیر مستحکم ہوتے ہیں کیوں کہ جوں جوں مرکزے میں پروٹان اور نیوٹران کی تعداد بڑھتی جاتی ہے انہیں جڑا رکھنے کے لیے زیادہ قوت کی ضرورت ہوتی ہے۔ اگر ε کی قدر زیادہ ہوتی تو نہ صرف ایٹمی عدد 104 کے بعد کے ایٹم مستحکم ہوتے بلکہ مزید بھاری عناصر کو بھی استحکام ملتا۔

موجودہ دوری جدول میں آخری عنصر اوگانیسون (Og) ہے جس کا ایٹمی عدد 118 ہے۔ اگر ε کی قدر زیادہ ہوتی تو دوری جدول میں اضافہ ہوتا اور مزید عناصر اس میں آتے جو مزید مرکبات بناتے جن کے نئے نئے خواص ہوتے اور کیمیا مزید دل چسپ ہوتی۔ ε کی قدر زیادہ ہونے کا ایک نتیجہ یہ بھی ہوتا کہ

ستاروں میں جوہری اختلاط کی ترجیح بھاری عناصر پیدا کرنے کی طرف ہو جاتی اور ہلکے عناصر مثلاً کاربن، ہائیڈروجن، نائٹروجن اور آکسیجن جو زندگی کے لیے ضروری ہیں، بھاری عناصر پیدا کرنے میں صرف ہو جاتے جس کی وجہ سے کائنات میں زندگی پیدا نہ ہوتی۔ حیرت کی بات یہ ہے کہ اگر ε کی قدر 0.006 یا 0.008 ہوتی یعنی صرف 0.001 کا فرق بھی ہوتا تو کائنات وہ نہ ہوتی جو اب ہے۔

12.5. تیسرا عدد، اومیگا (Ω)

کائنات میں جتنی توانائی موجود ہے اسے اگر کائنات کے حجم سے تقسیم کریں تو آپ کو توانائی کی مقدار فی مکعب میٹر مل جائے گی۔ اس مقدار کو کثافتِ توانائی (Energy Density) کہتے ہیں اور فلکیاتی حسابات میں اسے یونانی زبان کے حرف رو (ρ) سے ظاہر کیا جاتا ہے۔ کائنات سے متعلق حسابات میں رو کی کافی اہمیت ہے۔

کائنات کی توانائی کے کئی ماخذ ہیں، مثلاً مادّہ (جس میں تاریک مادّہ شامل ہے)، اشعاع (جس میں فوٹان اور نیوٹرینو شامل ہیں)، تاریک توانائی اور کائنات کی خمیدگی۔ کثافتِ توانائی میں مادّے کا حصہ تقریباً 5٪، تاریک مادّے کا تقریباً 27٪ اور اشعاع کا برائے نام ہوتا ہے۔ اگر کائنات میں خمیدگی ہوتی تو وہ اس کا بھی مثبت یا منفی حصہ ہوتا مگر چوں کہ کائنات چپٹی ہے لہٰذا خمیدگی کا حصہ بھی برائے نام ہے۔ اگر ان تمام حصوں کو جمع کریں تو کثافت توانائی (ρ) کی قدر معلوم ہو جائے گی۔ ایک اور قدر جو یاد رکھنے کے قابل ہے وہ کثافت توانائی فاصل (Critical Energy Density) ہے جسے ρ_c سے ظاہر کیا جاتا ہے۔ اگر کائنات چپٹی ہو اور پھیل رہی ہو تو نظری طبیعیات کے حساب کے مطابق اس کی کثافت توانائی کی قدر ρ_c ہوگی۔ اومیگا دونوں قدروں کا تناسب ہوتا ہے، یعنی

$$\Omega = \frac{\rho}{\rho_c}$$

اگر ρ کی قدر ρ_c کی قدر سے کم ہوگی تو Ω کی قدر 1 سے کم ہوگی اور کائنات ہائپربولا (Hyperbola) کی طرح دو حصوں میں تقسیم ہوگی اور مستقل پھیلتی رہے گی۔

اگر ρ کی قدر ρ_c کی قدر کے برابر ہوگی تو Ω کی قدر 1 ہوگی اور کائنات چپٹی ہوگی اور متوازن طریقے سے پھیلتی رہے گی اور کائنات میں تمام قوتیں توازن میں رہیں گی۔

اگر ρ کی قدر ρ_c کی قدر سے زیادہ ہوگی تو Ω کی قدر 1 سے زیادہ ہوگی اور کائنات گیند کی مانند گول ہوگی اور مستقل سمٹتی رہے گی اور آخر میں عظیم چُرمُر (Big Crunch) کا شکار ہو کر ختم ہو جائے گی۔

تصویر 64 میں تینوں صورتوں میں کائنات کی جیومیٹری دکھائی گئی ہے مگر یاد رہے کہ یہ صرف ایک آرٹسٹ کا تصور ہے۔ واضح ہو کہ اومیگا کی قدر 1 ہے اسی لیے کائنات چپٹی ہے اور مستقل پھیل رہی ہے۔

$\Omega < 1$ $\Omega = 1$ $\Omega > 1$

تصویر 64: کائنات کی جیومیٹری (آرٹسٹ کی نظر سے)

12.6. چوتھا عدد، لیمڈا (Λ)

آئن سٹائن نے 1917 میں ایک تحقیقی مقالہ شائع کیا تھا جس میں عمومی نظریہ اضافیت میں کونیاتی ملحوظات پر بحث کی گئی تھی۔ اس مقالے میں اس نے چند مساوات پیش کیں جو زمان و مکاں میں مادّے کی تقسیم کے متعلق تھیں۔ مساوات سے جو نتائج اخذ ہوتے تھے ان کے مطابق مادّے کی قوتِ ثقل معمول سے زیادہ نکلتی تھی جس کی بنا پر کائنات سکڑ رہی تھی اور آخر کار سکڑتے سکڑتے وہ واپس نقطۂ واحد کی طرف جا سکتی تھی۔ اس زمانے میں کونیات دانوں کا نظریہ تھا کہ کائنات ساکن (Static) ہے، یعنی نہ سکڑ رہی ہے نہ پھیل رہی ہے۔ لہٰذا آئن سٹائن نے اپنی مساوات میں زائد قوتِ ثقل کے اثر کو زائل کرنے کے لیے ایک عددِ مستقل (Constant) متعارف کیا جو لیمبڈا یا لیمڈا (Λ) تھا مگر اس کی کوئی

قدر متعین نہیں کی کیوں کہ اس کا دارومدار اس پر ہے کہ کثافتِ توانائی میں مادّے کا تناسب کتنا ہے۔ چوں کہ کائنات میں مادّے کی کثافت یکساں نہیں ہے لہٰذا لیمڈا کی قدر کا دارومدار اس پر ہو گا کہ ان مساوات کا اطلاق کہاں کیا جارہا ہے۔

مقالہ چھپنے کے بعد آئن سٹائن کو احساس ہوا کہ اسے اپنی مساوات میں لیمڈا کی کوئی ضرورت نہیں تھی۔ اس کی وجہ یہ ہے کہ ساکت کائنات اتنی مستحکم نہیں ہو سکتی کہ مادّے کی کثافت کی تبدیلیوں کو برداشت کر سکے۔ اس نے کہا کہ لیمڈا کو متعارف کرنے پر اس کا ضمیر مطمئن نہیں تھا کیوں کہ اس نے قدرت کی بنائی ہوئی حسین کائنات پر ایک بدنما داغ لگا دیا تھا۔ اس کے بعد لیمڈا کی قدر صفر مقرر کر دی گئی تا کہ مادّے کی قوتِ ثقل پر اس کے اثر کو زائل کر دیا جائے۔

جب ایڈوِن ہبل[a] نے 1929 میں ثابت کیا کہ آئن سٹائن کے اصل عمومی نظریہ اضافیت میں کونیاتی ملحوظات سے یہ نتیجہ اخذ کیا جا سکتا ہے کہ کائنات پھیل رہی ہے تو ابتدا میں آئن سٹائن نے اسے تسلیم کرنے سے انکار کر دیا اور خود اپنے نظریے اضافیت کو تنقیدی نگاہوں سے دیکھنے لگا، مگر آخر کار 1998 میں کونیات دانوں کی دو ٹیموں نے دور دراز عظیم نو تاروں (Supernovae) پر اپنی تحقیق کے نتائج شائع کیے جن کی رو سے کائنات نہ صرف پھیل رہی ہے بلکہ اس کے پھیلنے کی رفتار میں مسلسل اضافہ ہو رہا ہے، لہٰذا اس کے لیے آئن سٹائن کی مساوات میں لیمڈا کی ضرورت پڑتی ہے اور اس کی قدر 10^{-122} ہے۔ لیمڈا تو سرخ رو ہو گیا مگر اس اعلان سے چار دہائیاں قبل آئن سٹائن اپنے ضمیر پر لیمڈا کا بدنما داغ لیے اس دار فانی سے کوچ کر چکا تھا۔

---

[a] Edwin Hubble (1889-1953)

12.7. پانچواں عدد، کیو (Q)

کیو کائنات کے ابتدائی دور میں مادّے کے کثافتی ارتعاشات (Density Fluctuations) کی نشان دہی کرتا ہے۔ دوسرے الفاظ میں ہمیں بتاتا ہے کہ کائنات کے مختلف حصوں میں مادّے کی تقسیم میں کتنی غیر ہمواری تھی۔ اسی غیر ہمواری کا نتیجہ تھا کہ آگے چل کر کائنات میں عظیم ڈھانچوں، مثلاً ستاروں، کہکشاؤں اور کہکشانی جھرمٹوں کی تشکیل ہوئی۔ کائنات کے جن حصوں میں مادّے کی کثافت کم تھی وہاں یہ ڈھانچے نہ بن سکے۔

کیو کی قدر 10^{-5} یعنی 0.00001 ہے۔ اگر یہ قدر کم ہوتی مثلاً 10^{-6} ہوتی تو قوتِ ثقل کم زور ہوتی اور ستاروں کو کھینچ کر کہکشاں نہ بنا سکتیں۔ لہٰذا کائنات میں نہ کہکشائیں ہوتیں اور نہ ان کے جھرمٹ ہوتے بلکہ دور دور تک ستارے پھیلے ہوئے ہوتے۔ ان کے درمیان فاصلہ بھی زیادہ ہوتا اور کائنات کے زیادہ حصے میں مادّے کا وجود ہوتا۔ اس کے برخلاف اگر کیو کی قدر زیادہ ہوتی، مثلاً 10^{-4} ہوتی تو ستارے زیادہ قوتِ ثقل کی بنا پر گھنی کہکشائیں بناتے جن میں ستارے ایک دوسرے سے نزدیک ہوتے۔ ایسی کہکشائیں غیر مستحکم ہوتیں اور اجرام فلکی کے ایک دوسرے سے ٹکرانے کے واقعات زیادہ ہوتے۔ علاوہ ازیں کہکشائیں قبل از وقت وجود میں آتیں جن میں زیر تعمیر ستاروں کی بھرمار ہوتی اور ستاروں کو سیاروں کے مربوط نظام بنانے کا موقع نہ ملتا لہٰذا کائنات میں زندگی کا وجود نہ ہوتا۔

12.8. چھٹا عدد، ڈی (D)

آپ پچھلے صفحات میں پڑھ چکے ہیں کہ آئن سٹائن کے عمومی نظریہ اضافیت کی رو سے زمان و مکاں چار بُعدی وجود ہے جس میں سے 3 بُعد مکانی یا خلا سے وابستہ ہیں اور ایک بُعد زمانی یا وقت سے تعلق رکھتا ہے۔ وقت کے متعلق ہم یہ بھی جانتے ہیں کہ وہ صرف ایک ہی سمت میں بڑھتا ہے یعنی وقت کا بُعد صرف بڑھ سکتا ہے، کم نہیں ہو سکتا۔ البتہ ہم نظری طبیعیات کی مساوات میں وقت کے بُعد کو گھٹا کر ماضی میں جھانک سکتے ہیں

یہاں تک بِگ بینگ کے آس پاس پہنچ کر کائنات کو تخلیق ہوتے ہوئے دیکھ سکتے ہیں۔

اب ہم آتے ہیں تین مکانی ابعاد (Dimensions) کی جانب جنہیں آسان زبان میں لمبائی، چوڑائی اور اونچائی کہتے ہیں۔ فرض کریں کہ خلا صفر بُعدی ہوتی، یعنی اس کا کوئی بُعد نہ ہوتا۔ اس حالت میں کائنات ایک نقطہ ہوتی جس کا قطر صفر ہوتا۔ ستارے، کہکشائیں اور تمام اجرام فلکی صفر قطر کے نقطے ہوتے اور زمین پر ہر شے مع ہم سب کے نقطے ہوتے جن کا قطر صفر ہوتا۔ چوں کہ کوئی بُعد نہ ہوتا لہٰذا حرکت کا وجود بھی نہ ہوتا۔ ہم یہ بھی جانتے ہیں کہ ایٹم کا حجم ہوتا ہے اور اس میں موجود بنیادی ذرات یہاں تک کہ کوارکس تک کا بھی حجم ہوتا ہے، لہٰذا صفر قطر کی کائنات میں نہ مادّہ ہوتا، نہ توانائی، نہ وقت۔ چناں چہ خلا کا صفر بُعدی ہونا ممکن نہیں، کم از کم عملی طور پر، مگر ریاضی میں صفر بُعدی خلا ایک دل چسپ تصور ہے جس پر زمین آسمان کے قلابے ملائے جاتے ہیں۔

اگر خلا کا صرف ایک بُعد ہوتا تو کائنات ایک خط مستقیم ہوتی جس کی چوڑائی اور اونچائی صفر ہوتیں۔ اس میں موجود تمام اجسام بھی خط مستقیم ہوتے اور ہم سونڈیوں کی مانند ہوتے جن کی نہ چوڑائی ہوتی اور نہ اونچائی۔ صرف لمبائی ہوتی اور ہم صرف آگے یا پیچھے رینگ سکتے۔ نہ اِدھر جاسکتے، نہ اُدھر۔ برقناطیسی اور قوتِ ثقل موجود تو ہوتیں مگر ان کی شدّت مختلف ہوتی۔ ستارے اور سیارے بھی اس حالت میں نہ ہوتے جیسے ہم جانتے ہیں۔ سیاروں کو گردش کرنے کے لیے کم از کم دو بُعد چاہئیں لہٰذا سیارے بھی نہ ہوتے۔ تصویر 22 (سیکشن 3.8) میں ہائیڈروکاربنز کے سالمے دکھائے گئے ہیں جن میں کاربن ایٹم کی زنجیریں ہیں اور ہر کاربن کے ساتھ دوسرا کاربن اور ہائیڈروجن ایٹم چار سطحی (Tetrahedral) شکل میں جڑے ہیں۔ یہ وضع تین سے کم ابعاد میں نہیں سما سکتی۔ نامیاتی مرکبات جن سے ہمارا جسم بنا ہے کاربن، ہائیڈروجن اور دیگر ایٹموں کی انہیں چار سطحی زنجیروں سے بنے ہیں، لہٰذا ایک بُعدی کائنات میں زندگی ناممکن تھی بلکہ سیدھی سادی زبان میں اُس کائنات میں مادّے کا وجود نہ ہوتا۔

اب ہم آتے ہیں دو بعدی کائنات کی جانب جو ایک آبی رنگوں سے بنی ہوئی پینٹنگ کی طرح ہوتی۔ اوّل تو اس میں مادّے کا وجود ہی نہ ہوتا کیوں کہ مادّے کو بھی کم از کم تین بُعد چاہئیں، اور اگر ہوتا بھی تو ہم سب اس پینٹنگ پر دھبّوں کی مانند ہوتے۔ حرکت بھی صرف اس پینٹنگ کی سطح پر ممکن ہوتی اور اوپر یا

نیچے کا کوئی تصور نہ ہوتا۔ سامنے سے گزرتے ہوئے اجسام نقطوں یا لکیروں کی طرح نظر آتے۔ برقناطیسی اور قوتِ ثقل بھی مختلف انداز میں کام کرتیں۔ مثلاً نیوٹن کے قانونِ ثقل (Law of Gravitation) کے مطابق تین بُعدی کائنات میں جب فاصلہ آدھا رہ جاتا ہے تو قوتِ ثقل چار گنی ہو جاتی ہے اور جب فاصلہ دوگنا ہو جاتا ہے تو قوتِ ثقل ایک چوتھائی رہ جاتی ہے۔ اس کے برخلاف دو بُعدی کائنات میں جب فاصلہ آدھا رہ جائے گا تو قوتِ ثقل دوگنی ہو جائے گی اور جب فاصلہ دوگنا ہو گا تو قوتِ ثقل آدھی رہ جائے گی۔ اس کے نتیجے میں سیاروں کے مدار مستحکم نہیں ہوں گے اور نظام شمسی کا قیام ناممکن ہو گا۔

خلا کے صرف تین بُعد ہی کیوں ہوتے ہیں، تین سے کم یا زیادہ کیوں نہیں ہوتے؟ اس سوال کو فلسفی اور سائنس دان یونانیوں کے زمانے سے ہی کھنگالتے رہے ہیں۔ جدید تحقیق[83] کے مطابق اس سوال کا جواب ایک حرحرکیاتی مقدار سے ملتا ہے جسے ہیلم ہولس کی آزاد توانائی کی کثافت[a] کہتے ہیں۔ پہلی نظر میں یہ اصطلاح دشوار لگتی ہے مگر اس کی تشریح کے بعد یہ اتنی مشکل نہیں لگے گی۔

حرحرکیات کے مطابق ہیلمولٹز کی آزاد توانائی کسی بھی "بند نظام" میں ایک خاص درجہ حرارت اور حجم پر موجود مخفی توانائی ہے۔ یہاں بند نظام سے مراد وہ نظام ہے جس میں نظام کے باہر سے توانائی داخل ہو سکتی ہے اور باہر جا بھی سکتی ہے مگر مادّہ نہ داخل ہو سکتا ہے اور نہ باہر جا سکتا ہے۔ اس کے برخلاف "کھلا نظام" ایسا نظام ہے جس میں مادّے اور توانائی دونوں کا باہر سے تبادلہ ہو سکتا ہے۔ مثلاً ہوا سے بھرا غبارہ ایک بند نظام ہے جسے ہیٹر کے قریب لے جائیں تو حرارت داخل ہو گی اور اگر ریفریجیریٹر میں رکھ دیں تو توانائی خارج ہو گی مگر اس میں موجود مادّے میں کمی بیشی نہیں ہو رہی۔ اس کے برخلاف چولھے پر رکھی کیتلی جس میں پانی ابل رہا ہے، کھلا نظام ہے کیوں کہ اس میں توانائی حرارت کی شکل میں باہر سے داخل ہو رہی ہے اور مادّہ ابلتے ہوئے پانی سے بھاپ کی شکل میں باہر نکل رہا ہے۔

سیکشن 10.4 میں آپ نے تخلیق کائنات کے ادوار کا مطالعہ کیا تھا۔ بِگ بینگ کے لمحے پر کائنات کا درجہ حرارت بے حساب تھا۔ اگرچہ کونیات میں عام نظریہ یہ ہے کہ قوانینِ فطرت بِگ بینگ کے ساتھ ہی وجود میں آ گئے تھے مگر نظری طبعیات کے مطابق عظیم دھماکے کے بعد کائنات تیزی سے ٹھنڈی ہونا

[a] Helmholtz Free Energy Density ہیلمولٹز کی آزاد توانائی کی کثافت

شروع ہو گئی اور جوں جوں درجہ حرارت کم ہوا، ہیلمولٹز کی آزاد توانائی کی کثافت بڑھتی گئی اور اس کے ساتھ ہی کائنات کے بُعد پیدا ہوئے حتیٰ کہ جب ہیلمولٹز کثافت کثیر ترین (Maximum) سطح پر پہنچی تو اس وقت بھی درجہ حرارت کافی زیادہ تھا۔ یہ لمحہ بِگ بینگ کے بعد 10^{-12} اور 10^{-6} سیکنڈ کے درمیان تھا جب کائنات کے ابعاد کی تعداد تین تک پہنچ چکی تھی مگر چوں کہ تیزی سے ٹھنڈی ہوتی ہوئی کائنات میں وہ درجہ حرارت دوبارہ نہ ملا لہٰذا مزید بُعد پیدا نہ ہو سکے کیوں کہ حرحرکیات کے قانون نمبر 2 (سیکشن 9.7) کے مطابق اگلے بُعد میں منتقلی صرف خاص درجہ حرارت پر ممکن ہے۔ یہی وجہ ہے کہ ہم تین بُعدی کائنات میں سانس لے رہے ہیں۔

12.9. کائنات کی موت

کائنات کب اور کیسے ختم ہو گی؟ اس سوال کے جواب میں کئی نظریات موجود ہیں اور ہر منظر نامہ تاریک توانائی، قوتِ ثقل اور کوانٹم فیلڈس کے خواص کے باہمی اثر و نفوذ پر انحصار کرتا ہے۔ اس سیکشن میں یہ نظریات مختصراً پیش کیے جائیں گے۔

1. عظیم سُکڑاؤ

1922 میں روسی طبیعیات دان فریڈمن[a] نے اپنی مشہور مساوات کے سیٹ کا اعلان کیا جس کے مطابق کائنات ساکن نہیں تھی بلکہ یا تو پھیل رہی تھی یا سکڑ رہی تھی[84]۔ تخلیق کائنات کے وقت جب کوانٹم اُتار چڑھاؤ کے نتیجے میں نقطۂ واحد پھیلا تھا تو بنیادی ذرّات اچھلنے کی کیفیت کے ساتھ پیدا ہوئے تھے اور اس کے نتیجے میں کائنات تیزی سے پھیلی تھی۔ یہ ابتدائی پھیلاؤ تھا جس کی بنا پر کائنات اتنی بڑی ہے۔ اس کے بعد پھیلاؤ کا اگلا دور آیا جس میں کائنات نہ صرف پھیلنے لگی بلکہ اس کے پھیلنے کی رفتار بڑھتی جا رہی ہے۔ اس کا محرک تاریک توانائی ہے۔ 1960 اور 1970 کی دہائیوں میں ماہرین فلکیات پوری کائنات میں مادّے کی مقدار کا حساب کر کے اس نتیجے پر پہنچے کہ کائنات میں اتنی کمیت موجود ہے کہ وہ لامتناہی کثافت کی جانب جا سکتی ہے۔

[a] Alexander Friedmann (1888-1925)

1990 کی دہائی سے قبل جب تاریک توانائی کے وجود کا علم نہیں تھا، عام نظریہ یہ تھا کہ ایک وقت آئے گا جب کائنات پھیلنا بند ہو جائے گی اور سکڑنا شروع ہو جائے گی جس کے نتیجے میں اجرام فلکی ایک دوسرے کے نزدیک ہوتے جائیں گے اور ان کے درمیان قوتِ ثقل بڑھتی چلی جائے گی جس کے نتیجے میں مادّے کی کثافت اور درجہ حرارت میں اضافہ ہوتا جائے گا اور آخر کار پوری کائنات لامتناہی کثافت اور درجہ حرارت کے ساتھ اسی نقطہ واحد پر پہنچے گی جس سے اس کی ابتدا ہوئی تھی یا وہ ایک عظیم سیاہ غار میں تبدیل ہو جائے گی جس میں پوری کائنات سما جائے گی۔ ممکن ہے کہ پھر وہیں سے ایک نئی کائنات جنم لے۔ اس نظریے کو عظیم چُرمُر (Big Crunch) کہا جاتا ہے۔

اس نظریے کی رو سے کائنات کے خاتمے میں اربوں سال لگ سکتے ہیں مگر اس منظر نامے کو اب کائنات کے پھیلاؤ کی رفتار میں مستقل تیزی آنے کی بنا پر رد کر دیا گیا ہے۔

2. عظیم انجماد

یہ سب سے مقبول نظریہ ہے اور اس کا محرک تاریک توانائی ہے جو کائنات کے مادّے / توانائی کا 68٪ ہے، کائنات کو دوڑائے لے جا رہی ہے جس کی بنا پر کائنات نہ صرف پھیل رہی ہے بلکہ اس کے پھیلنے کی رفتار بڑھ رہی ہے [85]۔ کائنات میں ان حصوں کا درجہ حرارت مطلق صفر ($-273.15^{o}C$) کے آس پاس ہے جہاں مادّے کا وجود نہیں۔ اس کے برخلاف ستاروں کا درجہ حرارت لاکھوں ڈگری سینٹی گریڈ ہوتا ہے۔ اب اس کائنات کا تصور کریں جس میں حرارت اور توانائی یکساں کثافت سے پھیلی ہوئی ہو اور پوری کائنات کا درجہ حرارت مطلق صفر ہو۔ اسی لیے اس حالت کو حرارت کی موت (Heat Death) یا عظیم انجماد (Big Freeze) کہتے ہیں۔

اس نظریے کے مطابق کائنات اسی طرح پھیلتی رہے گی، کہکشائیں ایک دوسرے سے دور ہوتی جائیں گی اور اُن کے پھیلنے کی بنا پر ان میں موجود ستارے بھی ایک دوسرے سے دور ہوتے جائیں گے جس کے نتیجے میں آپس میں ثقلی رشتہ کم زور ہوتا جائے گا۔ اس دوران ستاروں کا

ایندھن بھی ختم ہوتا جائے گا جس کی بنا پر وہ عظیم نوتارے، سفید بونے یا سیاہ غار بنتے جائیں گے (سیکشن 11.2)۔ اس کے ساتھ ہی ساتھ کائنات کی "کارآمد توانائی" کم ہوتی جائے گی۔ یہاں کارآمد توانائی سے مراد وہ توانائی ہے جو "کام" کر سکتی ہے۔ یہاں کام بھی حرحرکیاتی معنوں میں استعمال ہوا ہے (دیکھیے سیکشن 9.7)۔ جوں جوں توانائی میں کمی آئے گی کائنات کی ناکارگی (Entropy) میں اضافہ ہوگا یہاں تک کہ ناکارگی کثیر ترین سطح پر پہنچ جائے گی۔ ستاروں کے ڈھانچوں سے مادّہ بھی جھڑ کر انہیں ختم کر دے گا۔ حرارت کا وجود بھی ختم ہو جائے گا اور کائنات تاریک، سرد اور بے جان ہو جائے گی۔ بقول شیکسپیئر، نہ دانت، نہ آنکھیں، نہ زبان، نہ کچھ اور۔

"Sans teeth, sans eyes, sans taste, sans everything."

یہ سب کچھ کب ہوگا؟ اس کا ایک جواب تو یہ ہے کہ ہم یقین سے نہیں کہہ سکتے کیوں کہ ہم تاریک توانائی کے خواص کے متعلق کچھ نہیں کہہ سکتے اور یہ بھی پیش گوئی نہیں کر سکتے کہ مستقبل میں کائنات کا پھیلاؤ کیا رُخ اختیار کرے گا۔ دوسرا جواب یہ ہے کہ اگر کائنات اسی طرح بڑھتی ہوئی رفتار سے پھیلتی رہی تو اسے ختم ہونے میں سیکڑوں سے ہزاروں کھرب سال لگیں گے لہٰذا گھبرانے کی ضرورت نہیں ہے۔

3. عظیم چیر پھاڑ

اس ماڈل میں کائنات خود اپنی تکا بوٹی کر لے گی، کہکشاؤں کے گچھے روشنی کی رفتار سے زیادہ تیزی سے ایک دوسرے سے دور بھاگیں گے، ان میں موجود کہکشائیں خلا میں گھل جائیں گی، ستارے اور سیارے ریزہ ریزہ ہو جائیں گے، ان کے ایٹم اور ان میں موجود بنیادی ذرّات تک خلا میں گھل جائیں گے اور زمان و مکاں بھی ٹوٹ پھوٹ جائے گا۔ اس عمل کو عظیم چیر پھاڑ (Big Rip) کا نام دیا گیا ہے[86]۔ اس خوفناک انجام کی جڑیں بھی تاریک توانائی میں ہیں جو کائنات کے پھیلنے کی رفتار بڑھانے کی ذمہّ دار ہے۔ تاریک توانائی ہنوز بے حد پُراسرار مظہر ہے کیوں کہ ہم نہیں جانتے کہ کہاں سے آتی ہے اور مستقبل میں اس کا کردار کیا ہوگا۔

آسان زبان میں ہم کہہ سکتے ہیں کہ تاریک توانائی بھی ایک کونیاتی عددِ مستقل ہے جیسے چھ

اعداد جن کا تذکرہ اس باب میں کیا گیا ہے۔ اس حیثیت سے تاریک توانائی پورے زمان و مکاں میں یکساں کثافت سے موجود ہے۔ آپ اس وقت جس کمرے میں ہیں اس میں بھی تاریک توانائی موجود ہے۔ نظری طبیعیات کی مساوات مادّے اور تاریک توانائی کو داخل کرنے کے باوجود حسابات میں کچھ کمی رہ جاتی ہے اور ان کے نتائج کائنات کے عملی مشاہدات سے 100٪ درستی سے نہیں ملتے۔ اس کمی کو پورا کرنے کے لیے اب نظری طبیعیات دان "آسیبی توانائی" (Phantom Energy) کے متعلق گفتگو کرنے لگے ہیں۔ اس نظریے کے مطابق اگر تاریک توانائی کی قوت جو دافع (Repulsive) ہوتی ہے، وقت گزرنے کے ساتھ زیادہ سے زیادہ غالب ہوتی چلی جائے گی یہاں تک کہ وہ کائنات میں دوسری تمام قوتوں پر غالب آجائے گی۔ اس سطح پر یہ آسیبی توانائی کا روپ دھار لے گی اور اتنی طاقتور ہوجائے گی کہ کائنات کے پھیلنے کی رفتار روشنی کی رفتار سے بھی تجاوز کر جائے گی اور کہکشائیں، ستارے، سیارے یہاں تک کہ ایٹمی ذرات ٹوٹ پھوٹ جائیں گے اور کائنات قیامت خیز چیر پھاڑ کا شکار ہو کر ختم ہوجائے گی اور زمان و مکاں بھی پارہ پارہ ہوجائے گا۔

اس منظر نامے کا دارومدار اس بات پر ہے کہ تاریک توانائی کا ارتقا کونیات کے موجودہ مفروضات کے مطابق ہو اور وہ کائنات کے پھیلاؤ میں تیزی کا کردار ادا کرتی رہے۔ اس صورت میں ممکن ہے کہ کائنات اگلے 22 ارب سال میں عظیم چیر پھاڑ کا شکار ہوجائے۔

4. ویکیوم کا انحطاط

ویکیوم کے انحطاط (Vacuum Decay) کو سمجھنے کے لیے سب سے پہلے یہ سمجھنا ضروری ہے کہ کائنات کے بیشتر حصے میں مادّہ نہیں ہے۔ ان حصّوں میں ویکیوم ہے اور اس کا درجہ حرارت مطلق صفر سے چند درجہ اوپر ہے یعنی $-270.45^{o}C$ ہے۔ کوانٹم فیلڈ تھیوری (سیکشن 9.5 اور 9.6) کے مطابق کائنات میں جو ویکیوم ہے وہ جھوٹا ویکیوم (False Vacuum) ہے کیوں کہ ہم یہ نہیں کہہ سکتے کہ اس میں مادّے کا وجود نہیں ہے۔ اس کے برخلاف وہ مختلف کوانٹم فیلڈز سے بھرا ہوا ہے اور اس میں مستقل کوانٹم اُتار چڑھاؤ کا عمل جاری رہتا ہے جس کے نتیجے میں

فرضی (Virtual) ذرّات اور مخالف ذرّات پیدا ہوتے رہتے ہیں اور ایک دوسرے سے ٹکرا کر فنا ہوتے رہتے ہیں۔ یہ ٹکراؤ ایک فوٹان چھوڑ جاتا ہے۔ کوانٹم اُتار چڑھاؤ کے نتیجے میں جو توانائی پیدا ہوتی ہے اسے ویکیوم کی توانائی (Vacuum Energy) کہتے ہیں۔

سچا ویکیوم (True Vacuum) وہ حالت ہے جس میں تمام فیلڈس اپنی زمینی حالت (Ground State) میں ہوتی ہیں یعنی ان میں موجود توانائی قلیل ترین سطح پر ہوتی ہے۔ یہ حالت اس وقت حاصل ہوتی ہے جب درجہ حرارت مطلق صفر[a] ہو۔

کائنات میں جہاں جہاں ویکیوم ہے وہاں بھی درجہ حرارت مطلق صفر سے 2.7^{o} اوپر رہتا ہے لہٰذا سچا ویکیوم وہاں بھی نہیں ہوتا۔ ویکیوم کے انحطاط کے نظریے کے متعلق کچھ کہنے سے پہلے ایک اور اصطلاح کو دیکھ لیتے ہیں جسے کوانٹم سرنگ سازی (Quantum Tunnelling) کہتے ہیں۔ اسے سمجھنے کے لیے یاد کریں کہ ایٹمی سطح پر اجسام ذرات اور موج، دونوں کے خواص رکھتے ہیں، اور بطور موج ان کے خواص کو موجی تفاعل (Wave function) کے ذریعہ بیان کیا جاتا ہے۔ سیکشن 7.1 میں آپ نے پڑھا تھا کہ کسی کوانٹم جسم کے موجی تفاعل کی تشکیل اس کے کسی حالت میں ہونے کے احتمال کی بنیاد پر کی جاتی ہے لہٰذا ان مقامات پر جہاں اس جسم کے موجود ہونے کا احتمال صفر ہو فرضی رکاوٹیں کھڑی ہو جاتی ہیں جنہیں وہ جسم عبور نہیں کر سکتا مگر کچھ حالات ایسے ہوتے ہیں کہ ان رکاوٹوں میں سرنگ بن جاتی ہے جس سے گزر کر وہ جسم ممنوعہ علاقے میں پہنچ جاتا ہے۔ واضح ہو کہ یہ سرنگ ریاضی کی پیداوار ہے اور اس کا کوئی مادّی وجود نہیں۔ بہر حال اس عمل کو کوانٹم سرنگ سازی کا نام دے دیا گیا ہے۔

کوانٹم سرنگ سازی کی ایک عملی مثال ستاروں میں جوہری اختلاط (سیکشن 10.3) ہے جس میں ہائیڈروجن ایٹموں کے پروٹان ایک سا برقی چارج ہونے کے باوجود ایک دوسرے کو دفع کرنے کے بجائے آپس میں جڑ جاتے ہیں حلاں کہ اس کا احتمال صفر ہے۔ اس عمل میں گلوآن کوانٹم سرنگ کا کام کرتا ہے۔

---

[a] Absolute Zero, -273.15°C

اب ہم آتے ہیں۔ ویکیوم کے انحطاط کی طرف جو یہاں ہمارا اصل موضوع ہے۔ ہم نے دیکھا کہ کائنات میں جتنا ویکیوم ہے وہ جھوٹا ہے۔ فرض کریں کہ کائنات میں کسی ایسے مقام پر جس کا حجم صفر سے کچھ زیادہ ہو یعنی ایک چھوٹے سے مقام پر درجہ حرارت مطلق صفر پر پہنچ جاتا ہے (حال آنکہ حرحرکیات کے مطابق یہ ناممکن ہے) تو اس کے نتیجے میں وہاں سچے ویکیوم کا ایک بُلبلہ پیدا ہو جائے گا اور اگر وہ کوانٹم سرنگ سازی کے لیے بیج بن جائے تو یہ بلبلہ روشنی کی رفتار سے پھیلے گا اور پوری کائنات کو اپنی لپیٹ میں لے کر ختم کر دے گا۔ اگر آپ یہ جاننا چاہیں کہ یہ کب ہو گا تو اس کا جواب یہ ہے کہ اگرچہ مستقبل قریب میں اس کے امکانات نہیں ہیں مگر کسی وقت بھی ہو سکتا ہے۔

واضح ہو کہ ویکیوم کے انحطاط کا یہ بیانیہ محض قیاس آرائی پر مبنی ہے اور عصر حاضر کے طبیعیاتی نظریات کے ساتھ مطابقت نہیں رکھتا۔ اگرچہ سچے ویکیوم پر نظری اعتبار سے خیالات کا اظہار کیا جاتا ہے مگر کوانٹم فیلڈ کا نظریہ اس کے وجود کے متعلق کوئی پیش گوئی نہیں کرتا۔

کائنات کے ممکنہ اختتام کی پیش گوئی میں کئی نظریات شامل ہیں۔ کچھ سائنسدان کائنات کی بار بار موت پر تحقیق کر رہے ہیں، جس میں کائنات بار بار پھیلتی اور سکڑتی ہے، جبکہ کچھ ماہرین مختلف کائناتی عوامل مثلاً تاریک توانائی کی ممکنہ تبدیلیوں کو کائنات کے اختتام کا سبب سمجھتے ہیں۔

اس کے علاوہ، بعض نظریات متعدد کائناتوں یا عالمین (Multiverse) کی تجویز بھی پیش کرتے ہیں جس میں ہماری کائنات ایک بڑے نظام کا حصہ ہو سکتی ہے۔ ان تمام نظریات پر تحقیق جاری ہے، اور اب تک کوئی حتمی نتیجہ اخذ نہیں کیا جا سکا۔ لہٰذا، کائنات کی "موت" کے امکانات پر بحث کرتے ہوئے ان مختلف نظریات کا ذکر کرنا ضروری ہے تاکہ موضوع کا متوازن اور مکمل جائزہ لیا جا سکے۔

حصہ چہارم

کیا کوئی خالق ہے؟

13

خالق کی تلاش

13.1. بے ترتیب تخلیق

فرانسی حیاتیات دان ژاک مونو[a] کے مطابق تخلیق کائنات ایک بے ترتیب (Random) عمل تھا جس کا کوئی مقصد نہیں تھا اور یہ کہ زندگی کی ابتدا حادثاتی طور پر ہوئی۔ ڈارون کے نظریہ ارتقا (سیکشن 9.9) کے بہ موجب بیرونی عوامل کی اتفاقیہ تبدیلی کے نتیجے میں نامیاتی اجسام میں بے ترتیب تغیرات Random) (Mutations واقع ہوتے ہیں اور صرف وہی تغیریافتہ اجسام زندہ رہتے ہیں جو قوی ترین کی بقا (Survival of The Fittest) کی کسوٹی پر پورے اترتے ہیں۔ مونو کے نظریے کی بنیاد سالماتی حیاتیات (Molecular Biology) پر ہے جس کی رو سے جینیاتی تغیرات میں کوئی ترتیب نہیں ہوتی اور فطری انتخاب کا کوئی ہدف نہیں ہوتا[87]۔ سوال پیدا ہوتا ہے کہ کیا یہ بے ترتیب تغیرات بھی جینیاتی ڈیزائن کا حصہ ہیں جو قوی ترین کی پیدائش اور نشو و نما میں معاون ہوتے ہیں؟ دوسرے الفاظ میں جن تغیرات کو ہم بے ترتیب سمجھتے ہیں وہ دراصل بے ترتیب نہیں ہیں۔

مونو کے مطابق حیاتی کُرّے[b] میں تمام تبدیلیوں کا منبع اتفاق ہے اور اتفاق ہی ہر ارتقا کی بنیاد ہے۔ اس کے نزدیک زندگی بھی اتفاقاً پیدا ہوئی اور ارتقا کے مدارج طے کر کے یہاں تک پہنچی ہے۔ یہ نظریہ

---

[a] Jacques Monod, 1910-1976

[b] حیاتی کُرّہ (Biosphere) زمین کی سطح کے نیچے اور اوپر تمام ماحولیاتی نظام (Ecosytems) کا مجموعہ ہے جس میں تمام جان دار رہتے ہیں اور ایک دوسرے پر اثر انداز ہوتے ہیں۔

حیاتیات کے مروجہ نظریات کو چیلنج کرتا ہے جن کی بنیاد فلسفہ غایات پر ہے جس کے مطابق ہر حیاتیاتی عمل جس میں حیاتیاتی ارتقا شامل ہے، ایک غایت یا مقصد کے تحت ایک خاص سمت میں آگے بڑھتا ہے۔

تصویر65: اسٹیفن ہاکنگ، 2018-1942

ممتاز طبیعیات دان اسٹیفن ہاکنگ[a] نے بھی اپنی مشہور کتاب The Grand Design میں اس نظریے کی توثیق کی ہے[88]۔ اس کے نزدیک تخلیق کائنات اور زندگی اتفاقیہ وقوعات کا نتیجہ ہو سکتی ہے جس کے لیے کسی خالق کی ضرورت نہیں ہے کیوں کہ اس کے لیے کوانٹم میکانیات کافی ہے جو نیست سے ہست اور عدم سے وجود کی تخلیق کر سکتی ہے۔ آپ نے سیکشن 9.6 میں پڑھا تھا کہ ویکیوم میں جہاں مادّے کا وجود نہیں، کوانٹم اتار چڑھاؤ (Quantum Fluctuations) کے نتیجے میں ذرّات اور مخالف ذرّات پیدا ہوتے رہتے ہیں۔

ہاکنگ نے اپنی رائے کی بنیاد ایم تھیوری (سیکشن 6.6) پر رکھی ہے جس کے مطابق کائنات کوانٹم اتار چڑھاؤ کا نتیجہ ہے جو ہوتے رہتے ہیں اور جن کے نتیجے میں کائناتیں پیدا ہوتی رہتی ہیں اور ہماری کائنات اُن میں سے ایک ہے۔

تخلیق کائنات کے دوسرے دور میں ہم نے دیکھا (سیکشن 10.4) کہ کس طرح کوانٹم اتار چڑھاؤ کے نتیجے میں مادّہ پیدا ہوا جو فطری قوانین کے تحت آگے بڑھا اور ارتقا[b] کے راستے سے یہاں تک پہنچ گیا۔ ہاکنگ کے نزدیک اس عمل کے مکمل ہونے کے لیے خدا کے وجود کی ضرورت نہیں۔

> "چوں کہ کشش ثقل جیسا قانون موجود ہے، لہٰذا کائنات مادّے کی غیر موجودگی میں بھی بے ساختہ اپنی تخلیق خود کر سکتی ہے۔ یہ بے ساختہ تخلیق ہی کی وجہ ہے کہ ایک لمحہ پہلے کچھ نہیں تھا اور اب کچھ ہے۔ کائنات کیوں موجود ہے؟ ہم کیوں موجود ہیں؟ کائنات کا سوئچ آن کرنے اور اسے چلانے کے لئے خدا کو پکارنا ضروری نہیں ہے۔"

[a] Stephen Hawking, 1942-2018

[b] یہاں ارتقا کا تعلق ڈارون کے نظریے سے نہیں بلکہ کائنات میں ستاروں، کہکشاؤں اور تمام اجرام فلکی کی نشوونما بھی ارتقا کا نتیجہ ہے۔

ہاکنگ کی کتاب کی مارکیٹ میں بڑی پزیرائی ہوئی اس کے باوجود کہ اسے متنازع فیہ قرار دیا گیا۔ اس کے متعلق مثبت آرا بھی موجود ہیں اور منفی آرا بھی، جن میں سے چند کا تذکرہ اس سیکشن میں کیا جارہا ہے [89]۔

1. نظریاتی طبیعیات دان شان کیرول [a] نے جو جانز ہاپکنز یونیورسٹی کا پروفیسر ہے، اس کتاب کو قیاس آرائی پر مبنی لیکن حوصلہ مند تحریر قرار دیا: "دی گرینڈ ڈیزائن کا اہم سبق یہ نہیں ہے کہ کسی خاص نظریہ کی وکالت کی جارہی ہے بلکہ یہ احساس ہے کہ سائنس "کیوں؟" کا جواب دینے کے قابل ہو سکتی ہے، ایسے سوالات جو بنیادی انسانی تجسس کا حصہ ہیں۔"
2. جیمس ٹریفل [b] کے مطابق جو جارج میسن یونیورسٹی میں طبیعیات کا پروفیسر تھا: "مجھے طویل عرصے سے اس کتاب کا انتظار تھا۔ یہ بغیر مساوات اور فارمولوں کے جدید دور کی کونیات کی گہرائیوں میں جاتی ہے لہٰذا قاری تکنیکی تفصیلات میں جائے بغیر اسے پڑھ سکے گا۔"
3. آکسفورڈ یونیورسٹی میں ریاضیات کے پروفیسر جان لیناکس [c] کے نزدیک "بکواس بکواس ہی ہوتی ہے خواہ وہ دنیا کے مشہور ترین سائنس دانوں کے منہ سے نکلے۔" وہ کتاب میں کئی منطقی غلط بیانیوں اور ایسے مقامات کی نشان دہی کرتا ہے جو ایک دوسرے کی نفی کرتے ہیں۔ (واضح ہو کہ جان لیناکس نے مذہب، اخلاقیات، اور خدا اور سائنس پر متعدد کتابیں لکھی ہیں اور دہریوں کے ساتھ مناظرے بھی کیے ہیں۔)
4. آکسفورڈ یونیورسٹی میں ریاضیات کے پروفیسر اور طبیعیات میں نوبیل انعام یافتہ روجر پینروز [d] نے شبہ ظاہر کیا ہے کہ ہاکنگ نے جو راستہ اختیار کیا ہے اس سے کوئی نتیجہ نکلنے کی امید نہیں ہے کیوں کہ کوانٹم میکانیات کے برخلاف ایم تھیوری کی حقیقت کا کوئی تجرباتی ثبوت نہیں ہے۔

میری حقیر رائے میں یہ کتاب پبلشر کی جلد بازی کی پیداوار ہے۔ حال آنکہ اس کا مشترکہ مصنف لیونارڈ ملاڈینوف [e] بذاتِ خود بڑا کامیاب لکھاری ہے مگر اس کتاب میں مواد کا فقدان ہے اور ایسا لگتا ہے کہ اسٹیفن ہاکنگ کا صرف نام استعمال کیا گیا ہے۔

---

[a] Sean M. Carroll (1966-)
[b] John Stanley Trefil (1938-1966)
[c] John Lennox (1943-)
[d] Sir Roger Penrose (1931-)
[e] Leonard Mlodinw (1954-)

13.2. ایک فلمی شاہکار

اگر تخلیق کائنات کے بارہ ادوار (سیکشن 10.4) کو ایک فلم کی صورت میں دیکھا جائے تو یہ کہنا غلط نہ ہوگا کہ وہ ہر لحاظ سے ایک بے مثال شاہکار ہے۔ کہانی کی پیچیدگی اور گہرائی، منظر نگاری کی دلفریبی، کہانی کی رفتار، ایڈیٹنگ کی نفاست، اور ہدایات کی غیر معمولی مہارت، سبھی عناصر مل کر ایک ایسی داستان بناتے ہیں جسے دیکھ کر منہ کھُلا کا کھُلا رہ جاتا ہے۔ اس فلم کو یہاں چھ مناظر میں فلسفہ کے نقطہ نظر سے پیش کیا گیا ہے[90]۔

پہلا منظر ایک بے کراں تاریکی سے شروع ہوتا ہے، جہاں کوئی وقت ہے نہ مکان، نہ ہی روشنی کی کوئی کرن۔ اچانک، ایک ناقابلِ تصور دھماکا ہوتا ہے — بِگ بینگ۔ یہ دھماکا وجود کی پہلی پکار ہے۔ یہ وہ لمحہ ہے جب کچھ نہ ہونے کے باوجود سب کچھ ہونے لگتا ہے۔ خلا کے خاموش پردے پر توانائی کی بے لگام لہر، روشنی کی پہلی چمک اور مادے کی ابتدا ہمیں ایک ایسے راز کی جھلک دکھاتی ہے جسے الفاظ میں بیان کرنا ناممکن ہے۔

یہ منظر ہمیں بتاتا ہے کہ عدم سے وجود کا سفر کتنا پرشکوہ اور حیرت انگیز ہے، اور یہ کہ کائنات کی تخلیق محض اتفاق نہیں، بلکہ ایک بنیادی سوال ہے: "کیا کچھ نہیں تھا یا سب کچھ ہمیشہ سے تھا؟" بِگ بینگ کی یہ کہانی صرف طبیعیات کا واقعہ نہیں ہے، بلکہ یہ ایک بنیادی فلسفیانہ سوال ہے کہ وجود کی حقیقت کیا ہے؟ عدم سے وجود میں آنے کا یہ عمل، ایک نادیدہ نقطے سے کائنات کی وسعتوں تک کا سفر، یہ بتاتا ہے کہ ہمارا وجود بھی ایک عظیم اسرار سے بندھا ہوا ہے۔ یہ ہمیں غور کرنے پر مجبور کرتا ہے کہ ہم کہاں سے آئے ہیں، اور ہمارے ہونے کا کیا مقصد ہے؟ یہاں عظیم دھماکا نہ صرف کائنات کا آغاز ہے بلکہ وجود کی اولین چیخ بھی ہے جو ہر ذی شعور کو اپنی حقیقت پر غور کرنے کی دعوت دیتی ہے۔

دوسرا منظر ہمیں اس خلا کی وسعتوں میں لے جاتا ہے، جہاں کہکشائیں اپنی حسین ترتیب اور رنگوں کے ساتھ رقص کرتی ہوئی نظر آتی ہیں۔ یہاں روشنی اور تاریکی کی ایک متوازن جنگ ہے، ایک ایسا رقص جو نہ ختم ہونے والا ہے۔ ہر کہکشاں، ہر ستارہ کائنات کے اس لامحدود کینوس پر اپنی جگہ بنا رہا ہے۔ یہ منظر ہمیں اس بات کا احساس دلاتا ہے کہ کائنات کی ہر شے کی اپنی ایک خاصیت، اپنی ایک اہمیت ہے، اور یہ کہ ہر وجود کا ایک مقصد ہے، ایک مقام ہے۔ یہ کائنات کا موسیقی کے ساتھ کیا گیا وہ حسین رقص ہے جو ہمیں

زندگی کی پیچیدگی اور حسن کا قائل کر دیتا ہے۔

کہکشاؤں کا یہ رقص ہمیں کائنات میں موجود ترتیب اور افراتفری کے درمیان کے توازن کی حقیقت سے آشنا کرتا ہے۔ یہ حسن اور بدصورتی، نظم اور انتشار، روشنی اور تاریکی کا ایک عظیم الشان کھیل ہے۔ یہ منظر سوال اٹھاتا ہے کہ کیا کائنات میں واقعی کوئی ترتیب موجود ہے، یا یہ سب کچھ محض ایک عظیم حادثہ ہے؟ ہر کہکشاں، ہر ستارہ اپنی جگہ پر اپنی حقیقت کی تلاش میں ہے، جیسے انسانی زندگی میں ہم سب اپنے معنی اور مقصد کو تلاش کر رہے ہیں۔ یہ نظریہ ہمیں یاد دلاتا ہے کہ زندگی بھی افراتفری اور ترتیب کے درمیان ایک نازک توازن ہے، جہاں ہر لمحہ ایک نیا انتخاب ہے، ایک نیا امکان ہے۔

تیسرا منظر ہمیں ایک اور جہان میں لے جاتا ہے جہاں کہکشاؤں میں ستاروں اور سیاروں کی پیدائش ایک عظیم تخلیقی عمل کی طرح ہوتی ہے۔ یہاں، ہر ستارہ ایک نئے خواب کی تعبیر ہے، اور ہر سیارہ ایک نئی دنیا کا وعدہ۔ یہ وہ لمحے ہیں جب گیس اور گرد کے بادل ایک ساتھ مل کر روشنی کے نئے منارے تعمیر کرتے ہیں۔ یہ منظر ہمیں یہ احساس دلاتا ہے کہ کائنات کی تخلیق محض مادی نہیں، بلکہ روحانی بھی ہے۔ ستاروں کی روشنی میں ہمیں زندگی کی امید اور زمین پر زندگی کے امکانات کی کہانیاں نظر آتی ہیں۔

ستاروں اور سیاروں کی پیدائش کا منظر تخلیق اور فنا کے ابدی چکر کا مظہر ہے۔ ہر ستارہ ایک نئی دنیا، ایک نئی زندگی کی امید لے کر آتا ہے، لیکن اس کی زندگی بھی محدود ہے۔ یہ منظر ہمیں یاد دلاتا ہے کہ ہر تخلیق کے پیچھے ایک فنا کا عمل چھپا ہوا ہے، جیسے ہر دن کے بعد رات آتی ہے، اور ہر زندگی کی اپنی ایک انتہا ہے۔ یہ سوچ زندگی کے عارضی پن اور اس کے دائمی ہونے کے تضاد کو نمایاں کرتی ہے۔ ہر لمحہ، ہر تخلیق، ہر فنا ایک نئے آغاز کی تمہید ہے۔ یہ تصور ہمیں فنا کے خوف سے آزادی کی طرف مائل کرتا ہے، کیوں کہ ہر اختتام ایک نئے آغاز کا پیش خیمہ ہے۔

چوتھے منظر میں کہانی ایک اور موڑ لیتی ہے جب زندگی کی ابتدا ہوتی ہے۔ یہ ایک خاموش انقلاب، ایک جذباتی منظر ہے، جب پانی کی بوند میں پہلا خلیہ پیدا ہوتا ہے، اور زندگی کی کھلتی ہوئی کلیوں کی خوشبو ہر طرف پھیل جاتی ہے۔ سمندری پانی کی گہرائیوں میں ایک جرثومے (Microbe) کی پہلی حرکات زندگی کے سفر کی ابتدا کرتی ہیں۔ یہ منظر ایک عظیم تخلیقی عمل کو ظاہر کرتا ہے، جہاں حیات کی پہلی چنگاری ایک

شعلہ بن کر بھڑک اٹھتی ہے۔ پانی سے خشکی تک کا سفر ہمیں زندگی کے تنوع اور حسن کی کہانی سناتے ہیں۔ یہاں زندگی کی ہر شکل، ہر حرکت ایک نئے امکان کی طرف اشارہ کرتی ہے، ایک نئی داستان کا آغاز کرتی ہے۔ زندگی کے ارتقا کا سفر ایک زبردست ایڈونچر کی طرح پیش کیا گیا ہے۔ سمندری حیات کی رنگینی، خشکی پر رینگتے ہوئے جان داروں کی تگ و دو، اور ہواؤں میں اڑتے ہوئے پرندوں کی بلند پروازی، یہ سب ایک ایسی کہانی کو جنم دیتے ہیں جو ناظرین کو مسحور کر دیتی ہے۔ یہ مناظر اس قدر خوبصورتی سے عکس بند کیے گئے ہیں کہ ہر فریم ایک فن پارہ معلوم ہوتا ہے۔

پانچویں منظر میں کہانی انسان کی تخلیق کی جانب مڑتی ہے۔ یہ سین ایک مکالمہ کی طرح ہے، جہاں انسان کا وجود، اس کی سوچ، اس کے جذبات، اور اس کے خواب سب کچھ ایک عظیم بیانیہ کی صورت میں سامنے آتے ہیں۔ ہدایت کار نے یہاں کمال کی منظر کشی کی ہے، جہاں انسان اپنی تمام تر عظمت اور شکستگی کے ساتھ نمایاں ہوتا ہے۔

زمین پر زندگی کا ظہور نہ صرف حیاتیاتی ارتقا کی داستان ہے بلکہ یہ ایک عظیم معمہ بھی ہے۔ زندگی کا آغاز ایک معجزے کی مانند ہے، ایک ایسی حقیقت جو انسانی فہم سے ماورا ہے۔ یہ منظر ہمیں دعوت دیتا ہے کہ ہم زندگی کے محض ظاہری پہلوؤں سے آگے بڑھ کر اس کی اصل حقیقت پر غور کریں۔ یہ زندگی کیا ہے؟ کیا یہ محض ایک کیمیائی کھیل ہے، یا یہ کائنات کی ایک بلند تر حقیقت کا حصہ ہے؟ یہ منظر ہمیں یہ سوچنے پر مجبور کرتا ہے کہ زندگی کی قدر کیا ہے، اور ہم اپنی زندگیوں میں کیا معنی تلاش کرتے ہیں؟ زندگی کی یہ گتھی، یہ راز ہمیں زندگی کی اصل کی جستجو کے راستے پر گامزن کرتا ہے۔

چھٹا منظر ہمیں وہاں لا کھڑا کرتا ہے جہاں ہم ہیں، جہاں انسان نے کائنات کو تسخیر کرنے کی ایک نئی جستجو شروع کی ہے۔ یہ دور ٹیکنالوجی، سائنس، اور انکشافات کا ہے، مگر ساتھ ہی یہ انسانی اخلاقیات، ماحولیات، اور سماجی ناہمواریوں کا بھی ہے۔ یہاں انسان کائنات کے رازوں کو سمجھنے کے لیے نئی راہیں تلاش کر رہا ہے، لیکن وہ یہ بھی سمجھ رہا ہے کہ اس کی ترقی اس وقت تک نامکمل ہے جب تک وہ اپنے اندر کی کائنات کو نہیں سمجھ پاتا۔ یہ منظر ہمیں انسان کی لامحدود صلاحیتوں، اس کے خوابوں، اور اس کی بے پناہ جستجو کی کہانی سناتا ہے، جو ایک بہتر اور خوبصورت مستقبل کی تشکیل کے لیے ہر روز نئے امکانات کی تلاش میں ہے۔ یہ منظر سوالات کی ایک نئی سطح کو سامنے لاتا ہے:

کیا ہماری ترقی واقعی ترقی ہے؟

کیا روحانیت کا کوئی وجود ہے؟

کیا ہم نے اپنے مادی علم کے پیچھے روحانی علم کو بھلا دیا ہے؟

انسانیت کی اصل منزل کیا ہے؟

ہم کس سمت جا رہے ہیں؟

یہ فلسفیانہ نقطہ نظر ہمیں یاد دلاتا ہے کہ حقیقی ترقی مادی ہونے کے ساتھ ساتھ روحانی بھی ہے، اور ہمیں اپنے وجود کی اصل حقیقت کو سمجھنے کے لیے ایک نئی بصیرت اور ایک نئے فہم کی ضرورت ہے۔

ان تمام مناظر کو دیکھتے ہوئے، یہ کہنا بجا ہے کہ تخلیقِ کائنات کی یہ فلم ایک ایسا شاہکار ہے جس کی نظیر نہیں ملتی۔ ہر منظر ایک علیحدہ داستان ہے، ہر منظر ایک الگ کائنات، اور ہر لمحہ ایک نئی دنیا کی کھوج کا اشارہ دیتا ہے۔ اسے ہر دور کی عظیم ترین فلموں میں شمار کیا جائے گا، اور اسے جتنے بھی ایوارڈز سے نوازا جائے، وہ اس کے کمال کو پوری طرح بیان نہیں کر سکتے۔ یہ ایک ایسی کہانی ہے جو ہمیشہ کے لیے دلوں میں زندہ رہے گی، اور اس کے ہر فریم میں چھپی گہرائی ہمیشہ ہمیں حیرت میں ڈالتی رہے گی۔

13.3. منصوبہ بند تخلیق

ہم نے پچھلے باب میں چھ اعداد کا جائزہ لیا تھا جو کونیاتی مستقلات (Cosmological Constants) کہلاتے ہیں۔ ان اعداد کی قدروں نے نہ صرف کائنات کی ارتقا، اس کی موجودہ کیفیت اور انجام کو متعین کیا ہے بلکہ زمین کی موجودہ ہیئت، ماحولیاتی نظام اور ہماری زندگی اور موت پر بھی اثر انداز ہوئے ہیں۔ جوں ہی بِگ بینگ ہوا، قوانینِ فطرت نے ان چھ اعداد کے مطابق کائنات کا تانا بانا بُننا شروع کر دیا۔ سوال یہ پیدا ہوتا ہے کہ کیا ان چھ اعداد کی قدروں کا تعین نقطۂ واحد کے پھیلنے سے پہلے ہی ہو گیا تھا؟ دوسرا سوال یہ ہے کہ قوانینِ فطرت کب وجود میں آئے۔ ظاہر ہے کہ کونیاتی مستقلات کی قدروں کا تعین ہونے کے نتیجے میں ہی وجود میں آئے ہوں گے کیوں کہ قوانینِ فطرت نے اُن اعداد کو بطور وترِ خاص یا پیرامیٹر (Parameter) استعمال کیا۔

سیکشن 10.4 میں ہم نے تخلیق کائنات کو بارہ ادوار میں تقسیم کیا تھا جس میں پہلا دور دھماکے سے 10^{-43} سیکنڈ تک پلینک کا دور کہلاتا ہے۔ یہ وقت کا سب سے کم دورانیہ ہے جس میں قانونِ علّت و معلول (Law of Causation) کا وجود نہیں ہوتا۔ اس قانون کے مطابق (سیکشن 4.5)، اگر واقعہ نمبر 1 واقعہ نمبر 2 کا سبب ہے یعنی واقعہ نمبر 2 واقعہ نمبر 1 کا نتیجہ ہے تو یہ ضروری ہے کہ واقعہ نمبر 1 واقعہ نمبر 2 سے پہلے ظہور پذیر ہوا ہو لیکن اگر دو واقعات پلینک کے دور میں واقع ہوئے ہوں تو ہم نہیں کہہ سکتے کہ کون سا واقعہ پہلے ہوا۔ چوں کہ قانون علت و معلول کائنات میں اٹل ہے لہٰذا کائنات کی تخلیق سے قبل اس قانون کا وجود نہیں تھا۔

فرض کریں کہ ایم تھیوری کے مطابق کوانٹم اتار چڑھاؤ ہوتے رہتے ہیں جن کے نتیجے میں کائناتیں پیدا ہوتی رہتی ہیں۔ فرض کریں کہ کونیاتی عدد مستقل N کی قدر 10^{36} سے زیادہ ہے یعنی قوتِ ثقل کم ہے یعنی نیوٹن کی ثقلی مساوات میں ثقلی مستقل G (سیکشن 5.4) کی قدر کم ہے۔ اس کا نتیجہ یہ ہوگا کہ زمین میں مادّہ اتنا کسا ہوا نہیں ہوگا جتنا اب ہے لہٰذا زمین سے ٹکڑے ٹوٹ ٹوٹ کر نکلتے رہیں گے اور آہستہ آہستہ زمین بکھر جائے گی۔ اس سے ثابت ہوتا ہے کہ کائنات کی تخلیق کے وقت ان اعداد کا ہم آہنگ ہونا ضروری تھا اور ہماری کائنات اسی لیے قائم ہے کہ ان اعداد کی قدریں تخلیق کے وقت مقرر ہوگئی تھیں جس طرح سیکشن 12.1 میں ہم نے شربت فیکٹری میں بٹن دبانے سے پہلے چھ کلاک ہم آہنگ کر دیے تھے۔ صرف تین صورتیں ایسی نظر آتی ہیں جن میں یہ ممکن ہے۔

1. پہلی صورت اتفاق ہے۔ ممکن ہے کہ یہ چھ اعداد اتفاقاً ہم آہنگ ہوگئے ہوں، مگر کوانٹم میکانیاتی نقطۂ نظر سے اس کا احتمال برائے نام ہے کہ ان اعداد کی قدریں اتفاقیہ طور پر ہم آہنگ ہو جائیں گی جو ایک مستحکم کائنات کی تخلیق کر سکیں۔

یہ بات حیرت انگیز ہے کہ سیدھے سادے قوانینِ فطرت نے اتنی گنجلک اور پیچیدہ کائنات کو جنم دیا ہے مگر یہ ضروری نہیں ہے کہ سیدھے سادے قوانینِ فطرت کے نتائج ہمیشہ ایسے پیچیدہ ہی ہوں۔ ہم دیکھ چکے ہیں کہ اگر کونیاتی مستقلات کی قدریں مختلف ہوتیں تو کیا ہوتا؟ اس کا آسان جواب تو یہ ہے کہ اس کے نتیجے میں قائم ہونے والی کائنات انتہائی غیر دلچسپ اور غیر مستحکم ہوتی یا زیادہ سے زیادہ ہمارا وجود ہی نہ ہوتا تو پھر ہمیں اس سوال کا جواب دینے کی ضرورت ہی محسوس نہ ہوتی۔

اس دشواری کے متعلق کینیڈین فلسفی جان لیزلی[a] کی فائرنگ اسکواڈ کی تمثیل قابل ذکر ہے[91]۔ فرض کریں کہ ایک شخص کو جسے سزائے موت دی گئی ہے، فائرنگ اسکواڈ کے سامنے کھڑا کر دیا جاتا ہے جس میں پچاس ماہر نشانہ باز بندوقیں تانے اس کے سامنے کھڑے ہیں۔ جب انہیں فائر کرنے کا حکم ملتا ہے تو بیک وقت ان کی بندوقوں سے گولیاں نکلتی ہیں مگر ان تمام بندوقچیوں کا نشانہ خطا ہو جاتا ہے اور وہ شخص زندہ سلامت وہاں سے چل دیتا ہے۔

جان لیزلی پوچھتا ہے کہ کیا وہ صرف اسے اتفاق سمجھ کر سر کو جھٹک دے گا یا پھر یہ سوچ کر حیران ہو گا کہ اگر ان پچاس بندوقچیوں میں سے صرف ایک کا نشانہ بھی اپنے ہدف پر پہنچ جاتا تو وہ اسے اتفاق سمجھ کر سر کو جھٹکنے کے لیے زندہ نہ ہوتا۔ اگر وہ شخص ذی عقل ہے تو اسے حیران ہو کر اس سوال کا جواب ڈھونڈھنا چاہیے۔

2. دوسری صورت میں ہمیں ایم تھیوری کا سہارا لینا پڑے گا مگر اس صورت میں ایک دشواری یہ ہے کہ ان چھ اعداد کی ممکنہ قدروں کے اتصال (Combinations) کی تعداد اتنی ہو گی کہ ہر لمحہ نئی کائناتیں پیدا ہو رہی ہوں گی مگر کونیاتی مستقلات میں غیر آہنگی کی بنا پر ان میں سے بیشتر پیدائش کے دوران یا پیدائش کے فوراً بعد ہی غیر مستحکم ہونے کی وجہ سے ختم ہو جائیں گی، کچھ میں ستارہ سازی کا عمل ہی نہ ہوا ہو گا اور کچھ قلیل عرصے میں اپنے ستاروں کا ایندھن ختم کر کے موت کی طرف گامزن ہوں گی۔ ایک اور بات قابل غور ہے۔ ان چھ اعداد کی جو قدریں ہیں، کیا صرف وہی مستحکم کائنات کو جنم دے سکتی ہیں اور کیا ہر کائنات میں وہی قوانینِ فطرت ہیں جو ہماری کائنات میں ہیں۔

3. تیسری صورت یہ ہے کہ کوئی قوت تخلیق کائنات کی ذمہ دار تھی۔ ہم جانتے ہیں کہ چار بنیادی قوتیں یعنی قوتِ ثقل، برقناطیسی قوت، مضبوط جوہری قوت اور کم زور قوت پلینک کے دور میں متحد قوت کی شکل میں یکجا تھیں جو آگے چل کر علیحدہ ہوئیں۔ اس متحد قوت کی نوعیت، نقطۂ آغاز اور خصوصیات کے بارے میں ہم سائنسی نقطۂ نظر سے کچھ نہیں کہہ سکتے کیوں کہ اس مقام پر ہماری ریاضی کام نہیں کرتی۔

---

[a] John Andrew Leslie (1940-)

اگر ہم قانونِ علت و معلول کی بنیاد پر گفتگو کریں تو کئی سوالات اٹھتے ہیں۔ مثلاً بِگ بینگ کا سبب کیا تھا۔ اگر اس کا جواب یوں دیا جائے کہ نقطۂ واحد انتہائی کثافت اور حرارت کی بنا پر پھیلنا شروع ہو گیا تو کیا اس سے پہلے نقطۂ واحد کی ایسی حالت تھی کہ انتہائی کثافت اور حرارت کی سطح پر نہیں پہنچی تھی؟ اس مرحلے پر متحد قوت کا کیا کردار تھا؟ کیا نقطۂ واحد کے پھیلنے سے پہلے اس کا وجود تھا یا نہیں؟ ان تمام سوالات کے جواب ہمارے پاس نہیں ہیں کیوں کہ ہماری ریاضی پلینک کے دور یعنی بگ بینگ کے 10^{-43} سیکنڈ کے بعد شروع ہوتی ہے۔ بِگ بینگ سے پہلے کیا تھا؟ کونیات اس پر خاموش ہے کیوں کہ وقت کی غیر موجودگی میں "پہلے" کا کوئی وجود نہیں تھا لہٰذا قانون علت و معلول بھی غیر فعال تھا تاہم کچھ نئے نظریات مثلاً اسٹرنگ تھیوری اور کوانٹم گریوِٹی (Quantum Gravity) جو ابھی تحقیق کے مراحل میں ہیں، بگ بینگ سے قبل کوانٹم گریوِٹی کی موجودگی کی طرف اشارہ کرتی ہیں جب متحد قوت بگ بینگ سے پہلے کی حالت پر راج کرتی تھی، مگر یہ نظریات ابھی قیاس آرائی کے مرحلے میں ہیں۔

یہاں ذہین تخلیق[92] (Intelligent Design) کا تذکرہ کرنا دلچسپی سے خالی نہ ہوگا۔ اگرچہ یہ نظریہ ڈارون کے نظریۂ ارتقا کے تردیدی استدلال کے طور پر 1990 کی دہائی میں سامنے آیا مگر اس کی جڑیں 18 ویں اور 19 ویں صدیوں میں ہیں۔ اس نظریے کے مطابق کائنات کی بہتیری خصوصیات ایسی ہیں جن کے متعلق اگر یہ نتیجہ اخذ کیا جائے کہ ان کی تخلیق ڈارون کے قدرتی انتخاب جیسے بے ربط عمل کے بجائے کسی بامقصد ذہین صنّاع نے کی ہے تو ان کی پیچیدگی اور فعالیت کو بہتر طور پر سمجھا جا سکتا ہے۔ بیشتر سائنس دان اسے جعلی سائنس (Pseudoscience) کے زمرے میں شامل کرتے ہیں۔ جعلی سائنس میں وہ نظریات، بیانات اور تجربات آتے ہیں جن کے متعلق دعویٰ کیا جاتا ہے کہ وہ سائنس اور حقیقت پر مبنی ہیں لیکن اگر گہرائی سے ان کا مطالعہ کیا جائے تو وہ سائنسی طریقہ کار سے مطابقت نہیں رکھتے۔

ذہین تخلیق کی بحث کو سمجھنے کے لیے سائنس اور فلسفہ کے درمیان فرق کو واضح کرنا ضروری ہے۔ ذہین تخلیق کی اصطلاح کچھ حلقوں میں متنازعہ رہی ہے، کیونکہ اسے اکثر سائنسی نظریے کی بجائے ایک مذہبی یا فلسفیانہ تصور سمجھا جاتا ہے۔ تاہم، سائنس دانوں کو اس بات پر غور کرنے سے کون روکتا ہے کہ کیا کائنات اور زندگی کی پیچیدگی محض اتفاقات کا نتیجہ ہو سکتی ہے، یا اس کے پیچھے کسی ذہین قوت کا عمل دخل ہے۔

سائنسی نقطہ نظر سے ذہین تخلیق کو سائنسی نظریے کے طور پر تسلیم کرنا مشکل ہے، کیوں کہ یہ تجرباتی بنیاد یا فطری قوانین کی بجائے ایک خالق کی مداخلت پر انحصار کرتا ہے۔ سائنس عمومی طور پر ایسے نظریات کو قبول کرتی ہے جنہیں تجربات کے ذریعے جانچا اور ثابت کیا جا سکتا ہے۔ دوسری جانب، فلسفہ اور بعض مذہبی نظریات میں اس امکان پر غور کیا جاتا ہے کہ کائنات کی ساخت، زندگی کی پیچیدگی، اور فطرت کے قوانین ایک غیر مرئی ذہانت کی طرف اشارہ کرتے ہیں[93]۔

لہٰذا، ذہین تخلیق کو محض ایک سائنسی نظریے کے طور پر رد کرنا یا اسے مکمل طور پر غیر سائنسی قرار دینا مناسب نہیں۔ بلکہ، یہ ایک فلسفیانہ بحث ہے جو انسان کے وجود، کائنات کی تخلیق اور زندگی کے معانی پر گہرے سوالات اٹھاتی ہے۔ سائنسی تحقیق اور فلسفیانہ غور و فکر کو متوازن طریقے سے استعمال کر کے ہم ان سوالات کا جائزہ لے سکتے ہیں اور اپنے عقائد کو وسیع تر تناظر میں سمجھ سکتے ہیں۔

13.4. مذہبی سائنس دان

ابتدائی دور میں سائنس، فلسفہ اور مذہب میں کوئی دوری نہیں تھی۔ اگرچہ کچھ یونانی فلسفیوں نے مذہبی عقائد و روایات کو چیلنج کیا جن میں زینوفان [a] قابل ذکر ہے مگر جن فلسفیوں نے یورپی تہذیب پر گہرا اثر ڈالا وہ دیوی دیوتاؤں کی پوجا کی رسومات بھی ادا کرتے تھے۔ فیثاغورث نے اپنی زندگی روحانیت کے لیے وقف کر دی تھی (سیکشن 3.3) اور ڈروز اب تک اسے پیغمبر مانتے ہیں۔ افلاطون کی ری پبلک کی ابتدا بھی ان دوستوں کے درمیان مکالمے سے ہوتی ہے جس میں سقراط بینڈِس دیوی کے میلے میں شرکت کرنے کے لیے جا رہا ہے۔ غرض یہ کہ یونانی دور میں ہمیں مذہب کے لیے کوئی قابل ذکر چیلنج نہیں ملتا۔ اس کے بعد مسلم اسپین میں یونانی فلسفہ سے متاثر ہو کر جو فلسفیانہ فکر ابھری وہ بھی مذہب کے تابع تھی۔ 10 ویں صدی سے 12 ویں صدی تک قُرطُبہ، اِشبیلیہ اور طلیطلہ [b] کی درس گاہوں نے نہ صرف مسلمان بلکہ یہودی اور عیسائی فلسفی بھی پیدا کیے اور آگے چل کر یونانی فلسفہ عربی میں منتقل کرنے کے کام میں بھی یہودی اور عیسائی مترجمین شامل تھے۔ اس دور میں جس علم کی تخلیق ہوئی وہی علم چودھویں صدی میں یورپ کی نشاۃ

[a] Xenophanes (570 BC – 478 BC)
[b] Cordoba, Seville and Toledo.

ثانیہ کا محرک بنا۔

اس میں شک نہیں کہ ایسے سائنس دان جنہوں نے موجودہ دور کی سائنس کی بنیاد رکھی، کٹر عیسائی تھے۔ ان سائنس دانوں میں کیپلر، مینڈل، پاسکل، کوپر نیکس، فیراڈے، میکسویل اور گیلیلو آتے ہیں[a]۔ ان میں سے کئی سائنس دانوں کا کوئی نہ کوئی تعلق چرچ سے تھا اور جب تک ان کی سائنس کا مذہب سے ٹکراؤ نہیں ہوا تب تک مسیحی کلیسیا نے ان کی پشت پناہی کی اور ان کے نظریات کو بائبل کی سچائی ثابت کرنے کے لیے بھی استعمال کیا مگر جب ان کے نظریات مذہب سے متصادم ہوئے تو ہم نے چرچ کا شدید ردّ عمل بھی دیکھ لیا (سیکشن 4.2 اور 4.8)۔

ان سائنس دانوں کا نظریہ یہ تھا کہ سائنس اپنی جگہ ہے اور مذہب اپنی جگہ۔ اُن کے نزدیک بائبل سائنس کی کتاب نہیں ہے بلکہ ضابطۂ اخلاق ہے اور روحانی قدروں کو بیان کرتی ہے۔ ان سے اختلاف کرنے والوں کا نقطۂ نظر یہ ہے کہ یا تو بائبل کا نظریہ صحیح ہے کہ سورج زمین کے گرد گردش کرتا ہے یا پھر کوپر نیکس صحیح کہتا ہے کہ زمین سورج کے گرد گھومتی ہے۔ دونوں نظریات بیک وقت صحیح نہیں ہو سکتے۔

13.5. ڈی ازم

سائنس اور مذہب میں ایک بنیادی فرق یہ ہے کہ سائنسی عقائد کی بنیاد عقل، منطق اور تجربات پر ہوتی ہے جب کہ مذہبی عقائد کی بنیاد ایمان پر ہوتی ہے جس کے لیے منطقی دلیل ضروری نہیں ہے۔ 17 ویں اور 18 ویں صدی روشن خیالی کا دور کہا جاتا ہے۔ اس دور میں ڈی ازم (Deism) یا وجودِ اعلیٰ کا نظریہ کافی مقبول ہوا اور اس کے ماننے والوں کی فہرست کافی طویل ہے جس میں فلسفی، سائنس دان، آرٹسٹ، سیاست دان، غرض ہر قسم کے لوگ تھے[94]۔ ان میں سرِ فہرست نیوٹن ہے جو اِس دور کی طبیعیات کا باوا آدم ہے۔ نیوٹن کے خیالات ڈی ازم کے قریب سمجھے جاتے ہیں۔ اس نے خدا کو کائنات کا خالق اور قدرتی قوانین کا ترتیب

---

[a] Isaac Newton (1643–1727), Johannes Kepler (1571–1630), Gregor Mendel (1822–1884), Blaise Pascal (1623–1662), Nicolaus Copernicus (1473–1543), Michael Faraday (1791–1867), James Clerk Maxwell (1831–1879), Galileo Galilei (1564–1642).

دینے والا تصور کیا، مگر وہ یہ بھی سمجھتا تھا کہ کائنات ان قوانین کے تحت خود بخود چلتی رہتی ہے۔ نیوٹن کے مطابق، خدا نے قوانین تخلیق کیے جن کے تحت دنیا کی طبیعیات کام کرتی ہے۔

تصویر66: ریاست ہائے متحدہ امریکہ کی مُہر کی پشت

ریاست ہائے متحدہ امریکہ کو قائم کرنے والوں میں ڈی ازم پر یقین رکھنے والے بھی شامل تھے۔ یہی وجہ ہے کہ امریکہ کے قومی نشانات میں ڈی ازم کی علامات کی بھرمار ہے مثلاً ریاست کی مُہر کی پشت (تصویر66) پر آنکھ اور اس کے نیچے نامکمل اہرام روشن خیالی کے دور اور ڈی ازم کے نشانات ہیں۔ یہ آنکھ وجودِ اعلیٰ کی ہے جو ریاست پر نظر رکھے ہوئے ہے۔ آنکھ کے گرد کرنیں اس بات کی علامت ہیں کہ وجودِ اعلیٰ کی آنکھ ہر طرف دیکھتی ہے۔ اہرام علامت ہے طاقت اور صبر و تحمل کی اور اہرام نامکمل اس لیے ہے کہ ابھی ریاستی تکمیل کے لیے بہت کچھ کرنا باقی ہے۔ آنکھ کے اوپر لکھے ہوئے لاطینی جملے Annuit Cœptis کا مطلب ہے، "اُس نے ہمارے کاموں کی حمایت کی ہے" اس کا مطلب ہے کہ خالق جس نے کائنات کی تخلیق کی ہے، اس نے انسان کو سوچ اور عمل میں خود مختار بنایا ہے۔

پاکستان کے ابتدائی دور میں فری میسن اور تھیوسوفیکل سوسائٹی قسم کی تحریکیں فعال ہوتی تھیں جن میں ڈی ازم کے عناصر تھے۔ مجھے اردو میں ڈی ازم کا کوئی متبادل نہیں ملا لہٰذا وجودِ اعلیٰ کا نظریہ استعمال کیا ہے۔ ادارہ فروغ قومی زبان کی جاری کردہ انگریزی اردو آن لائن ڈکشنری[95] میں ڈی ازم کے معنی یوں بیان کیے گئے ہیں:

> "توحید؛ خدا پرستی؛ الٰہیت؛ خدا کے وجود کا عقیدہ؛ خدا کے وجود مگر وحی سے انکار اور مذہبِ فطرت کا عقیدہ؛ اس عقیدے میں خدا کو خالق کائنات تو مانا جاتا ہے مگر ہادی نہیں؛ موحد کا عقیدہ یا مسلک۔"

اس عقیدے کے مطابق کائنات اس قدر پیچیدہ، منظم اور حسین ہے کہ اس کی تخلیق اور اس میں موجود

زندگی کی نشوونما کو اتفاقات اور حادثات کا نتیجہ قرار نہیں دیا جاسکتا بلکہ ایک ذہین خالق کے وجود کو تسلیم کرنا ہوگا جس نے قوانینِ فطرت وضع کیے اور ان کے مطابق کائنات کے وترِ خاص (Parameters) ازحد درستی سے سیٹ کیے تاکہ کائنات کو مستحکم اور زندگی کو قائم کیا جائے۔

ڈی ازم کے نزدیک خالق کا کام صرف قوانینِ فطرت وضع کرنا اور ان کے مطابق کائنات کی تخلیق کرنا تھا۔ اس کے بعد خالق کا کوئی کردار نہیں ہے کیوں کہ کائنات اس کے بنائے ہوئے قوانین کے مطابق چل رہی ہے اور اسے دخل دینے کی کوئی ضرورت نہیں ہے۔

انیسویں صدی میں ڈی ازم کی مقبولیت بطور تحریک کم ہونے لگی اور اس کی جگہ دہریت (Atheism) یعنی خدا کے وجود کے انکار اور لاأدریت (Agnosticism) یعنی خدا کے وجود سے لاعلمیت نے لے لی جس کی وجہ کائنات میں سائنسی تحقیق اور عوام تک اس علم کی رسائی تھی۔ دوسری جانب ڈی ازم کے ماننے والے مذہب کی جانب بھی راغب ہوئے اور اس کی وجہ تبلیغی تحریکیں تھیں۔ اس دوران مذہبی اور فلسفی حلقوں میں ڈی ازم پر گفتگو ہوتی رہی اور موجودہ دور میں ڈی ازم ایک نئی شکل میں سامنے آرہا ہے جس کے چیدہ چیدہ اصول حسب ذیل ہیں[96]۔

1. کائنات کا ایک اعلیٰ ترین خالق ہے جو ذی عقل اور غیر شخصی قوت ہے۔ اس نے قوانینِ فطرت بنائے اور ان کے مطابق کائنات کی تشکیل کی۔
2. خالق ایک گھڑی ساز کے مانند ہے جو گھڑی کو بنانے کے بعد اسے چھوڑ دیتا ہے اور گھڑی خود بہ خود چلتی رہتی ہے۔ یہی حال کائنات کا ہے جو خالق کے بنائے ہوئے قوانینِ فطرت کی بنیاد پر چل رہی ہے۔
3. مذہبی کتابیں انسانی کلچر اور تاریخ کی پیداوار ہیں اور ان کا خالق سے کوئی تعلق نہیں ہے۔
4. صرف انسانی سوچ، منطقی استدلال، عملی مشاہدہ اور تجربیاتی ثبوت کی بنیاد پر کائنات اور اس کے خالق کو سمجھا جاسکتا ہے۔ کائنات کے چلنے میں قوانینِ فطرت کی سختی سے تعمیل خالقِ کائنات کے وجود کا بیّن ثبوت ہے۔
5. ڈی ازم فطری مذہب کی ایک شکل کو فروغ دیتا ہے، جس کے مطابق خدا کا علم مافوق الفطرت واقعات، معجزات یا مذہبی عقائد کے بجائے قدرتی دنیا اور انسانی عقل سے آتا ہے۔
6. معجزات اور مافوق الفطرت واقعات کا کوئی وجود نہیں کیوں کہ وہ خالق کے مرتب کردہ قوانین سے

مطابقت نہیں رکھتے۔

7. انسانی معاشرے کے نظم وضبط کو قائم رکھنے کے لیے ایک اخلاقی ضابطے کی تشکیل ضروری ہے جو عقلی سوچ اور افراد کے فطری حقوق پر مبنی ہو اور افراد اس ضابطے کے پابند ہوں۔

ان اصولوں کے علاوہ جدید ڈی ازم یا جدیدیت (Modernism) میں جو رجحانات ہیں ان میں خدا کے تصور کے لحاظ سے کچھ لچک آرہی ہے اور اس کو ماننے والے ایک محدود سطح پر خالق کی مداخلت پر بھی یقین رکھتے ہیں، ذاتی طور پر روحانی تحقیق اور آزادیٔ رائے کو فروغ دیتے ہیں اور مختلف مذاہب کی روحانی قدروں کو تسلیم کرتے ہیں۔ امریکی ادبی نظریہ ساز کینیتھ برک[a] اور سوئس فلسفی فردیناند ڈی سوسر[b] کے مطابق مذہبی علامات کو ایک لچک دار اور متحرک معنوی دائرے میں سمجھا جاتا ہے۔ یہ جدید مذہبی سوچ کی طرف اشارہ کرتا ہے جس میں علامات کی تشریح اور روحانی قدریں تبدیل ہو سکتی ہیں۔ ان کے نظریے کے مطابق یہ ضروری نہیں ہے کہ جنت، دوزخ اور فرشتوں کا کوئی طبعی وجود ہو۔ انہیں علامات کے طور پر بھی دیکھا جاسکتا ہے۔ ان کے نظریات جدیدیت کے دور میں خدا کے محدود تصور، روحانی تحقیق، اور آزادیٔ رائے کے رجحانات کو فروغ دینے کے حوالے سے اہم سمجھے جاتے ہیں۔

جدید سائنس کی چند تحقیقات مثلاً کوانٹم طبیعیات میں عدمِ تعیّن (indeterminacy) اور کائنات کی ناقابل تصور وسعت نے فلسفہ کی دنیا میں ہلچل مچادی ہے اور اب کائنات پر ہر طرح کی گفتگو زیادہ سے زیادہ غیر محدود اور کم سے کم نتیجہ خیز ہوتی جارہی ہے جس میں خدا کے وجود کا سوال اتنا چھوٹا نہیں رہا جتنا اس وقت تھا جب مذاہب کی ابتدا ہوئی تھی۔

13.6. غیر شخصی خدا

بیشتر مذاہب میں خدا میں وہ اوصاف ملتے ہیں جو انسان میں ہیں، مثلاً محبت، نفرت، خوشی اور غصہ۔ غیر شخصی خدا کے نظریے کی رو سے خدا کوئی شخص نہیں ہے جس میں انسانی اوصاف ہوں بلکہ وہ تجریدی، غیر مرئی، ماورائے ادراک، مطلق، لامحدود قوت ہے جو ہر وجود کی بنیاد ہے۔ یہ نظریہ ڈی ازم اور

[a] Kenneth Duva Burke (1897–1993)
[b] Ferdinand de Saussure (1857-1913)

جدیدیت کے علاوہ کچھ مذاہب میں بھی ملتا ہے جن میں سے چند کی مثالیں حسب ذیل ہیں۔

1. ہمہ اوست

17 ویں صدی کے ڈچ فلسفی بَرُوخ اسپِنوزا[a] کا جدید ہمہ اوست (Pantheism) کی نشوونما اور فروغ میں اہم کردار ہے۔ ہمہ اوست خدا اور کائنات کو ایک ہی وجود تصور کرتی ہے۔ خدا میں کائنات ہے اور کائنات میں خدا ہے۔ اس کی کوئی جداگانہ حیثیت نہیں بلکہ وہ کائنات کے ہر جسم اور ہر وجود میں ہے اور اس کا کوئی ذاتی شعور نہیں کیوں کہ پوری کائنات کا شعور اس میں موجود ہے[97]۔

ہمہ اوست کے ماننے والے نفوذِ کُلّی پر یقین رکھتے ہیں یعنی کائنات کا کوئی ذرّہ برابر حصّہ نہیں جس میں خدا موجود یا فعال نہ ہو۔ اس کے برخلاف دیگر مذاہب ماورائیت پر یقین رکھتے ہیں جس کے مطابق خدا ماڈی دنیا کے باہر سے کائنات کو کنٹرول کرتا ہے۔

ہمہ اوست کا ایک مرکزی عقیدہ یہ ہے کہ کائنات کی ہر شے، پس ایٹمی ذرّے سے لے کر کہکشاں تک آپس میں ایک ہی وجودِ اعلیٰ کے توسط سے جڑی ہوئی ہیں جس کا مطلب ہے کہ انسان، جانور، درخت، پتھر اور تمام مادّی اشیا کا فرق صرف نظر کا دھوکا ہے ورنہ ان سب کی حقیقت ایک ہی ہے۔

2. بدھ مذہب

اگرچہ بدھ مذہب اِلٰہی وجود اور اس کی عظمت کو تسلیم کرتا ہے مگر اس کی تعلیمات کے مطابق انسان کا واحد مقصدِ حیات نجات حاصل کرنا ہے جو اسے نروان کی شکل میں مل سکتی ہے۔ زندگی ایک عذاب ہے جسے انسان مرنے تک درد، مشکلات اور تکالیف کی صورت میں برداشت کرتا اور پھر دوبارہ زندہ ہو کر پھر اسی عذاب میں مبتلا ہو جاتا ہے۔ اس موت اور زندگی کے چکر سے نکلنے کا واحد راستہ نروان ہے جو ایک محفوظ، پرامن اور بابرکت مقام ہے، سلامتی کا گھر ہے، دکھ کا خاتمہ اور مسرت کا اعلیٰ ترین نمونہ ہے، اور ابدی مسرت کی حالت ہے۔ نروان وہ حالت ہے جہاں نہ کوئی ٹھوس ہے نہ سیال، نہ حرارت ہے نہ ٹھنڈک، اور نہ پیدائش ہے نہ موت[98]۔

بدھ مت میں نروان کی تلاش اس آگاہی سے شروع ہوتی ہے کہ زندگی ایک تکلیف دہ حالت

[a] Baruch Spinoza (1632-1677)

ہے اور ایک ایسی زندگی کی ضرورت ہوتی ہے جو اخلاقی طرز عمل اور ذہنی نظم وضبط کے ذریعے اپنے آپ میں حکمت پیدا کرنے کے لیے وقف ہو۔ جہالت، خواہشات اور تعلقات کو ختم کر کے، اور مراقبہ اور بصیرت کے ذریعے، انسان زندگی اور موت کے چکر سے ماوراہو کر نروان یعنی نجات، امن، اور روحانی آزادی کی حتمی حالت کو حاصل کر سکتا ہے۔

3. وحدت الوجود

وحدت الوجود اسلامی تصوف (صوفی ازم) کا ایک تصور ہے، جو بالخصوص ابن عربی[a] سے منسوب ہے۔ اس نظریے کے مطابق وجود در حقیقت صرف ایک ہی ہے جو اللہ کا ہے، اور باقی تمام چیزیں اس کی مظہر ہیں یعنی تمام مخلوقات دراصل خدا کی صفات کا عکس یا اظہار ہیں، لیکن حقیقی وجود صرف خدا کا ہے۔

وحدت الوجود کا نظریہ اسلامی الٰہیات (Theology) اور مابعد الطبیعیات میں گہری جڑیں رکھتا ہے۔ یہ اس بات پر زور دیتا ہے کہ دنیا کی کثرت ایک وہم ہے اور تمام چیزیں، چاہے بظاہر جدا نظر آئیں، آخر کار خدا کی ذات میں متحد ہیں۔ دنیا خدا سے الگ نہیں ہے، لیکن دنیا خدا کے برابر بھی نہیں ہے۔ خدا کی ذات دنیا سے ماورا ہے، حالانکہ وہ ہر چیز میں موجود ہے۔

اگرچہ خدا ہر چیز میں موجود ہے اور نمایاں ہے، لیکن وہ ماوراء بھی ہے۔ دنیا کی تنوع کو ایک پردے کے طور پر دیکھا جاتا ہے جو وجود کی اصل وحدت کو چھپائے ہوئے ہے، اور صوفیانہ عمل کا مقصد اس وحدت کا شعور حاصل کرنا اور ہر چیز میں الٰہی موجودگی کو پہچاننا ہے۔ ہمہ اوست اور وحدت الوجود کی جڑیں کائنات کے خدا میں ضم ہونے میں ہیں مگر بنیادی فرق یہ ہے کہ ہمہ اوست کے لحاظ سے خدا اور فرد میں کوئی ذاتی تعلق ممکن نہیں ہے جب کہ وحدت الوجود میں خدا اور فرد میں واحد وجود کا ایک تعلق ہے اور فرد کا مقصد روحانی طور پر خدا میں ضم ہونا ہے[99]۔

13.7. سائنس دان کا خدا

کہتے ہیں کہ آئن اسٹائن کو بس کا کرایہ ادا کرتے وقت ریزگاری گننے میں دشواری ہوتی تھی۔ میں نے اس

[a] Ibn Arabi (1165–1240)

کہانی کی صداقت معلوم کرنے کے لیے کافی تحقیق کی مگر کوئی قابل اعتبار حوالہ نہیں ملا، ویسے یہ کہانی سائنس دانوں کی صحیح عکاسی کرتی ہے۔ روایتی سائنس دان خصوصاً جو تحقیق میں مصروف رہتے ہیں، زندگی کے طور طریقوں سے واقف نہیں ہوتے۔ بالفاظ دیگر وہ چلتے پرزے (Street Smart) نہیں ہوتے۔ اس کی وجہ یہ ہے کہ ان کی زندگی ان کا کام ہوتا ہے۔ دن لائبریری میں یا کلاس روم میں صرف ہوتا ہے اور راتیں لیب میں۔ کموڈ پر بیٹھے ہوئے، ٹوتھ پیسٹ کرتے ہوئے، شیو بناتے ہوئے، ہر وقت ان کے دماغ میں چکّی سی چلتی رہتی ہے جس میں مساوات اور تجربات پستے رہتے ہیں۔ ایسے میں اگر ان سے کوئی خدا کے وجود کے متعلق پوچھ لے تو وہ سوال آؤٹ آف کورس ہوتا ہے۔

پیو ریسرچ کے 2009 کے سروے کے مطابق[100] امریکہ کے 33٪ سائنس دانوں نے کہا کہ وہ خدا کو مانتے ہیں، 18٪ کا جواب تھا کہ وہ کسی نہ کسی وجودِ اعلیٰ کو مانتے ہیں جس نے کائنات کی تخلیق کی، 41٪ خدا یا کسی وجودِ اعلیٰ کو نہیں مانتے اور باقی 8٪ نے لاعلمی کا اظہار کیا، یا کسی خدا کو نہ ماننے والوں اور خدا یا کسی اور طاقت کو ماننے والوں کی تعداد برابر تھی۔ ان کے مقابلے میں عام لوگوں میں 83٪ خدا کو ماننے والے، 12٪ کسی نہ کسی وجودِ اعلیٰ کو ماننے والے، 4٪ خدا یا کسی وجودِ اعلیٰ کو نہ ماننے والے تھے اور 1٪ نے لاعلمی کا اظہار کیا۔ اس کے سات سال کے بعد ایک اور سروے سے معلوم ہوا کہ خدا کے نہ ماننے والوں کی تعداد میں اضافہ ہو گیا تھا۔

اِلَین اَیکلنڈ[a] نے 2016 میں امریکن سائنس دانوں کا ایک سروے کیا[101] جس کے مطابق ان سائنس دانوں میں سے جو کسی مذہب پر یقین نہیں رکھتے کثیر تعداد مادّہ پرستی کی حدود کے باہر کسی قوت پر یقین رکھتے ہیں۔ کچھ سائنس دان مذہبی نہ ہونے کے باوجود روحانیت پر یقین رکھتے ہیں اور کسی غیر شخصی خدا یا قوت کے قائل ہیں۔ اگرچہ ان کا کوئی خاص مذہب نہیں ہے لیکن بے کراں کائنات کے دبدبے کے سامنے ان کا سر تعظیم اور عاجزی سے جھک جاتا ہے۔

ان سائنس دانوں میں سب سے مشہور مثال البرٹ آئن اسٹائن کی ہے جو غیر شخصی خدا پر ایمان رکھتا تھا۔ وہ خدا کو قوانینِ فطرت کی معرفت دیکھتا تھا جو کائنات کو چلا رہے ہیں نہ کہ ایک ذاتی خدا کی حیثیت سے جو اس کی روزمرہ کی زندگی میں دخل اندازی کرتا ہے[102]۔

---

[a] Elaine Howard Ecklund, Rice University, Houston, Texas USA

اسٹیفن ہاکنگ کافی حد تک دہریت کی طرف مائل نظر آتا ہے، مگر اس کا موقف پیچیدہ ہے۔ وہ براہ راست خدا کے وجود کا انکار نہیں کرتا بلکہ اس کا نظریہ ہے کہ سائنس کی روشنی میں کائنات کی تخلیق اور اس کے وجود کو کُلّی طور پر فطری قوانین کی روشنی میں سمجھا جاسکتا ہے۔

اپنی کتاب The Grand Design میں ہاکنگ لکھتا ہے کہ "کائنات کے آغاز کے لیے خدا کو شامل کرنا ضروری نہیں ہے۔" اس بیان کا مطلب یہ ہے کہ اس کے مطابق کائنات فطری قوانین جیسے کہ کوانٹم میکانیات اور کشش ثقل کے تحت وجود میں آسکتی ہے اور اس کے لیے کسی الٰہی خالق کی ضرورت نہیں ہے۔

تاہم یہ کہنا کہ خدا کا وجود ضروری نہیں ہے، اس بات کی دلیل نہیں ہے کہ خدا کا وجود نہیں ہے۔ ہاکنگ کا موقف بنیادی طور پر یہ تھا کہ سائنسی وضاحتیں کافی ہیں اور اس کے نزدیک خدا کے وجود کی سائنسی بنیاد پر ضرورت نہیں ہے۔ بعد کے بیانات میں، جیسے 2014 کے ایک انٹرویو میں، اس نے اپنے آپ کو واضح طور پر دہریا کہا، لیکن اس کی توجہ ہمیشہ سائنس پر رہی، اور اس نے براہ راست خدا کے نہ ہونے کا دعویٰ نہیں کیا۔

لٰہذا، اسٹیفن ہاکنگ کا دہریت کی طرف رجحان سائنسی اور فطری وضاحتوں کی کافی اہمیت پر مبنی تھا، لیکن وہ یہ کہنے میں محتاط رہا کہ خدا کے وجود کا سائنسی طور پر انکار ممکن نہیں، مطلب یہ کہ اگر آپ سائنس کی بنیاد پر خدا کے وجود کو ثابت نہیں کرسکتے تو اس کے عدم وجود کو بھی ثابت نہیں کرسکتے۔

اُن سائنس دانوں میں جو روایتی مذہب کو سائنس سے ہم آہنگ نہیں پاتے، وہ جدیدیت اور ہمہ اوست کو سائنس سے زیادہ نزدیک دیکھتے ہیں۔ اگرچہ دہریت اور لاادریت سائنس دانوں میں عام ہے، ان کی دل چسپی روحانیت بدون مذہب میں بڑھ رہی ہے جس کی بنیاد غیر شخصی خدا ہے۔

14

مذہب کا دائرہ

14.1. میرا فکری سفر

1950 کی دہائی میں جب میں ہائی اسکول میں تھا، پاکستانی معاشرے میں ادبی، ثقافتی اور نظریاتی تحریکیں عروج پر تھیں۔ یہ آزاد خیالی اور ذہنی وسعت کا دور تھا جب معاشرتی اقدار میں ایک گہری تبدیلی آرہی تھی اور لوگ ، خصوصاً نوجوان، نظریاتی اور فکری آزادی سے گفتگو کرنے سے نہیں گھبراتے تھے۔ انقلاب، مذہب، الحاد اور سرخ سویرے جیسی اصطلاحات عام گفتگو کا حصہ ہوتی تھیں۔

قیام پاکستان کے بعد، نئی ریاست میں سیاسی، مذہبی اور نظریاتی بنیادوں پر نئی سوچ کے دروازے کُھل گئے تھے۔ اُس دور میں ملک میں نہ صرف انقلابی نظریات پر گفتگو ہوتی تھی، بلکہ دنیا بھر میں ہونے والی فکری تحریکوں سے متاثر ہو کر لوگ اپنے خیالات کا کھل کر اظہار کرتے تھے۔ کالج تک پہنچتے پہنچتے ہم نے کارل مارکس[a]، میکسم گورکی[b] اور ہٹلر[c] تک کو پڑھ لیا تھا اور لاتعداد احتجاجی جلوسوں میں شرکت کرلی تھی، کبھی الجزائر کی جنگ آزادی کی حمایت میں اور کبھی لوممبا[d] کو آزاد کرانے کے لیے۔

---

[a] The Communist Manifesto by Karl Marx (181-1883) and Frederick Engels (1820-1895),

[b] Maxim Gorky (1868-1936)

[c] Mein Kampf by Adolf Hitler (1889-1945)

[d] پیٹرس لوممبا (Patrice Lumumba, 1925–1961) کانگو کی بلجیم سے آزادی کے بعد پہلا جمہوری طور پر منتخب وزیراعظم تھا جسے امریکہ، بلجیم اور دیگر مغربی طاقتوں کی ریشہ دوانیوں کے نتیجے میں قید کر دیا گیا اور آخرکار سزائے موت دے دی گئی۔

یہ وہ دور تھا جب عالمی سیاست میں انقلاب اور سوشلزم کے نظریات بڑی تیزی سے پھیل رہے تھے۔ خصوصاً روسی انقلاب نے دنیا بھر میں نوجوانوں کو متاثر کیا تھا، اور پاکستان میں بھی نوجوان انقلاب کی باتیں کرتے تھے۔ "سرخ سویرا" محض ایک استعارہ نہیں تھا بلکہ اس کا مطلب معاشرتی ناانصافیوں کے خلاف جدوجہد کے نتیجے میں ایک ایسے معاشرے کا قیام تھا جس میں ہر ایک کو یکساں انصاف اور یکساں مواقع ملیں۔ پاکستان میں بھی نوجوان نسل ایک نئے سماجی نظام کے خواب دیکھتی تھی جس میں مساوات اور انصاف ہو۔

اُس دور میں ایک اور اہم موضوع جو ریستورانوں میں ہونے والے مباحثوں کا موضوع ہوتا تھا وہ مذہب اور الحاد کا سوال تھا۔ نوجوان نسل مذہب کے روایتی تصورات کو چیلنج کر رہی تھی اور الحاد جیسے نظریات پر کھل کر بات ہو رہی تھی۔ یہ مباحثہ نہ صرف مذہبی سوالات پر تھا بلکہ انسان کی بنیادی اخلاقیات اور زندگی کے فلسفے پر بھی دوستوں کی محفلوں میں باتیں ہوتی تھیں۔ میں نے 1953 میں، جب میں ساتویں کلاس میں تھا، چار آنے فیس دے کر ینگ کمیونسٹس آف پاکستان کی ممبر شپ لی تھی اور اپنی گفتگو میں طبقاتی جدوجہد، سرمایہ دارانہ نظام، محنت کشوں کا استحصال اور جدلیاتی مادّیت جیسے بڑے بڑے الفاظ استعمال کرنا شروع کر دیے تھے جن میں سے کچھ کے معانی بھی معلوم نہیں تھے۔

میرے ایک ناول "اے تحیر عشق" میں خالد صاحب کے نام سے ایک اسکول ماسٹر کا کردار ہے جو میں نے اپنے ایک استاد سے لیا ہے جن کا نام عبد الخالق تھا۔ وہ ایک قسم کے سپلائی ٹیچر تھے۔ اگر کسی دن کوئی استاد اسکول سے غیر حاضر ہوتا تو خالق صاحب اس کا پیریڈ لینے کے لیے آجاتے۔ ان کا کام بس ہمیں مصروف رکھنا تھا مگر وہ ہمارے لیے رول موڈل بن گئے۔ جب بھی وہ کلاس روم میں آتے تو ہم مسکرا کر ان کا استقبال کرتے۔ ہمیشہ ان کے ہاتھ میں ایک نئی کتاب ہوتی جس پر وہ گفتگو کرتے اور سوال جواب کا موقع دیتے۔ بیورلی نکلس کی کتاب ورڈکٹ آن انڈیا[a] سب سے پہلے انہوں نے ہی کلاس روم میں پیش کی جسے میں نے بعد میں پڑھا۔ خالق صاحب نے ہماری فکر کی تعمیر میں اہم کردار ادا کیا۔ ان کے نزدیک کوئی ایسا سوال نہیں تھا جو پوچھا نہ جاسکے۔ ان کا قول تھا کہ جو مذہب سوال پوچھنے کی اجازت نہ دے اس سے

[a] Verdict on India by Beverleey Nichols, 1944.

دور رہو۔ ان کے نزدیک اسلام میں جو سب سے اچھی بات ہے وہ یہ ہے کہ سوال پوچھنے کی آزادی ہے۔

حیدرآباد سندھ میں ہمارے پڑوس میں ایک پرانی عمارت تھی جسے بسنت ہال کہا جاتا تھا۔ وہاں آئے دن جلسے، مشاعرے اور مختلف تقریبات ہوتی تھیں اور اس سے منسلک ایک مطالعہ کا کمرہ تھا جس میں ہر مذہب اور نظریے کے اخبار، رسالے اور پمفلٹ موجود تھے۔ ان کی پالیسی تھی کہ جو اپنا لٹریچر وہاں رکھنا چاہے رکھ دے۔ بسنت ہال 1905 میں کھیم چند مٹھانی کی تحریک پر بنایا گیا تھا جو سندھ کے آزادی پسند، ماہر تعلیم اور سماجی کارکن تھے اور اس کا نام اینی بسنت[a] کے نام پر رکھا گیا تھا جو سندھ میں تھیوسوفیکل سوسائٹی (Theosophical Society) کی روحِ رواں تھیں اور سندھ کے دانش ور طبقے میں عزت کی نگاہ سے دیکھی جاتی تھیں۔ تھیوسوفیکل سوسائٹی ایک روحانی اور فلسفیانہ تحریک تھی جو 1875 میں امریکہ سے شروع ہوئی اور پوری دنیا میں پھیل گئی[103]۔ اس کا مقصد دنیا بھر کے مذاہب، فلسفوں، اور روحانی نظریات کی گہرائیوں کو سمجھنا تھا۔ سوسائٹی کے تین بنیادی اصول تھے:

1. تمام انسانوں کے درمیان برادری اور وحدت کو بلا امتیازِ رنگ و نسل، مذہب یا قومیت، فروغ دینا۔
2. مختلف مذاہب، فلسفوں، اور سائنسی اصولوں کا گہرائی سے مطالعہ کرنا تاکہ انسانیت کی روحانی ترقی کے لیے ان میں موجود مشترکہ سچائیوں کو دریافت کیا جائے۔
3. کائنات کے پوشیدہ اور فطری قوانین کی تلاش اور انسان کی انفرادی فکر کو سمجھنا جس میں زندگی، موت، روح اور کائناتی قوتیں شامل ہیں۔

تھیوسوفیکل سوسائٹی کی تعلیمات مشرقی اور مغربی روحانی روایات کا مجموعہ ہیں، جن میں بدھ مت، ہندو مذہب، صوفی ازم، مسیحیت، اور دیگر مذاہب شامل ہیں۔ سوسائٹی کا ماننا تھا کہ تمام مذاہب میں ایک بنیادی سچائی ہے جو تمام انسانی تجربات کی بنیاد ہے۔ اس نظریے کو قدیم حکمت (Ancient Wisdom) کہا گیا۔ اس زمانے میں تھیوسوفیکل سوسائٹی کی ممبر شپ دانش وری کی علامت سمجھی جاتی تھی۔ اگرچہ سوسائٹی کے ممبران میں ہندو، مسلم، پارسی، غرض ہر مذہب کے لوگ تھے مگر ان میں سے بیشتر کے عقائد کی بنیاد ڈی ازم پر تھی۔

[a] Dr. Annie Besant (1847-1933)

بسنت ہال کا مطالعہ کا کمرہ نظریات کا گودام تھا جس میں سوشلزم، مسیحیت، قادیانیت، شیعہ، سُنّی، صوفی ازم غرض بھانت بھانت کے نظریات تھے۔ میں روزانہ کچھ وقت اس کمرے میں گزارتا تھا۔

کبھی کبھار بسنت ہال میں ایک پادری صاحب آتے تھے جو مسیحیت کی تبلیغ کرتے تھے۔ ان کی آمد کا اعلان کرنے کے لیے بجلی کے کھمبوں پر اشتہار چپکا دیے جاتے تھے کہ فلاں تاریخ کو بسنت ہال میں مسیح کی آمد ثانی پر لیکچر ہوگا۔ جن لوگوں کو دلچسپی ہوتی وہ آتے تھے اور بڑے شوق سے پادری صاحب کو سنتے تھے۔ وہ دیوار پر سلائڈ بھی دکھاتے تھے جن میں یسوع مسیح فرشتوں کے جھرمٹ میں تخت پر بیٹھا ہوا آسمان سے اتر رہا ہوتا۔

پادری صاحب نے مجھے لاہور کے ایک بائبل اسکول سے متعارف کرایا جس کا نام صدائے نبوت تھا اور بذریعہ ڈاک بائبل پڑھاتا تھا۔ چناں چہ میں نے داخلے کا فارم بھر دیا اور پورے دو سال کا کورس لیا۔ اسی دوران میرا تجسس مجھے چرچ لے کر گیا اور پھر وہاں کچھ دوست بن گئے اور میں نے باقاعدگی سے جانا شروع کر دیا۔ جب چندے کے لیے حاضرین میں پلیٹ گھمائی جاتی تو میں بھی اس میں چونّی یا اٹھنّی ڈال دیتا تھا۔

برصغیر میں اسلام ابتدا ہی سے مذہب بھی رہا ہے اور کلچر بھی۔ جنھوں نے زندگی میں کبھی نماز نہیں پڑھی وہ بھی وقت پڑنے پر اسلام کے لیے کٹ مرنے کے لیے تیار ہو جاتے ہیں۔ جس دور کا تذکرہ ہو رہا ہے اس میں بیشتر لوگوں کا مذہب کے ساتھ تعلق ثقافت اور جذباتیت کی حد تک ہوتا تھا۔ میرا مسیحیت کے ساتھ تعلق صرف تجسس اور تحقیق کی حد تک تھا ورنہ مذہب تبدیل کرنے کا خیال کبھی نہیں آیا۔

میرا بچپن آرمی میں گزرا اور میری فکری تعمیر میں آرمی لائبریری کا بھی حصہ تھا جہاں مجھے غلام احمد پرویز اور غلام جیلانی برق کو پڑھنے کا موقع ملا۔ اُن کی مدد سے پہلی مرتبہ میں نے اسلام کو قدیم اور فرسودہ بیانیے سے ہٹ کر دیکھا۔ کالج تک پہنچتے پہنچتے میری توجہ سید ابوالاعلیٰ مودودی کی طرف چلی گئی۔ میں نے انھیں مذہب کے معاملے میں قدرے معتدل پایا مگر میرے مطالعے کا محور ان کا ریاستی نظریہ تھا۔ 1958 میں میں نے اسلامی جمعیت طلبہ کا گوشوارۂ رفاقت بھرا اور مجھے رفیق جمعیت کی حیثیت سے قبول کر لیا گیا۔

بدقسمتی سے ایوب خان کا مارشل لا لگنے کے بعد سوچ پر پابندیاں لگ گئیں اور نظریاتی مکالمہ بند ہو گیا۔

14.2 . مذہب اور تمدنی تبدیلیاں

سائنس اور مذہب دونوں تسلیم کرتے ہیں کہ ہمارا علم محدود ہے۔ فرق صرف یہ ہے کہ چوں کہ سائنس کی بنیاد عقل اور منطق پر ہے لہٰذا نئے علم کی روشنی میں سائنس اپنے پرانے نظریات کی تردید کر کے نئے نظریات بغیر کسی مزاحمت کے (یا برائے نام مزاحمت کے بعد) قبول کر لیتی ہے۔ بیشتر محققین نئے تجربات اور معلومات کی روشنی میں اپنی پچھلی تحقیق کو رد کرنے میں عار محسوس نہیں کرتے۔ اس کے برخلاف اگرچہ مذہب دعویٰ کرتا ہے کہ عقل اور منطق سے اس کا کوئی ٹکراؤ نہیں لیکن درحقیقت اس کی بنیاد غیر متغیّر نظریات پر ہوتی ہے جن میں تبدیلی ممکن نہیں۔

اگر مذہب تبدیلی کو قبول بھی کرتا ہے تو تمدّنی اور ثقافتی تبدیلیوں کے دباؤ کے تحت اس خوف سے کرتا ہے کہ کہیں معاشرہ اسے مسترد نہ کر دے۔ مغرب میں مسیحیت جس دباؤ کا شکار ہے اس کے تحت وہ آہستہ آہستہ بنیادی عقائد سے کنارہ کشی اختیار کر رہی ہے۔ امامت کے لیے خواتین کا انتخاب اور ہم جنس شادیاں اب کئی مسیحی فرقوں میں قابل قبول ہیں۔ جب یونائیٹڈ چرچ آف کینیڈا کی ریورنڈ گریٹا وو سپر نے اعلان کیا کہ وہ نہ خدا کو مانتی ہیں اور نہ یسوع مسیح کو خدا کا بیٹا سمجھتی ہیں تو چرچ نے اس کے باوجود انہیں امامت پر قائم رکھا[104]۔

مسلمانوں کی تاریخ میں بھی بدلتے ہوئے حالات کے تحت فتاویٰ میں تبدیلی کرنے کی مثالیں ملتی ہیں، مثلاً کہا جاتا ہے کہ جب 1450ء میں یورپ میں چھاپہ خانہ ایجاد ہوا تو سلطنت عثمانیہ میں شیخ الاسلام نے اس کے خلاف فتویٰ دیا کیوں کہ ان کے نزدیک علم پاکیزہ ہے اور کاتبین جس محبت اور خلوص سے کتابت کرتے تھے، خصوصاً قرآن کی کتابت کے لیے باوضو ہو کر بیٹھتے تھے، اس علم کو مشینوں کے حوالے کرنا علم کی بے حرمتی تھی۔ آخر 1493ء میں اسپین سے بے دخل کیے گئے یہودیوں کو سلطان نے چھاپہ خانہ قائم کرنے کی اجازت دے دی بشرطیکہ اس پر صرف ان کے مذہب کی کتابیں چھپیں۔ کچھ حوالوں کے مطابق یہ پابندی 1729ء تک رہی[105]۔ اسی طرح جب لاؤڈ اسپیکر ایجاد ہوا تو 1928ء میں ہندوستان میں دیوبند کے مولانا اشرف علی تھانوی نے فتویٰ دیا کہ نماز میں لاؤڈ اسپیکر کا استعمال ناجائز ہے مگر بعد میں علمائے دیوبند نے وہ فتویٰ واپس لے لیا[106]۔

14.3. اختیاری اور غیر اختیاری احکام

اسلام کی سیدھی سادی تعریف مجھے سید ابو الاعلیٰ مودودی سے ملی۔ ان کے مطابق[107] اسلام کے لغوی معنی ہیں خدا کے بنائے ہوئے اصولوں کی تابع داری۔ یہ اصول دو قسم کے ہیں: غیر اختیاری احکام جن پر عمل کرنے کے لیے تمام اجسام مجبور ہیں۔ ان میں ہمارے علاوہ نہ صرف تمام حیوانات، نباتات اور جمادات شامل ہیں بلکہ ستارے، سیارے، کہکشائیں اور تمام کائناتی اجسام بھی شامل ہیں۔

وہ قوانین فطرت جن کا مطالعہ ہم نے اس کتاب میں کیا ہے، اسلام کے نقطۂ نظر سے خدا کے غیر اختیاری احکام ہیں جن پر عمل کرنے پر پوری کائنات مجبور ہے۔ کشش ثقل، برقناطیسی توانائی، سیاروں کا نپے تلے مداروں پر گردش کرنا، ستاروں میں جوہری اختلاط کے عمل سے ہائیڈروجن کا ہیلیم بننا، رحم مادر میں بچے کی نشوونما، ہمارے جسم میں خون کی گردش، عمل تنفس، گردوں کا خون کو آلودگی سے پاک کرنا، بیج کا پودا بننا، غرض تمام طبیعیاتی، کیمیائی، حیاتیاتی اور ارضیاتی اصول خدا کے غیر اختیاری احکام ہیں اور پوری کائنات اپنے وجود کو برقرار رکھنے کے لیے ان احکام پر عمل پیرا ہے۔ اس لحاظ سے پوری کائنات فطری طور پر "مسلم" ہے۔ اسلام کی اس تعریف کی رو سے چاند، ستارے، چرند، پرند، انسان، درخت سب مسلم ہیں۔

اصولوں کی دوسری قسم اختیاری احکام ہیں جن کے معاملے میں ہم خود مختار ہیں۔ یہ اصول انسانی معاشرے میں انفرادی اور اجتماعی طور پر نظم و ضبط قائم کرنے کے لیے ہیں۔ ان میں سے کچھ اِلٰہی احکام ہیں جو خدا کی طرف سے آتے ہیں اور باقی ریاستی احکام ہیں جو معاشرہ اپنی ضرورت کے مطابق طے کرتا ہے، مثلاً

1. روحانی احکام: ایمان اور عبادات۔
2. اخلاقی احکام: سچ بولنا اور جھوٹ سے پرہیز کرنا، امانت، دیانت، صبر، شکر اور قناعت کو اختیار کرنا، خدمت خلق اور لوگوں کو معاف کرنا۔
3. معاشرتی اور قانونی احکام: شادی اور طلاق، تعلیم، لین دین اور تجارت کے معاملات میں دیانت داری، جرائم اور ان کی سزا سے متعلق قوانین۔
4. معاشرتی تنظیم سے متعلق احکام: ٹریفک قوانین، شہری حقوق اور ذمہ داریاں، انتخابات میں ووٹ

ڈالنا، ٹیکس ادا کرنا، مستحقین کی مدد کرنا، دوسروں کے حقوق کی پاس داری کرنا۔

5. ذاتی طرزِ زندگی سے متعلق احکام: خوراک، لباس، صحت، صفائی، وقت کی پابندی اور جدید ٹیکنالوجی کے استعمال میں ذمہ داری۔

6. ماحولیاتی احکام: قدرتی وسائل کا دانش مندانہ استعمال اور ماحولیاتی آلودگی سے بچاؤ۔

آپ جس ملک میں رہتے ہیں اس ملک کے ریاستی احکام کی پابندی آپ پر بحیثیت مسلم اتنی ہی لازم ہے جتنی بحیثیت ایک شہری کے۔ قرآن کے مطابق:

> "اے ایمان والو! اللہ کی اطاعت کرو، رسول کی اطاعت کرو اور تم میں سے جو صاحب امر ہیں ان کی اطاعت کرو۔" النساء 4:59

اس آیت میں "صاحبِ امر" وہ لوگ ہیں جنہیں ریاست شہریوں کو قوانین کی پابندی کرنے کا حکم دینے کے لیے مقرر کرتی ہے، مثلاً عدلیہ، قانون نافذ کرنے والے ادارے وغیرہ۔ دوسری بات یہ کہ آپ جس ملک کے شہری ہیں یا بطور سیاح اس ملک میں داخل ہوتے ہیں تو اس کی ریاست کے ساتھ آپ کا ایک غیر تحریری معاہدہ ہوتا ہے کہ جب تک آپ اس ملک کی سرحدوں میں رہیں گے اس کے قوانین کی پابندی کریں گے۔

ایک اچھے شہری کی پہچان ہے کہ وہ تمام ریاستی احکام پر عمل کرے۔ کچھ ریاستی احکام پر عمل نہ کرنا جرم نہیں ہوتا، مثلاً بیشتر ممالک میں جہاں جمہوریت ہے، الیکشن میں ووٹ ڈالنا اچھا شہری ہونے کی علامت ہے۔ اگر کوئی ووٹ نہیں ڈالتا تو وہ بُرا شہری ہے۔ کچھ احکام ایسے ہوتے ہیں جن پر عمل نہ کرنا جرم ہوتا ہے مثلاً ٹیکس کی ادائیگی نہ کرنا اور ان احکام کی پابندی نہ کرنے والا مجرم ہوتا ہے اور اسے سزا ملتی ہے۔

جیسے اچھے اور بُرے شہری ہوتے ہیں، اسی طرح اچھے اور بُرے مسلمان بھی ہوتے ہیں۔ اچھے مسلمان تمام اِلٰہی اور ریاستی احکام پر عمل کرتے ہیں اور بُرے مسلمان ان احکام پر عمل نہیں کرتے جن کا نہ کرنا جرم نہیں ہے، اور اگر وہ جرم ہے تو ان احکام پر عمل نہ کرنے والے گناہ گار ہوتے ہیں خواہ وہ ریاست کی نظر میں مجرم ہوں یا نہ ہوں، مثلاً ریاست کا شہریوں کے ایمان اور عبادات سے کوئی تعلق نہیں اور ان احکام سے روگردانی کرنے والا گناہ گار ہو سکتا ہے مگر مجرم نہیں۔ اسی طرح ٹیکس کی چوری کرنے والا مجرم

بھی ہے اور گناہ گار بھی۔

جہاں تک میں سمجھ سکا ہوں، اسلام میں جرم اور گناہ ہم معنی ہیں۔ اگر کوئی فعل گناہ نہیں مگر جرم ہے تو وہ گناہ بن جاتا ہے کیوں کہ وہ ایک فرد اور ریاست کے درمیان معاہدے کی خلاف ورزی ہے۔ قرآن کے مطابق معاہدے کی خلاف ورزی گناہ ہے اور یہ ایک سنجیدہ معاملہ سمجھا جاتا ہے۔ مسلمانوں کو تاکید کی گئی ہے کہ وہ اپنے عہد و پیمان پورا کریں اور معاہدوں کی پاس داری کریں۔

"اور عہد کو پورا کرو، یقیناً عہد کے بارے میں پوچھا جائے گا۔" الاسراء 17:34

چناں چہ ڈرائیونگ کے دوران ٹریفک کی سرخ لائٹ سے گزر جانا، سڑک پر مقررہ رفتار سے تیز گاڑی چلانا اور اسٹاپ سائن سے بلا رُکے ہوئے گزر جانا، نہ صرف جرائم ہیں بلکہ گناہ بھی ہیں۔

14.4. نانی اماں کا اسلام

بچپن میں نانی اماں سے جو اسلام سیکھا وہ بڑا سیدھا سادا تھا۔ حال آنکہ وہ دیہاتی تھیں مگر بہت پڑھی لکھی تھیں۔ بات بات میں قرآن کی کوئی آیت پڑھ دیتی تھیں۔ سنا تھا کہ انہوں نے آدھا قرآن شریف حفظ کر لیا تھا۔ شیخ سعدی کی کریما اور بوستاں بھی حفظ تھیں۔ ایک زمانے میں وہ خود بھی فارسی میں شعر کہتی تھیں۔ ان ہی سے مجھے معلوم ہوا کہ فارسی میں کان کو گوش، آنکھ کو چشم اور ناک کو بینی کہتے ہیں، اور کالی مرچ فلفلِ سیاہ ہوتی ہے۔

نانی اماں بتاتی تھیں کہ ہمارے دونوں کندھوں پر ایک ایک فرشتہ بیٹھا رہتا ہے اور دونوں کے پاس ایک ڈائری ہوتی ہے جسے اعمال نامہ کہتے ہیں۔ دائیں کندھے پر بیٹھا ہوا فرشتہ ہمارا ہر اچھا کام لکھتا ہے اور بائیں کندھے والا فرشتہ ہر برا کام۔ ان کا کہنا تھا کہ ہر کام کا وزن ہوتا ہے۔ کچھ کام ہلکے ہوتے ہیں اور کچھ بھاری، مثلاً کسی کی جان بچانا سب سے بھاری نیکی ہے اور کسی کی جان لینا سب سے بھاری گناہ ہے۔ نانی اماں کے مطابق مرنے کے بعد جب ہم آخرت میں جائیں گے تو ہمارے دونوں فرشتے اپنی اپنی ڈائری لے کر آئیں گے اور ترازو کے پلڑوں میں رکھ دیں گے۔ اگر ہماری نیکیوں کا اعمال نامہ برائیوں کے اعمال نامے سے بھاری ہو گا تو ہم جنت میں جائیں گے اور اگر برائیوں کا اعمال نامہ بھاری ہو گا تو دوزخ میں جائیں گے۔

یہ کہانی میرے بچپن کا حصہ بن گئی۔ جب امی جان مجھے بلا کر پوچھتیں کہ گلاس کس نے توڑا تو میں فوراً اپنا ہاتھ بائیں کندھے پر رکھ کر کہتا کہ میں نے نہیں توڑا۔ کندھے پر ہاتھ رکھنے کا مقصد یہ تھا کہ برائیوں کا ریکارڈر رکھنے والا فرشتہ مجھے جھوٹ بولتے ہوئے نہ سن لے۔ امی جان کی جھنجھلاہٹ میں مسکراہٹ شامل ہو جاتی اور وہ ڈانٹ کر کہتیں، "اپنا ہاتھ کندھے سے ہٹا کر بتاؤ کہ گلاس کس نے توڑا۔" میں ہاتھ ہٹا کر بسورتے ہوئے کہتا کہ میں نے ہی توڑا۔ وہ مجھے گلے لگا کر کہتیں کہ اچھے بچے ہمیشہ سچ بولتے ہیں۔

بڑے ہو کر معلوم ہوا کہ اسلام میں جزا اور سزا کا یہی نظام ہے اور مجھے اس سے زیادہ منصفانہ نظام نظر نہیں آتا۔ نانی اماں کی کہانی قرآن کی اس آیت پر مبنی تھی:

"اور بے شک تم پر معزز لکھنے والے نگہبان مقرر ہیں۔" الانفطار 82:10-11

ہم جانتے ہیں کہ ہم جس سماج میں پرورش پاتے ہیں اس کا ایک اخلاقیاتی معیار ہوتا ہے جو ہمیں بچپن سے ہی سکھایا جاتا ہے۔ وہی سماجی اخلاقیات کا پلندہ ہمارا اندرونی اخلاقی معیار بن جاتا ہے جو ہمیں ہمارے سماج کے مطابق صحیح اور غلط کی تمیز دیتا ہے۔ اس کی بنیاد مذہب اور معاشرے سے آتی ہے۔

جب ہم کوئی اچھا کام کرتے ہیں، تو ہمارا ضمیر ہماری اخلاقی ہدایات کی پیروی پر ہمیں انعام کی صورت میں اچھا محسوس کرنے کی صلاحیت دیتا ہے جس کے نتیجے میں ہم خوشی، سکون، فخر اور خود اعتمادی محسوس کرتے ہیں جس سے ہماری انا کی تسکین ہوتی ہے اور ہمارا دماغ اچھے کام کے بعد ڈوپامین (Dopamine) جیسے کیمیائی مادے خارج کرتا ہے، جو خوشی اور انعام کا احساس پیدا کرتا ہے اور ہمارا عمل ہمارے لاشعور میں مثبت اثرات کے ساتھ رجسٹر ہوتا ہے۔ کیا اس حالت میں ہمارے دائیں کندھے پر بیٹھا ہوا فرشتہ اپنی ڈائری کو اپ ڈیٹ کر رہا ہے؟ یہ عمل ہمارے مستقبل کے فیصلوں پر مثبت انداز میں اثر انداز ہو سکتا ہے، کیوں کہ ہم اپنی ماضی کی نیکیوں کو یاد رکھتے ہوئے مزید اچھے کام کرنے کی طرف مائل ہو جاتے ہیں۔ اچھے کام کے بعد ہم ذہنی اور جسمانی سکون محسوس کرتے ہیں۔ تناؤ کم ہوتا ہے، اور ہمارا جسمانی ردِ عمل بھی مثبت ہوتا ہے۔ دل کی دھڑکن متوازن ہو جاتی ہے اور دماغ کی کارکردگی بہتر ہوتی ہے۔

جب ہم کسی ایسی حرکت کے مرتکب ہوتے ہیں جو ہمارے اخلاقیاتی معیار کے خلاف ہو، تو ضمیر ہمیں اس پر ملامت کرتا ہے، یعنی ہمیں احساسِ جرم ہوتا ہے۔ یہ عمل ہمارے لاشعور میں رجسٹر ہو جاتا

ہے، جس کا مطلب ہے کہ ہماری ذہنی حالت میں وہ عمل ایک مستقل نقش کی صورت میں محفوظ ہو جاتا ہے۔ سوال پیدا ہوتا ہے کہ کیا یہ رجسٹریشن ہمارے بائیں کندھے پر بیٹھے ہوئے فرشتے نے کر لی ہے اور اس گناہ کی سزا کے طور پر بار بار ضمیر کی یاد دہانی ہمیں احساس جرم دلاتی رہتی ہے۔

کہتے ہیں کہ یہ دنیا مکافاتِ عمل ہے۔ ہم خود کو اپنے اعمال کی جزا اور سزا یہیں دے لیتے ہیں۔ باقی آخرت کا حال تو خدا جانے۔ بار بار برا کام کرنے سے ضمیر کی حساسیت ختم ہو جاتی ہے، جو اخلاقی زوال اور روحانی تباہی کی طرف لے جاتی ہے اور انسان اپنے ہی ضمیر اور اخلاقی اقدار سے کٹ جاتا ہے۔

14.5. اللہ کی سُنّت

قرآن کی اصطلاح میں اللہ کی سنت سے مراد وہ اصول ہیں جو خدا نے کائنات، فرد اور معاشرے کے لیے وضع کیے ہیں۔ یہ اصول ہمیشہ ایک ہی طریقے پر قائم رہتے ہیں اور ان میں کوئی تبدیلی نہیں ہوتی اور ان کا اطلاق کائنات کے ہر گوشے پر ہوتا ہے۔ قرآن کے مطابق یہ قوانین اٹل اور غیر متغیر ہیں، اور جو کچھ بھی اس دنیا میں ہوتا ہے، وہ ان ہی قوانین کے مطابق ہوتا ہے۔

اللہ کی سنت میں جو قوانین شامل ہیں، انہیں ہم قوانین فطرت کہتے ہیں۔ دنیا میں ہر عمل ان قوانین کے تحت وقوع پذیر ہوتا ہے، چاہے وہ قدرتی قوانین ہوں یا انسانی معاشرتی اصول۔ یہ قوانین تمام مخلوقات پر لاگو ہوتے ہیں۔ قرآن کے مطابق اللہ کی سنت کا یہ اصول ہے کہ وہ ہمیشہ ایک ہی طریقے سے عمل کرتی ہے، اور اس میں کبھی تبدیلی نہیں آتی۔ یہ اصول دنیا کے وجود سے لے کر آج تک جاری و ساری ہیں اور دنیا کے خاتمے تک چلتے رہیں گے۔

> "یہ اللہ کی سُنّت ہے جو پہلے سے چلی آ رہی ہے، اور تم اللہ کی سُنّت میں کوئی تبدیلی نہ پاؤ گے۔" الفتح 48:23

اللہ کی سنت کا ایک اہم حصہ قوانین فطرت ہیں، جو کائنات میں موجود تمام قدرتی اور سائنسی اصولوں پر مبنی ہیں اور ان کا اطلاق کائنات کی ہر چیز پر ہوتا ہے، جیسے کشش ثقل، حرکت کے قوانین، اور دیگر طبیعیاتی، کیمیائی، حیاتیاتی اور ارضیاتی اصول۔ سیاروں کی اپنے ستاروں کے گرد گردش، ستاروں سے روشنی کا

اخراج، زمین پر زندگی کا تسلسل، غرض کائنات میں ہر عمل ان ہی قوانین کی بنیاد پر ہوتا ہے۔

انسان کی زندگی اور اس کے اعمال بھی اللہ کی سنت کے اصولوں کے تحت ہیں۔ انسان کی پیدائش، موت، کامیابی اور ناکامی سب اُن اصولوں کے مطابق ہیں۔ یہ اللہ کی سُنّت ہے کہ ہر انسان کی زندگی کا ایک محدود وقت ہے، اور جب وہ وقت پورا ہو جاتا ہے، تو موت واقع ہو جاتی ہے۔ یہ خدا کا ایک اٹل قانون ہے، جس میں کوئی تبدیلی نہیں ہو سکتی۔ اسی طرح کامیابی اور ناکامی بھی اللہ کی اس سُنّت کے تابع ہیں:

> ”اور یہ کہ انسان کے لیے کچھ نہیں ہے سوائے اُس کے جس کی اس نے تگ و دو کی۔“ النجم 53:39

اللہ کی سنت کے مطابق قوموں کا عروج و زوال بھی ایک اٹل اصول ہے۔ جو قومیں عدل اور انصاف پر قائم رہتی ہیں، وہ ترقی کرتی ہیں، اور جو قومیں ظلم اور فساد پر اتر آتی ہیں، انہیں زوال کا سامنا کرنا پڑتا ہے۔

> ”حقیقت یہ ہے کہ اللہ کسی قوم کی حالت اس وقت تک نہیں بدلتا جب تک وہ خود اپنی حالت کو نہیں بدلتی۔“ الرعد 13:11

یہ آیت قوموں کے عروج و زوال کے اصول کو بیان کرتی ہے۔ جب قومیں اپنے اندر اصلاح پیدا کرتی ہیں، تو وہ کام یاب ہوتی ہیں ، اور جب وہ اپنی حالت بگاڑ لیتی ہیں، تو انہیں زوال کا سامنا کرنا پڑتا ہے۔

اللہ کی سنت اور قوانین فطرت ایک دوسرے کے ساتھ مربوط ہیں۔ یہ قوانین کائنات کے ہر گوشے پر لاگو ہیں۔ خدا نے جو اصول دنیا میں جاری کیے ہیں، وہ ابدی ہیں اور قیامت تک اسی طرح قائم رہیں گے۔ انسان کی زندگی، قوموں کا عروج و زوال، اور کائنات کی ترتیب سب اللہ کی سنت کے مطابق ہیں۔

14.6 .کیا خدا کائنات کو چلا رہا ہے؟

ہم پچھلے ابواب میں اس مسئلے کا جائزہ لے چکے ہیں کہ کیا اس کائنات کا کوئی خالق ہے۔ چند سیدھے سادے قوانین فطرت کی بنیاد پر پیچیدہ کائنات کی تخلیق اور چند کونیاتی مستقلات کی قدروں کا اس طرح سیٹ ہونا کہ کائنات اپنی ارتقائی منازل طے کر کے اپنی موجودہ ہیئت پر پہنچے، ظاہر کرتا ہے کہ کوئی قوت تھی جس نے قوانین فطرت وضع کیے اور کم از کم تخلیق کے عمل کی ابتدا کی۔ چناں چہ فلسفہ اور کونیات ایسے خالق

تک تو پہنچ چکے ہیں جس نے بُھس میں چنگاری لگا کر عظیم دھماکا کر دیا۔ اس کے بعد کم از کم موجودہ سائنس کی بنیاد پر خالق کی ضرورت باقی نہیں رہتی کیوں کہ اس نے جو قوانین فطرت وضع کیے وہ کائنات کو چلانے کے لیے کافی ہیں۔ یہاں پہنچ کر سائنس اور مذہب میں اختلاف پیدا ہوتا ہے۔ مذہب کے مطابق خالق کائنات کو چلانے میں اتنا ہی فعال ہے جتنا اس کی تخلیق میں تھا۔ اس سیکشن میں ہم اسی مسئلے کا جائزہ لیں گے۔

سوال پیدا ہوتا ہے کہ کیا خالق جسے ہم خدا کا نام دیے دیتے ہیں، کوئی شخص، کوئی ذات یا کوئی ہستی ہے؟ مذہب اس کو اسی طرح بیان کرتا ہے۔ اس کی وجہ یہ ہے کہ ہمیں خدا کی ماہیت کا علم نہیں اور ہم یہ طے نہیں کر پائے کہ خدا مادّہ / توانائی ہے یا کچھ اور۔ (توانائی بھی مادّے کے زمرے میں آتی ہے لہٰذا اس کا علیحدہ سے تذکرہ کرنا ضروری نہیں ہے۔) اگر ایک مرتبہ یہ طے ہو جائے کہ خدا مادّہ / توانائی ہے تو وہ سائنس کا موضوع بن سکتا ہے ورنہ نہیں۔

سائنس ہو یا فلسفہ، کسی موضوع پر گفتگو کرنے کے لیے ایک خاص ذخیرۂ الفاظ (Vocabulary) کی ضرورت ہوتی ہے جو صرف اسی موضوع کے لیے ایجاد کی جاتی ہے، مثلاً اگر آپ کا موضوع انجینئرنگ ہے تو آپ اس کے لیے نفسیات کا ذخیرۂ الفاظ استعمال نہیں کر سکتے۔ ہر علم میں جوں جوں ترقی ہوتی ہے اور تحقیق آگے بڑھتی ہے، ذخیرۂ الفاظ میں بھی اضافہ ہوتا جاتا ہے جس کی مدد سے ہم اُس علم پر گفتگو کر سکتے ہیں۔

مذہب کے نزدیک سب سے اہم موضوع خدا ہے۔ چناں چہ اس کی ماہیت کا تعین کرنا ضروری ہے تاکہ اس پر گفتگو کرنے کے لیے مناسب ذخیرۂ الفاظ جمع کیا جا سکے۔ مگر چوں کہ مذہب نے خدا کی ماہیت متعین نہیں کی لہٰذا اُس کے پاس تحقیق کے لیے وہ آلات اور وسائل میسّر نہیں ہو سکے جو سائنس کے پاس ہیں۔ اس کا نتیجہ یہ ہوا کہ مذہب نے خدا کو شخصیت دے دی اور اسے ایک ہستی کے طور پر پیش کیا لہٰذا بیشتر مذاہب میں خدا بھی انسان ہو گیا۔ وہ سوچتا بھی ہے، ناراض بھی ہوتا ہے، خوش بھی ہوتا ہے، سزا بھی دیتا ہے اور جزا بھی۔ چناں چہ ہم خدا کے ساتھ اپنے تعلق کو بیان کرنے کے لیے وہی ذخیرۂ الفاظ استعمال کرتے ہیں جو ہم ایک دوسرے کے ساتھ تعلق کے اظہار کے لیے کرتے ہیں اور اس لیے ہماری گفتگو محدود ہو جاتی ہے۔ اگر مستقبل میں یہ متعین ہو گیا کہ خدا کوئی ہستی نہیں بلکہ کچھ اور ہے تو پھر مذہب نیا ذخیرۂ الفاظ جمع کرنا شروع کر دے گا۔

جہاں تک ذخیرۂ الفاظ کا تعلق ہے تو سائنس اور فلسفہ کے مقابلے میں مذہب کے ساتھ ایک اور مجبوری ہے۔ سائنس اور فلسفہ جن کو مخاطب کرتا ہے ان کی علمی استعداد، عقل و دانش، فہم و فراست اور تجرید کی صلاحیت اعلیٰ درجے کی ہوتی ہے اور جو ذخیرۂ الفاظ ان کے سامنے پیش کیا جاتا ہے اسے سمجھنے میں کوئی دقّت نہیں ہوتی۔ اس کے برخلاف مذہب کو اپنا بیانیہ سامعین کی ذہنی استعداد کے مطابق ڈھالنا پڑتا ہے۔

کیا خدا کائنات کو چلا رہا ہے؟ اس سلسلے میں قرآن کا موٴقف دو باتوں سے سمجھا جاسکتا ہے۔ اول یہ کہ کائنات میں جو کچھ ہوتا ہے اس کا علم خدا کو ہوتا ہے:

> ''اور اس کے پاس غیب کی کنجیاں ہیں، جنہیں اس کے سوا کوئی نہیں جانتا۔ خشکی اور سمندر میں جو کچھ ہے، وہ سب سے واقف ہے۔ اور اس کے علم میں آئے بغیر کوئی پتّا نہیں گرتا۔ زمین کے تاریک پردوں میں کوئی دانہ اور کوئی خشک و تر چیز ایسی نہیں ہے جو ایک کھلی کتاب میں لکھی ہوئی نہ ہو۔'' الانعام 6:59

یہ اسلوب قرآن میں شروع سے آخر تک ملتا ہے۔ اگر ہم خدا کو کائنات کے خالق کی حیثیت سے تسلیم کرلیں تو پھر ہمیں یہ تسلیم کرنے میں اعتراض نہیں ہونا چاہیے کہ وہ سیاہ غاروں کی بناوٹ سے لے کر وائرس کی ساخت تک کو جانتا ہے۔

دوسری بات یہ کہ کائنات میں جو کچھ ہوتا ہے، خدا کے حکم سے ہوتا ہے۔ قرآن میں یہ تصور پیش کیا گیا ہے کہ اللہ تعالیٰ کائنات کی ہر چیز کا حتمی مالک اور مختار ہے اور یہ کہ وہ تخلیق کرنے، قائم رکھنے اور ہر چیز کا نظام چلانے کی طاقت رکھتا ہے۔ قرآن میں اس کا ذکر اکثر اللہ کے حکم کے ذریعے کیا گیا ہے کہ وہ کسی چیز کو حکم دیتا ہے ''ہو جا'' اور وہ ہو جاتی ہے۔ یہ بات کئی آیات میں بیان کی گئی ہے، مثلاً:

> ''اس کا کام تو یہ ہے کہ جب وہ کسی چیز کا ارادہ کرتا ہے تو کہتا ہے کہ ہو جا، اور وہ ہو جاتی ہے۔'' یٰسین 36:82

> ''وہ آسمانوں اور زمین کا موجد ہے۔ جب وہ کسی چیز کا فیصلہ کرتا ہے تو بس حکم دیتا ہے کہ ہو جا اور وہ ہو جاتی ہے۔'' البقرہ 2:117

ان آیات سے یہ معلوم ہوتا ہے کہ اللہ کا ارادہ اس کے حکم کے ذریعے پورا ہوتا ہے۔ یہ اسے ہر عمل یا

طریقہ کار میں براہ راست شامل ہونے کی ضرورت نہیں بلکہ وہ حکم دیتا ہے اور نتیجہ سامنے آجاتا ہے۔ اس سے ظاہر ہوتا ہے کہ اللہ کی قدرت اور اختیار مکمل ہیں، اور وہ صرف اپنی مرضی سے چیزوں کو وجود میں لا سکتا ہے یا انہیں ہونے کا سبب بناتا ہے۔

مزید برآں، قرآن مجید میں اللہ کے کردار کو پہلا سبب اور قائم رکھنے والے کے طور پر بیان کیا گیا ہے، اس کے ساتھ ہی یہ بھی ذکر کیا گیا ہے کہ اللہ نے کائنات میں قدرتی قوانین اور طریقہ کار قائم کیے ہیں۔ تاہم، یہ سب بھی اللہ کے اختیار میں ہیں اور اس کے حکم سے کام کرتے ہیں۔ اس لئے اگرچہ تخلیق اللہ کے قائم کردہ طریقہ کار کے تحت چلتی ہے، لیکن بالآخر سب کچھ اللہ کے ارادے اور حکم کے مطابق ہے۔

آپ نے سیکشن 10.4 میں تخلیق کائنات کے 12 ادوار کے متعلق پڑھا تھا جن سے کائنات پچھلے 13.6 ارب سال میں گزری ہے۔ ان میں ہر دور پچھلے دور کا نتیجہ اور اگلے دور کا سبب تھا یعنی یہ ادوار قانونِ علّت و معلول (سیکشن 4.5) کے رشتے میں منسلک ہیں۔ اگر ایک دور مکمل نہ ہوتا تو دوسرا دور نہ آتا اور تخلیق کائنات کا عمل رُک جاتا۔ قرآن کے نزدیک سب سے پہلے عمل کا سبب خدا کا حکم تھا اور پھر تمام ادوار خدا کے بنائے ہوئے قوانین کے مطابق پورے ہوتے چلے گئے۔ اُن ادوار میں چھٹا دور، جسے ہیڈران کا دور کہتے ہیں، مجھے سب سے دل چسپ دور لگتا ہے۔ اس دور میں ایٹم کی بنیاد پڑی جب کوارک مل کر پروٹان اور نیوٹران بنا رہے تھے۔ دو اپ کوارک اور ایک ڈاؤن کوارک مل کر پروٹان بنا رہے تھے جب کہ ایک اپ کوارک اور دو ڈاؤن کوارک مل کر نیوٹران بنا رہے تھے۔

فرض کریں کہ آپ اُس عمل کو دیکھ رہے تھے۔ کیا آپ سمجھتے ہیں کہ اس وقت خدا دو اپ کوارک اور ایک ڈاؤن کوارک کو جوڑ کر اور اس پر گلوآن کا گوند لگا کر ایک پروٹان بناتا اور پھر دوسرا پروٹان بنا رہا تھا اور اس طرح ایک ایک کر کے پروٹان اور نیوٹران جمع کر رہا تھا۔ اگر آپ اس سین کو اپنے تصور میں اسی طرح دیکھ رہے ہیں تو اس کا مطلب ہے کہ آپ خدا کو اسی طرح اپنے ہاتھوں سے چیزیں بناتا دیکھ رہے ہیں جیسے آپ خود بناتے ہیں۔ اس کے برخلاف قرآن کے مطابق خدا ہر عمل کے لیے صرف حکم دیتا ہے کہ ہو جا اور وہ ہو جاتا ہے۔ اُس عمل کے ہونے میں وہ قوانین کارفرما ہوتے ہیں جو اس نے پہلے سے بنا دیے ہیں اور وہ قوانین اس عمل کی تکمیل کے لیے آلات کی طرح استعمال ہوتے ہیں۔

خدا کا یہ تصور ڈی ازم کے کافی نزدیک ہے۔ فرق صرف یہ ہے کہ ڈی ازم کے ماننے والوں کے نزدیک خدا کائنات کی تخلیق کی ابتدا کرنے کے بعد کائنات کی طرف سے منہ موڑ کر بیٹھ گیا مگر اسلام میں خدا سبب اور نتیجے کے قانون کی زنجیر میں پہلا سبب ہے۔ جیسا کہ اس سیکشن میں پہلے کہا گیا ہے، یہاں جو دشواری پیش آ رہی ہے وہ یہ ہے کہ چوں کہ ہمیں خدا کی ماہیت کا علم نہیں لہٰذا ہمارے پاس خدا اور کائنات کے باہمی تعامل کو واضح کرنے کے لیے ذخیرۂ الفاظ نہیں ہے۔ اگر آپ سے کہا جائے کہ عام زبان میں سمجھائیں کہ ایک بنیادی قوت کے لیے کیوں ضروری ہے کہ وہ بوزان کی وساطت سے کام کرے تو آپ کو یہی دشواری پیش آئے گی۔

14.7 اے آگ ٹھنڈی ہو جا

یہاں حضرت ابراہیم کے آگ میں ڈالے جانے کا قصّہ دل چسپی سے خالی نہیں ہو گا۔ یہ قصہ توریت میں نہیں ہے بلکہ تلمود اور مدراش رباہ جیسی یہودی تفاسیر اور روایات میں ملتا ہے۔ ان کتابوں میں مختلف روایات درج ہیں جو کہ بائبل سے ماخذ نہیں، بلکہ ان میں یہودی علما کی تفسیریں، کہانیاں اور روایتی تعلیمات شامل ہیں[108]۔

مدراش کی روایات کے مطابق حضرت ابراہیم کے باپ کا پیشہ بُت تراشی تھا جب کہ حضرت ابراہیم نے کم عمری سے ہی یہ سمجھا کہ وہ بت کسی قسم کی مدد کرنے کے قابل نہیں ہیں۔ ایک دن، انہوں نے اپنے باپ کے بت خانہ میں گُھس کر تمام بتوں کو توڑ ڈالا، اور سب سے بڑے بت کے ہاتھ میں ایک ڈنڈا رکھ دیا۔ جب لوگ وہاں آئے تو حضرت ابراہیم نے، جن کی عمر 16 سال تھی، انہیں بتایا کہ سب سے بڑے بت نے یہ سب کیا ہے، تا کہ وہ لوگ سمجھ سکیں کہ بت بے جان ہیں اور کوئی کام نہیں کر سکتے۔

حضرت ابراہیم کے اس فعل سے پورے شہر میں شور مچ گیا، اور انہیں نمرود کے دربار میں پیش کیا گیا۔ نمرود ایک ظالم بادشاہ تھا جو خود کو خدا مانتا تھا اور چاہتا تھا کہ سب اس کی عبادت کریں۔ نمرود اور حضرت ابراہیم کے درمیان جو مکالمہ ہوا وہ بھی دل چسپی سے خالی نہیں ہے[109]:

”میں تمہیں حکم دیتا ہوں کہ آگ کے سامنے سجدہ کرو۔“

"کیوں نہ پانی کی پوجا کی جائے کیوں کہ وہ آگ کو بجھا دیتی ہے۔"

"تو پھر پانی کے آگے سجدہ کرو۔"

"شاید بادلوں کو پوجنا بہتر ہوگا کیوں کہ پانی ان ہی سے آتا ہے۔"

"ٹھیک ہے، تو بادلوں کی تعظیم میں جھکو۔"

"مگر ہوا زیادہ طاقتور ہے جو بادلوں کا پیچھا کرتی ہے، تو کیوں نہ میں ہوا کے سامنے جھکوں۔"

"چلو، ہوا کے سامنے ہی جھکو۔"

"شاید کسی انسان کے سامنے جھکنا بہتر ہوگا کیوں کہ وہ ہوا کا مقابلہ کر لیتا ہے۔"

جب حضرت ابراہیم نے نمرود کے دربار میں اپنے توحیدی عقیدے کا پرچار کیا، تو نمرود کی بیٹی جو اعلیٰ پُجارن کی حیثیت سے شہر میں پوجا پاٹھ کی تقریبات کی ذمہ دار تھی، ان کی باتوں سے متاثر ہوئی۔ اسے یہ محسوس ہوا کہ حضرت ابراہیم کی باتیں سچائی پر مبنی ہیں اور بت پرستی کا کوئی فائدہ نہیں ہے۔

نمرود کو حضرت ابراہیم کی گستاخی پر سخت غصہ آیا اور اُس نے حکم دیا کہ انہیں آگ میں ڈال دیا جائے۔ تلمودی روایات کے مطابق، لوگوں نے مل کر بڑی مقدار میں لکڑیاں جمع کیں، اور شہر کے وسط میں ایک میدان میں کئی دنوں تک آگ بھڑکائی گئی اور اس کے شعلے شہر کے باہر سے بھی نظر آتے تھے۔ مقررہ وقت پر میدان میں مجمع جمع ہو گیا۔ نمرود کی بیٹی بھی سرکاری طور پر وہاں موجود تھی تاکہ وہ حضرت ابراہیم کی سزا کو خود دیکھے اور نمرود کو جا کر رپورٹ کرے مگر جب انہیں آگ میں پھینکا گیا تو وہ اٹھ کر چلی گئی۔ اسے یقین تھا کہ حضرت ابراہیم زندہ بچ جائیں گے کیوں کہ وہ سچائی پر تھے۔ وہی ہوا جو اُس نے سوچا تھا۔ آگ بجھ گئی اور حضرت ابراہیم معجزانہ طور پر زندہ بچ گئے[a]۔ آگ بجھنے کے بارے میں مختلف مدراشی روایات ہیں، جن میں سے چند حسب ذیل ہیں:

1. جب جبرائیل نے دیکھا کہ حضرت ابراہیم کو آگ میں ڈالا جا رہا ہے تو اس نے خدا سے التجا کی کہ وہ انہیں بچا لے۔ خدا نے جبرائیل کو اجازت دے دی کہ وہ آگ بجھا دے۔ چناں چہ جبرائیل نے آگ بجھا دی۔

[a] نانی اماں بتاتی تھیں کہ آگ کا وہ الاؤ دائرے کی شکل میں بنایا گیا تھا اور حضرت ابراہیم کو اس کے بیچوں بیچ پھینکا گیا تھا۔ جب آگ بجھی تو لوگوں نے دیکھا کہ حضرت ابراہیم دائرے کے مرکز میں کھڑے مسکرا رہے تھے۔ جب میں اس قصے کے متعلق تحقیق کر رہا تھا تو مجھے کہیں الاؤ کی شکل کے متعلق کوئی تذکرہ نہیں ملا۔

2. خدا نے فرشتوں کو حکم دیا کہ وہ جا کر آگ بجھا دیں۔ فرشتوں نے اپنے پر حضرت ابراہیم کے گرد پھیلا دیے اور ان پروں کی ٹھنڈک سے آگ بجھ گئی۔

3. جوں ہی نمرود کی بیٹی وہاں سے گئی، حضرت ابراہیم کے رشتے دار آگ بجھانے کے لیے دوڑ پڑے۔ ان میں حضرت ابراہیم کا بھائی، حاران، بھی تھا جو آگ بجھانے کی کوشش میں جل کر مر گیا۔

اگرچہ تیسری روایت زیادہ قابل یقین ہے مگر سب سے زیادہ ضعیف سمجھی جاتی ہے۔ یہودیت اور عیسائیت میں معجزات اور خوابوں کی اہمیت زیادہ ہے چناں چہ پہلی دو وجوہات کو قابل قبول سمجھا جاتا ہے۔ حاران کی موت کے سلسلے میں بھی ایک روایت ہے کہ اسے یقین ہو گیا تھا کہ حضرت ابراہیم سچے تھے اور اس نے سوچا کہ آگ کا اس پر کوئی اثر نہیں ہو گا اور وہ اپنے بھائی کو بچانے کے لیے اس میں کود پڑا مگر چوں کہ ابھی اس کا ایمان پختہ نہیں تھا لہٰذا جل کر مر گیا۔

آگ بجھنے کا عمل قرآن کی ایک مختصر آیت میں بیان کیا گیا ہے:

"ہم نے کہا: اے آگ، ٹھنڈی ہو جا اور ابراہیم پر سلامتی بن جا۔" الانبیاء 21:69

اب اگر فرض کر لیا جائے کہ خدا کے حکم سے قوانین فطرت کا وہ مجموعہ فعال ہو گیا جس کا کام آگ بجھانا ہے تو اس مجموعے میں حسب ذیل طبیعی اور کیمیائی عمل وقوع پذیر ہوئے[110]:

1. جیسا کہ آپ سیکشن 2.4 میں پڑھ چکے ہیں، پانی کی مخصوص حرارت ان تمام مرکبات میں سب سے زیادہ ہوتی ہے جو کمرے کے درجہ حرارت پر مائع ہوتے ہیں۔ اس کا مطلب یہ ہے کہ پانی بغیر زیادہ درجہ حرارت بڑھے بہت زیادہ حرارت جذب کر سکتا ہے۔ چناں چہ حضرت ابراہیم کے قصے میں جب پانی آگ سے مل کر گرم ہوا، تو اس نے آگ سے بہت سی حرارت کو جذب کر کے لکڑی کے ڈھیر کا درجہ حرارت کم کر دیا۔

2. جب پانی گرم ہو کر $100^{o}C$ پر پہنچتا ہے، تو یہ بھاپ میں تبدیل ہو جاتا ہے۔ اس تبدیلی کے لئے کافی مقدار میں حرارت درکار ہوتی ہے جسے حرارت تبخیر (Latent Heat) کہتے ہیں۔ پانی کی حرارت تبخیر 2,260,000 جول فی کلوگرام ہوتی ہے۔ چناں چہ جب جلتی ہوئی لکڑیوں پر پانی پڑا اور پانی کا درجہ حرارت لکڑی سے حرارت کھینچنے کے عمل میں $100^{o}C$ پر پہنچا تو مزید حرارت تبخیر جذب

کر کے لکڑی کے درجہ حرارت کو مزید کم کیا اور خود بھاپ میں تبدیل ہو گیا۔

3. جب پانی بھاپ میں تبدیل ہوتا ہے، تو یہ تقریباً 1700 گنا زیادہ حجم میں پھیل جاتا ہے۔ اس تیزی سے پھیلتی ہوئی بھاپ نے جلتی ہوئی لکڑیوں کے ارد گرد سے آکسیجن کو باہر دھکیل دیا۔ ہم جانتے ہیں کہ آگ کو جلنے کے لئے آکسیجن کی ضرورت ہوتی ہے، لہذا اس عمل نے آکسیجن کو محدود کر کے آگ کو دبانے میں مدد کی۔
4. بھاپ ہوا میں موجود آکسیجن اور جلنے والے مواد کے درمیان ایک رکاوٹ بن گئی جس کی وجہ سے آگ تازہ آکسیجن نہیں کھینچ سکی۔
5. جلتی ہوئی لکڑی سے کاربن ڈائی آکسائڈ، پانی کے بخارات، میتھین، سلفر ڈائی آکسائڈ اور دوسرے مرکبات نکلے جو پانی کے بخارات کے ساتھ مل کر ہوا میں موجود آکسیجن کے لیے رکاوٹ بنے جس سے آگ کی شدت میں کمی ہوئی۔
6. لکڑی کے جلنے کے دوران کچھ آتش گیر گیسیں خارج ہوتی ہیں۔ ان کی ایک مقدار لکڑیوں پر پڑتے ہوئے پانی میں تحلیل ہو گئی جس کی بنا پر آگ بھڑکنے کے امکانات کم ہو گئے۔
7. پانی سے بھیگی ہوئی لکڑی کی سطح نے دوبارہ آگ پکڑنے کے امکان کو بھی کم کر دیا، کیوں کہ یہ سطح کم درجہ حرارت پر تھی اور اس پر موجود پانی نے جلنے کے عمل میں رکاوٹ پیدا کر دی۔

اور یوں خدا کے حکم کی تعمیل ہوئی۔

14.8. ایک خواب

ارنیسٹ ہیمنگوے کے ناول، اے فیئر ویل ٹو آرمز[a] کی کہانی پہلی جنگ عظیم میں اٹلی کے مُحاذوں کے ارد گرد گھومتی ہے جہاں لفٹیننٹ فریڈرک ہنری کا کام مختلف محاذوں پر ایمبولینس ڈرائیوروں کی تربیت کرنا اور اُن کے مسائل کو حل کرنا ہے۔ وہ مستقل ایک محاذ سے دوسرے محاذ پر جاتا ہے۔ ایک مرتبہ وہ زخمی ہو کر آرمی کے ایک اسپتال میں پہنچ جاتا ہے جہاں ایک نرس، کیتھرین بارکلے، اس کی خبر گیری کرتی

[a] A Fairwell to Arms by Ernest Hemingway

ہے۔ اسی دوران ان میں محبت ہو جاتی ہے اور دونوں شادی کر لیتے ہیں۔ جنگ کے ماحول میں دونوں مختلف بہانوں سے چھٹی لے کر ایک دوسرے کو ملتے رہتے ہیں یہاں تک کہ کیتھرین حاملہ ہو جاتی ہے اور جب بچے کی پیدائش کا وقت قریب آتا ہے تو فریڈرک چھٹی لے کر آجاتا ہے اور کیتھرین کے ساتھ وقت گزارتا ہے۔ کیتھرین زچگی کے دوران پیچیدگیوں کے باعث دم توڑ دیتی ہے۔ فریڈرک بے بس اور غم سے نڈھال اس کے پاس آخری لمحے تک موجود رہتا ہے۔ اپنی تمام محبت اور بے بسی کے باوجود وہ کیتھرین کی موت کو روک نہیں پاتا۔ اس کے انتقال کے بعد، فریڈرک اس کی بے جان لاش کو الوداع کہتا ہے اور اسپتال سے باہر نکل کر تنہا بارش میں چل پڑتا ہے۔

جب میں یونیورسٹی آف برٹش کولمبیا میں گریجویٹ اسٹوڈنٹ تھا تو نگہت تین دن تک وینکوور کے گریس ہاسپیٹل میں دردزہ میں مبتلا رہیں۔ ہم دونوں ہی دنیاوی معاملات میں اناڑی تھے۔ میں نے وہ تین دن میٹرنٹی وارڈ کے لاؤنج میں گزارے اور رات کو بھی وہیں صوفے پر سویا۔ میرے دماغ پر مستقل ہیمنگوے کی کہانی تھی اور میں سوچتا تھا کہ اگر نگہت مر گئیں تو کیا ہو گا۔ میرے دماغ میں چکّی سی چلتی رہتی تھی۔ کیا مجھے بھی فریڈرک کی طرح تنہا بارش میں نکلنا پڑے گا۔ آخر 5 جنوری 1968 کو ہمارے پہلے بچے کی ولادت ہوئی۔ نرس میرے پاس آئی اور خوش خبری دے کر بولی کہ چل کر اپنی بیوی کے ساتھ ناشتہ کر لو کیوں کہ مجھے معلوم ہے کہ تم بھوکے ہو۔

جب نگہت کو وارڈ میں منتقل کر دیا گیا تو اس نے کہا کہ میں گھر جا کر اس رات کو نیند پوری کر لوں۔ مجھے بھی اطمینان ہو گیا تھا اور گھر آکر سو گیا، مگر اچانک میری آنکھ کُھل گئی۔ گھڑی دیکھی تو صبح کے تین بج رہے تھے اور مجھے وہ خواب یاد تھا جس سے میری آنکھ کُھلی تھی۔ میں نے دیکھا تھا کہ میں اسپتال کے اس کمرے کے دروازے میں کھڑا تھا جہاں نگہت کو منتقل کیا گیا تھا۔ کمرے میں چار بستر تھے، دو ایک طرف اور دو دوسری طرف۔ سامنے ایک پرائیویٹ کمرہ تھا جس میں نگہت کا بستر تھا۔ میں نے دیکھا کہ نگہت بستر سے اٹھیں اور اترتے ہوئے گر پڑیں اور ان کے گرنے کی آواز سے باقی مریضوں کی آنکھ کھل گئی۔ ایک مریضہ نے چیخ کر نرس کو آواز دی جو بھاگتی ہوئی کمرے میں داخل ہوئی اور میرے برابر سے گزر کر نگہت کے بستر تک پہنچی۔ اس نے نگہت کو ہاتھوں پر اٹھا کر دوبادہ بستر پر لٹا دیا۔ اسی وقت میری آنکھ کُھل گئی اور

دوبارہ نیند نہیں آئی۔

خدا خدا کر کے صبح ہوئی اور جب بسیں چلنا شروع ہوئیں تو میں پہلی بس سے اسپتال پہنچا۔ نگہت ابھی سو رہی تھیں۔ میں نے نرسنگ اسٹیشن پر ڈیوٹی نرس سے خیریت پوچھی تو اس نے بتایا کہ نگہت رات کو بستر سے گر گئی تھیں۔ انہیں سوتے وقت نیند کی گولی دی گئی تھی اور جب وہ ٹوائلیٹ جانے کے لیے اٹھیں تو چکر آگیا مگر گرنے سے کوئی چوٹ نہیں لگی۔

یہ سطور لکھتے وقت اس واقعے کو 57 سال ہو گئے مگر میری سمجھ میں اب تک نہیں آیا کہ جب نگہت بستر سے گری تھیں تو میں سوتے ہوئے اُس منظر کو کیسے دیکھ رہا تھا۔ بظاہر یہ واقعہ مافوق الفطرت ہے مگر مجھے آج تک نہ کبھی جِن بھوت نظر آئے اور نہ خلائی مخلوق سے ملاقات ہوئی۔ کیا یہ ممکن ہے کہ اگر کسی کو کوئی واقعہ مافوق الفطرت لگتا ہے تو اس کی جڑیں بھی ایسے قوانینِ فطرت میں ہیں جن کا ہمیں ابھی علم نہیں ہے۔ چند توجیہات جو اس سلسلے میں پیش کی جا سکتی ہیں، درج ذیل ہیں:

1. کوانٹم طبیعیات میں غیر مقامیت (Non-Locality) کا اصول بتاتا ہے کہ دو ذرات ایک دوسرے سے کائنات کے کسی بھی کونے میں فوری طور پر کوانٹم الجھاؤ کے ذریعے جڑے رہ سکتے ہیں، چاہے ان کے درمیان کتنا ہی فاصلہ ہو۔ یہ تصور کچھ محققین شعور پر بھی لاگو کرتے ہیں، چناں چہ ان کے مطابق ہمارے درمیان ایک گہری جذباتی اور ذہنی وابستگی غیر مقامی شعور کے ذریعے میرے ذہن کو نگہت کے واقعات سے حقیقی وقت میں جوڑ سکتی ہے۔ یہ میکانیہ شعور کی روایتی حدود سے باہر ہونے والے تجربات کو بیان کرنے کے لیے استعمال کیا جا سکتا ہے۔

تجرباتی شواہد کا ایک بڑھتا ہوا ذخیرہ بھی یہ تجویز کرتا ہے کہ انسانی شعور غیر مقامی ہے، یعنی یہ مخصوص مقامات، جیسے دماغ اور جسم، یا وقت کے مخصوص لمحات، جیسے ماضی اور حال، تک محدود نہیں ہے۔ غیر مقامی شعور کے شواہد دور دراز خلیے سے خلیے، عضو سے عضو، اور شخص سے شخص کے درمیان تعاملات میں پائے جا سکتے ہیں[111]۔

2. کچھ محققین کے نزدیک کائنات میں تمام معلومات کسی نہ کسی سطح پر موجود ہوتی ہیں اور انسانی شعور ان معلومات کو ایک خاص حالت میں "پکڑ" سکتا ہے، لہٰذا اگر شعور کسی ایسے اطلاعاتی میدان سے جڑ سکتا

ہے جہاں ماضی، حال اور مستقبل ایک ساتھ موجود ہوں، تو یہ ممکن ہو سکتا ہے کہ میں نے نگہت کے گرنے کا واقعہ خواب کی حالت میں اس وقت دیکھا ہو جب وہ ہو رہا ہو۔

3. طبیعیات میں **زمان و مکاں (سیکشن 5.2)** کے تصور کے مطابق، وقت خط مستقیم نہیں جس پر ایک ہی سمت میں حرکت کی جا سکے بلکہ یہ خلا سے مل کر ایک تانا بانا بناتا ہے جس پر اجسام حرکت کرتے ہیں۔ کچھ نظریات کے مطابق ماضی، حال اور مستقبل ایک ساتھ موجود ہو سکتے ہیں۔ میرا خواب زمان و مکاں کے اس تانے بانے میں ایک "درز" یا "جھلک" ہو سکتا ہے، جس کے ذریعے میں نے ایک واقعے کو ہوتے ہوئے دیکھا۔

کیا یہ ممکن ہے کہ ہماری موجودہ سائنسی اور ذہنی حدود ہمیں وقت اور شعور کی حقیقی فطرت کو سمجھنے سے روک رہی ہیں؟ فلسفیانہ اور سائنسی نظریات کے مطابق یہ رکاوٹیں ہماری محدود ادراکی صلاحیتوں کی وجہ سے ہو سکتی ہیں۔ اگر شعور واقعی غیر مقامی اور وقت کے تمام پہلوؤں کے ساتھ جڑا ہوا ہے، تو ہماری روزمرہ کی ادراکی حدود، مثلاً وقت کو سیدھی لکیر سمجھنا، صرف ہمارے ذہن کی پیداوار ہو سکتی ہیں، جو ہمیں حقیقی کائناتی حقیقت سے دور رکھتی ہیں۔

میرے خواب کو موجودہ سائنس مکمل طور پر بیان نہیں کر سکتی، لیکن کوانٹم میکانیات، نیورو سائنس، فلسفہ اور دیگر شعبوں میں جاری تحقیق اس کی وضاحت کی طرف پیش رفت کر رہی ہے۔ یہ واقعہ اس بات کی طرف اشارہ کر سکتا ہے کہ شعور، وقت اور حقیقت کے بارے میں ہماری موجودہ سمجھ محدود ہے اور شاید ان کے درمیان تعلقات ہماری توقعات سے کہیں زیادہ گہرے اور پیچیدہ ہیں۔

ہماری زندگی کو صرف مادی تعاملات تک محدود سمجھنا انسانی تجربے کی وسعت کو محدود کرنے کے مترادف ہوگا۔ سائنس سے قطع نظر، کیا ایک حسین نظارے میں کھو جانا یا قلقاری مارتے ہوئے بچے کی معصوم ہنسی کی یاد عصبیاتی خلیوں کی کیمیائی حرکت کے سوا کچھ بھی نہیں؟ یا پھر ہم کہہ سکتے ہیں کہ یہ مظاہر اس روحانی حقیقت کا حصہ ہیں جو مادی دنیا سے ماوراء ہے۔ فلسفیانہ اور روحانی نقطہ نظر سے، یہ تجربات ہمیں اس حقیقت سے جوڑتے ہیں جو کائناتی وحدت اور شعور کی گہرائی میں پنہاں ہے۔ یہ لمحات ہماری زندگی میں محبت، حُسن، اور معنی کی تجلیات ہیں، جو ہمیں یاد دلاتی ہیں کہ ہم محض جسمانی وجود نہیں بلکہ ایک اعلیٰ شعور اور کائنات کے عظیم تر نظم کا حصہ ہیں۔ ان تجربات میں روحانی سکون اور فلسفیانہ حکمت کی وہ گونج سنائی دیتی ہے جو انسانی زندگی کو اس کی تمام تر پیچیدگیوں اور گہرائیوں کے ساتھ معنی اور مقصد عطا کرتی ہے۔

14.9. کیا دعا قبول ہوتی ہے؟

1997 میں میں اور نگہت حج کے لیے جانے سے دو ہفتے پہلے ایک دوست کی بیگم کی عیادت کے لیے اسپتال گئے۔ میں انہیں بھابھی تسنیم کہتا تھا۔ انہیں اسپتال میں ایک سال ہو گیا تھا۔ کینسر کی مریضہ تھیں اور کافی عرصے سے بستر پر تھیں۔ میں نے سنا تھا کہ مکّہ پہنچ کر جب پہلی مرتبہ خانہ کعبہ پر نظر پڑے اس وقت جو دعا مانگی جائے وہ قبول ہوتی ہے۔ میں نے سوچا کہ میں بھابھی تسنیم کی صحت کے لیے دعا مانگوں گا اور میں نے یہی کیا۔ حج سے واپس آنے کے بعد جب ہم اگلی بار ان کی عیادت کے لیے گئے تو میں نے انہیں بتایا کہ میں نے ان کی صحت کے لیے کعبہ پر نظر پڑتے ہی ہاتھ اٹھا کر دعا مانگی تھی۔ وہ یہ سن کر بہت خوش ہوئیں اور دعا کی کہ خدا میری دعا قبول کرے۔ چند دن کے بعد ہی ان کا انتقال ہو گیا۔

میں نے سوچا کہ کیا مجھے خدا سے شکایت ہونی چاہیے کہ اس نے میری دعا قبول نہیں کی۔ پھر یہ سوچ کر خود کو مطمئن کر لیا کہ اگر خدا دعاؤں کی بنیاد پر کائنات کو چلاتا تو دنیا میں اختلال، افراتفری اور بد نظمی کے سوا کچھ نہ ہوتا۔ جیسا کہ آپ سیکشن 14.5 میں پڑھ چکے ہیں، یہ اللہ کی سنت ہے کہ وہ اپنے بنائے ہوئے قوانین پر چلتا ہے اور اس میں کوئی تبدیلی نہیں ہوتی اور اگر ہوتی بھی ہے تو وہ بھی قوانین کے دائرے میں ہوتی ہے۔ اگر کینسر کو اپنے منطقی انجام پر پہنچنا ہے تو پہنچے گا خواہ کتنی ہی دعا کیوں نہ کی جائے۔ بہر حال جس قبرستان میں بھابھی تسنیم کو دفن کرنے کے لیے لے گئے وہ ٹورانٹو کی مسلم کمیونٹی نے نیا نیا خریدا تھا اور اس میں اکّا دُکّا قبریں ہی تھیں۔ اس کے بعد جب بھی کسی شناسا کا انتقال ہوتا اور دفن کے لیے قبرستان جاتا تو دیگر جاننے والوں کی قبروں پر جا کر فاتحہ پڑھتا اور خاص طور پر بھابھی تسنیم کی قبر پر ضرور جاتا تھا۔

آخر ایک مرتبہ مجھے احساس ہوا کہ میں نے جب ان کے لیے خانہ کعبہ کے سامنے دعا مانگی تھی تو میرے اور ان کے درمیان ہمیشہ کے لیے ایک روحانی رشتہ قائم ہو گیا تھا۔ اب تو 25 سال میں وہ قبرستان بھر گیا ہے اور مخصوص قبروں کو پہچاننا مشکل ہو گیا ہے لہٰذا جب سال میں ایک آدھ بار وہاں جاتا ہوں تو جو دوست وہاں دفن ہیں، ان سب کی مغفرت کے لیے دعا کر لیتا ہوں اور بھابھی تسنیم کو بھی ان میں شامل کر لیتا ہوں۔

کہتے ہیں کہ دوسروں کے لیے دعا مانگنا غصہ، کینہ، اور حسد جیسے منفی جذبات کو کم کرتا ہے جس کی بنا پر آپ مطمئن اور ذہنی طور پر مضبوط ہوتے ہیں، دوسروں کے ساتھ آپ کے تعلقات میں گرم جوشی پیدا ہوتی ہے، آپ کی زندگی میں تنہائی کا احساس کم ہوتا ہے اور آپ خود کو زیادہ خوش اور مطمئن محسوس کرتے ہیں۔ دوسروں کے لیے دعا کرنے سے دماغ مثبت خیالات کی طرف مائل ہوتا ہے۔ اپنے مسائل سے ہٹ کر کسی اور کی بھلائی کے لیے سوچنے سے ذہنی سکون ملتا ہے، اور شکر گزاری، ہمدردی، اور محبت جیسے مثبت جذبات فروغ پاتے ہیں۔ یہ جذبات انسان کو خوشی اور اطمینان کے احساس سے بھر دیتے ہیں۔ بیمار دوستوں کی تکلیف اور مشکلات کا احساس جذباتی ہم آہنگی اور ہمدردی کو بڑھاتا ہے۔

میں فجر کی نماز کے بعد اُن دوستوں کے لیے مغفرت کی دعا مانگتا ہوں جن کا انتقال ہو چکا ہے۔ یہ تو میں نہیں کہہ سکتا کہ میرے دعا مانگنے سے واقعی ان کی مغفرت ہو گی یا نہیں کیوں کہ نانی اماں کے مطابق ان دوستوں کی مغفرت کا دارومدار ان کے کندھوں پر بیٹھے ہوئے فرشتوں کے رجسٹروں پر منحصر ہے، مگر مجھے ان دعاؤں کا بے حد فائدہ ہوتا ہے، مثلاً جب میں کمال کا نام لیتا ہوں تو یاد آجاتا ہے کہ جب میری عمر بارہ سال تھی تو کمال نے مجھے ابن صفی سے متعارف کرایا تھا۔ ابن صفی کی سب سے پہلی کتاب جو اس نے مجھے پڑھنے کے لیے دی تھی وہ عمران سیریز کی کالے چراغ تھی جس میں تھریسیا بمبل بی آف بوہیمیا یورینیم کی تلاش میں تھی۔ اسی طرح مستقیم اور میں پانچویں کلاس سے اکٹھے تھے۔ ہائی اسکول میں ہم نے ایک خفیہ تنظیم قائم کی تھی جس کا مقصد ملک میں سرخ انقلاب لانا تھا، مگر اس تنظیم کی ممبرشپ ہم دونوں سے آگے نہ بڑھ سکی۔

جب میں تقریباً درجن بھر دوستوں کا نام لے کر ان کے لیے دعا کرتا ہوں تو ہر ایک کے ساتھ گزارا ہوا وقت میرے سامنے آجاتا ہے اور میں واپس اسکول اور یونیورسٹی کے زمانے میں پہنچ جاتا ہوں۔ کچھ دیر کے لیے میں پھر سے جوان ہو جاتا ہوں۔ دعا کا یہ عمل میرے لیے ماضی اور حال کے درمیان ایک پُل بن چکا ہے، جو ان یادوں کو زندہ رکھتا ہے جنھوں نے میری شخصیت کو تراشا۔ دعا کرتے ہوئے ہر نام کے ساتھ جُڑی کہانیاں، قہقہے، اور خواب دوبارہ تازہ ہو جاتے ہیں۔ یہ صرف مغفرت کی درخواست نہیں ہوتی، بلکہ ایک روحانی سفر ہوتا ہے، جہاں میں ان لمحوں کو دوبارہ جیتا ہوں جنھوں نے میری زندگی کو معانی دیے۔

خدا ان دعاؤں کو قبول کرے یا نہ کرے، لیکن ان لمحوں میں، میں اپنے وجود کی گہرائی میں ایک تعلق محسوس کرتا ہوں، اپنے دوستوں کے ساتھ، اپنے ماضی کے ساتھ، اور ایک ایسے خالق کے ساتھ جو انسان کے دل کی ہر دھڑکن سے واقف ہے۔ دعا میرے لیے تسلی کا ذریعہ ہے، ایک ایسا عمل جو نہ صرف میرے دوستوں کو یاد رکھتا ہے بلکہ مجھے خود سے قریب تر کر دیتا ہے۔

ضمیمہ 1

قدرتی اعداد

ابوالحسن الاقلیدیسی

مروجہ ہندسوں کی بنیاد اعشاری نظام پر ہے جسے ابوالحسن احمد بن ابراہیم الاقلیدیسی (920-980 CE) نے متعارف کرایا۔ الاقلیدیسی جو دمشق اور بغداد میں بطور ریاضی داں متحرّک تھا، اعشاری نظام کے حوالے سے جانا جاتا ہے۔ اس کی تصنیف، کتاب الفصول فی الحساب الہندی، قدیم ترین کتاب ہے جس نے مغربی دنیا کو اعشاری نظام سے روشناس کرایا[a]۔ اس کے مطابق یہ نظام قدیم زمانے سے چین اور ہندوستان میں رائج تھا۔ اس نظام کے تحت مروجہ ہندسے 1, 2, 3, 4, 5, 6,7, 8, 9 عربی ہندسے (Arabic Numerals) کہلاتے ہیں اور ان کی بنیاد دس ہوتی ہے جسے ظاہر کرنے کے لیے ایک کے آگے صفر لگا دیا جاتا ہے۔ باقی تمام ہندسے ان ہی ہندسوں سے مل کر بنتے ہیں، مثلاً

23=2X10+3

724=7X10X10+2X10+4

30000 = 3X10X10X10X10

ان نمبروں کو اختصار کے لیے اس طرح بھی لکھا جاسکتا ہے:

---

[a] O'Connor, John J.; Robertson, Edmund F., "Abu'l Hasan Ahmad ibn Ibrahim Al-Uqlidisi", MacTutor History of Mathematics archive, University of St Andrews, https://mathshistory.st-andrews.ac.uk/Biographies/Al-Uqlidisi/ accessed on May 23, 2022.

$$23=2X10^1+3X10^0$$

$$724=7X10^2+2X10^1+4X10^0$$

$$30000 = 3X10^4$$

ان نمبروں میں اگر کسی عدد پر ایک چھوٹا سا عدد لگا دیا جائے تو وہ اس کا قوت نما (Power) کہلاتا ہے، مثلاً 10^4 میں 4 کا عدد 10 کی قوت ظاہر کرتا ہے اور اس کا مطلب ہے 10X10X10X10 یعنی 10000 گویا 10 کی 4 درجے کی قوت 10000 کے برابر ہے۔ یہ بھی یاد رکھیں کہ کسی بھی عدد کی صفر درجے کی قوت 1 کے برابر ہوتی ہے۔ قوت نما کی چند مزید مثالیں یہ ہیں:

$$2^3=2X2X2=8$$

$$5^0=1$$

$$5^4=5X5X5X5=625$$

نمبروں میں ہر عدد کی پوزیشن کو ایک نام دیا گیا ہے، مثلاً دائیں جانب سے سب سے پہلے عدد کو اکائی کہتے ہیں۔ اس جدول میں آپ کو مختلف اعداد کے نام مع قوت نما کی ترقیم (Notation) ملیں گے۔

Digits	ترقیم	اعداد
Unit	10^0	اکائی
Ten	10^1	دہائی
Hundred	10^2	سیکڑا
Thousand	10^3	ہزار
Ten Thousand	10^4	دس ہزار
Hundred Thousand	10^5	لاکھ
Million	10^6	دس لاکھ
Ten Millions	10^7	کروڑ
Hundred Millions	10^8	دس کروڑ
Billion	10^9	ارب

Ten Billions	10^{10}	دس ارب
Hundred Billions	10^{11}	کھرب
Trillion	10^{12}	دس کھرب
Ten Trillions	10^{13}	نیل
Hundred Trillions	10^{14}	دس نیل
Quadrillion	10^{15}	پدم
Ten Quadrillions	10^{16}	دس پدم
Hundred Quadrillion	10^{17}	سنکھ
Quintillion	10^{18}	دس سنکھ
Ten Quintillion	10^{19}	مہاسنکھ

اگر کسی نمبر میں تین سے زیادہ اعداد ہوں تو پڑھنے میں آسانی کے لیے اردو میں ہزار کے بعد ہر دو اعداد کے بعد اور انگریزی میں ہر تین اعداد کے بعد ایک سکتہ (Comma) لگادیتے ہیں، مثلاً اردو میں ایک کروڑ ستائیس لاکھ تیرہ ہزار دو سو پچاس (1,27,13,250) جب کہ انگریزی میں بارہ ملین سات سو تیرہ ہزار دو سو پچاس (12,713,250) لکھیں گے۔

ضمیمہ 2

انفنٹی

ضمیمہ نمبر 1 میں ہم مہاسنکھ (Ten Quintillion) تک گن چکے ہیں۔ اگر آپ پوچھیں کہ اُس کے بعد کیا آتا ہے تو جواب یہ ہے کہ گنتے جائیں یہاں تک کہ آپ ان گنت یا لامتناہی تک پہنچ جائیں۔ اس مقام کو انفنٹی (Infinity) یا لامتناہیت کہتے ہیں۔ انفنٹی کوئی خاص نمبر نہیں ہے بلکہ آپ بڑے سے بڑے نمبر تک پہنچ جائیں، انفنٹی اس سے بھی بڑا ہے۔ اگر انفنٹی کوئی نمبر ہوتا تو اس سے بڑا نمبر کوئی اور نہ ہوتا۔ ریاضی میں انفنٹی کو ∞ سے ظاہر کرتے ہیں۔ 1 سے ∞ تک تمام سالم اعداد (Integers) کو قدرتی اعداد (Natural Numbers) کہا جاتا ہے۔ قدرتی اعداد سالم اشیا کو گننے کے لیے کافی ہیں خواہ وہ بھیڑیں ہوں، آم ہوں یا ہماری کہکشاں میں ستارے ہوں۔ انفنٹی اتنی بڑی مقدار یا تعداد ہے کہ اگر اس میں کچھ جمع کیا جائے یا اس سے کچھ تفریق کیا جائے تو جواب بھی لامتناہی ہو گا۔

$$\infty + \infty = \infty$$

$$\infty - \infty = \infty$$

$$\infty \times \infty = \infty$$

$$\infty \div \infty = \text{غیر معین}$$

ضمیمہ 3

صفر کی تاریخ

گننے کا عمل صفر کے بغیر ممکن نہیں ہے۔ اعشاری نظام میں صفر کسی نمبر کو دس گنا کرنے کے لیے استعمال کیا جاتا ہے۔ اگر 15 کے دائیں جانب ایک صفر لگا دیا جائے تو وہ 150 بن جاتا ہے جو 15 کا 10 گنا ہے۔ صفر کی ایک خود مختار حیثیت بھی ہے۔ اگر اسے کسی اور عدد کے ساتھ نہ ملایا گیا ہو تو اس کا سیدھا سادا مطلب ہے "کچھ نہیں"۔ اگر آپ کے پاس 15 روپے ہیں اور آپ ان میں سے 15 روپے خرچ کر دیں تو اور آپ کے پاس کچھ نہیں بچے گا۔ ریاضی کی زبان میں آپ کے پاس صفر روپیہ بچے گا۔(15-15=0)

سب سے پہلے صفر کے استعمال کے آثار ہمیں میسوپوٹیمیا (Mesopotamia) میں ملتے ہیں۔ میسوپوٹیمیا قدیم عراق میں دریائے فرات اور دریائے دجلہ کے درمیان واقع تھا اور اس زمانے کی تہذیب کا گہوارا تھا۔ کہتے ہیں کہ انسانی تہذیب کی ابتدا اسی علاقے سے ہوئی جس میں آج کے عراق، کویت، ترکی اور شام شامل ہیں۔ یہاں انسانی آبادی کے آثار 14,000 سال قبل مسیح تک ملتے ہیں۔ سُمیری تہذیب جو پانچ ہزار سال قبل میسوپوٹیمیا میں آباد تھی، خاص طور پر اس زمانے کے لحاظ سے کافی ترقی یافتہ تھی۔ جہاں وہ کاشت کاری، کپڑا بُننے کے فن اور ظروف سازی میں ماہر تھے وہیں علم و ادب، ریاضیات اور سائنس میں بھی ایک مقام رکھتے تھے۔ سب سے پرانی تحریریں سُمیری تہذیب کی ہی ملتی ہیں[a]۔ وہ ہندسوں کے درمیان صفر کے لیے خالی جگہ چھوڑ دیتے تھے۔ میسوپوٹیمیا کے علاقے میں ہی موجودہ بغداد سے 55 میل دور جنوب میں دریائے فرات کے کنارے پر ایک شہر آباد تھا جسے بابل کہتے ہیں۔ تیسری صدی قبل

---

[a] Leo Oppenheim, “Ancient Mesopotamia”, University of Chicago, https://oi.uchicago.edu/sites/oi.uchicago.edu/files/uploads/shared/docs/ancient_mesopotamia.pdf accessed on May 24, 2022

مسیح میں وہاں صفر کے لیے دو تکونے کھونٹوں کی شکل کے نشان استعمال کیے جاتے تھے۔ کچھ اور تہذیبوں میں بھی ہمیں صفر کی موجودگی کے آثار ملتے ہیں مگر اس وقت تک صفر کو صرف ایک نشان کے طور پر استعمال کیا جاتا تھا نہ کہ ایک عدد کی حیثیت سے جس کی اپنی حیثیت تھی حتیٰ کہ ساتویں صدی عیسوی میں پہلی مرتبہ ہندوستان میں صفر کو باقاعدہ ایک عدد کی حیثیت سے دریافت کیا گیا اور اس دور کے ریاضی دان برہما گپتا (598-668 CE) نے اس کی تعریف یوں بیان کی کہ اگر کسی نمبر سے اسی نمبر کو گھٹایا جائے تو جواب میں صفر بچتا ہے۔

محمد ابن موسیٰ الخوارزمی

صفر اپنی نئی شکل میں ہندوستان سے نکل کر مشرق میں چین اور مغرب میں واپس مڈل ایسٹ پہنچا جہاں بغداد میں محمد ابن موسیٰ الخوارزمی (780-850 CE) نے پہلی مرتبہ علم الحساب (Arithmetic) کو موجودہ شکل دی اور بتایا کہ الجبرا کی مساوات (Algebraic equations) میں صفر کو کس طرح استعمال کیا جاسکتا ہے۔ ریاضی میں کسی مسئلے کو حل کرنے کے لیے ایک نسخہ لکھا جاتا ہے جس میں یکے بعد دیگرے غیر مبہم ریاضیاتی عملیات (Mathematical operations) درج کیے جاتے ہیں۔ اس نسخے کو ایلگورتھم (Algorithm) اور عربی میں الخوارزم کہتے ہیں۔ یہ اصطلاح ریاضی میں الخوارزمی کی خدمات کے اعتراف میں وضع کی گئی۔ کمپیوٹر پروگرام ان ہی نسخوں کا مجموعہ ہوتے ہیں۔

نویں صدی عیسوی تک صفر عربی ہندسوں میں ایک عدد کی حیثیت سے داخل ہو چکا تھا مگر اسے یورپ تک آتے آتے اگلے تین سو برس گزرے۔ جہاں صفر کی ترویج کے لیے اٹلی کے ریاضی داں لیونارڈو بوناچی عرف فبوناچی (1170-1240 CE) نے کافی کام کیا[112]۔

ضمیمہ 4
منفی اعداد

بچوں کو ابتدائی کلاسوں میں ریاضی کے چار عملیات (Mathematical operations) سکھائے جاتے ہیں، یعنی جمع، تفریق، ضرب اور تقسیم۔ اگر دو یا ان سے زیادہ قدرتی اعداد کو جمع کیا جائے تو جو جواب آتا ہے وہ بھی قدرتی عدد ہوتا ہے۔ اسی طرح اگر قدرتی اعداد کو ایک دوسرے سے ضرب دیا جائے تو جواب میں قدرتی عدد ہی ملتا ہے، مثلاً

$$2+5=7;$$

$$235+7,194=7,429;$$

$$326\text{X}278=90,628$$

یہ سارے اعداد قدرتی اعداد ہیں۔

تفریق میں جو دشواری پیش آتی ہے وہ یہ ہے کہ اگر 5 میں سے 2 کو گھٹایا جائے تو جواب 3 آتا ہے لیکن اگر 2 میں سے 5 کو گھٹایا جائے تو کیا جواب آئے گا؟ ابتدائی کلاسوں میں تو ماسٹر صاحب یہ کہہ کر ٹال دیتے ہیں کہ چھوٹے نمبر سے بڑے نمبر کو نہیں گھٹایا جاسکتا۔ اس کی مثال یوں ہے کہ اگر آپ کے پاس پانچ روپے ہیں اور آپ ان میں سے دو روپے کسی کو دے دیں تو باقی تین روپے بچیں گے لیکن اگر آپ کے پاس دو روپے ہیں تو ان میں سے تین روپے کسی کو کیسے دے سکتے ہیں؟

ریاضی میں ایک اصول ہے جسے تکملیت (Completeness) کہتے ہیں۔ یہ اصول ریاضی میں فلسفہ سے آیا ہے اور اس کے مطابق تکملیت وہ حالت ہے جس میں تمام ضروری حصے موجود ہوں۔ دوسرے لفظوں میں یہ ایسے نظام کی خاصیت ہے جو مکمل ہو اور اس کا کوئی حصہ اس سے نکلا ہوا نہ ہو۔ چوں کہ

تفریق (Subtraction) ایک ابتدائی حسابی عمل ہے جس طرح جمع، ضرب اور تقسیم ہیں لہٰذا اس پر کوئی ایسی پابندی نہیں ہونی چاہیے جو دوسرے عملیات پر نہیں ہیں۔ اسی اصول کے پیش نظر منفی اعداد وضع کیے گئے۔ اب ہمارے نمبروں کے سیٹ میں صفر اور منفی اعداد کا اضافہ ہو گیا۔ صفر کے بائیں جانب منفی اعداد (Negative Numbers) ہیں اور دائیں جانب مثبت اعداد (Positive Numbers) ۔ مثبت اعداد میں اگرچہ جمع کا نشان لگانے کی ضرورت نہیں ہوتی لیکن اگر لگا بھی دیں تو کوئی حرج نہیں۔ یہاں صرف مثبت اور منفی اعداد کا فرق ظاہر کرنے کے لیے لگا دیا گیا ہے۔ تین نقطے (...) ظاہر کرتے ہیں کہ دونوں جانب نمبروں کا سلسلہ جاری ہے۔

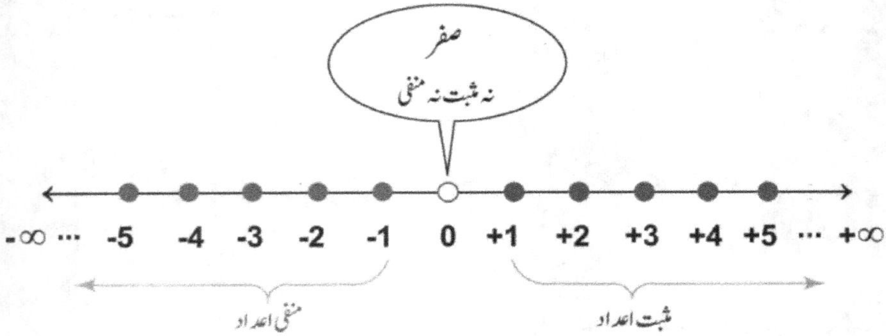

اوپر دکھائی گئی لائن پر کہیں بھی ایک مقام طے کر لیا گیا ہے جسے صفر کا درجہ دے دیا گیا ہے اس کے دونوں جانب ایک ہی فاصلے سے دوسرے نمبروں کا مقام ہے۔ دائیں جانب بڑھتے ہوئے مثبت اعداد اور بائیں جانب گھٹتے ہوئے منفی اعداد۔ یہ سلسلہ دونوں جانب بلا کبھی تھمے ہوئے ∞ اور ∞- کی جانب چلتا رہتا ہے۔ اسے ریاضی میں اس طرح بھی لکھا جاسکتا ہے:

$$\ldots, -5, -4, -3, -2, -1, 0, 1, 2, 3, 4, 5, \ldots$$

دونوں جانب تین نقطے واضح کرتے ہیں کہ یہ سلسلہ کبھی نہیں رکتا۔

ہم نے اب تک ریاضیاتی انفنٹی (Mathematical Infinity) کی بات کی ہے۔ دراصل انفنٹی کے تصور کی ابتدا فلسفہ سے ہوئی۔ اس کے علاوہ انفنٹی کا تصور طبیعیات اور مابعد الطبیعیات میں بھی پایا جاتا ہے۔

واضح ہو کہ اس سیٹ میں ہم جیسے جیسے بائیں جانب سے دائیں جانب کی طرف چلتے ہیں تو دائیں جانب

کاعدد بائیں جانب کے عدد سے بڑا ہوتا ہے۔ چناں چہ 3- بڑا ہے 4- سے جب کہ 3 چھوٹا ہے 4 سے۔ ریاضی میں ان بیانات کو اس طرح لکھتے ہیں:

$$-3 > -4$$

$$3 < 4$$

منفی اعداد کا استعمال ہماری روز مرہ کی زندگی میں عام ہے۔ مثلاً جب موسم کا حال سن کر آپ کو معلوم ہو کہ مری کا کم سے کم درجہ حرارت نقطہ انجماد سے پانچ ڈگری کم ہو گا تو سمجھ لیں کہ ٹمپریچر $-5^{\circ}C$ تک گرے گا۔ پانی کا نقطہ انجماد $0^{\circ}C$ ہوتا ہے جس پر پانی جمتا ہے۔ صفر سے کم اعداد کو منفی نمبروں سے ظاہر کیا جاتا ہے۔

ضمیمہ 5

ٹکڑے گننا

اب تک ہم صرف سالم نمبروں کی بات کرتے رہے ہیں مگر اشیا ہمیشہ سالم نہیں ہوتیں۔ مثال کے طور پر اگر ایک آٹھ سلائس کے پیزا میں سے آپ نے ایک سلائس کھالیا تو آپ کہہ سکتے ہیں کہ آپ نے $\frac{1}{8}$ (ایک بٹا آٹھ) پیزا کھالیا، یعنی پیزا کے 8 سلائسوں میں سے 1 سلائس کھالیا۔ اب آپ کے پاس 8 میں سے 7 سلائس بچے ہیں یعنی $\frac{7}{8}$ (سات بٹے آٹھ) پیزا بچا ہے۔ سالم اشیا کے ان ٹکڑوں کو کسر یا فریکشن (Fraction) کہتے ہیں۔ کسر میں اوپر کے عدد کو شمار کنندہ (Numerator) اور نیچے کے عدد کو نسب نما (Denominator) کہتے ہیں۔ فریکشن میں شمار کنندہ کو نسب نما سے تقسیم کیا جاتا ہے۔ واضح ہو کہ فریکشن میں شمار کنندہ اور نسب نما سالم نمبر ہوتے ہیں۔

اب آپ اگر ایک سلائس اور لے لیں تو آپ نے $\frac{2}{8}$ پیزا کھالیا اور $\frac{6}{8}$ پیزا بچا۔ تصویر سے ظاہر ہوتا ہے کہ اگر آپ نے آٹھ کے بجائے چار سلائس کیے ہوتے تو ہر سلائس کا سائز دوگنا ہوتا اور بجائے آٹھ میں سے دو سلائس کھانے کے چار میں سے ایک سلائس کھالیا ہوتا اور تین سلائس بچ گئے ہوتے، گویا $\frac{1}{4}$ (ایک بٹا چار یا ایک چوتھائی) پیزا کھالیا اور $\frac{3}{4}$ (تین بٹے چار یا تین چوتھائی) پیزا بچا ہوا ہے، مطلب یہ کہ

$\frac{21}{84} =$ اور $\frac{63}{84} =$

اعشاریہ کسر (Decimal Fractions) میں سالم شے کو 10 یا 100 یا 1000 حصوں میں تقسیم

کیا جاتا ہے، مثلاً آدھا پیزا ظاہر کرنے کے لیے ہم پیزا کو دو برابر حصوں میں تقسیم کر دیں اور اس میں سے ایک حصہ لے لیں تو وہ حصہ $\frac{1}{2}$ کہلائے گا۔ اگر ہم اس پیزا کو دو حصوں میں تقسیم کرنے کے بجائے دس حصوں میں تقسیم کر دیتے اور اس میں سے پانچ حصے لے لیتے تو ہمیں اتنا ہی پیزا ملتا اور اس کسر کو $\frac{5}{10}$ یا اعشاری کسر میں 0.5 کہا جاتا۔ اسی طرح ایک چوتھائی کو 100 میں سے 25 حصے یعنی 0.25 کہا جاتا۔

مصنف

ڈاکٹر رفیع مصطفیٰ نے اپنے کیریئر کی ابتدا 1962 میں کنڈر گارٹن ٹیچر کی حیثیت سے کی۔ 1964 میں سندھ یونیورسٹی میں بطور اسسٹنٹ پروفیسر تقرری ہوئی اور 1969 میں یونیورسٹی آف برٹش کولمبیا سے پی ایچ ڈی کرنے کے بعد پاکستان، برطانیہ، کینیڈا اور سوڈان کی مختلف یونیورسٹیوں میں تحقیق و تدریس میں مصروف رہے۔ 1991 میں انہوں نے کینیڈا میں ایک پرائیویٹ کیریئر کالج اور ایک آئی ٹی کمپنی کی بنیاد ڈالی جس کے CEO کی حیثیت سے اب ریٹائر ہو گئے ہیں۔

پیشہ ورانہ مصروفیات کے علاوہ وہ لگ بھگ 40 سال سے انٹر نیشنل ڈویلپمنٹ اینڈ ریلیف فاؤنڈیشن (IDRF) سے بطور بورڈ ممبر اور صدر وابستہ رہے ہیں، اور اب گورنرز کاؤنسل کے ممبر کی حیثیت سے خدمات انجام دے رہے ہیں۔ کینیڈا میں قائم کردہ یہ فاؤنڈیشن پاکستان کے علاوہ دنیا کے چالیس ممالک میں ہنگامی حالات میں مدد پہنچانے کے علاوہ صحت، تعلیم، غذا اور صاف پانی کے شعبوں میں امداد فراہم کرتی ہے۔ علاوہ ازیں ڈاکٹر مصطفیٰ یونیورسٹی آف ٹورانٹو کے ایمینوئیل کالج کے مسلم اسٹڈیز پروگرام سے مشاورتی حیثیت سے وابستہ رہے ہیں۔ اُن کی ادبی تصانیف میں تین ناول اور متعدد مختصر کہانیاں شامل ہیں۔

فہرست کتب

اس کتاب میں جن موضوعات کا احاطہ کیا گیا ہے ان پر تحقیق کے دوران مندرجہ ذیل کتب سے استفادہ کیا گیا۔ مزید مطالعے کے لئے یہ کتابیں مفید ہوں گی۔

1. Mario Livio, The Acceleratin Universe, John Wiley & Sons Inc., 2000.
2. Max Tegmark, Our Mathematical Universe: My Quest for the Ultimate Nature of Reality, Vintage Books, 2014.
3. Simon Singh, Fermat's Last Theorem, Harper Perennial, 2011.
4. Stephen Hawking, A Brief History of Time (Bantam Books, 2017).
5. Mario Livio, Is God a Mathematician? (Simon & Schuster Paperback, 2009).
6. Pervez Hoodbhoy, Islam and Science: Religious Orthodoxy and the Battle for Rationality, Bloomsbury Publishing, 1991.
7. Martin Rees, Just Six Numbers, Basic Books, 2000.
8. Sean Carroll, Something Deely Hidden: Quantum World and the Emergence of Spacetime, Random House, 2019.
9. M. Suhail Zubairy, A Mysterious Universe, Oxford University Press, 2023.
10. M. Suhail Zubairy and Khalid Sohail, Religion, Science & Psychology, Greenzone Publishing, 2022.

11. Sabine Hossenfelder, Existential physics, Viking, 1976.
12. Stephen Hawking and Leonard Mlodinw, The Grand Design, Bantam Books, 2010.
13. Pritjof Capra, The Tao of Physics, Harper Collins Publishers, 1976.
14. Karen Armstrong, History of God, Ballantine Books, 1994.
15. Yuval Noah Harari, Sapiens: A Brief History of Humankind, Signal, 2016.
16. Immanuel Kant, Critique of Pure Reason, Translated by J.M.D. Meikeljohn, George Bell and Sons, 1890.
17. Jerald Dirks, Abraham, The Friend of God, Amana Publications, 2002.
18. Dina Prialnik, An Introduction to The Theory of Stellar Structure and Evolution, Cambridge University Press, Second Edition, 2010.
19. Plato, The Republic.Oxford Paperbacks, 2008.
20. Dean Buonomano, Your Brain is a Time Machine, W, Norton & Company, 2017.
21. Adrian Bardon, A Brief History of the Philosophy of Time, Oxford University Press, 2024.
22. ڈاکٹر طاہر القادری، اسلام اور جدید سائنس، ادارہ منہاج القرآن، 2001
23. ڈاکٹر بلند اقبال، پلیٹو سے پوسٹ ماڈرنزم تک مغربی ادب، 2024
24. اسفارِ اربعہ، فلسفہ مُلّا صدرا، ملا صدرالدین شیرازی، ترجمہ سید مناظر احسن گیلانی، حق پبلیکیشنز

فرہنگ اصطلاحات

Dimensions	اَبعاد
Celestial Bodies	اجرامِ فلکی
Probability	احتمال
Emission Nebula	اخراجی نیبولا
Cognition	ادراک
Evolution	اِرتقا
Vibration	ارتعاش
Archimedes	ارشمیدس
Geocentric	ارض مرکزی
Primordial	اساسی
Metabolism	اِستحالہ
Deductive Reasoning	استخراجی استدلال
Inductive Reasoning	استقرائی استدلال
String Theory	اسٹرنگ تھیوری
Acceleration	اسراع
Radiation	اِشعاع
Astrolabe	اصطرلاب

Relativity	اضافیت
Numbers	اعداد
Decimal	اعشاریہ
Decimal Fractions	اعشاریہ کسر
Platonic Solids	افلاطونی ٹھوس اجسام
Platonic World	افلاطونی دنیا
Euclid	اقلیدس
Euclidean Geometry	اقلیدسی ہندسہ
Excited State	اُکسائی حالت
Biruni Equation	البیرونی کی مساوات
Alkalinity	القلیت
Divine State	اُلوہی ریاست
Electron	الیکٹران
Refraction of Light	انحراف نور
Decay	انحطاط
Reflection Nebula	انعکاسی نیبولا
Infinity	انفنٹی
Collapse	انہدام
Orion	اورائن

Atomic Number	ایٹمی عدد
Atomic Mass	ایٹمی کمیت
Enceladus	اینسیلاڈس
Phantom Energy	آسیبی توانائی
Tools	آلات
Io	آیو
Wind Power	بادی طاقت
Load	بار
Dodecahedron	بارہ سطحہ
Baryogenesis	باریون کی پیدائش
Regular	باقاعدہ
Ultraviolet	بالا بنفشی
Inversely Proportional	بالعکس متناسب
Axiom	بدیہہ
Constellation	بُرج
Ice Giants	برف کے دیو
Cryovolcanic Eruption	برفانی آتش فشانی
Electricity	برق
Hydroelectric Power	برق آبی طاقت

Electromagnetic	برقناطیسی
Electromagnetic Force	برقناطیسی قوت
Electromagnetism	برقناطیسیت
Charge	برقی بار
Galvanometer	برقی روپیما
Electric Field	برقی فیلڈ
Conductor	برقی مَوصِل
Electronics	برقیات
Exothermic Reaction	بروں حراری ردّ عمل
Ptolemy	بطلیموس
Dimension	بُعد
Conservation	بقا
Crystalline	بلوری
Bond Angle	بندشی زاویہ
Violet	بنفشی
Fundamental Particles	بنیادی ذرّات
Many Worlds	بہت سی دنیائیں
Brown Dwarf	بھورا بَونا
Boson	بوزان

Dwarf Planets	بونے سیارے
Random Mutations	بے ترتیب تغیرات
Irregular Galaxies	بے قاعدہ کہکشائیں
Statement	بیان
Lever	بیرم
Outer space	بیرونی خلا
Exoplanet	بیرونی سیارہ
Icosahedron	بیس سطحہ
Ellipse	بیض
Oblate Spheroid	بیضوی کُرّہ نما
Elliptical Galaxies	بیضوی کہکشائیں
Cylinder	بیلن
Mercury	پارہ
Pythia	پائیتھیا
Proton	پروٹان
Protogalaxy	پروٹو کہکشاں
Subatomic	پس ایٹمی
Subatomic Level	پس ایٹمی سطح
Recessive Gene	پسپا جین

Plasma	پلازما
Pulsars	پلسار
Planck Epoch	پلینک کا دَور
Positron	پوزیٹران
Spiral	پیچ دار
Spiral Galaxies	پیچ دار کہکشائیں
Paramagnetic	پیرامقناطیسی
Fermentation	تَخمِیر
Radioactive	تاب کار
Radioactive Decay	تاب کار زوال
Radation Belt	تاب کاری پٹّی
Radiative Zone	تابکاری خطہ
Dark Energy	تاریک توانائی
Dark Matter	تاریک مادّہ
Dark Matter Halo	تاریک مادّے کا ہالہ
Nucleosynthesis	تالیفِ مرکزہ
Abstraction	تجرید
Abstract Structure	تجریدی ڈھانچہ
Momentum	تحرّک

Approximation	تخمینہ
Concept	تصور
Mental	تصوراتی
Interaction	تعامل
Mutation	تغیّر
Direct Proportion	تناسبِ راست
Inverse Proportion	تناسب معکوس
Energy	توانائی
Acidity	تیزابیت
Three Dimensional	تین بُعدی
Titan	ٹائٹن
Trojan Asteroids	ٹروجن شہاب ثاقب
Gravitational Constant	ثقلی مستقل
Spy Glass	جاسوس شیشہ
Algebraic Structure	جبریاتی ڈھانچہ
Dialectic	جدلیاتی
Dialectics	جدلیت
Square root	جذر
Body	جسم

Pseudoscience	جعلی سائنس
Inertial Frame	جمودی ڈھانچا
Embryo	جنین
Cluster	جُھرمٹ
False Vacuum	جھوٹا ویکیوم
Nucleus	جوہر
Nuclear Fusion	جوہری اختلاط
Nuclear Reaction	جوہری ردّ عمل
Global Positioning System	جی پی ایس
Gene	جین
Genetics	جینیات
Genetic	جینیاتی
Tetrahedron	چار سطحہ
Tetrahedral	چار سطحی
Charge	چارج
Product(s)	حاصل (حاصلات)
Quotient	حاصل قسمت
State	حالت
Volume	حجم

Thermodynamics	حرحرکیات
Latent Heat	حرارتِ تبخیر
Heat Death	حرارت کی موت
Thermal Energy	حرارتی توانائی
Laws of Thermodynamics	حرحرکی قوانین
Motion	حرکت
Calculation	حساب
Calculations	حسابات
Real	حقیقی
Real Paticle	حقیقی ذرّہ
Cycle	حلقہ
Convective Zone	حملی خطہ
Convection Current	حملی رو
Biology	حیاتیات
Biochemistry	حیاتیاتی کیمیا
Enzyme	خامرہ
Microscopic World	خردبینی دنیا
Microbiology	خردحیاتیات
Special	خصوصی

Rhetoric	خطابت
Space	خلا
Space Telescope	خلائی دوربین
Cell	خلیہ
Self-replicating	خود نقل ساز
Comet	دُم دار سیارہ
Small Dipper	دُبِّ اصغر
Big Dipper	دُبِّ اکبر
Accuracy	درستی
Endothermic Reaction	دروں حراری ردّ عمل
Athiest	دہریا
Diatomic	دوایٹمی
Telescope	دوربین
Periodic Table	دوری جدول
Reionization Epoch	دوسری رواں سازی کا دور
Doppler Effect	ڈاپلر اثر
Framework	ڈھانچا
Dopamine	ڈوپامین
Deism	ڈی ازم

Entity	ذاتیہ
Particle Physics	ذرّاتی طبیعیات
Particle-Wave Duality	ذرہ موج دوئی
Wave-Particle Duality	ذرہ موج دوئی
Intelligent Design	ذہین تخلیق
Directly Proportional	راست متناسب
Milky Way	راہِ شیری
Speed	رفتار
Velocity	رفتار
Fossil	رکاز
Ion	رواں
Ionizing Radiation	رواں ساز اشعاع
Ionized	رواں شدہ
Ionic Bond	روانی بند
Mathematics	ریاضیات
Mathematical	ریاضیاتی
Right angle	زاویہ قائمہ
Right-angled Triangle	زاویہ قائمہ مثلث
Saturn	زحل

Spacetime	زمان ومکاں
Spacetime Curvature	زمان ومکاں کی خمیدگی
Ground State	زمینی حالت
Terresterial Planet	زمینی سیارہ
Venus	زہرہ
Infrared	زیریں سرخ
Integer	سالم
Molecular Biology	سالماتی حیاتیات
Molecular Structure	سالماتی ساخت
Molecular Hydrogen	سالماتی ہائیڈروجن
Molecule	سالمہ
Theory of Everything	سب کچھ کا نظریہ
Red Giant	سرخ دیو
Redshift	سرخ منتقلی
Fern	سَرخُس
White Dwarf	سفید بونا
Socrates	سقراط
Socatic Questions	سقراطی سوالات
Sequence	سلسلہ

سلسلہ	Series
سمت شناسی	Navigation
سمتی رفتار	Velocity
سمیری	Sumerian
سنہری نسبت	Golden Ratio
سوسن	Lily
سیارچہ	Satellite
سیّارہ	Planet
سیّاروی نیبولا	Planetary Nebula
سیاہ غار	Black Holes
سیاہ نیبولا	Dark Nebula
شروڈنگر کی بلّی	Schrodinger's Cat
شریک بند	Covalent Bond
شکلیاتی	Morphological
شمسی توانائی	Solar Energy
شہاب ثاقب کی پٹّی	Asteroid Belt
شے (اشیا)	Object(s)
ضِد	Antithesis
ضیائی کُرّہ	Photosphere

Physics	طبیعیات
Wavelength	طولِ موج
Longitude	طول البلد
Longitudinal Waves	طولی لہریں
Spectrum	طیف
Spectroscopy	طیف بینی
Multiverse	عالمین
Numbers	عدد
Lens	عدسہ
Lenticular Galaxies	عدسہ نما کہکشائیں
Void	عدم
Latitude	عرض البلد
Transverse Waves	عرضی لہریں
Naked Eye	عریاں آنکھ
Neuropsychology	عصبی نفسیات
Mercury	عطارد
Grand Unification Epoch	عظیم اتحاد کا دَور
Big Bang	عظیم پھیلاؤ
Big Crunch	عظیم چُر مُر

Big Rip	عظیم چیر پھاڑ
Supernova(e)	عظیم نوتارہ(ے)
Mirror image	عکسِ معکوس
Calculus	علم الحصا
Cosmologists	علمائے کونیات
Perpendicular	عمود
General	عمومی
Element	عنصر
Dominant Gene	غالب جین
Non-Inertial Frame	غیر جمودی ڈھانچا
Non-Ionizing Radiation	غیر رواں ساز اشعاع
Non-conductor	غیر مَوصِل
Unstable	غیر مستحکم
Irrational	غیر ناطق
Inorganic	غیر نامیاتی
Prokaryotic Cell	غیر نواتی خلیہ
Asymmetric Stretch	غیر ہم آہنگ پھیلاؤ
Uncertainty Principle	غیر یقینی اصول
Metallic Hydrogen	فِلزی ہائیڈروجن

Fibonacci Sequence	فبوناچی سلسلہ
Fibonacci Spiral	فبوناچی مرغولہ
Virtual Particle	فرضی ذرّہ
Thesis	فرضیہ
Frequency	فریکوئنسی
Nature	فطرت
Nature	فطرت
Naturalist	فطرتیت دان
Natural Selection	فطری انتخاب
Thought Experiment	فکری تجربہ
Astrophysics	فلکی طبیعیات
Astronomy	فلکیات
Photon	فوٹان
Photon Epoch	فوٹان کا دَور
Pythagoras	فیثاغورث
Pythagorean Brotherhood	فیثاغورثی برادری
Pythagorean Triplet	فیثاغورثی ثلاثی
Base	قاعدہ
Law	قانون

قانونِ ثقل	Law of Gravitation
قانونِ علّت و معلول	Law of Causation
قدر	Value
قدرت	Nature
قطب نما	Compass
قطبی ستارہ	North Star
قلیل ترین	Minimum
قوتِ ثقل	Gravitational Force
قوت دفاع	Repulsion
قوی ترین کی بقا	Survival of The Fittest
قیاس	Conjecture
قیمت	Value
قینچی کی حرکت	Scissoring Mode
کُرّۂ قائمہ	Stratosphere
کُرّۂ متغیّرہ	Troposphere
کارتیزی نظام	Cartesian System
کائپر پٹّی	Kuiper Belt
کائناتی جال	Cosmic Web

Cosmic Microwave Background	کائناتی مائکروویوپس منظر
Density	کثافت
Critical Energy Density	کثافت توانائی فاصل
Density Fluctuation	کثافتی ارتعاش
Maximum	کثیر ترین
Sphere	کُرّہ
Thermosphere	کُرّہ حراری
Ionsphere	کُرّہ روانیہ
Chromosphere	کُرّہ لون
Mesosphere	کُرّہ میانی
Exosphere	کُرّہ ہوائی
Fraction	کسر
Fractions	کسریات
Gravity	کششِ ثقل
Classical	کلاسیکی
Classical Mechanics	کلاسیکی میکانیات
Macroscopic World	کلاں بینی دنیا
Theorem	کلّیہ، مسئلہ

Theorem	کلیہ
Weak Nuclear Force	کم زور جوہری قوت
Weak Nuclear Force	کم زور جوہری قوت
Room Temperature	کمرے کا درجہ حرارت
Electroweak Epoch	کمزور برقیاتی دَور
Mass	کمیّت
Coil	کُنڈلی
Quark	کوارک
Quark Epoch	کوارک کا دَور
Quantized	کوانٹائی
Quantum	کوانٹم
Quantum Fluctuation	کوانٹم اُتار چڑھاؤ
Quantum Entanglement	کوانٹم الجھاؤ
Quantum Superposition	کوانٹم انطباق
Quantization	کوانٹم سازی
Quantum Tunneling	کوانٹم سرنگ سازی
Quantum Gravity	کوانٹم گریوٹی
Quantum Mechanics	کوانٹم میکانیات
Corona	کورونا

Vertex	کونا
Cosmology	کونیات
Cosmological Constants	کونیاتی مستقلات
Galaxy	کہکشاں
Formation of Galaxies	کہکشاں سازی
Galaxy Cluster	کہکشانی جھرمٹ
Chemistry	کیمیا
Chemical Reaction	کیمیائی تعامل
Chemical Reaction	کیمیائی رد عمل
Chemical Equation	کیمیائی مساوات
Rotational Period	گردشی دور
Greenwich	گرینچ
Graviton	گریویٹان
Daisy	گل بہاری
Gluon	گلوآن
Resonance	گمک
Gas Giant	گیس جِنّ
Infinite	لامتناہی
Agnostic	لاادری

Ferromagnetism	لوہ مقناطیسیت
Lepton	لیپٹان
Lepton Epoch	لیپٹان کا دَور
Wave	لہر
Concentric	مُرتکِز
Supernatural	مافوق الفطرت
Metaphysics	مابعد الطبیعیات
Ecology	ماحولیات
Ecosystem	ماحولیاتی نظام
Matter	مادّہ
Physical World	مادّی دنیا
Origin	مبدا
Homogeneous	متجانس
Unified Force	متحد قوت
Reactant(s)	متعامل (متعاملات)
Variable	متغیّر
Consensus	متفقہ علیہ
Congruent	متماثل
Positive	مثبت

Triangle	مثلث
Convex Lens	مُحدّب عدسہ
Magnifying Glass	محدب عدسہ
Coordinate	مُحدّد
Coordinate Geometry	مُحدّدی علم ہندسہ
Coordinates	مُحدّدین
Prime Mover	مُحرّک اعظم
Minor Axis	محورِ صغیر
Major Axis	محورِ کبیر
Circumference	محیط
Antiparticle	مخالف ذرّہ
Antimatter	مخالف مادّہ
Antineutrino	مخالف نیوٹرینو
Cone	مخروط
Specific Heat	مخصوص حرارت
Potential Energy	مخفی توانائی
Orbit	مدار
Orbital Period	مداری دور
Orbital	مداریہ

Tidal Disruption	مدوجزر کی خلل انگیزی
Square	مربع
Spiral	مَرغُولَہ
Core	مرکز
Centrifugal Force	مرکز گریز قوت
Nucleus	مرکزہ
Mars	مریخ
Visible Light	مرئی روشنی
Postulate	مزعومہ
Exceptions	مستثنیات
Stable	مستحکم
Rectangle	مستطیل
Constant	مستقل
Theorem	مسئلہ
Pythagoras' Theorem	مسئلہ فیثاغورث
Jupiter	مشتری
Effort	مشقت
Absolute Zero	مطلق صفر
Strong Nuclear Force	مضبوط جوہری قوت

Hypothesis	مفروضہ
Macedonia	مقدونیہ
Concave Lens	مُقعَر عدسہ
Magnetism	مقناطیست
Magnetic Field	مقناطیسی فیلڈ
Dialogues	مکالمات
Cube	مکعب
Perfect Square	مکمل مربع
Superpose	منطبق
Heliocentric	مہر مرکزی
Wave	موج
Wave Function	موجی تفاعل
Weather Buoy	موسمی تیراک نشان
Mechanics	میکانیات
Mechanism	میکانیہ
Magma	میگما
Repulsion	نافریت
Bad Condutor of Heat	ناقص مَوصِلِ حرارت
Entropy	ناکارگی

Organic	نامیاتی
Organism	نامیاتی جسم
Ratio	نسبت
Relative Motion	نسبتی حرکت
Fulcrum	نصاب
Prime Meridian	نصف النہار اوّل
Half life	نصف عمر
Solar System	نظام شمسی
Theoretical	نظری
Theory	نظریہ
Theory of Forms	نظریۂ اشکال
Inflationary Epoch	نفخ کا دَور
Focus	نقطۂ ماسکہ
Singulaity	نقطۂ واحد
Photosynthesis	نوری تالیف
Light Energy	نوری توانائی
Light year	نوری سال
Nebula	نیبولا
Neptune	نیپچون

Blue Shift	نیلی منتقلی
Nanometer	نینومیٹر
Neutron	نیوٹران
Neutron Star	نیوٹران ستارہ
Neutrino	نیوٹرینو
Newtonian Mechanics	نیوٹنی میکانیات
Higgs Boson	ہِگز بوزان
Hydrocarbon	ہائیڈروکاربن
Octahedron	ہشت سطحہ
Symmetric Stretch	ہم آہنگ پھیلاؤ
Isotope	ہم جا
Simultaneity	ہم وقتی
Hadron Epoch	ہیڈران کا دَور
Medium	واسطہ
Event Horizon	واقعاتی اُفق
Intuition	وجدان
Entity	وجود
Weight	وزن
Time Dilation	وقت کا پھیلاؤ

ویکیوم	Vacuum
ویکیوم کی توانائی	Vacuum Energy
ویکیوم کا انحطاط	Vacuum Decay
یک خلوی	Unicellular
یوروپا	Europa
یورینس	Uranus

حوالہ جات

[1] Immanuel Kant, Critique of Pure Reason, Translated by J.M.D. Meikeljohn, George Bell and Sons, 1890.

[2] Celeste Kidd and Benjamin Y. Hayden, The psychology and neuroscience of curiosity https://www.ncbi.nlm.nih.gov/pmc/articles/PMC4635443, accessed on September 24,2023.

[3] 2023 Statitica, https://www.statista.com/statistics/330695/number-of-smartphone-users-worldwide accessed on September 24,2023.

[4] Russell Means and Marvin J. Wolf, *Where White Men Fear to Tread*, MacMillan, 1996 quoted in https://www.sfgate.com/books/article/A-Rebel-s-Justice-American-Indian-Movement-3020930.php accessed on July 23, 2022.

[5] Hannah Ritchie and Max Roser, *Biodiversity* (OurWorldInData.org. Retrieved from: https://ourworldindata.org/biodiversity accessed on April 12, 2022.

[6] *Spirituality and Health,* Harvard Medical School Review, May 14, 2021, as quoted in http://info.primarycare.hms.harvard.edu/review/spirituality-health#:~:text=Introducing%20spirituality%20in%20healthcare%20is,of%20hospitals%20across%20the%20country accessed on April 12, 2022.

[7] Beverly Maitland-Frett, *Conjecture in Math*, https://study.com/academy/lesson/conjecture-in-math-definition-example.html, accessed on August 3, 2022.

[8] John P. Blakeslee et al., *The Hubble Constant from Infrared Surface Brightness* Fluctuation *Distances* (The Astrophysical Journal, 2021)

[9] Farooq Ahmed Ansari, Daily Jang, https://www.jang.com.pk/news/550644 accessed on December 27, 2022.

[10] Boilot, D.J., Al-Biruni (Beruni), Abu'l Rayhan Muhammad b. Ahmad New Ed., vol. 1, pp. 1236–1238 as cited in Wikipedia

[11] عالیہ شاہ، البیرونی، زمین کا ریڈیئس اور پاکستان، ہلال اردو

https://www.hilal.gov.pk/urdu-article/detail/NTA1NQ==.html#top accessed on October 26, 2022.

[12] *History of Astrolabe,* https://study.com/academy/lesson/arabic-astrolabe-definition-navigation-history.html, accessed on December 27, 2022.

[13] Al-Biruni's Classic Experiment: How to Calculate the Radius of the Earth, https://o.12.7پانچواں عدد، کیو wlcation.com/stem/How-to-Determin-the-Radius-of-the-Earth-Al-Birunis-Classic-Experiment accessed on December 28, 2022.
14 Brian Butterworth, The .12.7پانچواں عدد، کیو Mathematical Brain, https://www.mathematicalbrain.com/ accessed on April 14, 2022
[15] Max Tegmark, *Our Mathematical Universe: My Quest for the Ultimate Nature of Reality (*Random House/Knopf, Copyright © 2014).

[16] Jonathan Cleveland, *The nature of design: the Fibonacci sequence and the Golden Ratio* https://clevelanddesign.com/insights/the-nature-of-design-the-fibonacci-sequence-and-the-golden-ratio/#:~:text=A%20perfect%20example%20of%20this,huge%20spiral%20galaxies%20in%20space accessed on January 4, 2023.

[17] https://momath.org/home/fibonacci-numbers-of-sunflower-seed-spirals/#:~:text=The%20sunflower%20seed%20pattern%20used,find%20spirals%20in%20this%20pattern accessed on January 5, 2023.

[18] Nik Walker, *The Numbers of Life,* https://sciencenotes.ucsc.edu/9402/Numbers.html#:~:text=in%20molecular%20genetics.,%2C%20610%2C%20and%20so%20on accessed on January 5, 2023.
[19] https://www.britannica.com/science/golden-ratio accessed on January 8, 2023.

[20] S. Priyadarshini, The Sixth Century BC: The Rise of New Religious Thoughts, https://www.historydiscussion.net/articles/the-sixth-century-b-c-the-rise-of-new-religious-thoughts/2365 accessed on March 2, 2022.

John Van Seters, The Pentateuch, The Hebrew Bible Today: An Introduction to Critical Issues, 1998, as quoted in

https://en.wikipedia.org/wiki/Book_of_Genesis#cite_note-3,

accessed on March 2, 2022.

[21] David Schilling, *Knowledge Doubling Every 12 Months, Soon to be Every 12 Hours,* https://www.industrytap.com/knowledge-doubling-every-12-months-soon-to-be-every-12-hours/3950 accessed on March 2, *2022*.

[22] List of ancient Greek philosophers, Wikipedia, https://en.wikipedia.org/wiki/List_of_ancient_Greek_philosophers, accessed on August 5, 2023.

[23] https://www.britannica.com/biography/Pythagoras accessed on October 3, 2022.

[24] ”فیثاغورث کون تھا؟“ ادریس آزاد، مکالمہ https://www.mukaalma.com/111927/ accessed on October 15, 2022.

[25] Thomas Stanley, Pythagoras: His Life and Teaching, Kobo eBook, 1687.

[26] Simon Singh, *Fermat's Last Theorem* (Harper Perennial, 2011)

[27] "The Three Accusers of Socrates", http://law2.umkc.edu/faculty/projects/ftrials/socrates/accusers.html accessedoin January 24, 2023.

[28] Plato, *"Apology"* http://classics.mit.edu/Plato/apology.html accessed on January 24, 2023.

[29] Plato, The Republic, Britannica, https://www.britannica.com/topic/The-Republic accessed on January 25, 2023.

[30] Mario Livio, Is God a Mathematician? Simon and Schuster Paperbacks, 2009.

[31] Ara B Sahakian, Sam-Ryong Jee and Mark Pimentel, "Methane and the gastrointestinal tract", National Library of Medicine, https://pubmed.ncbi.nlm.nih.gov/19830557/ accessed on February 1, 2023.

[32] Roger Penrose, Shadows of the Mind: A Search for the Missing Science of Consciousness, 1994.

[33] Aristotle, Stanford Encyclopedia of Philosophy, https://plato.stanford.edu/entries/aristotle/, accessed on June 12, 2023.

[34] Aristotle's Logic, Stanford Encyclopedia of Philosophy, https://plato.stanford.edu/entries/aristotle-logic/, accessed on June 12, 2023.

[35] Mark Cartwright, Women in Ancient Greece, World History Encyclopedia. 27 July 2016, https://www.worldhistory.org/article/927/women-in-ancient-greece/, accessed on June 18, 2023.

[36] Philosophy of Happiness, Positive Psychology, https://positivepsychology.com/philosophy-of-happiness/, accessed on June 18, 2023.

[37] Jack Maden, The Golden Mean: Aristotle's Guide to Living Excellently, https://philosophybreak.com/articles/the-golden-mean-aristotle-guide-to-living-excellently/, accessed on June 18, 2023.

[38] Ancient Greek Civilization, Britannica, https://www.britannica.com/place/ancient-Greece, accessed on July 13, 2023.

[39] Andrea Zammit, Slavery in Ancient Rome, Research Gate, January 2011, https://www.researchgate.net/publication/336085640_Slavery_in_Ancient_Rome, accessed on July 22, 2023.

[40] Edict of Milan, Britannica, https://www.britannica.com/topic/Edict-of-Milan, ccessed on July 29, 2023.

[41] Pohlsander, The Emperor Constantine, pp. 78–79, cited in https://en.wikipedia.org/wiki/Constantine_the_Great_and_Christianity, accessed on July 29, 2023.

[42] MacMullen, Ramsay, Corruption and the decline of Rome. Yale University Press, 1988, cited in https://en.wikipedia.org/wiki/Fall_of_the_Western_Roman_Empire#CITEREFMacMullen1988, accessed on July 30, 2023.

[43] Aristotle، Historia Animalium۔

[44] Bertrand Russell, The Impact of Science on Society, p. 7. Simon & Schuster Inc, 196, quote by https://scientiasalon.wordpress.com/2014/10/03/rescuing-aristotle/, accessed on July 8, 2023.

[45] Aristotle, Metaphysics, 12.8.

[46] Sir Thomas Heath, Aristachus of Samoa, Oxford Univesrity Press 2013, p.302 https://archive.org/details/aristarchusofsam00heatuoft/page/n5/mode/2up accessedon August 10, 2023.

[47] Mario Livio, The Accelerating Universe, John Wiley and Sons, Inc., 1999, Pp 29-31.

[48] Holli Riebeek, Planetary Motion: The History of an Idea That Launched the Scientific Revolution, NASA: Earth Observatory, July 7, 2009, https://earthobservatory.nasa.gov/features/OrbitsHistory, accessed on July 19, 2023.

[49] عثمان رفیق، ریاضی۔کائنات کی زبان، ورلڈویو پبلشرز

[50] James Connor, Kepler's Witch: An Astronomer's Discovery of Cosmic Order Amid Religious War, Political Intrigue, and the Heresy Trial of His Mother, HarperCollins

[51] Brittani Garcia, Venus, World History Encyclopedia, https://www.worldhistory.org/venus/ accessed on October 17, 2023.

[52] Mario Livio, Is God a Mathematician? Pp 64-72.

[53] Stephen Hawking, A Brief History of Time, Pp 194-95.

[54] Francis Robinson, The Ulama of Farangi Mahal, Ferozsons, 2002.

[55] https://data2.dawateislami.net/Data/Books/Download/ur/pdf/2014/1110-1.pdf accessed on October 29, 2023.

[56] Pervez Hoodbhoy, Islam and Science: Religious Orthodoxy and the Battle for Rationality, Bloomsbury Publishing, 1991.

[57] Max Tegmark, Our Mathematical Universe: My Quest for the Ultimate Nature of Reality, Vintage Books, 2014.

[58] Sean Carroll, Something Deeply Hidden: Quantum World and the Emergence of Spacetime, Random House, 2019.

[59] Ibid, Pp 27-31.

[60] Farman, J.C., Gardiner, B.G., & Shanklin, J.D.، Large losses of total ozone in Antarctica reveal seasonal ClOx/NOx interaction. Nature, 315(6016), 207-210, 1985 cited by Wikipedia.

[61] Sabine Hossenfelder, Existential physics, Viking, 1976.

[62] Philipp Kornreich, The Contribution of Gravitational Propagation Delay to Orbital and Center of Mass Motion, Journal of Modern Physics, 7, 14, October 2016.

[63] Edward Grant, A History of Natural Philosophy, Cambridge University Press, 2007, Pp 73-75.

[64] Immanuel Kant ،The Critique of Pure Reason, Translated by J. M. D. Meiklejohn, https://gutenberg.org/cache/epub/4280/pg4280-images.html access on April 28, 2024.

[65] Scott Shackleford, Worlds Without End, Stanford Magazine, November/December 2007, https://stanfordmag.org/contents/worlds-without-end accessed on June 27, 2024.

[66] Andrew Sweetman et. al., Evidence of dark oxygen production at the abyssal seafloor, Nature Geoscience, July 22, 2024 https://www.nature.com/articles/s41561-024-01480-8 accessed on July 30, 2024.

[67] From Soup to Cells: The Origin of Life, Berkeley University of California, https://evolution.berkeley.edu/from-soup-to-cells-the-origin-of-life/how-did-life-originate/ accessed on July 24, 2024.

[68] Martin Rees, Just Six Numbers, Basic Books, 2000.

[69] Evolution Through Natural Selection, The Open University https://www.open.edu/openlearn/nature-environment/natural-history/evolution-through-natural-selection accessed on July 25, 2024.

[70] Natural Selection, Khan Academy https://www.khanacademy.org/science/ap-biology/natural-selection accessed on July 25, 2024.

[71] Is eye color determined by genetics, National Library of Medicine https://medlineplus.gov/genetics/understanding/traits/eyecolor accessed on July 28,2024.

[72] Physics of the Universe https://www.physicsoftheuniverse.com/topics_bigbang_timeline.html accessed on June 3, 2024.

[73] NASA: Imagine the Universe, The Life Cycles of Stars, https://imagine.gsfc.nasa.gov/educators/lifecycles/LC_main3.html accessed on November 11, 2024.

[74] How does Hawking radiation lead to black hole evaporation? https://bigthink.com/starts-with-a-bang/hawking-radiation-black-hole-evaporation/ accessed on January 4, 2025.

[75] Layers of the atmosphere, National Institute of Water and Atmospheric Research, https://niwa.co.nz/atmosphere/layers-atmosphere accessed on July 14, 2024.

[76] Metu; Astrophysics http://astroa.physics.metu.edu.tr/twn/types.html accessed on July 14, 2024.

[77] NASA: Galaxy Types, https://science.nasa.gov/universe/galaxies/types/ accessed on September 11, 2024.

[78] Dark Matter, CERN Accelerating Science, https://home.cern/science/physics/dark-matter , accessed on August 8, 2024.

[79] Adam Riess, Dark Matter, Britannica, https://www.britannica.com/science/dark-matter, accessed on August 8, 2024.

[80] Dark Matter, CERN Accelerating Science, https://home.cern/science/physics/dark-matter , accessed on August 8, 2024.

[81] Luca Amendola and Shinji Tsujikawa, Dark Energy: Theory and Observations, Cambridge University Press, 2010.

[82] Martin Rees, Just Six Numbers, Basic Books, 2000. The ideas about six numbers presented in Chapter 13 come from this reference,

[83] Lisa Zyga, Why is Space Three-Dimensional? Phys Org, 5-2016 https://phys.org/news/2016-05-space-three-dimensional.html, accessed on August 15, 2024.

[84] Eric Betz, The Beginning to the End of the Universe: Te Big Crunch vs. The Big Freeze , Astronomy Magazine, https://www.astronomy.com/science/the-beginning-to-the-end-of-the-universe-the-big-crunch-vs-the-big-freeze/, accessed on August 22, 2024.

[85] Eric Betz, The Big Freeze: How the universe will die, Astronomy Magazine, https://www.astronomy.com/science/the-big-freeze-how-the-universe-will-die/, accessed on August 21, 2024.

[86] Paul Sutter, What is the Big Rip and can we stop it, Space.com, https://www.space.com/universe-the-big-rip-can-we-stop-it, accessed on August 22, 2024.

[87] Monod's conception of chance: Its diversity and relevance today, Comptes Rendus Biologies, 338, 406-412, June 2015. https://www.sciencedirect.com/science/article/pii/S1631069115000608, accessed on August 27, 2024.

[88] Stephen Hawking and Leonard Mlodinw, The Grand Design, Bantam Books, 2010.

[89] The Grand Design (book) https://en.wikipedia.org/wiki/The_Grand_Design_(book) accessed on August 29, 2014.

[90] یہ منظر نگاری مصنوعی ذہانت کی مدد سے کی گئی ہے۔

[91] Francis Collins, The Language of God, Hyperphysics, http://hyperphysics.phy-astr.gsu.edu/Nave-html/Faithpathh/Collins.html#c1 accessed on September 2, 2024.

[92] Thomas F. Glick, Intelligent Design, Britannica https://www.britannica.com/topic/intelligent-design accessed on August 31,2024.

[93] Berkeley University of California, Inteligent Design: Is it scientific? https://undsci.berkeley.edu/intelligent-design-is-it-scientific, accessed on November 4, 2024.

[94] List of Deists from Wikipedia https://en.wikipedia.org/wiki/List_of_deists accessed on September 4, 2024.

[95] ادارہ فروغ قومی زبان انگلش اردو ڈکشنری

https://nlpd.gov.pk/apps/englishurdudictionary/search.php

[96] The Origins and Definitions of Deism, Philosophy Institute https://philosophy.institute/philosophy-of-religion/origins-definitions-deism-philosophy-religion/ accessed on September 5, 2024.

[97] Pantheism, Stanford Encyclopedia of Philosophy https://plato.stanford.edu/entries/pantheism/ accessed on September 7, 2024.

[98] نروان، ویکیپیڈیا https://ur.wikipedia.org/wiki/نروان_(بدھ_مت) accessed on September 7, 2024.

[99] اسفارِ اربعہ، فلسفہ مُلّا صدرا، ملا صدرالدین شیرازی، ترجمہ سید مناظر احسن گیلانی، حق پبلیکیشنز

[100] Scientists and Beliefs, Pew Research Center https://www.pewresearch.org/religion/2009/11/05/scientists-and-belief/ accessed on September 5, 2024.

[101] Elaine Howard Ecklund et al., Religion among Scientists in International Context: A New Study of Scientists in Eight Regions, Sage Journals, 2, 2016 https://journals.sagepub.com/doi/epub/10.1177/2378023116664353 accessed on September 7, 2024.

[102] Albert Einstein, Science and Religion, Sacred Texts, https://sacred-texts.com/aor/einstein/einsci.htm accessed on September 7, 2024.

[103] Theosophy, Britinnica, https://www.britannica.com/topic/theosophy accessed on Fenrury 1, 2019.

[104] Catherine Porter, *A Canadian Preacher Who Doesn't Believe in God* (The New York Times, February 1, 2019).

[105] Suraiya Faroqhi, Subjects of the Sultan: culture and daily life in the Ottoman Empire, pp, 134-136.

[106] Tahir Kamran, *An Intrusive Presence,* The News, November 20, 2014 as quoted in https://www.thenews.com.pk/tns/detail/557555-loudspeaker-an-intrusive-presence, accessed on April 12, 2022.

[107] سید ابوالاعلیٰ مودودی، دینیات، ادارہ ترجمان القرآن

108 Reba Carmel, MIDRASH: The Stories We Tell, Jewish Currents, https://jewishcurrents.org/midrash-the-stories-we-tell accessed on October 8, 2024.

[109] Casting Abraham into the Fire, https://bahaiteachings.org/casting-abraham-into-the-fire/ accessed on October 7, 2024.

[110] John McDonough, The Science of Water Extinguishment, Firehouse, https://www.firehouse.com/operations-training/hoselines-water-

appliances/article/12395735/the-science-of-water-extinguishment-international-innovations-john-mcdonough accessed on October 15, 2024.

[111] Larry Dossey, Spirituality and nonlocal mind: A necessary dyad. *Spirituality in Clinical Practice, 1*, 29, 2014. https://doi.org/10.1037/scp0000001 accessed on November 11, 2024.

[112] Who invented the zero? https://www.history.com/news/who-invented-the-zero, accessed on January 12, 2023.